# 水质分析化学

## （第4版）

主　编　龚建宇　　王琳玲　　刘光虹
副主编　濮文虹　　盛安旭　　黄明杰　李　琴

华中科技大学出版社
中国·武汉

# 内 容 简 介

　　本书对水质分析化学的基本原理、数据及误差处理作了系统而深入的阐述。全书分三个部分,即理论部分、实验部分、附录。理论部分分九章,重点讲述分析过程中出现的数据及误差处理,水质分析化学的基本原理及其特点和要求;对水质分析中常用的分离方法和仪器分析方法也进行了简单的介绍。实验部分结合饮用水、生活污水、工业废水的水质指标,列出了 29 个水质分析实验,并对每个实验提供了视频演示以供读者学习。书末列有 22 个附录,为国家规定的部分水质标准,便于读者在使用中查阅。本书内容精练,层次分明,通俗易懂。

　　本书可作为高等学校给排水工程专业水质分析化学课程的教材,也可供环境工程专业、环境公共卫生专业、农田水利专业的师生,及设计、科研、生产等部门从事水质分析工作的人员参考。

**图书在版编目(CIP)数据**

水质分析化学 / 龚建宇,王琳玲,刘光虹主编. -- 4 版. -- 武汉 : 华中科技大学出版社,2025.9.
ISBN 978-7-5772-1679-9

Ⅰ. O661.1

中国国家版本馆 CIP 数据核字第 20259W10X1 号

水质分析化学(第 4 版)　　　　　　　　　　龚建宇　　王琳玲　　刘光虹　主编
Shuizhi Fenxi Huaxue(Di 4 Ban)

策划编辑:周芬娜　陈舒淇
责任编辑:陈舒淇　周芬娜
封面设计:原色设计
责任监印:曾　婷
出版发行:华中科技大学出版社(中国·武汉)　　电话:(027)81321913
　　　　　武汉市东湖新技术开发区华工科技园　　邮编:430223
录　　排:华中科技大学惠友文印中心
印　　刷:武汉市籍缘印刷厂
开　　本:787mm×1092mm　1/16
印　　张:22.5
字　　数:570 千字
版　　次:2025 年 9 月第 4 版第 1 次印刷
定　　价:72.00 元

# 第4版前言

本书第3版于2018年2月出版，随后多次印刷。在面向21世纪教学改革研究和实践中，我们不断地思考和总结，广泛收集读者和师生的意见，对国内同类教材进行了比较。《水质分析化学》第4版沿用了第3版的总体框架和结构，保留其理论联系实际、内容精练、由浅入深、通俗易懂、便于自学的特点。第4版在第3版的基础上，加强了沉淀滴定、现代化检测技术(如气相色谱、液相色谱)原理和应用的内容，调整了部分关于原理推导的文字表达形式及公式。随着工业社会不断发展，水体中广泛存在诸多新兴、难降解污染物，引发人们对生活饮用水水质的担忧，故增加了一些适用于监测这些新污染物的实验内容，并补充和更新了一些水质标准附表。此外，作为该版本特色之处，书中所有实验均有视频教学电子文档(扫实验所附二维码获取)，便于读者更直观地了解实验过程与现象。

为了更好地满足教学要求，我们适当调整了一些习题和思考题的内容，旨在让学生更好地理解、掌握课堂教学内容，利于学生自学，更好地应用相关理论知识分析问题和解决问题。

本书在修订过程中得到杨昌柱教授的悉心指导和帮助，在此表示深深的感谢。此外，李优、张世蕊、蒋杉、张一航、陈子琪、唐紫依、吕昊、卢瑶等同学参与了本书的文字校核和整理等工作，在此也对同学们表示感谢。

限于编者水平，本书疏漏和不足之处恳请广大读者批评指正。

编　者

2025年6月于华中科技大学

# 第 3 版前言

    本书第 2 版于 2004 年 9 月出版,随后多次印刷。在面向 21 世纪教学改革研究和实践中,我们不断地思考和总结,广泛收集读者和师生的意见,对国内同类教材进行了比较。《水质分析化学》第 3 版沿用了第 2 版的总体框架和结构,保留其理论联系实际、内容精练、由浅入深、通俗易懂、便于自学的特点。第 3 版在第 2 版的基础上,加强了容量分析的相关理论,增加了判断弱酸(碱)能够准确被滴定的判据的来源、络合滴定的误差计算公式及控制酸度进行选择性滴定的条件、氧化还原反应的平衡常数及反应的完全程度。随着人们的环保意识逐渐增强,更加关注生活饮用水水质的优劣及其对健康的影响,故也根据往期教学情况,增加了一些相关的实验内容。

    为了更好地满足教学要求,我们适当调整了一些习题和思考题的内容,旨在让学生更好地理解、掌握课堂教学内容,利于学生自学,更好地应用相关理论知识分析问题和解决问题。

    本教材在编写过程中得到了杨昌柱教授和喻俊芳教授的悉心指导和帮助,他们提出了许多宝贵意见,在此一并表示深深的感谢。

    限于编者水平,本书疏漏和不足之处恳请广大读者批评指正。

编 者

2017 年 10 月于华中科技大学

# 第 2 版前言

　　本书自 1987 年出版以来,得到许多读者的厚爱,被十多所高等院校选定为教材,更被全国许多自来水厂、污水厂、环境监测站作为培训教材,这是对编者最大的肯定和鼓励,同时也对编者提出了更高的要求。在编写本书第 1 版时,国际单位制的完全使用在我国还处于过渡阶段,书中仍使用了当量浓度和当量定律,现在已不符合新的教学大纲的要求。另外,现在我国环保工作已取得长足的进步,对水体的监测已更趋于完善,有许多新的分析方法、新的仪器投入使用,这就要求分析工作者对分析过程中出现的数据及误差有正确的处理方法。为此决定对此书进行修订,为读者提供一本更完善的教科书。

　　《水质分析化学》第 2 版基本上保持了第 1 版的总体框架和结构,对书中的部分内容进行了更新,并增加了数据与误差分析的内容。本书理论部分由濮文虹、喻俊芳负责修订,实验部分由刘光虹负责修订,在修订过程中得到刘大顺老师、杨昌柱老师的悉心指导和帮助,他们提出了许多宝贵意见,在此一并表示深深的感谢。

　　由于编者水平有限,书中错误及不妥之处,敬请广大读者批评指正。

编　者

2004 年 6 月于华中科技大学

# 第1版前言

本书是给水排水工程专业水质分析化学课程的试用教材。它是根据1983年11月在长沙召开的全国高等工科院校给水排水工程专业教学大纲会议所制订的《水质分析化学教学大纲》编写而成。

全书共分九章，内容包括：水质分析概述；定量分析误差及数据处理；酸碱滴定法；络合滴定法；沉淀滴定法；氧化还原滴定法；比色分析及分光光度法；电位分析法；原子吸收分光光度法；气相色谱法；物质的两种分离方法。各章末都附有思考题和习题。本书还包括了实验部分，共编写了水质分析中的22个实验，这些实验可供选做。如果教学时间较紧，第八、九两章以及有关章节中用小号字排印的内容，可留作学生自学。本书编写时，在保证教学大纲基本要求的前提下，力求理论联系实际，内容精练，由浅入深，通俗易懂，便于自学。

本书承国家教委教材编审委员、理科分析化学教材编审组副组长、武汉大学赵藻藩教授审校，提出了许多宝贵意见。同时，本书在编写过程中，参考了兄弟院校的有关教材，得到了许多同志的热情支持和具体帮助，在此一并致谢。

由于编者水平有限，书中错误及不妥之处，热诚希望读者多加批评指正。

编　者
1987年2月于武汉城市建设学院

# 目　　录

**理 论 部 分**

## 实　验　部　分

# 理 论 部 分

# 第一章 绪 论

## 第一节 水质分析概述

### 一、水质分析化学的任务和作用

水质通常是指水和其中杂质共同表现出来的综合特征。由于水在自然循环和社会循环的每个环节中几乎都有杂质混入,从而使水质发生变化。绝对纯水在自然界和人类社会生产活动中是没有的,所谓纯水和高纯水,也都含有微量杂质。

水有各种各样的用途,可以作为饮用水、农业用水(灌溉、养殖)、工业用水(作为溶剂、洗涤、冷却、输热及输物的媒介物)等。但无论哪一种用水,对于水中的杂质种类及含量,都有一定的要求和限制。例如,对于生活饮用水,有相应的生活饮用水的水质标准;对于工业废水的排放,有相应的废水排放标准。

水质分析化学是研究水质的分析方法及其规律的科学。它的任务,第一是鉴定各种用水的水质(杂质种类及浓度)是否满足用水的要求;第二是按照用水排水的需要,对水质进行分析,以指导水处理的研究、设计及运行过程;第三是为了保护人类的环境,防止水被污染,而对江、河、湖、海及地下水、雨水、生活污水及工业废水等水体进行经常性的水质监测。此外,作为水质分析,还应包括水的细菌检验和生物检验,这部分内容安排在有关专题中讨论。

水质分析化学不仅广泛应用于水处理、水控制领域,在化学、地质、海洋、生物、医学、能源、材料等学科中无不用到。任何科学部门,只要涉及化学现象,水分析化学就要作为一种手段而被应用到研究工作中去。所以,水质分析化学在国民经济建设中起到眼睛的作用。

总之,为了更好地对水进行利用,防止水被污染,就要充分掌握水质状况,进行正确的水质分析。

### 二、水中的杂质

#### 1. 天然水中的杂质

由于水具有很大的流动性和较强的溶解能力,因此,天然水中杂质的种类很多。按杂质的性质可分为无机物、有机物和微生物三类;按其颗粒大小也可分成三类:颗粒直径大于 100 nm 的是悬浮物,介于 1～100 nm 之间的是胶体,小于 1 nm 的是离子和分子,即溶解物质。

悬浮物一般悬浮于水流中。当水静止时,比重较小的物质,如腐植质、浮游的原生动物、难溶于水的有机物等会上浮于水面;比重较大的物质,如泥砂和粘土类无机物等则沉于水中。水发生浑浊现象,主要是悬浮物造成的。悬浮物由于颗粒直径大,在水中又不稳定,是容易除去的。

胶体物质是由许多分子和离子组成的集合体。胶体由于表面积大,表面吸附力强,能够吸附过剩离子而带电,结果同类胶体因带有同性电荷而互相排斥,在水中不能互相聚结在一起,而以微小的胶体颗粒状态稳定地存在于水中。天然水中的有机物胶体主要是腐植质,无机物胶体主要是铁、铝和硅的化合物。这些胶体常使水呈黄绿色或褐色,或产生浑浊现象。

天然水中的溶解物质,大都为离子和分子状态,对天然水的水质起重要作用的通常有下列七种离子:$Na^+$、$K^+$、$Ca^{2+}$、$Mg^{2+}$、$HCO_3^-$、$SO_4^{2-}$、$Cl^-$ 等。$Ca^{2+}$、$Mg^{2+}$、$HCO_3^-$、$SO_4^{2-}$ 的来源,主要是含有游离 $CO_2$ 的水流经地层时,对石灰石($CaCO_3$)、白云石($MgCO_3 \cdot CaCO_3$)和石膏($CaSO_4 \cdot 2H_2O$)的溶解。

$$CaCO_3 + CO_2 + H_2O \rightleftharpoons Ca^{2+} + 2HCO_3^- \tag{1}$$

$$MgCO_3 + CO_2 + H_2O \rightleftharpoons Mg^{2+} + 2HCO_3^- \tag{2}$$

$$CaSO_4 \cdot 2H_2O \rightleftharpoons Ca^{2+} + 2H_2O + SO_4^{2-} \tag{3}$$

在天然水中,一般 $Mg^{2+}$ 的含量比 $Ca^{2+}$ 的少,两者之比随水流经的地层性质和水的含盐量而变化。在低含盐量的水中,$Mg^{2+}$ 为 $Ca^{2+}$ 的 $1/6 \sim 1/4$;而在含盐量大于 1000 mg/L 的高含盐量的水中,由于 $CaCO_3$ 和 $CaSO_4$ 的溶解度比 $MgCO_3$ 和 $MgSO_4$ 的小,使 $Mg^{2+}$ 的含量与 $Ca^{2+}$ 的含量几乎相当;在海水中,$Mg^{2+}$ 含量为 $Ca^{2+}$ 的 $2 \sim 3$ 倍。

$HCO_3^-$ 主要来源见反应式(1)、(2),另外,部分来源于 $CO_2$ 本身的溶解。在低含盐量水中,它是含量最多的一种阴离子。但在高含盐量水中,由于容易转化为碳酸盐沉积,所以它在阴离子中的比例相应减小。

$Na^+$、$K^+$、$Cl^-$ 的来源,是当水流经地层时,主要溶解了氯化物,由于氯化物的溶解度很大,故可随地下水或河流带入海洋,并逐渐蒸发浓缩,使海水中含有大量氯化物,特别是 NaCl。

天然水中常见的溶解气体有 $O_2$、$CO_2$。溶解于水中的氧气称溶解氧。此外,$H_2S$、$SO_2$、$NH_3$ 亦能溶解,它们常使水体具有腐蚀性和臭味。

天然水中的微生物,属于原核生物界的有细菌类,属于植物界的有藻类和苔类,属于真菌界的有真菌类。属于原生动物界的有鞭毛虫等,而病毒不属于任何生物界。另外,还有属于动物界的轮虫、条虫、蜗牛、蟹和虾等。

**2. 生活污水和工业废水中的杂质**

生活污水中含有各种生活废物,如食物残渣、人/畜排泄物、病菌等各种有机物和微生物。这些物质使生活污水外观浑浊、有色,且带有腐臭气味。工业废水中含有各类工业生产的废料、残渣及部分原料。常见的污染物有 Hg、Pb、$Pb^{2+}$、$Zn^{2+}$、$Cd^{2+}$、$Hg_2^{2+}$、$Hg^{2+}$、$Cr^{6+}$、$F^-$、$CN^-$ 等金属和离子,以及酚、有机氯、有机磷农药、苯基烷烃类有机物等。这些物质也使工业废水呈现出浑浊、有色、臭味、酸碱性等。

江河湖泊等地面水体是生活饮用水和工农业用水的主要来源。而地面水体遭受污染的原因主要是生活污水和工业废水的排放。因此,对污水废水的排放实行严格的控制管理和对地面水体水质提出严格的卫生要求,是保护水体免受污染的主要措施。

## 三、水质指标和水质标准

水质指标是衡量水中杂质的标度，能够具体表明水中杂质的种类和数量，常包括物理、化学、微生物学等三项指标。它可以判断水质的优劣及是否满足用水的要求。水质指标的拟定，往往是根据杂质的特性、污染的性质以及测定的方法等因素，进行综合考虑的。有些水质指标是直接由某一种物质的含量来表示的，如铅、六价铬、挥发酚等。有些水质指标是根据某一种类杂质的共同特性，用间接的方式来表示其含量的。例如，水中有机物的类型繁多，不可能也无必要对它们逐个进行定性、定量的测定，而是用高锰酸盐指数、化学需氧量和生化需氧量等水质指标来表示有机物的污染状况。这是考虑到水中有机物有易被氧化的共同特点，当采用不同的氧化途径时，可用氧化剂（或溶解氧）消耗的数量来间接表示水中有机物的含量。还有些水质指标则是用配制的标准溶液作为标度来表示其含量的，如浑浊度、色度等。

水质标准是对水质指标作出的定量规范。例如，对饮用水规范了具体的水质标准，为防止各种污染物质污染水体，对污水和工业废水的排放也有相应的水质标准，对各种工业生产用水，也可根据实际需要，制定相应的水质标准。如对纺织印染用水，若水的浑浊度、色度较高，就会在织物纤维上产生斑点，影响织物的质量；对锅炉用水，若水的硬度过高，就会在炉壁上产生水垢，浪费能源，缩短锅炉的使用寿命，甚至发生安全事故；对工业冷却用水，若水的 pH 值控制不当，就会腐蚀管道等。各种工业生产用水的水质标准可从国家标准或行业标准中查到。

水质标准的制定，是根据各种用水要求和生活污水、工业废水的排放要求，以不危害居民健康，不影响工农业生产及其发展，结合水中杂质的性能、毒理学，以及水微生物学、水处理技术等因素，进行综合考虑而制定的。水质标准一般需要经过长期的观察、分析研究，才能制定出合理的标准。随着科技事业的不断发展和人民生活水平的不断提高，各种用水对水质标准的要求也在不断地提高，对排放污水、废水中的污染物质的含量规定亦更加严格。因此，水质标准要在实践中不断加以总结和修订。

## 四、水质分析方法

分析化学按其分析任务的不同，可分为结构分析、定性分析和定量分析。

结构分析的任务是研究物质的化学结构。定性分析的任务是鉴定物质中所含有的化学成分。定量分析的任务是测定物质中各成分的含量。在水质分析化学中，由于被分析的物质一般都是指定的，因此，除特殊情况外，水中物质的结构分析和定性分析实际上需要较少，而主要是进行定量分析。定量分析的方法一般又分为两大类，即化学分析法和仪器分析法。

**1. 化学分析法**

化学分析法是以物质的化学反应为基础的分析方法，主要有重量分析法和滴定分析法（又称容量分析法）。

1）重量分析法

此法是将待测物质以沉淀的形式析出，经过过滤、烘干，用天平称其重量，得出待测物质的含量。重量分析的特点是准确，但分析过程繁琐，费时间。在水质分析中，由于被测物质含量甚微,加之沉淀分离不完全,用天平称量不准确,故这种方法很少使用,仅在水的某些物理性质的测定上用到,如水中悬浮固体与溶解固体的测定等。

2) 滴定分析法

此法是将一种已知准确浓度的试剂(标准溶液),滴加到被测物质的溶液中,直到按化学计量关系恰好反应完全,根据所用标准溶液的体积和浓度,计算被测物质的含量。

滴定分析法是被广泛采用的一种常量分析法,它可用于测定含量在 1% 以上的常量成分,有时也可用于测定微量成分。滴定分析法简便、快速,测定结果的准确度较高(一般情况下相对误差为 0.2% 左右),适宜在野外及现场短时间的测定,因此,水质分析中广泛采用此法。根据化学反应类型的不同,滴定分析法又可分为酸碱滴定法、络合滴定法(配位滴定法)、沉淀滴定法、氧化还原滴定法。

**2. 仪器分析法**

仪器分析是以物理和物理化学方法为基础的分析方法,它包括光谱分析法(可见分光光度法、紫外分光光度法、红外光谱法、原子吸收光谱法、原子发射光谱法、X 射线荧光分析法、荧光分析法、化学发光分析法等);色谱分析法(气相色谱法、高效液相色谱法、薄层色谱法、离子色谱法、色谱-质谱联用技术);电化学分析法(极谱法、溶出伏安法、电导分析法、电位分析法、离子选择性电极法、库仑分析法);放射分析法(同位素稀释法、中子活化法)和流动注射分析法等。

目前,仪器分析方法被广泛用于对环境中污染物进行定性和定量的测定。如分光光度法常用于大部分金属、无机非金属的测定,气相色谱法常用于有机物的测定,对于污染物状态和结构的分析常采用紫外光谱、红外光谱、质谱及核磁共振等技术。

# 五、水样的采集和保存

水样的采集是进行水质分析的重要环节。采样的原则,应使水样能真正代表所要分析的水的成分,同时要使水样在保存时不受到污染。因此,对采样的方法、采样用的容器以及水样的保存,都必须有严格的要求。否则,由于采样的差错,会导致全部分析结果失去意义,并因此对水质作出不符合实际的评价。

**1. 水样瓶**

分析用的水样体积,取决于分析项目及要求的精密度。进行一般的物理性质和化学成分分析用的水样,取 2 L 即可。水样瓶一般可用容量为 2 L 的无色硬质玻璃瓶或聚乙烯塑料瓶。当水样中含有多量油类或其他有机物时,以使用玻璃瓶为宜;当测定水样中的微量金属离子时,以使用塑料瓶为宜。当测定二氧化硅时,要用塑料瓶而不能用玻璃瓶取样,因为玻璃中含有二氧化硅成分。

水样瓶要求清洗干净。玻璃瓶可用洗液浸泡,再用自来水和蒸馏水洗净;塑料瓶可用10% 的盐酸溶液浸泡,再用自来水和蒸馏水洗净。采样前应用所取的水样冲洗水样瓶 2～3 次。

对河、湖、井水进行深水采样时,可用水样采集瓶吊取,如图 1-1 所示。采样过程如下:先在架底固定好重物,如铅块,检查水样瓶是否固定牢靠,带软绳的瓶塞是否合适,然后将水样采集瓶慢慢放入水体中,当到达预定深度时,提拉软绳,打开瓶塞,待水灌满后迅速提出水面,即得到所需的水样。

**2. 水样采集方法**

1)清洁水的取样

采取自来水或具有抽水设备的井水时,应先放水数分钟,冲去水管中积留的杂质,然后用水样瓶取样。普通井水则用水样采集瓶吊取。

从河、湖取水时,一般将水样瓶的瓶口置于水面下 20~30 cm 处取样。若水面较宽或水较深时,应在不同地点或深度取样,使水样更具有代表性。有时还应注意某些水质指标具有特殊的取样要求,如采集测定溶解氧的水样时,应注满水样瓶,瓶中不应留有空间。

图 1-1 水样采集瓶

2)工业废水的取样

工业废水的成分经常变化,它主要由原料、生产工艺过程、产品所决定。因此,在取样前要对生产情况进行了解,再决定取样的方法。如果废水的流量比较恒定,可以取平均水样,即每隔相同的时间取等量的水样混合组成。如果流量不恒定,可以取平均比例组合水样,即每隔一定的时间,根据废水流量的大小,各取一定量的水样(流量大时多取,流量小时少取),混合在一起作为分析水样。上述平均水样或平均比例组合水样,一般都取一昼夜之内的水样。如果废水是间歇排放的,则应取排放时的瞬时水样,分析结果只代表取样时废水的成分。总之,工业废水的取样主要是由生产工艺特点及分析的要求所决定的,而取样的原则是使所取水样尽量具有代表性。

无论是清洁水或工业废水,取样后应立即在水样瓶上贴好标签,标明水样名称、取样地点、时间、水温、气温、分析项目、取样人姓名及其他必要的说明(如周围环境污染情况等)。

**3. 水样的保存**

一般很难有一个完全抑制水样的物理、化学性质不发生变化的保存方法,因此水样采集后,应尽快进行分析测定,以免在存放过程中引起水质变化。各种水样容许存放的时间如下:清洁水 72 小时;稍受污染水 48 小时;受污染水 12 小时。总之,污水和废水存放的时间愈短愈好。有些水质指标,最好在采样的现场进行测定,如溶解氧、pH 值等。

水样如果不能尽快分析测定,需要保存一段时间的,可用下列保存方法:控制溶液的 pH 值,加入化学药品,冷藏和冷冻等。其作用是减缓水样中的生物作用、挥发作用及化合物的水解、氧化还原作用等。例如,测定各种金属离子的水样,可以加入硝酸溶液以防止金属离子的沉淀;测定挥发酚、氰化物的水样,可按比例加入一定量的氢氧化钠加以"固定",以免酚、氰化物挥发;测定有机物的水样,可以放置在 4 ℃ 左右的地方保存,或在水样中加入生物抑制剂 $HgCl_2$,以抑制细菌的生长等。

## 六、水质分析结果的表示方法

**1. 待测组分的化学表示形式**

分析结果通常以待测组分实际存在形式的含量表示。例如,测得试样中氮的含量以后,根据实际情况,以 $NH_3$、$NO_3^-$、$NO_2^-$、$N_2O_5$ 或 $N_2O_3$ 等形式的含量表示分析结果。如果待测组分的实际存在形式不清楚,则分析结果最好以氧化物或元素形式的含量表示。

**2. 待测组分含量的表示方法**

根据试样重量、测量所得数据和分析过程中有关反应的计量关系,计算试样中有关组分的含量。由于水中所含的盐类、溶解气体、污染物质的量较小,因此水质分析结果一般都不用百分数表示。常用的表示方法有:

（1）mg/L:表示每升水中所含被测物质的毫克数。

（2）mol/L、mmol/L:表示每升水中所含被测物质的"物质的量"。"物质的量"的单位为 mol 或 mmol。物质的量的数值取决于基本单元的选择。表示物质的量浓度时,必须指明基本单元。

此外,有些水质分析结果还有它自己特定的表示方法。如水的硬度,可以用"度"表示,水的浊度可以用 NTU 表示,等等。

# 第二节　标　准　溶　液

## 一、标准溶液和基准物质

标准溶液就是指已知准确浓度的溶液。在滴定分析中,不论采取何种滴定方法,都需要标准溶液,否则就无法计算分析结果。因此,正确配制标准溶液,准确确定标准溶液的浓度,是直接影响测定结果准确性的重要因素。

标准溶液的配制方法有直接法和标定法。

**1. 直接法**

准确称取一定量基准物质,溶解于适量水后定量转移到容量瓶中,用蒸馏水稀释至刻度,摇匀。根据物质的重量和溶液的体积,即可计算出该标准溶液的准确浓度。例如,称取基准物质 $K_2Cr_2O_7$ 4.903 g,用水溶解后,定量转移至 1 L 容量瓶中,再加水稀释至刻度,即得 $c_{\frac{1}{6}K_2Cr_2O_7}$＝0.1000 mol/L 的 $K_2Cr_2O_7$ 标准溶液。

能够直接配制成标准溶液的试剂,称为基准物质。基准物质应符合下列条件:

（1）试剂的实际组成应与化学式完全相符。若含结晶水,如草酸（$H_2C_2O_4 \cdot 2H_2O$）,其结晶水的含量也应与化学式完全相符。

（2）试剂纯度高。一般要求纯度在 99.9% 以上,而杂质的含量应少到不影响分析结果的准确度。

（3）性质稳定。例如,加热干燥时不分解,称量时不吸潮,不吸收空气中的 $CO_2$,不被空气氧化等。

（4）试剂最好有较大的摩尔质量。这样称量起来相对误差较小。

凡符合上述条件的物质称为"基准物质"或"基准试剂"。凡基准物质都可以用来直接配制标准溶液。

常见基准物质的干燥条件和应用如表 1-1 所示。

表 1-1　常用基准物质的干燥条件和应用

| 基准物质 | | 干燥后组成 | 干燥条件/(℃) | 标定对象 |
|---|---|---|---|---|
| 名称 | 分子式 | | | |
| 碳酸氢钠 | $NaHCO_3$ | $Na_2CO_3$ | 270~300 | 酸 |
| 十水合碳酸钠 | $Na_2CO_3 \cdot 10H_2O$ | $Na_2CO_3$ | 270~300 | 酸 |
| 硼砂 | $Na_2B_4O_7 \cdot 10H_2O$ | $Na_2B_4O_7 \cdot 10H_2O$ | 放在装有 NaCl 和蔗糖饱和溶液的密闭器皿中 | 酸 |
| 二水合草酸 | $H_2C_2O_4 \cdot 2H_2O$ | $H_2C_2O_4 \cdot 2H_2O$ | 室温空气干燥 | 碱或 $KMnO_4$ |
| 邻苯二钾酸氢钾 | $KHC_8H_4O_4$ | $KHC_8H_4O_4$ | 110~120 | 碱 |
| 重铬酸钾 | $K_2Cr_2O_7$ | $K_2Cr_2O_7$ | 140~150 | 还原剂 |
| 溴酸钾 | $KBrO_3$ | $KBrO_3$ | 130 | 还原剂 |
| 碘酸钾 | $KIO_3$ | $KIO_3$ | 130 | 还原剂 |
| 铜 | Cu | Cu | 室温干燥器中保存 | 还原剂 |
| 三氧化二砷 | $As_2O_3$ | $As_2O_3$ | 室温干燥器中保存 | 氧化剂 |
| 草酸钠 | $Na_2C_2O_4$ | $Na_2C_2O_4$ | 130 | 氧化剂 |
| 碳酸钙 | $CaCO_3$ | $CaCO_3$ | 110 | EDTA |
| 锌 | Zn | Zn | 室温干燥器中保存 | EDTA |
| 氯化钠 | NaCl | NaCl | 500~600 | $AgNO_3$ |
| 氯化钾 | KCl | KCl | 500~600 | $AgNO_3$ |
| 硝酸银 | $AgNO_3$ | $AgNO_3$ | 220~250 | 氯化物 |

由于不少用来配制标准溶液的物质,难以符合基准物质的条件,如 NaOH 很容易吸收空气中的 $CO_2$ 和水分,使称得的重量不能代表纯净 NaOH 的重量;盐酸易挥发,难以确定 HCl 的准确含量。对 NaOH 和 HCl 这些物质,均不宜用直接法配制标准溶液,而要采用标定法进行标定。

**2. 标定法**

先配成接近所需浓度的溶液,然后用基准物质(或已经用基准物质标定过的标准溶液)来标定它的准确浓度。这种利用基准物质来确定标准溶液浓度的操作过程,称为"标定"。例如, NaOH 溶液可以用草酸或邻苯二甲酸氢钾作基准物质来进行标定;盐酸溶液可以用无水碳酸钠或硼砂作基准物质来进行标定。

在标定 NaOH 溶液时,由于草酸的摩尔质量为 126.07 g/mol,邻苯二甲酸氢钾的摩尔质量为 204.2 g/mol。因此,采用邻苯二甲酸氢钾来标定 NaOH 溶液更适宜。

## 二、标准溶液浓度表示法

标准溶液的浓度通常用物质的量浓度和滴定度来表示。

### 1. 物质的量浓度 $c_B$

物质 B 的物质的量浓度,是指溶液中所含溶质 B 的物质的量 $n_B$ 除以溶液的体积 $V$,用符号 $c_B$ 表示:

$$c_B = n_B / V$$

式中,$n_B$ 表示溶液中溶质 B 的物质的量,其单位为 mol 或 mmol,$V$ 为溶液的体积,单位可以为 $m^3$、$dm^3$ 等,在水质分析中,最常用的体积单位为 L(升)或 mL(毫升)。浓度 $c_B$ 的单位为 mol/L 或 mmol/L。

物质的量 $n_B$ 与物质的质量 $m_B$ 成正比,其关系是:

$$n_B = \frac{m_B(g)}{\text{物质 B 的摩尔质量 (g/mol)}} = \frac{m_B}{M_B} \text{ mol}$$

或

$$n_B = \frac{m_B(mg)}{\text{物质 B 的摩尔质量 (mg/mmol)}} = \frac{m_B}{M_B} \text{ mmol}$$

所以

$$m_B = n_B \cdot M_B = c_B \cdot V \cdot M_B(g)$$

例如,每升溶液中含 0.2 mol NaOH,其浓度表示为 $c_{NaOH} = 0.2$ mol/L。这意味着称取 $(0.2 \times 1 \times 40)$ g = 8 g 的 NaOH 溶于 1 L 水中。又如,$c_{Na_2CO_3} = 0.1$ mol/L,即为每升溶液中含 $Na_2CO_3$ 0.1 mol 或 10.6 g。

由于物质的量 $n_B$ 的数值取决于基本单元的选择,因此,表示物质的量浓度时,必须指明基本单元。例如,某硫酸溶液的浓度,由于选择不同的基本单元,其摩尔质量就不同,浓度亦不同。如硫酸质量 $m_{H_2SO_4} = 9.8$ g,溶液体积为 1 L,则

$$c_{H_2SO_4} = \frac{m_{H_2SO_4}}{M_{H_2SO_4} \cdot V} = \frac{9.8}{98 \times 1} \text{ mol/L} = 0.1 \text{ mol/L}$$

$$c_{\frac{1}{2}H_2SO_4} = \frac{m_{H_2SO_4}}{M_{\frac{1}{2}H_2SO_4} \cdot V} = \frac{9.8}{49 \times 1} \text{ mol/L} = 0.2 \text{ mol/L}$$

所以

$$c_{H_2SO_4} = \frac{1}{2} c_{\frac{1}{2}H_2SO_4}$$

### 2. 滴定度

滴定度是指 1 mL 溶液中所含溶质的克数或者 1 mL 滴定剂溶液相当于被测物的克数,用符号 $T_{B/A}$ 或 $T_A$ 表示。A 是滴定剂,B 为被测物质。如

$T_{Cl^-/AgNO_3} = 0.005000$ g/mL　表示 1 mL $AgNO_3$ 标准溶液相当于 0.005000 g $Cl^-$。

$T_{NaOH} = 0.04000$ g/mL　表示 1 mL NaOH 溶液中含有 0.04000 g 的 NaOH。

用滴定度表示标准溶液的浓度,在水质分析中应用广泛。因为在进行成批的或经常测定的某一项目时,用这种方法计算分析结果极为方便。

## 第三节　滴定分析对化学反应的要求,滴定方式及计算

### 一、滴定反应对化学反应的要求和滴定方式

适合滴定分析法的化学反应,应该具备以下几个条件:

（1）反应必须具有确定的化学计量关系，即反应按一定的反应方程式进行，这是定量计算的基础。

（2）反应必须定量进行，即 99.9% 的反应物变成产物，没有副反应。

（3）必须具有较快的反应速度。

（4）必须有适当简便的方法确定滴定终点。

凡能满足上述要求的反应，都可用直接滴定法，即用标准溶液直接滴定被测物质。但是有时反应不能完全符合上述要求，这时可采用下述几种方法进行滴定。

返滴定法：当被测物与滴定剂反应很慢或者没有合适的指示剂或者用滴定剂直接滴定固体试样时，可先准确地加入定量过量的标准溶液，使与试液中的被测组分进行反应，待反应完成后，再用另一标准溶液滴定剩余的标准溶液。

置换滴定法：当被测组分所参与的反应不按一定反应式进行或伴有副反应时，可先用适当试剂与被测物反应，使其定量地置换为另一种物质，再用标准溶液滴定这种物质，这种方法就是置换滴定法。

间接滴定法：不能与滴定剂直接起反应的物质，有时可以通过另外的化学反应，以滴定法间接进行测定。例如，将 $Ca^{2+}$ 沉淀为 $CaC_2O_4$ 后，用 $H_2SO_4$ 溶解，再用 $KMnO_4$ 标准溶液滴定与 $Ca^{2+}$ 结合的 $C_2O_4^{2-}$，从而间接测定 $Ca^{2+}$。

## 二、被滴定的物质的量 $n_B$(mol) 与滴定剂的量 $n_A$(mol)间的关系

在直接滴定法中，若被测物 B 与滴定剂 A 间的反应为

$$a A + b B \Longrightarrow c C + d D$$

即 A 与 B 反应的摩尔比为 $a : b$，则有

$$n_A = \frac{a}{b} n_B \quad \text{或} \quad n_B = \frac{b}{a} n_A$$

注意在这样的摩尔比关系中，物质的量所选定的基本单元是以分子量为准的摩尔质量。

例如，在酸性溶液中，以 $H_2C_2O_4$ 为基准物标定 $KMnO_4$ 溶液的浓度，其反应为

$$2KMnO_4 + 5H_2C_2O_4 + 6H^+ \Longrightarrow 2Mn^{2+} + 2K^+ + 10CO_2 + 8H_2O$$

则

$$n_{KMnO_4} = \frac{2}{5} n_{H_2C_2O_4}$$

在置换滴定法中涉及两个反应，应从总的反应中找出实际参加反应的物质的量之间的关系。例如，在酸性溶液中以 $K_2Cr_2O_7$ 为基准物标定 $Na_2S_2O_3$ 溶液的浓度时，反应分两步进行，首先是在酸性溶液中 $K_2Cr_2O_7$ 与过量的 KI 反应析出 $I_2$，

$$Cr_2O_7^{2-} + 6KI + 14H^+ \Longrightarrow 2Cr^{3+} + 3I_2 + 7H_2O + 6K^+$$

然后用 $Na_2S_2O_3$ 溶液为滴定剂滴定析出的 $I_2$。

$$I_2 + 2Na_2S_2O_3 \Longrightarrow 2I^- + S_4O_6^{2-} + 2Na^+$$

结果实际上相当于 $K_2Cr_2O_7$ 氧化了 $Na_2S_2O_3$。由两反应的关系可知，$K_2Cr_2O_7$ 与 $Na_2S_2O_3$ 是按 1 : 6 的摩尔比反应的，故 $n_{Na_2S_2O_3} = 6 n_{K_2Cr_2O_7}$。

在间接法滴定中，要从几个反应中找出被测物质的量与滴定剂的量之间的关系。例如，用 $KMnO_4$ 法间接测定 $Ca^{2+}$ 经过以下几步：

$$Ca^{2+} \xrightarrow{C_2O_4^{2-}} CaC_2O_4 \downarrow \xrightarrow{H^+} H_2C_2O_4 \xrightarrow[H^+]{KMnO_4} 2CO_2$$

此处 $Ca^{2+}$ 与 $C_2O_4^{2-}$ 反应的摩尔比是 $1:1$，而 $H_2C_2O_4$ 与 $KMnO_4$ 是按 $5:2$ 的摩尔比反应的，故 $n_{Ca} = \dfrac{5}{2} \times n_{KMnO_4}$。

## 三、水质分析计算示例

**1. 标准溶液的配制与标定**

【**例 1-1**】 欲配制 $c_{\frac{1}{6}K_2Cr_2O_7} = 0.1000\ mol/L$ 的 $K_2Cr_2O_7$ 溶液 $500\ mL$，问需要称取基准物 $K_2Cr_2O_7$ 多少克？

**解** 已知

$$M_{K_2Cr_2O_7} = 294.18\ g/mol, \qquad M_{\frac{1}{6}K_2Cr_2O_7} = \frac{294.18}{6}\ g/mol$$

$$V = 0.5\ L, \qquad c_{\frac{1}{6}K_2Cr_2O_7} = 0.1000\ mol/L$$

根据

$$c_{\frac{1}{6}K_2Cr_2O_7} = \frac{m_{K_2Cr_2O_7}}{M_{\frac{1}{6}K_2Cr_2O_7} \times V}$$

得

$$m_{K_2Cr_2O_7} = c_{\frac{1}{6}K_2Cr_2O_7} \times M_{\frac{1}{6}K_2Cr_2O_7} \times V = 0.1000 \times \frac{294.18}{6} \times 0.5\ g = 2.4515\ g$$

【**例 1-2**】 为标定 HCl 溶液，称取硼砂（$Na_2B_4O_7 \cdot 10H_2O$）$0.4709\ g$，用 HCl 溶液滴定至化学计量点，用去 HCl 溶液 $25.20\ mL$，求 HCl 溶液的浓度 $c_{HCl}$ 为多少？

**解** 已知 $M_{Na_2B_4O_7 \cdot 10H_2O} = 381.36\ g/mol$

$$Na_2B_4O_7 + 2HCl + 5H_2O \Longrightarrow 4H_3BO_3 + 2NaCl$$

可见 1 mol 硼砂与 2 mol HCl 反应，故

$$n_{Na_2B_4O_7} = \frac{1}{2}n_{HCl}$$

$$n_{HCl} = 2n_{Na_2B_4O_7} = 2 \times \frac{m_{Na_2B_4O_7 \cdot 10H_2O}}{M_{Na_2B_4O_7 \cdot 10H_2O}} = 2 \times \frac{0.4709}{381.36}\ mol$$

$$c_{HCl} = \frac{n_{HCl}}{V_{HCl}} = \frac{2 \times 0.4709}{381.36 \times 0.02520}\ mol/L = 0.09800\ mol/L$$

**2. 物质的量浓度与滴定度之间的换算**

设有反应：$aA + bB \Longrightarrow cC + dD$，A 为滴定剂，浓度为 $c\ (mol/L)$，则有关系式 $\dfrac{a}{b} = \dfrac{cV}{m_B/M_B}$，按 $T$ 的定义，$V = 1.00\ mL$ 时，被测物 B 的克数就是滴定度。所以

$$m_B = T = \frac{b}{a}cM_B \times \frac{1}{1000}\ (g/mL)$$

【**例 1-3**】 计算 $c_{\frac{1}{6}K_2Cr_2O_7} = 0.1000\ mol/L$ 的 $K_2Cr_2O_7$ 对 Fe 和 $Fe_2O_3$ 的滴定度。

**解**

$$Cr_2O_7^{2-} + 6Fe^{2+} + 14H^+ \Longrightarrow 2Cr^{3+} + 6Fe^{3+} + 7H_2O$$

$$T_{Fe/K_2Cr_2O_7} = 6 \times \frac{1}{6} c_{\frac{1}{6}K_2Cr_2O_7} \times M_{Fe} \times \frac{1}{1000} = 6 \times \frac{1}{6} \times 0.1000 \times 55.85 \times \frac{1}{1000} \text{ g/mL}$$

$$= 5.585 \times 10^{-3} \text{ g/mL}$$

因为
$$K_2Cr_2O_7 \backsim 6Fe^{2+} \backsim 3Fe_2O_3$$

所以
$$T_{Fe_2O_3/K_2Cr_2O_7} = 3 \times \frac{1}{6} c_{\frac{1}{6}K_2Cr_2O_7} \times M_{Fe_2O_3} \times \frac{1}{1000}$$

$$= 3 \times \frac{1}{6} \times 0.1000 \times 159.7 \times 10^{-3} \text{ g/mL} = 7.985 \times 10^{-3} \text{ g/mL}$$

**3. 分析结果的计算**

利用反应物及产物之间的摩尔比关系,根据前面所述的有关计算 $m_B$、$n_B$、$c_B$ 等公式,很容易算出有关欲求量。如计算被测物的质量分数,可称取试样 $G$ (g),测得被测物质量 $m$ (g),则被测物在试样中的质量分数 $w$ 为

$$w = \frac{m(\text{g})}{G(\text{g})}$$

在滴定分析中,被测物的量 $n_B$ (mol) 是由滴定剂的量浓度(mol/L)、体积以及被测物质与滴定剂反应的摩尔比 $a:b$ 求得的,再乘以被测物的摩尔质量即可求得被测物的质量 $m$,以此计算值代入上式得

$$w = \frac{(cV)_{滴定剂} \times \frac{a}{b} \times M_{被测物}}{G}$$

【例 1-4】 称取混合碱(NaOH 和 $Na_2CO_3$ 混合物)试样 1.200 g,溶于水后用 0.5000 mol/L HCl 溶液滴定至酚酞褪色,用去 HCl 溶液 30.00 mL。然后加入甲基橙,继续滴加 HCl 溶液呈现橙色,又用去 HCl 5.00 mL,问试样中 NaOH 和 $Na_2CO_3$ 的质量分数各为多少?

**解** 当滴定到酚酞褪色时,NaOH 已完全中和,而 $Na_2CO_3$ 仅生成 $NaHCO_3$:

$$Na_2CO_3 + HCl = NaHCO_3 + NaCl$$

在用甲基橙作指示剂继续滴定到变橙色时,$NaHCO_3$ 完全反应生成 $H_2O + CO_2$:

$$NaHCO_3 + HCl = NaCl + CO_2 + H_2O$$

如果试样中仅含有 $Na_2CO_3$ 一种组分,则滴定到酚酞褪色时所用去的酸与继续滴定到甲基橙变色时所用去的酸应该相等。现滴定到酚酞褪色时用去的酸较多,可见试样中除 $Na_2CO_3$ 以外还有 NaOH,滴定 NaOH 所用去的酸应为 30.00 mL - 5.00 mL = 25.00 mL。HCl 与 NaOH 的反应摩尔比是 1:1,则

$$w_{NaOH} = \frac{(cV)_{HCl} \times M_{NaOH}}{G} = \frac{0.5000 \times 25.00 \times 40}{1.2 \times 1000} = 0.4167 = 41.67 \%$$

与 $Na_2CO_3$ 作用所用的酸 $5.00 \times 2$ mL = 10.00 mL,HCl 与 $Na_2CO_3$ 的反应摩尔比为 2:1,则

$$w_{Na_2CO_3} = \frac{(cV)_{HCl} \times \frac{1}{2} \times M_{Na_2CO_3}}{G} = \frac{0.5000 \times 10.00 \times \frac{1}{2} \times 106}{1.2 \times 1000} = 0.2208 = 22.08 \%$$

【例 1-5】 在测定水的总硬度时,吸取水样 100 mL,以铬黑 T 为指示剂,用 0.0100 mol/L EDTA 溶液滴定,共用去 EDTA 3.00 mL,问该水样中含有以 CaO 表示的硬度为多少(mg/L)?

**解**　EDTA 与 Ca 的反应式为

$$Ca^{2+} + H_2Y^{2-} \Longrightarrow CaY^{2-} + 2H^+$$

反应的摩尔比为 1∶1,而 Ca²⁺ 与 CaO 的摩尔比也为 1∶1,所以

$$硬度(CaO) = \frac{(cV)_{EDTA} \times M_{CaO}}{V_{水样}} = \frac{0.0100 \times 3.00 \times 56.08}{100} \times 1000 \text{ mg/L} = 16.82 \text{ mg/L}$$

# 第四节　定量分析误差

定量分析的目的,是为了准确测定试样中某组分的含量。但实际上,即使采用最可靠的分析方法,使用精密的仪器,精细地进行操作,测得的数值也不可能和真实数值完全一致。这是因为在分析过程中,误差是客观存在的。但是,如果我们掌握了产生误差的一些基本规律,检查产生误差的原因,采取有效措施,减小误差,就能使所测结果尽可能地反映试样中待测组分的真实含量。

## 一、准确度和精密度

### 1. 准确度与误差

通常用误差表示分析结果的准确度。误差是指测定结果与真实值的差。差值愈小,误差愈小,表示分析结果与真实值愈接近,即准确度愈高。其表示方法有绝对误差和相对误差两种。

绝对误差表示测定值与真实值之差,即

$$绝对误差 = 测定值 - 真实值$$

客观存在的绝对真实值是不可能准确知道的,实际工作中往往用约定值和标准值代替真值来检查分析方法的准确度。约定值,即被人们共认的值,如三角形内角和等于 180°,各种分子量、原子量、各种常数等。标准值是指采用多种可靠的分析方法,由具有丰富经验的分析人员经过反复多次分析测定,用数理统计的方法得出来的量。

当测定结果大于真实值时,误差为正值,表示测定结果偏高;反之,误差为负值,表示测定结果偏低。例如,用分析天平称量两物体的重量各为 2.1750 g 和 0.2175 g,而两者的真实重量各为 2.1751 g 和 0.2176 g,则两者称量的绝对误差分别为

$$2.1750 \text{ g} - 2.1751 \text{ g} = -0.0001 \text{ g}$$

$$0.2175 \text{ g} - 0.2176 \text{ g} = -0.0001 \text{ g}$$

两物体的重量相差 10 倍,但测定的绝对误差都为 -0.0001 g,故只显示出误差绝对值的大小,未完全反映出测定结果的准确度。

相对误差表示误差在测定结果中所占的百分率,即

$$相对误差 = \frac{绝对误差}{真实值} \times 100\%$$

例如,上面两者称量的相对误差分别为

$$\frac{-0.0001}{2.1751} \times 100\% = -0.005\%$$

$$\frac{-0.0001}{0.2176} \times 100\% = -0.05\%$$

由上可以看出,两者的相对误差相差 10 倍。显然,当被测定的量较大时,相对误差就比较小,测定的准确度也就比较高。所以,一般用相对误差来表示测定结果的准确度。

**2. 精密度与偏差**

通常用偏差表示分析结果的精密度。偏差是指多次平行测定结果相互接近的程度。偏差小,表示测定结果的重现性好,即各测定值之间比较接近,精密度高。偏差分为绝对偏差和相对偏差。

$$绝对偏差 = 个别测定值 - 测定平均值$$

$$相对偏差 = \frac{绝对偏差}{平均值} \times 100\%$$

(1) 如果对同一种试样,只作一次重复测定,即两次测定,则

$$相对偏差 = \frac{两次测定值之差}{平均值} \times 100\%$$

【例 1-6】 测定铁矿石中铁的百分含量时,两次测得的结果分别为 50.20% 和 50.22%,求其平均值和相对偏差。

**解** 
$$两次测定的平均值 = \frac{50.20 + 50.22}{2}\% = 50.21\%$$

$$相对偏差 = \frac{50.22 \quad 50.20}{50.21} \times 100\% = 0.04\%$$

(2) 如果对同一种试样进行了 $n$ 次测定,其测定值各为 $x_1, x_2, \cdots, x_n$,一般用平均偏差来表示测定的精密度。平均偏差数值愈小,其测定结果的精密度愈高。

$$平均值 \ \bar{x} = \frac{x_1 + x_2 + \cdots + x_n}{n} = \frac{\sum\limits_{i=1}^{n} x_i}{n}$$

$$平均偏差 \ \bar{d} = \frac{|x_1 - \bar{x}| + |x_2 - \bar{x}| + \cdots + |x_n - \bar{x}|}{n}$$

$$= \frac{|d_1| + |d_2| + \cdots + |d_n|}{n} = \frac{\sum\limits_{i=1}^{n} |d_i|}{n}$$

从上式可知,平均偏差 $\bar{d}$ 是表示各测定值绝对偏差 $d_i$ 的绝对值的算术平均值。

平均偏差 $\bar{d}$ 占平均值 $\bar{x}$ 的百分数,称为相对平均偏差,即

$$相对平均偏差 = \frac{\bar{d}}{\bar{x}} \times 100\%$$

【例 1-7】 测定某水样中 $SiO_2$ 的含量(mg/L),五次测定的结果分别是 37.40,37.20,37.30,37.50 和 37.30。求平均偏差和相对平均偏差。

**解** 平均值

$$\bar{x} = \frac{\sum\limits_{i=1}^{n} x_i}{n} = \frac{37.40 + 37.20 + 37.30 + 37.50 + 37.30}{5} = \frac{186.70}{5} = 37.34$$

各次测定的绝对偏差 $d_i$：

$$d_1 = 37.40 - 37.34 = +0.06$$
$$d_2 = 37.20 - 37.34 = -0.14$$
$$d_3 = 37.30 - 37.34 = -0.04$$
$$d_4 = 37.50 - 37.34 = +0.16$$
$$d_5 = 37.30 - 37.34 = -0.04$$

平均偏差

$$\bar{d} = \frac{\sum\limits_{i=1}^{n} |d_i|}{n} = \frac{|+0.06| + |-0.14| + |-0.04| + |+0.16| + |-0.04|}{5} = \frac{0.44}{5} = 0.088$$

$$相对平均偏差 = \frac{\bar{d}}{\bar{x}} \times 100\% = \frac{0.088}{37.34} \times 100\% = 0.24\%$$

（3）如果对同一试样进行平行测定的次数较多，或测定所得数据的分散程度较大，则用标准偏差 $s$ 来表示精密度比用平均偏差的好，标准偏差又称为均方根偏差。当测定次数 $n < 20$ 时，可按下式计算：

$$s = \sqrt{\frac{d_1^2 + d_2^2 + \cdots + d_n^2}{n-1}} = \sqrt{\frac{\sum\limits_{i=1}^{n} d_i^2}{n-1}}$$

当测定次数较多时（$n > 20$），标准偏差用 $\sigma$ 表示，其数学表达式为

$$\sigma = \sqrt{\frac{\sum\limits_{i=1}^{n} (x_i - \mu)^2}{n}}$$

式中，$\mu$ 为样品真实值。

显然，按标准偏差计算时，将单次测定的偏差平方之后，较大的偏差更显著地反映出来，故能更好地说明数据的分散程度。$s$ 愈小，表示各数据之间的接近程度愈大，精密度愈高。

【例 1-8】 当例 1-7 用标准偏差表示时，计算如下：

$$s = \sqrt{\frac{\sum\limits_{i=1}^{n} d_i^2}{n-1}} = \sqrt{\frac{d_1^2 + d_2^2 + d_3^2 + d_4^2 + d_5^2}{5-1}}$$

$$= \sqrt{\frac{(+0.06)^2 + (-0.14)^2 + (-0.04)^2 + (+0.16)^2 + (-0.04)^2}{5-1}} = 0.114$$

【例 1-9】 有甲、乙两组数据，其各次测定的偏差分别为

甲组：$+0.1, +0.4, 0.0, -0.3, +0.2, -0.3, +0.2, -0.2, -0.4, +0.3$。

平均偏差 $\bar{d} = 0.24$

乙组：$-0.1, -0.2, +0.9, 0.0, +0.1, +0.1, 0.0, +0.1, -0.7, -0.2$。

平均偏差 $\bar{d} = 0.24$

从数据可以看出，乙组的精密度没有甲组的高，但两组的平均偏差相等，显然，这时用平均偏差

反映不出精密度的高低。如果用标准偏差表示,则情况便很清楚了。

$$s_甲 = \sqrt{\frac{\sum\limits_{i=1}^{n} d_i^2}{n-1}} = \sqrt{\frac{(+0.1)^2 + (+0.4)^2 + \cdots + (+0.3)^2}{10-1}} = 0.28$$

$$s_乙 = \sqrt{\frac{\sum\limits_{i=1}^{n} d_i^2}{n-1}} = \sqrt{\frac{(-0.1)^2 + (-0.2)^2 + \cdots + (-0.2)^2}{10-1}} = 0.40$$

**3. 精密度与准确度之间的关系**

如前所述,准确度表示分析结果与真实值接近的程度,精密度表示各次分析结果相互接近的程度,精密度也可以用重复性或再现性来表示。

精密度高,不一定准确度高。因为这时可能有较大的系统误差。而准确度高,一定需要精密度高。精密度是保证准确度的先决条件。精密度低,说明所测结果不可靠。

例如,某水样中 $Cl^-$ 的真实含量为 $10.00$ mg/L,用四种分析方法各作 6 次测定,将所得结果列入表 1-2 中。

**表 1-2　用 4 种方法测定 $Cl^-$ (mg/L)的结果**

| 方法 ＼ 编号 | 1 | 2 | 3 | 4 | 5 | 6 |
|---|---|---|---|---|---|---|
| 1 | 10.06 | 10.08 | 10.10 | 10.12 | 10.14 | 10.16 |
| 2 | 9.94 | 9.96 | 9.98 | 10.00 | 10.02 | 10.04 |
| 3 | 9.77 | 9.88 | 9.94 | 10.06 | 10.17 | 10.26 |
| 4 | 9.94 | 10.06 | 10.16 | 10.27 | 10.37 | 10.42 |

图 1-2 是 4 种分析方法的准确度和精密度。

**图 1-2　4 种分析方法的准确度和精密度**

真—真实结果(10.00);均—平均结果;·—一个别结果

由图 1-2 可以看出,方法 1 的各次测定结果相差很小,故精密度高,说明它的偶然误差很小,但平均值与真实值相差较大,故准确度不高,即其系统误差很大。方法 2 的准确度和精密度都很高,说明方法 2 中的系统误差和偶然误差都很小。方法 3 的精密度很差,说明方法 3 中偶然误差很大,虽然其平均值接近真实值,但几个数值彼此间相差很大,只是由于正负误差相互抵消才使结果接近真实值,这种结果是不可靠的。方法 4 的准确度和精密度都很差,说明方法 4 的系统误差和偶然误差都很大。

因此,我们在评价分析结果时,要将系统误差和偶然误差综合起来考虑,提高分析方法的准确度和精密度,才能保证测定结果的准确性。

## 二、产生误差的原因及减免方法

根据误差的性质和产生的原因,误差可表示为下面几种类型。

### 1. 系统误差

系统误差又称为可测误差。它是由分析过程中某些经常性的原因造成的,对分析结果的影响比较固定。在同一条件下,重复测定时,它会重复出现,而且会使测定结果系统偏高或者偏低。因此,误差的大小往往可以估计,并可加以校正。系统误差产生的原因是:

(1)方法误差。这种误差是由于分析方法本身所造成的。例如,在重量分析中沉淀的溶解及吸附现象;在滴定分析中反应进行不完全,干扰离子的影响,滴定终点和化学计量点不一致及其他副反应的发生等,都会系统地影响测定结果。

(2)仪器误差。这种误差是由于仪器不够精确所造成的误差。如分析天平的砝码未经过校正引起的称量误差;或由于容量器皿未经过校正引起的读数误差等。

(3)试剂误差。这种误差是由于试剂和蒸馏水不纯,含有被测物质和干扰物质等杂质所产生的误差。

系统误差可以用对照试验、空白试验、校准仪器等办法加以校正。

### 2. 偶然误差

偶然误差又称不可测误差或随机误差。它是由测量过程中某些偶然因素造成的。如测定时环境的温度、湿度和气压的微小波动,仪器性能的微小变化,分析人员操作技术的微小差异等。其影响有时大,有时小;有时为正,有时为负。偶然误差难以察觉,也难以控制。但是,在同样条件下进行多次测定,则可发现偶然误差的分布完全服从一般的统计规律,如图 1-3 所示。

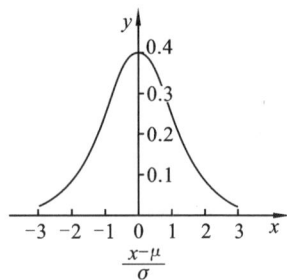

**图 1-3　标准正态分布曲线**

图中纵坐标表示概率密度,横坐标表示以 $\sigma$ 为单位的偏差,$\mu$ 为样品真实值,$x$ 为测定值,$\sigma$ 为标准偏差。从图中可以看出:

(1)$x=\mu$ 时,$y$ 值最大,这一现象体现了测量值的集中趋势,这就是说,大多数测量值集中在算术平均值的附近;或者说,算术平均值是最可信赖或最佳值。

(2)曲线以 $x=\mu$ 这一直线为其对称轴,这一情况说明正误差和负误差出现的概率相等。

(3)当 $x$ 趋向 $-\infty$ 或 $+\infty$ 时,曲线以 $x$ 轴为渐近线。这一情况说明小误差出现的概率大,大误差出现的概率小,出现很大误差的概率极小,趋近于零。

对于标准正态分布曲线,不同 $y$ 值时所占面积已通过积分方法求得,并制成概率积分表以供查用。

**表 1-3　分析结果落在不同区间的概率(部分数据)**

| 区间 | $\mu\pm1\sigma$ | $\mu\pm2\sigma$ | $\mu\pm3\sigma$ |
|---|---|---|---|
| 概率 | 68.27% | 95.45% | 99.73% |

由图 1-3 及表 1-3 可见,分析结果落在 $\mu \pm 3\sigma$ 范围内的概率达 99.73%,即误差超过 $\pm 3\sigma$ 的分析结果是很少的,不到全部分析结果的 0.3%,也就是说,在多次重复测量中,出现特别大的误差的概率是很小的。在实际工作中,如果个别数据的误差的绝对值大于 $3\sigma$,则这个极端值可以舍去。

### 3. 过失误差

除上述两类误差外,有时还有因工作上的粗心大意,违反操作规程所产生的错误,如加错试剂、看错砝码、读错刻度、计算错误等。这些都属于不应有的过失误差。因此,在分析工作中认真细心,严格遵守操作规程,过失误差是可以避免的。在分析工作中,只要出现较大误差时,就应查明原因。如果是由过失所产生的错误,则应将该次测定结果弃去不用。

## 三、提高分析结果准确度的方法

### 1. 选择合适的分析方法

各种分析方法的准确度和灵敏度各有侧重。重量法和滴定法的准确度高但灵敏度低,适用于常量组分的测定;仪器分析测定的灵敏度高,但准确度较差,适用于微量组分的测定。例如,对于含铁量为 40% 的试样中铁的测定,采用准确度高的重量法和滴定法测定,可以较准确地测定其含量范围。假定方法的相对误差为 0.2%,则含量范围将在 39.92%～40.08%。这一试样如果直接用比色法测定,按其相对误差 5% 计,可能测得的范围是 38%～42%。显然这样测定的准确度太差了。如果是含铁量为 0.02% 的试样,采用光度法测铁,尽管相对误差较人,但因含铁量低,其绝对误差小,叮能测得的范围是 0.018%～0.022%(按方法误差 10% 计),这样的结果是能满足要求的,而对如此微量的铁的测定,重量法与滴定法是无从达到的。此外,还必须根据分析试样的组成选择合适的分析方法。例如,测定铁时,若共有元素容易以共测定方式干扰铁的重量法测定,可采用滴定法测定。而重铬酸钾法又较络合滴定少受其他金属离子的干扰。

### 2. 减少测量误差

为了保证分析结果的准确度,必须尽量减少测量误差。例如,在重量分析中,测量步骤是称重,这就应设法减小称量误差。一般分析天平的称量误差为 $\pm 0.1$ mg,用差减法称重两次,可能引起的最大误差是 $\pm 0.2$ mg,为了使称量的相对误差小于 0.1%,试样重量就不能太小。

$$\text{试样重量} = \frac{\text{绝对误差}}{\text{相对误差}} = \frac{0.2 \text{ mg}}{0.1\%} = 200 \text{ mg}$$

可见,试样重量必须等于或大于 0.2 g,才能保证称量误差在 0.1% 以内。

在滴定分析中,滴定管读数有 $\pm 0.01$ mL 误差,在一次滴定中,需要读数两次,可能造成最大误差为 $\pm 0.02$ mL。为使测量体积的相对误差小于 0.1%,消耗滴定剂必须在 20 mL 以上。

对不同测定方法,测量的准确度只要与方法的准确度相适应就够了。例如,比色法测定微量组分,要求相对误差为 2%,若称取试样 0.5 g,则试样称量绝对误差不大于 $0.5 \times 2\% = 0.01$ g 就行了。如果强调称准至 $\pm 0.1$ mg,说明操作者并未掌握相对误差的概念。

### 3. 增加平行测定次数,减小随机误差

如前所述,增加测定次数,可以减少随机误差,但测定次数过多,得不偿失。一般分析测定,平行做 4～6 次即可。

### 4. 消除测定过程中的系统误差

为检查分析过程中有无系统误差,做对照试验是最有效的方法。可以采用三种方法:选用其组成与试样相近的标准试样来做测定,将测定结果与标准试样比较,用统计检验方法确定有无系统误差;采用标准方法和所选方法同时测定某一试样,由测定结果做统计检验;采用加标法作对照实验,即称取等量试样两份,在一份试样中加入已知量的待测组分,平行进行此两份样的测定,由加入被测组分量是否定量回收判断有无系统误差。这种方法在对试样组成情况不清楚时适用。对照实验的结果同时也能说明系统误差的大小。

若对照实验说明有系统误差存在,则应设法找出产生系统误差的原因,并加以消除。通常采用如下方法。

(1)做空白试验消除试剂、蒸馏水及器皿引入的杂质所造成的系统误差。即在不加试样的情况下,按照试样分析步骤和条件进行分析试验,所以结果称为空白值,从试样测定结果中扣除此空白值。

(2)校准仪器以消除仪器不准所引起的系统误差。如对砝码、移液管、容量瓶与滴定管进行校准。

(3)引用其他分析方法作校正。例如,用重量法测定 $SiO_2$ 时,滤液中的硅可以光度法测定,然后加到重量法结果中去。

# 第五节  分析结果的数据处理

## 一、有效数字及其运算规则

为了得到准确的分析结果,不仅要准确地测量各种数据,而且还要正确地记录数据和计算结果,也就是说要正确应用有效数字。

### 1. 有效数字

有效数字是指在实际中能测量到的数字。在保留的有效数字中,只有最后一位是可疑数字,其余数位都是准确数字。例如,用滴定管进行滴定操作,滴定管的最小刻度为 0.1 mL,假如某滴定分析用去滴定管中标准溶液的体积为 18.36 mL,前三位 18.3 是从滴定管的刻度上直接读出来的,而第四位"6"是在 18.3 和 18.4 刻度中间用眼睛估计出来的。显然前三位是准确数字,而第四位是不太准确的,叫做可疑数字或不定数字。但这四位都是有效数字,其有效数字的位数为四位。对于可疑数字,除非特别说明,通常理解它可能有 $\pm 1$ 个单位的误差。

有效数字的位数不仅表示测量数值的大小,而且还表示测量的准确程度。例如,用分析天平称得某试样的重量为 0.5180 g,这是四位有效数字,它不仅说明了试样的重量,同时也表明

了最后一位"0"是可疑的,有±1的误差。得到一个样品的质量,需要称量二次。也就是说,该试样的实际重量是在(0.5180±0.0002)g范围内的某一数值。其绝对误差为±0.0002 g,相对误差为

$$\frac{\pm 0.0002}{0.5180} \times 100\% = \pm 0.04\%$$

假如将上述称量结果写成0.518 g,最后一位"0"没有写上,这就变成三位有效数字了,而且最后一位"8"就变成了可疑的,该试样的实际重量就变成在(0.518±0.002)g范围内的某一数值。这时绝对误差为±0.002 g,相对误差为

$$\frac{\pm 0.002}{0.518} \times 100\% = \pm 0.4\%$$

由此可以看出,有效数字多写一位或少写一位,就导致其准确度相差10倍。有时最后一位尽管是"0",也不能任意取消。

数据中有"0"时,应根据具体情况进行分析,"0"起的作用是不同的。下面举例说明有效数字的位数和"0"的作用:

| | | |
|---|---|---|
| 3.500 | 20.05% | 四位有效数字 |
| 0.0120 | $1.86 \times 10^{-5}$ | 三位有效数字 |
| pH=11.20 | 54 | 二位有效数字 |
| $2 \times 10^5$ | 0.2% | 一位有效数字 |
| 3600 | 100 | 有效数字位数较含糊 |

从以上数据中可以看出"0"的作用,它可以用作有效数字,也可以用作定位。"0"如果在数字的前面,只起定位作用,表示小数点的位置,不是有效数字;"0"如果在数字的中间或末端,则是有效数字。另外,像3600,有效数字位数比较含糊,一般看成是四位有效数字,但也可能是三位或二位有效数字。对于这样的情况,应分别写成$3.600 \times 10^3$,$3.60 \times 10^3$或$3.6 \times 10^3$为宜。

在分析化学中,常遇到一些倍数或分数的关系,如

$$2KMnO_4 + 5H_2C_2O_4 + 6H^+ =\!=\!= 2Mn^{2+} + 10CO_2 + 8H_2O + 2K^+$$

$$n_{KMnO_4} = \frac{2}{5} n_{H_2C_2O_4}$$

分母上的"5",分子上的"2"并不意味着只有一位有效数字,它是自然数,非测量所得。因此,应将它视为不受限制的有效数字。

分析化学中还经常遇到pH、pM、lgC等对数值,其有效数字的位数仅取决于小数部分数字的位数,因整数部分只说明该数的方次。$\lg 5.7 \times 10^{-3} = -3 + 0.76 = -2.24$,式中$-3$为首数,从$10^{-3}$取对数得到,首数大小由小数点的位置决定,所以首数不是有效数字(就像0.057中的0不是有效数字一样)。0.76为lg5.7的尾数,因5.7只有2位有效数字,故$\lg 5.7 \times 10^{-3} = -2.24$为2位有效数字。

**2. 有效数字的计算规则**

在计算过程中,如果有效数字的取舍不恰当,往往造成计算过繁而影响计算结果的准确性。因此,必须遵守一定的计算规则。常用的规则是:

(1)记录测定的数值时,只得留一位可疑数字。这与测定时所用仪器精度和要求的相对

误差有关。如在滴定分析中,用精度为万分之一的分析天平,能够称准至 0.0001 g,即有 ±0.1 mg 的误差,那么记录时应记到小数点后四位;常量滴定管应记录到小数点后二位,最后一位数字是可疑数字。

(2) 当有效数字确定后,其余数字(尾数)应一律弃去。弃去的办法,是采用"四舍六入五留双"的规则。即当尾数≤4 时,舍去;当尾数≥6 时,进位;当尾数恰为 5 时,若前一位是偶数,则将 5 舍弃,若前一位是奇数,就将 5 进位,总之,应保留"偶数"。如 3.635 与 3.645 两数,若保留三位有效数字时,都为 3.64。

(3) 计算有效数字位数时,若第一位有效数字等于 8 或大于 8,其有效数字的位数可多算一位。如 8.37 虽只有三位,但它已接近于 10.00,故可以认为它是四位有效数字。

(4) 加减法,当几个数据相加或相减时,它们的和或差的有效数字的保留,应与小数点后位数最少者相同。如 0.0121、1.5078 及 30.64 三个数相加时,应以 30.64 为准,各数应保留小数点后两位有效数字再进行运算:

$$0.01+1.51+30.64=32.16$$

(5) 乘除法,当几个数据相乘或相除时,它们的积或商的有效数字的位数,应与各数据中有效数字位数最少的相同。如计算 0.0121、1.5078 及 30.64 三数之积时,应以 0.0121(相对误差最大,有效数字位数最少)为准,将各数都保留三位有效数字,然后相乘

$$0.0121\times1.51\times30.6=0.559$$

(6) 在对数运算中,所取对数的有效数字位数应与真数有效数字位数相等。如求 $[H^+]=7.98\times10^{-2}$ mol/L 时溶液的 pH 值为

$$pH=-\lg[H^+]=-\lg7.98\times10^{-2}=1.098$$

此处 pH 值的有效数字位数为三位数字。

## 二、离群数据的剔除

离群数据是与正常数据不来自于同一分布总体,明显歪曲试验结果的测量数据,常称为误差较大的数据。在数据处理时,必须剔除离群数据以使测量结果更符合客观实际。但不能人为删去误差较大但并非离群的测量数据,对它们的取舍,应采用统计方法进行判别,即对离群数据进行统计检验。

### 1. 四倍平均偏差法

根据正态分布规律,偏差超过 $3\sigma$ 的个别测定值的概率小于 0.3%,故当测定次数不多时,这一测定值通常可以舍去。由统计学已知 $\delta=0.8\sigma$,$3\sigma\approx4\delta$,即偏差超过 $4\delta$ 的个别测定值可以舍去。$\delta$ 是测量次数较多的情况下的平均偏差。

对于少量实验数据,只能用 $s$ 代替 $\sigma$,用 $\bar{d}$ 代替 $\delta$,故可以粗略地认为,偏差大于 $4\bar{d}$ 的个别测定值可以舍去。这样处理问题是存在较大误差的。但是由于这种方法比较简单,不必查表,故仍被人们所采用。显然这种方法只能应用于处理一些要求不高的实验数据。

此法包括以下几个步骤:

除去可疑数据外,将其余数据相加求出算术平均值 $\bar{x}$ 及平均偏差 $\bar{d}$。

如果可疑数据与平均值 $\bar{x}$ 之差大于 $4\bar{d}$,即

$$\left|\frac{可疑值-\overline{x}}{\overline{d}}\right| \geqslant 4$$

时,则弃去此可疑数据;否则应予以保留。

【例 1-10】　测定某水样中铁的含量(mg/L),现平行测定了 10 次,所得结果如下:1.52、1.46、1.61、1.54、1.55、1.49、1.68、1.46、1.83、1.50,问上述 10 个数据中,有无应该去掉的可疑值?

**解**　初步考虑 1.83 为可疑值。舍去此值,求其余 9 个数据的算术平均值和平均偏差。

$$\overline{x} = \frac{1.52+1.46+1.61+\cdots+1.50}{9} = 1.53$$

$$\overline{d} = \frac{|1.52-1.53|+|1.46-1.53|+\cdots+|1.50-1.53|}{9} = 0.053$$

按

$$\left|\frac{可疑值-\overline{x}}{\overline{d}}\right| \geqslant 4$$

得

$$\left|\frac{1.83-1.53}{0.053}\right| = 5.7 > 4$$

故第 9 次测定的数据 1.83 应该弃去。

**2. $Q$ 检验法**

当测定次数为 3~10 次的测量中出现可疑值时,可按下列 $Q$ 检验法处理,其步骤如下:

(1) 首先将数据按递增的顺序排列,如 $x_1, x_2, x_3, \cdots, x_{n-1}, x_n$;

(2) 求出最大值与最小值的极差,即 $x_n - x_1$;

(3) 求出可疑值与其近邻值的差,即 $x_n - x_{n-1}$;

(4) 用极差除可疑值与其近邻值之差,得到舍弃商值 $Q$,即 $Q = \dfrac{x_n - x_{n-1}}{x_n - x_1}$。$Q$ 值愈大,说明可疑值 $x_n$ 离群愈远;

(5) 根据测定次数 $n$ 和要求的置信度(如 90%),查 $Q$ 表。如果计算所得 $Q$ 值大于或等于表中的 $Q$ 值,则该可疑值应舍弃,否则应予保留,如表 1-4 所示。

表 1-4　$Q$ 值表(置信度 90% 和 95%)

| 测定次数 $n$ | 2 | 3 | 4 | 5 | 6 | 7 | 8 | 9 | 10 |
|---|---|---|---|---|---|---|---|---|---|
| $Q_{0.90}$ | … | 0.94 | 0.76 | 0.64 | 0.56 | 0.51 | 0.47 | 0.44 | 0.41 |
| $Q_{0.95}$ | … | 1.53 | 1.05 | 0.86 | 0.76 | 0.69 | 0.64 | 0.60 | 0.58 |

【例 1-11】　在例 1-10 的测定数据中,用 $Q$ 检验法检验 1.83 这个数据是否应该保留?(置信度 90%)

**解**

$$Q = \frac{x_n - x_{n-1}}{x_n - x_1} = \frac{1.83 - 1.68}{1.83 - 1.46} = \frac{0.15}{0.37} = 0.41$$

由表 1-4 查得,当 $n = 10$ 时,$Q_{0.90} = 0.41$,$Q = Q_{0.90}$,故 1.83 这个数据应该弃去。

**3. 格鲁布斯法**

将一组测量数据从小到大排列为 $x_1, x_2, \cdots, x_{n-1}, x_n$,其中 $x_n$ 或 $x_1$ 可能是可疑值,需要首先进行判断,决定其取舍。

用格鲁布斯法判断可疑值时,首先计算出该组数据的平均值及标准偏差,再根据统计量 $T$ 进行判断。统计量 $T$ 与可疑值、平均值及标准偏差有关。

$$T = \frac{|\bar{x} - x_{可疑}|}{s}$$

如果 $T$ 值很大,说明可疑值与平均值相差很大,有可能要舍去。$T$ 值要多大才能确定该可疑值应舍去呢? 这要看我们对置信度的要求如何。统计学家为我们制定了临界 $T_{a,n}$ 表,可供查阅。如果 $T \geqslant T_{a,n}$,则可疑值应舍去;否则应保留。$\alpha$ 为显著性水准,$n$ 为实验数据数目,如表 1-5 所示。

**表 1-5 格鲁布斯检验临界值($T_{\alpha,n}$)表**

| $n$ | 3 | 4 | 5 | 6 | 7 | 8 | 9 | 10 | 11 | 12 | 13 | 14 | 15 | 20 |
|---|---|---|---|---|---|---|---|---|---|---|---|---|---|---|
| $\alpha=0.05$ | 1.15 | 1.46 | 1.67 | 1.82 | 1.94 | 2.03 | 2.11 | 2.18 | 2.23 | 2.29 | 2.33 | 2.37 | 2.41 | 2.56 |
| $\alpha=0.01$ | 1.15 | 1.49 | 1.75 | 1.94 | 2.10 | 2.22 | 2.32 | 2.41 | 2.48 | 2.55 | 2.61 | 2.66 | 2.71 | 2.88 |

格鲁布斯法最大的优点,是在判断可疑值的过程中,将正态分布中的两个最重要的样本参数 $\bar{x}$ 及 $s$ 引入进来,故方法的准确性较好。这种方法的缺点是需要计算 $\bar{x}$ 和 $s$,过程稍微麻烦。

**【例 1-12】** 在例 1-10 中,问 1.83 这个数是否应保留? ($P = 95\%$)

**解** 首先要计算出 $\bar{x}$ 和 $s$

$$\bar{x} = \frac{1.52 + 1.46 + 1.61 + 1.54 + \cdots + 1.83 + 1.50}{10} = 1.56$$

$$s = \sqrt{\frac{(1.56-1.52)^2 + (1.56-1.46)^2 + (1.56-1.61)^2 + \cdots + (1.56-1.83)^2 + (1.56-1.50)^2}{9}}$$

$$= \sqrt{0.1204/9} = 0.116$$

$$T = \frac{|x_{可疑} - \bar{x}|}{s} = \frac{|1.83 - 1.56|}{0.116} = 2.33$$

查表

$$T_{a,n} = T_{0.05,10} = 2.18, \quad T > T_{a,n}$$

所以 1.83 这个值应该舍去。

## 三、分析结果的置信区间

在前述中,只有当 $n \to \infty$ 时,$\bar{x} \to \mu$,显然这是难以做到的。大多数情况下,人们只能测量少量的数据,而由少量的数据得到的 $\bar{x}$ 总带有一定的不确定性。因此人们只能说在一定的把握上以 $\bar{x}$ 为中心的某一个范围包含了真值。这个范围就是置信区间。用数学式表示为 $\mu = \bar{x} \pm \frac{t_{a,f} \cdot s}{\sqrt{n}}$。所说的把握叫置信水平或置信度 $P$,$P = 1 - \alpha$。其中,$\alpha$ 为显著性水准,即落在范围外的概率。$f$ 为自由度,指独立变化的个数,$f = n - 1$。$t_{a,f}$ 为值由自由度 $f$ 和所希望的置信水平决定,可从表 1-6 中查得。如 $t_{0.05,10}$ 表示置信度为 95%、自由度为 10 时的 $t$ 值,在表 1-6 中可查得为 2.23。

表 1-6 $t_{\alpha,f}$ 值表（双边）

| $f$ | 1 | 2 | 3 | 4 | 5 | 6 | 7 | 8 | 9 | 10 | 15 | 20 | 25 | $\infty$ |
|---|---|---|---|---|---|---|---|---|---|---|---|---|---|---|
| $\alpha=0.1$ | 6.31 | 2.92 | 2.35 | 2.13 | 2.02 | 1.94 | 1.90 | 1.86 | 1.83 | 1.81 | 1.75 | 1.72 | 1.71 | 1.64 |
| $\alpha=0.05$ | 12.71 | 4.30 | 3.18 | 2.78 | 2.57 | 2.45 | 2.36 | 2.31 | 2.26 | 2.23 | 2.13 | 2.09 | 2.06 | 1.96 |
| $\alpha=0.01$ | 63.66 | 9.92 | 5.84 | 4.60 | 4.03 | 3.71 | 3.50 | 3.36 | 3.25 | 3.17 | 2.95 | 2.84 | 2.79 | 2.58 |

此项工作是由一位英国化学家完成的,他认为在少量测量次数的情况下,随机误差的分布服从于 $t$ 分布而不是正态分布。$t$ 分布与正态分布几乎有相同的意义,只是 $t$ 分布中测量次数是有限的,而正态分布中测量次数是无限的。当 $n>20$ 时,$t$ 分布与正态分布几乎相等。

**【例 1-13】** 测定矿中锰的含量时,得到的分析结果是 $9.56\%$,标准偏差是 $0.12\%$,若分析结果是基于 2 次、4 次、9 次测定,试分别计算 $95\%$ 置信概率时的置信区间。

**解** $\bar{x}=9.56\%,s=0.12\%,P=95\%$

当 $n=2$ 时,$f=1$,查表 1-6 得 $t_{0.05,1}=12.71$,所以

$$\mu=\bar{x}\pm\frac{t_{\alpha,f}s}{\sqrt{n}}=\left(9.56\pm\frac{12.71\times0.12}{\sqrt{2}}\right)\%=(9.56\pm1.08)\%$$

当 $n=4$ 时,$f=3$,查表 1-6 得 $t_{0.05,3}=3.18$,所以

$$\mu=\bar{x}\pm\frac{t_{\alpha,f}s}{\sqrt{n}}=\left(9.56\pm\frac{3.18\times0.12}{\sqrt{4}}\right)\%=(9.56\pm0.19)\%$$

当 $n=9$ 时,$f=8$,查表 1-7 得 $t_{0.05,8}=2.31$,所以

$$\mu=\bar{x}\pm\frac{t_{\alpha,f}s}{\sqrt{n}}=\left(9.56\pm\frac{2.31\times0.12}{\sqrt{9}}\right)\%=(9.56\pm0.09)\%$$

从以上结果可以看出,测量次数越多,置信区间越小,真值所在的范围越窄,越容易找到真值。

**【例 1-14】** 用 HCl 标准溶液测定某一灰碱,称取三份样品,得结果如下:$93.5\%$,$93.58\%$,$93.43\%$。问在 $95\%$,$99\%$ 的置信水平下,其真值落在何范围内?

**解**
$$x=\frac{93.50+93.58+93.43}{3}=93.50\%$$

$$s=\sqrt{\frac{(93.50-93.50)^2+(93.50-93.58)^2+(93.50-93.43)^2}{2}}\%=0.075\%$$

当 $P=95\%$ 时, $f=2$, $t_{0.05,2}=4.30$

$$\mu=\bar{x}\pm\frac{t_{\alpha,f}s}{\sqrt{n}}=\left(93.50\pm\frac{4.30\times0.075}{\sqrt{3}}\right)\%=(93.50\pm0.19)\%$$

当 $P=99\%$ 时, $f=2$, $t_{0.01,2}=9.92$

$$\mu=\bar{x}\pm\frac{t_{\alpha,f}s}{\sqrt{n}}=\left(93.50\pm\frac{9.92\times0.075}{\sqrt{3}}\right)\%=(93.50\pm0.43)\%$$

由例 1-14 结果可知,置信水平越高,真值所处的范围越宽。

## 四、显著性检验

在分析化学中,经常遇到这样的情况,某一分析人员对标准试样进行分析,得到的平均值

与标准值不完全一致；或者采用两种不同的分析方法对同一试样进行分析，得到的两组数据的平均结果不完全相符；或者不同分析人员或不同实验室对同一试样进行分析时，两组数据的平均结果存在较大差异。这些情况向我们提出一个问题：这些分析结果的差异是由偶然误差引起的，还是它们之间存在系统误差呢？如果分析结果之间存在明显的系统误差，就认为它们之间有"显著性差异"，否则，就认为没有显著性差异。尽管分析结果之间有差异，但这些差异是由偶然误差引起的，是正常的，是可以接受的。

分析结果是否存在显著性差异，可以用统计学中的几种方法来检验。

**1. 斯图腾 $t$ 检验法**

1）已知样品公认值时的 $t$ 检验法

在实际工作中，为了检查分析方法或操作过程是否存在较大的系统误差，可对标准试样进行若干次分析，再利用 $t$ 检验法比较分析结果的平均值与标准试样的标准值之间是否存在显著性差异，就可作出判断。

在一定的置信度时，平均值的置信区间为

$$\mu = \bar{x} \pm \frac{t_{a,f}s}{\sqrt{n}} \tag{1-1}$$

很明显，如果这一区间能将标准值 $\mu$ 包括在其中，由此计算出来的 $t$ 值会比这一区间没将标准值包括在内的 $t$ 值要小。因此在比较 $\bar{x}$ 与 $\mu$ 时，可通过式(1-1)计算出 $t_{a,f}$ 计为 $t$，

$$t = \frac{|\bar{x} - \mu|\sqrt{n}}{s} \tag{1-2}$$

再将 $t$ 与一定置信水平下的统计值 $t_{a,f}$ 进行比较，若 $t > t_{a,f}$，则存在显著性差异。

**【例 1-15】** 采用某种新方法测定基准明矾中氧化铝的质量百分数，得到下列 9 个数据：10.74，10.77，10.77，10.77，10.81，10.82，10.73，10.86，10.81。已知标准值为 10.77，问测定结果与标准值之间有无显著性差异？（$P = 95\%$）

**解**　　　　$$\bar{x} = \frac{\sum x_i}{9} = 10.79\%, \quad s = \sqrt{\frac{\sum(x_i - \bar{x})^2}{n-1}} = 0.042\%$$

$$t = \frac{|\bar{x} - \mu|\sqrt{n}}{s} = \frac{|10.79 - 10.77| \times \sqrt{9}}{0.042} = 1.43$$

由 $t_{a,f}$ 表，查得 $t_{0.05,8} = 2.31$。

$t < t_{0.05,8}$，所以测定结果与标准值之间无显著性差异，说明新方法没有引起系统误差。

**【例 1-16】** 用一种分析方法测定某样品中某一组分的含量时，重复 5 次所得平均值 $\bar{x} = 10.8\%$，标准偏差 $s = 0.7\%$。国家标准局给出的真实值 $\mu = 11.8\%$。问该法所得的结果在 95% 置信水平时有无显著性差异？若有，说明什么？

**解**　　　　$$t = \frac{|\bar{x} - \mu|\sqrt{n}}{s} = \frac{|10.8 - 11.8| \times \sqrt{5}}{0.7} = 3.19$$

由 $t_{a,f}$ 表，查得 $t_{0.05,4} = 2.78$。

$t > t_{0.05,4}$，所以该法所得结果有显著性差异，它的置信区间没有将真实值包括在其中（其置信区间为 $\bar{x} \pm \frac{t_{a,f}s}{\sqrt{n}} = 10.8 \pm \frac{2.78 \times 0.7}{\sqrt{5}} = 10.8 \pm 0.87$，即 $11.67 \sim 9.93$），说明该法本身存在

系统误差。

2）成对 $t$ 检验法

不同分析人员或同一分析人员采用不同分析方法分析同一试样，所得到的平均值一般是不相等的。判断两平均值是否来自同一总体或者判断新方法有无系统误差亦可以用 $t$ 检验法。这时式(1-2)中的 $\mu$ 可用另一组数据的平均值（如公认方法的 $\bar{x}$）代替，标准偏差用合并标准偏差 $s_P$ 代替。

$$s_P = \sqrt{\frac{\sum_{i=1}^{n_1}(x_{i1}-\bar{x}_1)^2 + \sum_{i=1}^{n_2}(x_{i2}-\bar{x}_2)^2}{n_1 + n_2 - 2}}$$

$$t = \frac{|\bar{x}_1 - \bar{x}_2| \cdot \sqrt{\frac{n_1 n_2}{n_1 + n_2}}}{s_P}$$

$n_1$、$n_2$ 分别为两次的分析次数，可相等，也可不相等。查 $t_{a,f}$ 表时，自由度 $f = n_1 + n_2 - 2$。

【例 1-17】 用两种不同沉淀方式的重量法测铁，一种是新法，一种是常用法，得到两组分析结果如下：

新法$(x_{i1})$%：20.10,20.50,18.65,19.25,19.40,19.99。$\bar{x}_1 = 19.65\%$

常用法$(x_{i2})$%：18.89,19.20,19.00,19.70,19.40。$\bar{x}_2 = 19.24\%$

问这两种方法所得结果有无显著性差异？取 95% 置信水平。

解

$$s_P = \sqrt{\frac{(20.10-19.65)^2 + (20.50-19.65)^2 + \cdots + (18.89-19.24)^2 + (19.20-19.24)^2 + \cdots}{6+5-2}}$$

$$= 0.546$$

$$t = \frac{|\bar{x}_1 - \bar{x}_2|\sqrt{\frac{n_1 n_2}{n_1 + n_2}}}{s_P} = \frac{|19.65 - 19.24| \times \sqrt{\frac{5 \times 6}{5 + 6}}}{0.546} = 1.24$$

$$t_{a,f} = t_{0.05,9} = 2.26, \quad t < t_{a,f}$$

故两组结果无显著性差异。

如果 $t > t_{a,f}$，可以认为 $\mu_1 \neq \mu_2$，即两组数据不属于同一总体，它们之间存在显著性差异。

3）多样品 $t$ 检验法

进行两种方法比较时，有时也采用组成略有差别的多种样品的 $t$ 检验法。本法是将每一种样品用两种方法进行分析，令所得结果的差为 $D_i$，再求出平均值 $\bar{D}$ 和 $s_d$，即

$$\bar{D} = \frac{\sum_{i=1}^{n} D_i}{n}, \qquad s_d = \sqrt{\frac{\sum_{i=1}^{n}(D_i - \bar{D})^2}{n-1}}, \qquad t = \bar{D}\frac{\sqrt{n}}{s_d}$$

再由自由度$(n-1)$及希望的置信水平查出 $t_{a,f}$ 值，若 $t < t_{a,f}$，则表示两者无显著性差异。否则，表示二者有显著性差异，并说明存在系统误差。

【例 1-18】 用两种方法测定下列 6 个不同样品中某组分的百分含量，结果如下：

| 样品编号 | 1 | 2 | 3 | 4 | 5 | 6 |
|---|---|---|---|---|---|---|
| 新法(%) | 12.0 | 10.6 | 8.4 | 7.8 | 5.6 | 5.9 |
| 标准法(%) | 12.5 | 10.1 | 8.9 | 7.1 | 5.1 | 5.4 |

问两种方法的测定结果有无显著性差异?($P = 95\%$)

**解**　先求出 $D_i$:

$$D_1 = -0.5, D_2 = +0.5, D_3 = -0.5, D_4 = +0.7, D_5 = +0.5, D_6 = +0.5$$

$$\bar{D} = \frac{\sum\limits_{i=1}^{n} D_i}{6} = \frac{+1.2}{6} = 0.2$$

$$s_d = \sqrt{\frac{\sum\limits_{i=1}^{n}(D_i - \bar{D})^2}{n-1}} = \sqrt{\frac{(-0.5-0.2)^2 + (+0.5-0.2)^2 + \cdots + (0.5-0.2)^2}{5}}$$
$$= 0.55$$

$$t = \bar{D}\frac{\sqrt{n}}{s_d} = 0.2 \times \frac{\sqrt{6}}{0.55} = 0.89$$

查 $t_{a,f}$ 表得　　　　　　　$t_{a,f} = t_{0.05,5} = 2.57, \quad t < t_{a,f} = t_{0.05,5}$

故两种方法测定结果在这个置信水平下无显著性差异。

**【例 1-19】** 为比较用双硫腙比色法和冷原子吸收法测定水中的 Hg 含量,由 6 个合格实验室对同一水样测定,结果如下,问两种测 Hg 方法的可比性如何?(取 $P = 95\%$)

| 方法 | 1 | 2 | 3 | 4 | 5 | 6 | $\sum$ |
|---|---|---|---|---|---|---|---|
| 双硫腙比色 | 4.07 | 3.94 | 4.21 | 4.02 | 3.98 | 4.08 | |
| 冷原子吸收 | 4.00 | 4.04 | 4.10 | 3.90 | 4.04 | 4.21 | |
| $D_i$ | 0.07 | −0.1 | 0.11 | 0.12 | −0.06 | −0.13 | 0.01 |
| $D_i - \bar{D}$ | 0.0683 | −0.1017 | 0.1083 | 0.1183 | −0.0617 | −0.1317 | |
| $(D_i - \bar{D})^2$ | 0.0047 | 0.0103 | 0.0117 | 0.0140 | 0.0038 | 0.0173 | 0.0618 |

**解**　　　　　$\bar{D} = \dfrac{0.01}{6} = 0.0017, \quad s_d = \sqrt{\dfrac{0.0618}{5}} = 0.111$

$$t = \bar{D}\frac{\sqrt{n}}{s_d} = 0.0017 \times \frac{\sqrt{6}}{0.111} = 0.0375$$

查表得　　　　　　　$t_{0.05,5} = 2.57, \quad t < t_{0.05,5}$

即两种方法的可比性很好。

**2. $F$ 检验法**

$F$ 检验法主要通过比较两组数据的方差 $s^2$,以确定它们的精密度是否有显著性差异。至于两组数据之间是否存在系统误差,则在进行 $F$ 检验并确定它们的精密度无显著性差异后再进行 $t$ 检验。

$F$ 检验法步骤:

（1）首先计算出两个样本的方差,分别为 $s_{\text{大}}^2$,$s_{\text{小}}^2$,它们相应地代表方差较大和较小的那组数据的方差,计算 $F$:

$$F = s_{\text{大}}^2 / s_{\text{小}}^2$$

计算时,规定 $s_{\text{大}}^2$ 为分子,$s_{\text{小}}^2$ 为分母。

（2）从表 1-7 所列数据中查出 $f_{\text{大}}$、$f_{\text{小}}$ 所对应的 $F$ 值计为 $F_{\text{表}}$。

（3）比较 $F$ 与 $F_{\text{表}}$,若 $F < F_{\text{表}}$,则说明两组数据的精密度无显著性差异;若 $F \geqslant F_{\text{表}}$,则两组数据的精密度有显著性差异。

表 1-7 置信度(95%)时 $F$ 值

| $f_{\text{小}}$ | $f_{\text{大}}$ | | | | | | | | | |
|---|---|---|---|---|---|---|---|---|---|---|
| | 2 | 3 | 4 | 5 | 6 | 7 | 8 | 9 | 10 | $\infty$ |
| 2 | 19.00 | 19.16 | 19.25 | 19.30 | 19.33 | 19.36 | 19.37 | 19.38 | 19.39 | 19.50 |
| 3 | 9.55 | 9.28 | 9.12 | 9.01 | 8.94 | 8.88 | 8.84 | 8.81 | 8.78 | 8.53 |
| 4 | 6.94 | 6.59 | 6.39 | 6.26 | 6.16 | 6.09 | 6.04 | 6.00 | 5.96 | 5.63 |
| 5 | 5.79 | 5.41 | 5.19 | 5.05 | 4.95 | 4.88 | 4.82 | 4.78 | 4.74 | 4.36 |
| 6 | 5.14 | 4.76 | 4.53 | 4.39 | 4.28 | 4.21 | 4.15 | 4.10 | 4.06 | 3.67 |
| 7 | 4.74 | 4.35 | 4.12 | 3.97 | 3.87 | 3.79 | 3.73 | 3.68 | 3.63 | 3.23 |
| 8 | 4.46 | 4.07 | 3.84 | 3.69 | 3.58 | 3.50 | 3.44 | 3.39 | 3.34 | 2.93 |
| 9 | 4.26 | 3.86 | 3.63 | 3.48 | 3.37 | 3.29 | 3.23 | 3.18 | 3.13 | 2.71 |
| 10 | 4.10 | 3.71 | 3.48 | 3.33 | 3.22 | 3.14 | 3.07 | 3.02 | 2.97 | 2.54 |
| $\infty$ | 3.00 | 2.60 | 2.37 | 2.21 | 2.10 | 2.01 | 1.94 | 1.88 | 1.83 | 1.00 |

**【例 1-20】** 用某一新方法和某一标准方法对同一样品进行分析取得下列数据。若取 $P = 95\%$,问两种方法所得结果有无显著性差异?

新方法/(mg/L):127,125,123,130,131,126,129; $\quad n_1 = 7$

标准方法/(mg/L):130,128,131,129,127,125; $\quad n_2 = 6$

**解** 在检查两种方法有无显著性差异之前,一般要进行精密度检验,$F$ 检验,若精密度之间无显著性差异,再进行 $t$ 检验。

求得

$$\bar{x}_1 = 127.3, \quad s_1^2 = 8.24, \quad f_1 = 6$$

$$\bar{x}_2 = 128.3, \quad s_2^2 = 4.67, \quad f_2 = 5$$

$$F = s_1^2 / s_2^2 = \frac{8.24}{4.67} = 1.76$$

查表 1-7 得 $\qquad f_{\text{大}} = f_1 = 6, \quad f_{\text{小}} = f_2 = 5, \quad F_{\text{表}} = 4.95$

说明两组数据的标准偏差无显著性差异。

第二步再进行 $t$ 检验:

$$s_P = \sqrt{\frac{\sum\limits_{i=1}^{n_1}(x_{i1} - \bar{x}_1)^2 + \sum\limits_{i=1}^{n_2}(x_{i2} - \bar{x}_2)^2}{n_1 + n_2 - 2}} = \sqrt{\frac{8.24 \times 6 + 4.67 \times 5}{7 + 6 - 2}} = 2.57$$

$$t = \frac{|\bar{x}_1 - \bar{x}_2| \cdot \sqrt{\dfrac{n_1 n_2}{n_1 + n_2}}}{s_P} = \frac{|127.3 - 128.3| \times \sqrt{\dfrac{6 \times 7}{6 + 7}}}{2.57} = 0.699$$

查表 1-6,当 $P = 95\%$,$f = 7 + 6 - 2 = 11$ 时,$t_{0.05,11} = 2.20$。

$t < t_{0.05,11}$,说明新方法与标准方法之间不存在显著性差异。

## 五、分析结果报告

**1. 例行分析结果的报告**

例行分析又称常规分析,指一般生产中的分析,通常一个样只需要平行测定两次,两次测定结果如果不超过允许的误差,取它们的平均值报告分析结果。例行分析结果的允许误差可参考各有关的规定。

**2. 多次测定结果的报告**

在非例行分析中,对分析结果的报告要求严格,应按统计学观点综合反映出准确度、精密度等指标,可用平均值 $\bar{x}$、标准偏差 $s$ 和平均值的置信区间报告分析结果。

具体步骤为:用 $Q$ 检验法剔除可疑值;根据所有保留值求出平均值 $\bar{x}$;求出标准偏差 $s$;求出置信度为 $90\%$ 时平均值的置信区间。

一般来说,含量大于 $10\%$ 的分析结果,应保留 4 位有效数字;含量为 $1\% \sim 10\%$ 时,保留 3 位有效数字;含量小于 $1\%$ 时,保留 2 位有效数字。求偏差、误差时,保留 $1 \sim 2$ 位有效数字。

# 思 考 题

**1.** 水的循环有哪几类?天然水中的杂质有哪几类?

**2.** 什么叫做水质指标和水质标准?试以实例说明。

**3.** 什么叫做滴定分析,它的主要方法有哪些?

**4.** 什么叫做标准溶液,如何配制标准溶液?

**5.** 什么叫做基准物质,它应符合哪些条件?

**6.** 什么叫做滴定度,它的表示方法有哪几种?

**7.** 滴定分析中有哪两个基本公式?试推导出被测组分以 mg/L 表达的计算式。

**8.** 准确度和精密度有何区别?

**9.** 解释下列名词:

绝对误差,相对误差,绝对偏差,相对偏差,平均偏差,标准偏差,系统误差,偶然误差,有效数字。

**10.** 下列情况各引起什么误差,如果是系统误差,应如何减免?

(1)砝码被腐蚀;

(2)称量时试样吸收了空气中的水分;

(3)天平零点突然有变动;

(4)用量筒量取水样进行分析测定;

(5)试剂里含有微量的被测组分;

（6）滴定时操作者无意从锥形瓶中溅出少许试液；

（7）读滴定管读数时，最后一位数字估测不准。

# 习 题

**1.** 称取基准物质硝酸银 2.3180 g，溶解后置于 500 mL 容量瓶中，稀释至刻度线。用移液管吸取溶液 20 mL 于 250 mL 容量瓶中，又加水稀释至刻度。求此硝酸银溶液的摩尔浓度为多少？

**2.** 在 20 mL 0.1812 mol/L 的盐酸溶液中，加 22 mL 0.2031 mol/L 的氢氧化钾溶液。问此混合液是酸性还是碱性？其 pH 值为多少？

**3.** 称取 0.2262 g 草酸钠以标定高锰酸钾溶液的浓度，共用去 41.50 mL 高锰酸钾溶液，计算此高锰酸钾溶液的浓度 $c_{\frac{1}{5}KMnO_4}$ 及对 Fe 的滴定度。

**4.** 要加多少毫升水到 1 L 0.2000 mol/L 盐酸溶液中，才能使稀释后的盐酸溶液对氧化钙的滴定度 $T_{HCl/CaO} = 0.005000$ g/mL。

**5.** 0.2845 g 碳酸钠（已知含 $Na_2CO_3$ 90.35%，不含其他碱性物质）恰与 28.45 mL 盐酸溶液完全中和，计算盐酸溶液的摩尔浓度和滴定度。

**6.** 设 1.00 mL 硝酸银溶液相当于 1 mg 的 $Cl^-$，求此硝酸银溶液的摩尔浓度。

**7.** 为配制滴定度 $T_{K_2Cr_2O_7/Fe} = 0.005000$ g/mL 的 $K_2Cr_2O_7$ 标准溶液 1 L，需称取纯 $K_2Cr_2O_7$ 多少克？

**8.** 称取纯 $K_2Cr_2O_7$ 4.9520 g 配制成 1000 mL 的溶液，计算此 $K_2Cr_2O_7$ 溶液 $c_{\frac{1}{6}K_2Cr_2O_7}$ 和以 Fe、FeO、$Fe_2O_3$ 表示的滴定度。

**9.** 称得某物质重量为 2.1840 g，该物质的真实重量为 2.1814 g，求称量结果的准确度。

**10.** 测定水中的总碱度时，两次测定的结果是 14.89 mmol/L 和 14.85 mmol/L，求测定的精密度。

**11.** 某水样实际含铁量为 39.16（mg/L），甲、乙两人同时分析此水样。甲三次得到结果为 39.12、39.15、39.18；乙三次测得结果为 39.18、39.20、39.19。比较甲、乙两人分析结果的准确度和精密度。

**12.** 某实验室测定某自来水中含 $Ca^{2+}$ 量（mg/L），五次测定结果分别为 41.29、41.24、41.42、41.17 和 41.28。求这组测定结果的精密度。

**13.** 已知分析天平称量时有 ±0.1 mg 的误差，滴定管读数有 ±0.01 mL 的误差，现称取 0.4237 g 试样，经溶解后，用标准溶液滴定，用去标准溶液 21.18 mL。假设仅考虑测定过程中称量和读数两项误差，问哪一值相对误差大？其值为多少？

**14.** 滴定管读数误差为 ±0.01 mL。如果滴定时用去标准溶液 2.50 mL，相对误差是多少？用去 25.00 mL 时，相对误差又是多少？这些数值说明了什么问题？

**15.** 某分析人员提出了测定氯的新方法。用此法分析某标准样品（标准值为 16.62%），4 次测定的平均值为 16.72%，标准偏差为 0.08%。问此结果与标准值相比有无显著性差异。（$P = 95\%$）

**16.** 在不同温度下对某试样作分析，所得结果（%）如下：

10 ℃： 96.5， 95.8， 97.1， 96.0

37 ℃： 94.2， 93.0， 95.0， 93.0， 94.5

试比较两组结果是否有显著性差异。（$P = 95\%$）

**17.** 在下列测试结果中，50.32 是否为异常值。分别用 $Q$ 检验法（90% 置信限）和用格鲁布斯检验法（95% 置信限）检验。

51.02， 51.04， 51.06， 50.32

**18.** 下列数据各含有几位有效数字：

0.0376、 1.2067、 0.2130、 0.3%、 $1.8 \times 10^{-5}$、 1000、 1000.00、 pH = 12.0。

**19.** 根据有效数字运算规则,计算下列各式:

(1) $2.187 \times 0.854 + 9.6 \times 10^{-5} - 0.0326 \times 0.00814$

(2) $51.38 \div (8.709 \times 0.09460)$

(3) $\dfrac{9.827 \times 50.62}{0.005164 \times 136.6}$

(4) $\sqrt{\dfrac{1.5 \times 10^{-8} \times 6.1 \times 10^{-8}}{3.3 \times 10^{-5}}}$

(5) $\dfrac{1.22 \times (2.7900 - 1.71)}{2.5}$

(6) $\dfrac{2.50 \times 4.14 \times 14.0}{2.15 \times 10^{4}}$

**20.** 两人同时分析一矿物中的含硫量,每次取样 3.5 g,分析结果如下:甲 0.042%、0.041%;乙 0.04199%、0.04201%。问哪种结果合理,为什么?

**21.** 对某试样,两个操作者分析的结果如下:甲 40.15%、40.15%、40.14%、40.16%;乙 40.25%、40.01%、40.01%、40.26%。问哪一个结果比较可靠? 为什么?

**22.** 测定某水样中 $Cl^-$ 含量(mg/L),四次测得结果为 30.34、30.13、30.42、30.38。当提出分析结果报告时,用 $Q$ 检验法确定上述四个数据有无应该舍弃的可疑值? 计算分析结果平均值及平均值的置信区间(置信度 90%)。

**23.** 于 1 L 0.2000 mol/L HCl 溶液中,加入多少 mL 水才能使稀释后的 HCl 溶液对 CaO 的滴定度为 0.005000 g/mL。

**24.** 称取不纯 $Sb_2S_3$ 试样 0.2513 克,将其在氧气流中充分灼烧,所产生的 $SO_2$ 气体通入 $FeCl_3$ 的溶液中,使 $Fe^{3+}$ 还原为 $Fe^{2+}$。然后再以 0.02000 mol/L $KMnO_4$ 溶液滴定至化学计量点,消耗 31.80 mL,求试样中 Sb 的质量百分数。

**25.** 硼砂作为基准物质用于标定 HCl 的浓度,若事先将其置于干燥器中保存,对所标定 HCl 溶液浓度的结果有何影响。

**26.** 称取 $KHC_2O_4 \cdot H_2C_2O_4$ 溶液 25.00 mL,以 0.1500 mol/L NaOH 溶液滴定至化学计量点时,消耗 25.00 mL。今移取上述 $KHC_2O_4 \cdot H_2C_2O_4$ 溶液 20.00 mL,酸化后用 $KMnO_4$ 溶液滴定至化学计量点,消耗 20.00 mL。计算 $KMnO_4$ 溶液的摩尔浓度。

**27.** 称取 $KClO_3$ 试样 0.2044 g,溶解后将溶液调节至酸性,加入 0.2000 mol/L $Fe^{2+}$ 溶液 45.00 mL,待反应完全后,过量的 $Fe^{2+}$ 用 0.02000 mol/L $K_2Cr_2O_7$ 溶液返滴定至化学计量点,消耗 10.00 mL。计算试样中 $KClO_3$ 的百分含量。

**28.** 称取含有 $Na_2C_2O_4$ 和 $KHC_2O_4$ 混合试样 0.2620 g 两份,其中一份在酸性介质中,以 0.02000 mol/L $KMnO_4$ 溶液滴定至化学计量点,消耗 40.00 mL;另一份若以 0.1000 mol/L NaOH 滴定至化学计量点时,需消耗 NaOH 标准溶液多少毫升?

**29.** 欲配制 1 升 $c_{\frac{1}{6}K_2Cr_2O_7} = 0.1000$ mol/L 的重铬酸钾溶液,若要求所配制标准溶液的浓度相对误差为 0.2%,至少应称准至小数点后几位的克数?

**30.** 测定水中某物质的含量时,先测定二次,结果为 1.12% 和 1.15%,再测定三次,数据为 1.11%、1.14%、1.12%。求置信度为 95% 时,按前二次测定及按全部五次测定数据来表示的平均值的置信区间。

**31.** 有两组分析数据,要比较它们的精密度有无显著差异,则应用什么检验方法来检验?

**32.** 某钢样中含硫量为 0.123%,现在用一种新的快速法进行测定,4 次分析结果为:0.112,0.118,0.115,0.119。判断置信度为 95% 及 99% 时,新方法是否存在系统误差?

**33.** 某医院实验室对一患者血浆中的 Ca 含量进行了 6 次测定,得到下列结果(mg/L):120,110,145,135,130,125。Ca 含量的正常范围是 90～115 mg/L,问这批测定结果的平均值落在正常范围的几率是多少?

**34.** 对某合金中 Al 的质量分数进行测定,得到以下结果:33.72,33.73,33.73,33.75,33.77,33.80,33.80,33.81,33.89。用格鲁布斯和 $Q$ 检验法分别检验有无离群值,取 $P = 95\%$。

# 第二章 水样的物理性质及其测定

## 第一节 水样的物理性质

### 1. 水温

水的物理化学性质与水温有密切关系。水中溶解性气体(如 $O_2$,$CO_2$)的溶解度,水生生物和微生物活动,化学和生物化学反应速度及盐度,pH 值等,都受水温变化的影响。

水的温度因水源不同而有很大差异。一般来说,地下水温比较稳定,通常为 $8\sim12$ ℃;地面水随季节和气候变化较大,变化范围为 $0\sim30$ ℃。工业废水的温度因工业类型、生产工艺不同有很大差别。大量温热的工业废水直接排入天然水体中,往往会改变水中生物的生活条件,造成所谓热污染。

水的温度测定应在现场进行,而且测定地点和深度应与所取水样相同。一般是将刻度为 $0.1$ ℃的水银温度计插入水中,测量时间不得少于三分钟。如果必须将水样取出测定,则水样体积不得少于 $1$ L,并立即记录结果。

### 2. 臭和味

清洁的水不应有任何臭味。被污染的水会使人感觉到有不正常的臭味。通常用鼻闻到的称为臭,用口尝到的称为味。有时臭和味不易截然分开。

水中臭和味的主要来源如下:水生物或微生物的繁殖和衰亡;有机物的分解;溶解的气体如硫化氢等;矿物盐的溶解;工业废水中的杂质如酸碱、石油、酚等;饮用水中的余氯过多,等等。例如,湖泊沼泽水有鱼腥及霉烂气味;浑浊的河水有泥土气味或涩味;矿泉水有硫磺气味;地下水有时有硫化氢气味;井水有时有苦味(硫酸镁、硫酸钠含量高)或微涩味(铁含量高);海水有咸味(氯化钠含量高);生活污水则有粪便、肥皂、硫化氢等气味。由于大多数臭太复杂,可检出浓度又太低,故难以分离和鉴定产臭物质。

无臭无味的水虽然不能保证是安全的,但有利于饮用者对水质的信任。检验臭和味也是评价水处理效果和追踪污染源的一种手段。测定臭的方法有定性描述法和臭强度近似定量法(臭阈试验)。定性描述法是将 $100$ mL 水样注入 $250$ mL 锥形瓶中,检验人员依靠自己的嗅觉,分别在 $20$ ℃和煮沸稍冷后闻其臭,用适当的词语描述其臭特征,并按表 2-1 划分的等级报告臭强度。所谓"臭阈试验",是把有臭味的待测水样用无臭味的水加以稀释,直到刚刚能嗅出气味的最低限度为止,这一状态下的水样稀释倍数就称为嗅限值,即嗅限值 $= \dfrac{(水样＋稀释水)体积}{水样体积}$。

例如,若有水样 $25$ mL,稀释到 $200$ mL 时恰达最低极限,则嗅限值为 $\dfrac{200}{25}=8$。用嗅限值法一般可以得到较准确的结果。嗅限值的测定一般是在加热至$(60\pm1)$ ℃的情况下测定的。由于检验人员嗅觉敏感性有差异,对同一水样稀释系列的检验结果会不一致,因此,一般选择5名以上嗅觉敏感的人员同时检验,取各检臭人员检验结果的几何均值作为代表值。一般以自来水通过颗粒活性炭制取无臭水。自来水中的余氯可用 $Na_2SO_3$ 溶液滴定脱除,也可用蒸馏水制取无臭水,但市售蒸馏水和去离子水不能直接作无臭水。

表 2-1　臭的强度等级

| 级　　别 | 强　　度 | 说　　明 |
|---|---|---|
| 0 | 无 | 没有可感觉到的气味 |
| 1 | 极弱 | 一般使用者不能感到,有经验的水质分析者可以察觉 |
| 2 | 微弱 | 使用者稍注意可以察觉 |
| 3 | 明显 | 容易察觉出不正常的气味 |
| 4 | 强烈 | 有显著的气味 |
| 5 | 极强 | 严重污染,气味极为强烈 |

同理,味的测定及强度表示方法与臭相似。不同的是,水味的测定只能用于没有被污染和肯定无毒的水,且常常是在煮沸后进行的。

我国饮用水水质标准规定,原水及煮沸水都不应有异臭和异味,臭和味的强度不超过2级,或臭(味)限值不超过2～3级。总之,臭和味作为水的物理指标,主要用于生活饮用水方面,它是判断水是否适合饮用的重要指标之一。

对工业用水,水中的臭和味在大多数情况下没有多大意义,仅仅说明水是否已经受到污染而已。对工业废水,人们可以根据臭的测定结果,推测水中污染物的种类和程度。

**3. 电导率**

水中各种溶解盐都是以离子状态存在的,具有导电能力。所以,水中电导率的测定可以间接表示出溶解盐(或其他离子状态的杂质)的含量。电导率的测定主要用于纯水(蒸馏水、无离子水)的纯度分析。因为纯水中的离子含量很少,用一般的分析方法测定很费时间,也不易测准确。但用电导率来表示水的纯度,测定却极为方便。电导率的国际单位制单位为 $\Omega^{-1}\cdot m^{-1}$,即截面积为 1 $m^2$、长度为 1 m 的导体的电导。纯水的电导率约为 $5\times10^{-6}$ $\Omega^{-1}\cdot m^{-1}$。通常蒸馏水与空气平衡时的电导率为 $10^{-3}\sim10^{-4}$ $\Omega^{-1}\cdot m^{-1}$。

对于一般的天然水和自来水,也可用电导率来估算它的含盐量。对于海水、咸水、生活污水及工业废水,一般不做电导率的测定。有时测定是对这些水的水质作逐时变化的检验。

电导率可用电导仪或电导率仪进行测定。

# 第二节　色度、浑浊度、水中固体物质的测定

**1. 色度**

色度、浊度、悬浮物等都是反映水体外观的指标。纯水为无色透明,天然水中存在腐植质、泥土、浮游生物和无机矿物质,使其呈现一定的颜色。工业废水含有染料、生物色素、有色悬浮

物等,是环境水体着色的主要来源。有颜色的水可减弱水体的透光性,影响水生生物生长。

水的颜色分为真色与表色。除去悬浮杂质后,由水中溶解性物质引起的颜色称为真色;未除去悬浮杂质的水色称为表色。在水质分析中测定的色度应是真色。当水样浑浊时,应放置澄清后取上层清液,或用离心机分出悬浮杂质,但不能用滤纸过滤,因为滤纸能吸附溶解于水中的部分颜色。

测定清洁的天然水、饮用水或黄色色调的水的色度,通常采用铂钴标准比色法。用 $K_2PtCl_6$ 与 $CoCl_2$ 混合液作为比色标准,规定每升水中含 1 mg 铂和 0.5 mg 钴所具有的颜色为 1 度,测定时,水样与铂钴色度标准溶液颜色相比较,当水样颜色与某一铂钴标准颜色相当时,这时铂钴标准溶液的色度值便是所测定水样色度的度数。铂钴标准溶液的色度稳定,若保存适宜,可以长期使用。但其中所用的氯铂酸钾价格较贵,大量使用时不经济,所以常用 $K_2Cr_2O_7$ 代替 $K_2PtCl_6$,称为铬钴标准比色法。其准确度与铂钴标准比色法相同,只是色度标准溶液不能长期保存。如果水样中有泥土或其他分散很细的悬浮物,用澄清、离心等方法处理仍不澄清时,则测定"表色"。

对于生活污水、工业废水或污染严重的水样,可用稀释倍数法进行测定。测定时,首先用文字描述水样颜色的种类和颜色深浅,然后取一定量水样,用蒸馏水稀释到刚好看不到颜色,根据稀释倍数表示该水样的色度。

**2. 浑浊度**

浑浊度是指水浑浊的程度。浑浊度的测定,实际上是指水样中的杂质颗粒对光线散射所产生的光学性质的测定。这种对光线散射的能力,不仅与水中杂质的含量有关,而且还与水中杂质的成分、粒度大小、形状和表面散射性能有关。在水中所含的全部杂质中,除呈溶解状态的分子、离子和黏度很大(能下沉)的物质外,其他杂质(如悬浮的泥沙、有机物和无机物的胶体、微生物等)都是使水浑浊的原因。

水产生浑浊现象,从表观上看是水中杂质的特征。无机物的泥沙微粒本身不一定直接有害健康,但产生浑浊度的那些微粒杂质中容易隐藏着病原微生物,因而浑浊的水是不能饮用的。我国规定饮用水浑浊度不超过 5 度。

浑浊度的单位用"度"表示。相当于 1 mg 白陶土($SiO_2$)在 1 L 水中所产生的浑浊程度,称为 1 度。其中对所用的 $SiO_2$ 的粒径有一定的规定,以通过 200 号筛孔的粒径作为统一标准。

浑浊度的测定,一般采用目视比浊法。即先用白陶土配成浑浊度标准溶液,将待测水样与之进行比较。当水样的浑浊程度与某浊度标准溶液相近时,则此标准溶液的浑浊度就是水样的浑浊度。浑浊度的测定也可以采用仪器测定,如光电浊度计、比光浊度仪等。

**3. 水中固体物质的测定**

在水质分析中,水中除溶解的气体以外,其他一切杂质都划分在固体一类中。对水中各种固体含量的测定是采用重量法进行的。测定时,由于水样都有一个蒸干的过程,所以也称蒸发残渣法。测定的结果用 mg/L 表示,即每升水样中所含固体物质的重量(mg)。

水中的固体分为溶解固体和悬浮固体,两者的和叫做总固体。即

$$总固体=溶解固体+悬浮固体$$

溶解固体主要是由溶解于水中的无机盐、有机物等组成。悬浮固体主要是由不溶于水的泥土、有机物、水生物等物质所组成。

溶解固体和悬浮固体都包含无机物和有机物的成分,所以总固体的组成也包含无机物和有机物的成分,并且还包括各种水生物体。测定总固体时,蒸干水样的温度,对测定结果有显著的影响,即测定时必须注明温度,一般以 105～110 ℃为宜。所以,水中总固体的测定,就是水样在一定温度下蒸发至干时所残留的固体物质总量。它包括以下两个方面。

溶解固体量:是指将一定量的水样,用一定的过滤器过滤后所得到的澄清水(称滤液),在 105～110 ℃下蒸干后所残留的固体量。

悬浮固体量:是指将一定量的水样过滤后,残留在过滤器上面的滤渣,在 105～110 ℃下蒸干后的固体量。

由于测定溶解固体和悬浮固体所用的过滤器不同,其孔径大小不同,所得结果也就不同。所以在测定中,应该根据水质和测定需要来选择过滤材料并加以注明。

水中的固体物质还有另一种分类法,即分为挥发性固体(或称灼烧减重)和固定性固体(或称灼烧残渣)两类。挥发性固体是指固体在 600 ℃下灼烧而失去的重量,它可近似代表水中有机物的含量(因为在该温度下有机物将全部分解为二氧化碳和水而挥发,其中碳酸盐、硝酸盐、铵盐也会发生分解,故它只是近似代表有机物的含量)。固定性固体则是灼烧后残留物质的重量,可近似代表无机物的含量。

根据上述分类法,当对水中总固体灼烧时,其总固体量应是挥发性固体与固定性固体的总和。同理,悬浮固体灼烧后的固体量应是挥发性悬浮固体与固定性悬浮固体的总和;溶解固体灼烧后的固体量应是挥发性溶解固体与固定性溶解固体的总和。

由于测定固体时的烘烤作用,会引起一些成分的变化。因此,测出来的重量和这些成分在水中原来状态(溶解或悬浮)的实际重量是有差异的。这说明水中固体的测定结果并不像其他化学测定那样精确,但这种差异并不影响数据的使用价值。

对于水中固体物质的测定,由于各种水体的水质不同,其测定重点也有区别。比较清洁的天然水、生活饮用水和工业用水所含悬浮物较少,杂质主要是溶解盐类,这类水的总固体量可用溶解固体量代替。天然水中的溶解固体量一般在 20～1000 mg/L,生活饮用水的总固体量不应超过 500 mg/L。对于浑浊河水或某些工业废水,其溶解盐量一般并不太大,所以测定的重点是悬浮固体量。

由于生活污水、污染严重的工业废水所含的杂质,大多数是悬浮物和有机物,所以,一般用测定悬浮固体和挥发性固体,作为表示这类水受污染的程度,以及表示这类水经处理后的效果的一项水质指标。

对于污水和废水中的固体物质,还经常用可沉固体作为水质指标。它是指水样在特制的圆锥形容器中,经过一定的沉降时间(1～2 小时)后,测定所沉降下来的固体物质的容量(mL/L)。可沉固体这一指标,可用以决定污水和废水是否需要进行沉降处理,同时也是设计沉降设备(池)沉渣部位容量的一个参数。

# 思 考 题

1. 水的物理性质应包括哪些指标? 我国生活饮用水的水质标准中,对各项物理性质有怎样的规定?
2. 测定水的色度、浑浊度有什么意义? 测定原理如何?

**3.** 简述水中固体物质分类有哪几种情况？各代表什么含义？

**4.** 在测定固体时，为什么常采用 105～110 ℃ 作为烘干温度，600 ℃ 作为灼烧温度？

**5.** 测定水中固体物，对清洁天然水、自来水和生活污水、污染工业废水的测定重点有何不同？为什么？

# 习　　题

**1.** 某试剂瓶中盛有浊度为 250 度的标准浊度原液。若取 50 mL 比色管 5 支，配制浊度分别为 5、10、15、20、25 度的标准比浊液。问在 5 支 50 mL 比色管中各加入原液多少毫升？

**2.** 测定某水样的色度时，取色度为 500 度的铂钴标准溶液 0.5 mL、1.0 mL、1.5 mL、2.0 mL，分别置于 50 mL 的比色管中，加蒸馏水至刻度，配制成标准色液。在另一支比色管中取 50 mL 的水样，若水样的颜色深浅程度与含有 1.5 mL 500 度的标准色液相近，求该水样的色度。

**3.** 某污水厂测定水中固体物质含量，其分析情况如下：取 100 mL 水样置于重量为 64.3251 g 的蒸发皿中，蒸干后称重为 64.3895 g；然后经过 600 ℃ 高温灼烧后称重为 64.3485 g。另取同一水样 100 mL 过滤，将其滤液置于重量为 63.8267 g 的蒸发皿中，蒸干后称重为 63.8411 g。求水中总固体、溶解固体、悬浮固体、挥发性固体、固定性固体的含量各为多少（mg/L）？

**4.** 取某污水水样 100 mL，置于重量为 64.4718 g 的古氏坩埚中过滤，烘干后称重为 64.5336 g；然后将此坩埚置于 600 ℃ 灼烧，最后再称重为 64.4848 g。另取同一水样 100 mL，放在重量为 57.9224 g 的蒸发皿中，蒸干后称重为 58.0158 g。求水中总固体、溶解固体、悬浮固体、挥发性悬浮固体、固定性悬浮固体的含量各为多少（mg/L）？

# 第三章 酸碱滴定法

酸碱滴定法是以酸碱反应为基础的滴定分析方法。首先讨论酸碱溶液平衡的基本原理及有关浓度的计算方法,然后再介绍酸碱滴定法的基本原理和在水质分析中的应用。

## 第一节 活度与活度系数

### 1. 离子活度和活度系数

在讨论溶液中的化学平衡时,许多化学反应如果都用物质的浓度代入各种平衡常数公式进行计算,所得结果与实验结果往往有偏差。对于较浓的强电解质溶液,这种偏差更为明显。产生偏差的原因,是因为在推导各种平衡常数的公式时,假定溶液处于理想状态,即溶液中各种离子都是孤立的,离子与离子之间,离子与溶剂分子之间,不存在相互作用力。但实际情况并非如此。在溶液中,带有不同电荷的离子之间存在着相互吸引的作用力,带有相同电荷的离子之间存在着相互排斥的作用力,离子与溶剂分子之间也存在着相互吸引或排斥的作用力。这些作用力的存在,影响了离子在溶液中的活动性,使得离子参加化学反应的有效浓度比它的实际浓度低。因此,在水质分析化学中,有必要介绍"活度"的概念。

活度可以认为是离子在化学反应中起作用的有效浓度。活度与摩尔浓度的比值称为活度系数。如果以 $a$ 表示离子的活度,$c$ 表示其摩尔浓度,则它们之间的关系为

$$\gamma_i = \frac{a}{c} \text{ 或 } a = \gamma_i c$$

式中,$\gamma_i$ 称为 $i$ 种离子的活度系数。它代表了离子间的力对 $i$ 离子的化学作用力产生影响的大小,是衡量实际溶液与理想溶液偏差的尺度。对于强电解质溶液,当浓度极稀时,离子之间的距离极大,离子之间的相互作用力可以忽略不计,离子的活度系数接近于1,可以认为活度等于浓度。对于较稀的弱电解质溶液,也可以认为 $\gamma_i \rightarrow 1, a \approx c$。然而,对于一般较稀的强电解质溶液来说,由于离子的总浓度较高,离子间的力较大,活度系数小于1,活度也就小于浓度。在这种情况下,严格地讲,各种平衡常数的计算就不能用浓度,而应用活度来进行。例如,标准缓冲溶液 pH 值的计算,就应该计算 $H^+$ 的活度。对于很浓的强电解质溶液来说,情况比较复杂,没有较好的计算公式,这里就不作讨论了。

由于活度系数 $\gamma_i$ 代表了离子间力的大小,因此 $\gamma_i$ 的大小不仅与溶液中各种离子的总浓度有关,也与离子的电荷数有关。稀溶液($<0.1$ mol/L)中离子的活度系数,可以利用德拜-休克尔求解:

$$\lg\gamma_i = -0.512Z_i^2 \frac{\sqrt{I}}{1 + B\dot{a}\sqrt{I}}$$

式中,$Z_i$ 为 $i$ 离子的电荷;$B$ 为常数,25 ℃时为 0.00328;$I$ 为溶液中的离子强度;$\overset{\circ}{a}$ 为离子的体积参数,约等于水化离子的有效半径,以 pm 计,$\overset{\circ}{a}$ 值可以查表。

离子强度 $I$ 的概念,可定义为

$$I = \frac{1}{2}(c_1 Z_1^2 + c_2 Z_2^2 + \cdots + c_n Z_n^2) = \frac{1}{2}\sum_i c_i Z_i^2$$

式中,$c_i$ 为 $i$ 离子的浓度(mol/L)。显然,溶液中的离子浓度愈大,电荷愈高,则离子强度愈大,活度系数愈小。表 3-1 中列出了不同离子强度时,相同价数离子的平均活度系数。

表 3-1　不同离子强度时相同价数离子的平均活度系数

| | 离子强度 $I$ | | | | |
| --- | --- | --- | --- | --- | --- |
| | 0.001 | 0.005 | 0.01 | 0.05 | 0.1 |
| 一价离子 | 0.96 | 0.95 | 0.93 | 0.85 | 0.80 |
| 二价离子 | 0.86 | 0.74 | 0.65 | 0.56 | 0.46 |
| 三价离子 | 0.72 | 0.62 | 0.52 | 0.28 | 0.20 |
| 四价离子 | 0.54 | 0.43 | 0.32 | 0.11 | 0.06 |

**2. 中性分子的活度系数**

根据德拜-休克尔电解质理论,对于溶液中的中性分子,由于它们在溶液中不是以离子状态存在,故在任何离子强度的溶液中,其活度系数均应为 1。实际上并不完全如此,许多中性分子的活度系数,是随着溶液中离子强度的增加而有所变化的。不过这种变化一般不大,所以对于中性分子的活度系数,通常都近似地视为 1。

**3. 活度常数和浓度常数**

反应 $a\mathrm{A} + b\mathrm{B} \rightleftharpoons c\mathrm{C} + d\mathrm{D}$ 达到平衡时,可以通过测量溶液中各组分的活度来测定平衡常数

$$K^\circ = \frac{a_\mathrm{C}^c a_\mathrm{D}^d}{a_\mathrm{A}^a a_\mathrm{B}^b}$$

式中,$K^\circ$ 称为活度平衡常数,又叫热力学平衡常数,它与温度有关。在附录中可以查阅。

在分析化学中,当处理溶液中化学平衡的有关计算时,常以各组分的浓度代替其活度,如弱酸 HB 在水中的离解:

$$\mathrm{HB} \rightleftharpoons \mathrm{H^+} + \mathrm{B^-}, \quad K_\mathrm{a} = \frac{[\mathrm{H^+}][\mathrm{B^-}]}{[\mathrm{HB}]}$$

式中,$K_\mathrm{a}$ 称为酸的浓度常数。$K_\mathrm{a}$ 与 $K_\mathrm{a}^\circ$ 之间的关系如下:

$$K_\mathrm{a}^\circ = \frac{a_\mathrm{H^+} a_\mathrm{B^-}}{a_\mathrm{HB}} = \frac{[\mathrm{H^+}][\mathrm{B^-}]}{[\mathrm{HB}]} \cdot \frac{\gamma_\mathrm{H^+} \gamma_\mathrm{B^-}}{\gamma_\mathrm{HB}} = K_\mathrm{a} \cdot \gamma_\mathrm{H^+} \gamma_\mathrm{B^-}$$

可见浓度常数不仅与温度有关,而且还与溶液的离子强度有关,只有当温度和离子强度一定时,浓度常数才是一定的。

在酸碱平衡的处理中,一般忽略离子强度的影响,即不考虑 $K_\mathrm{a}$ 与 $K_\mathrm{a}^\circ$ 的区别,这种处理方法能满足一般工作的要求,但应该指出,当需要进行某种精确计算时,如标准缓冲溶液中 pH 值的计算,则应该注意离子强度对化学平衡的影响。

# 第二节　酸碱质子理论

## 一、酸碱概念

根据酸碱质子理论,凡能给出质子($H^+$)的物质都是酸;凡能接受质子的物质都是碱。当一种酸(HB)给出质子以后,其剩余的部分($B^-$)必然对质子具有亲和力,因而是一种碱。酸与碱的这种关系是一种共轭关系,即

$$HB \Longrightarrow \underset{质子}{H^+} + \underset{碱}{B^-}$$

上述反应称为酸碱半反应,与氧化还原反应中的半电池反应相似。HB 是 $B^-$ 的共轭酸,$B^-$ 是 HB 的共轭碱,HB 与 $B^-$ 称为共轭酸碱对。酸碱半反应的实质,是一个共轭酸碱对中质子的传递。常见的酸碱半反应如下:

$$酸 \Longrightarrow 质子 + 碱$$
$$HCl \Longrightarrow H^+ + Cl^-$$
$$HAc \Longrightarrow H^+ + Ac^-$$
$$H_2CO_3 \Longrightarrow H^+ + HCO_3^-$$
$$HCO_3^- \Longrightarrow H^+ + CO_3^{2-}$$
$$NH_4^+ \Longrightarrow H^+ + NH_3$$
$$H_2O \Longrightarrow H^+ + OH^-$$

从上例中可以看出,质子理论的酸或碱可以是中性分子,也可以是阳离子或阴离子。而且酸碱概念也有相对性,如 $HCO_3^-$ 在 $H_2CO_3$ 与 $HCO_3^-$ 共轭酸碱对中为碱,而在 $HCO_3^-$ 与 $CO_3^{2-}$ 共轭酸碱对中为酸,这类物质称为两性物质。它们既有给出质子的能力,也有接受质子的能力,但究竟为酸还是为碱,这取决于它们对质子亲合能力的相对大小和存在条件。

质子理论认为,酸碱反应的实质是两个共轭酸碱对之间质子传递的反应。例如,HAc 在水中的离解:

$$\underset{酸_1}{HAc} + \underset{碱_2}{H_2O} \xrightarrow{\qquad H^+ \qquad} \underset{酸_2}{H_3O^+} + \underset{碱_1}{Ac^-}$$

这里,如果没有作为碱的溶剂(水)的存在,HAc 就无法实现其在水中的离解。显然,其离解是 HAc 分子和 $H_2O$ 分子之间的质子传递反应,是由 HAc 与 $Ac^-$、$H_2O$ 与 $H_3O^+$ 两对共轭酸碱对共同作用的结果。

同样,$NH_3$ 与水的反应也是一种酸碱反应,不同的是作为溶剂的水分子起着酸的作用:

$$\underset{酸_1}{H_2O} + \underset{碱_2}{NH_3} \xrightarrow{\qquad H^+ \qquad} \underset{酸_2}{NH_4^+} + \underset{碱_1}{OH^-}$$

　　因此,水是一种两性物质(溶剂)。由于水分子的两性,所以在水分子之间存在着质子的传递作用,称为水的质子自递作用。这个作用的平衡常数称为水的质子自递常数(或水的离子积)。即

$$K_w = [H_3^+O][OH^-] = 1.0 \times 10^{-14} \qquad 或 \qquad pK_w = 14 (25\ ℃)$$

　　总之,质子理论认为,各种酸碱反应都是质子的传递反应,如离解、水解、中和反应等。于是,质子理论把上述各种酸碱反应统一起来了。

## 二、共轭酸碱对的 $K_a$ 与 $K_b$ 的关系

　　在水溶液中,酸碱的强度取决于酸将质子给予水分子或碱从水分子中接受质子的能力,通常用酸碱在水中的离解常数来衡量。酸或碱的离解常数愈大,酸或碱的强度愈大。
　　例如,HCl、HAc 和 $H_2S$ 溶于水时:

$$HCl + H_2O \Longrightarrow H_3O^+ + Cl^- \qquad K_a = 10^8$$

$$HAc + H_2O \Longrightarrow H_3O^+ + Ac^- \qquad K_a = 1.8 \times 10^{-5}$$

$$H_2S + H_2O \Longrightarrow H_3O^+ + HS^- \qquad K_a = 5.7 \times 10^{-8}$$

显然这三种酸的强弱顺序是:HCl>HAc>$H_2S$。
　　又如 $NH_3$ 和吡啶溶于水时:

$$NH_3 + H_2O \Longrightarrow NH_4^+ + OH^- \qquad K_b = 1.8 \times 10^{-5}$$

显然碱的强弱顺序是:$NH_3 >$

　　酸或碱在水中离解时,同时产生与其相应的共轭碱或共轭酸。这种共轭酸碱对的 $K_a$ 和 $K_b$ 之间存在着一定的关系。以 HAc 为例,推导如下:

$$HAc + H_2O \Longrightarrow H_3O^+ + Ac^- \qquad K_a = \frac{[H_3O^+][Ac^-]}{[HAc]}$$

$$Ac^- + H_2O \Longrightarrow HAc + OH^- \qquad K_b = \frac{[HAc][OH^-]}{[Ac^-]}$$

$$K_a K_b = \frac{[H_3O^+][Ac^-]}{[HAc]} \frac{[HAc][OH^-]}{[Ac^-]} = [H_3^+O][OH^-]$$

所以 $\qquad\qquad\qquad\qquad K_a K_b = K_w = 1.0 \times 10^{-14} \qquad\qquad\qquad\qquad (3\text{-}1)$

或 $\qquad\qquad\qquad\qquad pK_a + pK_b = pK_w = 14.0 \qquad\qquad\qquad\qquad (3\text{-}2)$

　　从式(3-1)可知,已知某酸或某碱的离解常数,则可求得其对应的共轭碱或共轭酸的离解

常数。如求 $NH_4^+$、(吡啶鎓结构)的 $K_a$ 值：

$NH_4^+$ 是 $NH_3$ 的共轭酸，所以　　　　$K_a = \dfrac{1.0 \times 10^{-14}}{1.8 \times 10^{-5}} = 5.6 \times 10^{-10}$

(吡啶鎓) 是 (吡啶) 的共轭酸，所以　　　$K_a = \dfrac{1.0 \times 10^{-14}}{1.7 \times 10^{-9}} = 5.9 \times 10^{-6}$

显然，酸的强弱顺序是 (吡啶鎓) $> NH_4^+$。由此可知，酸愈强，它的共轭碱愈弱；酸愈弱，它的共轭碱愈强。

上面讨论的是一元共轭酸碱对的 $K_a$ 与 $K_b$ 之间的关系。对于多元酸(碱)来说，由于在水溶液中是分级离解的，所以存在着多个共轭酸碱对。这些共轭酸碱对的 $K_a$ 与 $K_b$ 之间也存在着一定的关系，但情况较一元酸碱复杂。如 $H_3PO_4$ 共有三个共轭酸碱对：$H_3PO_4$ 与 $H_2PO_4^-$，$H_2PO_4^-$ 与 $HPO_4^{2-}$，$HPO_4^{2-}$ 与 $PO_4^{3-}$。作为酸，$H_3PO_4$ 逐级离解给出 $H^+$：

$$H_3PO_4 + H_2O \rightleftharpoons H_2PO_4^- + H_3O^+ \qquad K_{a_1} = \frac{[H_2PO_4^-][H_3O^+]}{[H_3PO_4]}$$

$$H_2PO_4^- + H_2O \rightleftharpoons HPO_4^{2-} + H_3O^+ \qquad K_{a_2} = \frac{[HPO_4^{2-}][H_3O^+]}{[H_2PO_4^-]}$$

$$HPO_4^{2-} + H_2O \rightleftharpoons PO_4^{3-} + H_3O^+ \qquad K_{a_3} = \frac{[PO_4^{3-}][H_3O^+]}{[HPO_4^{2-}]}$$

作为碱，$PO_4^{3-}$ 逐级水解接受 $H^+$：

$$PO_4^{3-} + H_2O \rightleftharpoons HPO_4^{2-} + OH^- \qquad K_{b_1} = \frac{[HPO_4^{2-}][OH^-]}{[PO_4^{3-}]}$$

$$HPO_4^{2-} + H_2O \rightleftharpoons H_2PO_4^- + OH^- \qquad K_{b_2} = \frac{[H_2PO_4^-][OH^-]}{[HPO_4^{2-}]}$$

$$H_2PO_4^- + H_2O \rightleftharpoons H_3PO_4 + OH^- \qquad K_{b_3} = \frac{[H_3PO_4][OH^-]}{[H_2PO_4^-]}$$

从上述关系可以看出：

$$K_{a_1}K_{b_3} = K_{a_2}K_{b_2} = K_{a_3}K_{b_1} = K_w = 1.0 \times 10^{-14}$$

# 第三节　酸碱平衡中有关浓度的计算

## 一、分析浓度与平衡浓度

分析浓度即溶液中溶质的总浓度，用符号 $c$ 表示，单位为 mol/L。平衡浓度指在平衡状态时,溶质中某种型体的浓度,以符号[]表示,单位同上。例如,0.10 mol/L 的 NaCl 和 HAc 溶液,$c_{NaCl}$ 和 $c_{HAc}$ 均为 0.10 mol/L,平衡状态时,$[Cl^-]=[Na^+]=0.10$ mol/L;而 HAc 是弱酸,因部分解离在溶液中有两种型体存在,平衡浓度分别为$[HAc]$和$[Ac^-]$。

## 二、酸度对弱酸(碱)溶液中各组分浓度的影响

酸碱平衡体系中,通常同时存在多种酸碱组分。这些组分的浓度,随溶液中 $H^+$ 浓度的改变而变化。溶液中某酸碱组分的平衡浓度占其总浓度的分数,称为分布系数,以 $\delta$ 表示。某酸碱组分的分布系数,取决于该酸碱物质的性质和溶液中的 $H^+$ 浓度,而与其总浓度无关。分布系数的大小,能定量说明溶液中的各种酸碱组分的分布情况。知道了分布系数,便可求得溶液中酸碱组分的平衡浓度和滴定误差,对选择反应的条件具有指导意义。现对一元酸和多元酸的分布系数和分布曲线分别讨论如下。

### 1. 一元酸溶液

例如,醋酸在溶液中只能以 HAc 和 $Ac^-$ 两种型体存在。设 $c_{HAc}$ 为醋酸的总浓度,$[HAc]$ 和 $[Ac^-]$ 分别代表 HAc 和 $Ac^-$ 的平衡浓度,$\delta_{HAc}$ 和 $\delta_{Ac^-}$ 分别为 HAc 和 $Ac^-$ 的分布系数,则

$$\delta_{HAc}=\frac{[HAc]}{c_{HAc}}=\frac{[HAc]}{[HAc]+[Ac^-]}=\frac{[H^+]}{K_a+[H^+]}$$

$$\delta_{Ac^-}=\frac{[Ac^-]}{c_{HAc}}=\frac{[Ac^-]}{[HAc]+[Ac^-]}=\frac{K_a}{K_a+[H^+]}$$

$$\delta_{HAc}+\delta_{Ac^-}=1$$

即在酸碱平衡体系中,各种组分分布系数之和等于1。

【例 3-1】 在 0.1000 mol/L HAc 溶液中,已知 pH=5.00 时,计算 HAc 和 $Ac^-$ 的分布系数及其平衡浓度。

**解** 已知 HAc 的 $K_a=1.8\times10^{-5}$,pH=5.00,$[H^+]=1.0\times10^{-5}$ mol/L,故

$$\delta_{HAc}=\frac{[H^+]}{K_a+[H^+]}=\frac{1.0\times10^{-5}}{1.8\times10^{-5}+1.0\times10^{-5}}=0.36$$

$$\delta_{Ac^-}=1-\delta_{HAc}=0.64$$

$$[HAc]=\delta_{HAc}c_{HAc}=0.36\times0.1000 \text{ mol/L}=3.6\times10^{-2} \text{ mol/L}$$

$$[Ac^-]=\delta_{Ac^-}c_{HAc}=0.64\times0.1000 \text{ mol/L}=6.4\times10^{-2} \text{ mol/L}$$

HAc 和 $Ac^-$ 的分布系数与溶液 pH 值的关系如图 3-1 所示。可见,$\delta_{HAc}$ 值随 pH 值增大而减小,$\delta_{Ac^-}$ 值随 pH 值增大而增大。当溶液的 pH=$pK_a$(4.74)时,$[HAc]$和$[Ac^-]$各占一半;若 pH>$pK_a$,则$[Ac^-]>[HAc]$;若 pH<$pK_c$,则$[HAc]>[Ac^-]$。

### 2. 多元酸溶液

例如,碳酸在溶液中以分子状态的碳酸($H_2CO_3$)和离子状态的重碳酸盐($HCO_3^-$)、碳酸盐($CO_3^{2-}$)等三种型体存在。其中分子状态的碳酸,包括了溶液的 $CO_2$ 气体和未离解的 $H_2CO_3$ 分子,且呈下列平衡:

$$CO_2+H_2O \Longrightarrow H_2CO_3$$

平衡时,主要含量是 $CO_2$ 分子,$H_2CO_3$ 分子只占分子状态碳酸总量的 1% 以下。严格来说,[$CO_2$ + $H_2CO_3$] 含量应是分子状态碳酸的总量(或称游离碳酸总量)。但在实际工作中,为了应用方便起见,常用 [$H_2CO_3$] 或 [$CO_2$] 来代表游离碳酸的总量,即

$$[H_2CO_3] = [CO_2] = [CO_2 + H_2CO_3]$$

设三种碳酸型体的总浓度为 $c_{H_2CO_3}$,则

$$c_{H_2CO_3} = [H_2CO_3] + [HCO_3^-] + [CO_3^{2-}]$$

如果以 $\delta_{H_2CO_3}$、$\delta_{HCO_3^-}$、$\delta_{CO_3^{2-}}$ 分别表示 $H_2CO_3$、$HCO_3^-$、$CO_3^{2-}$ 的分布系数,则

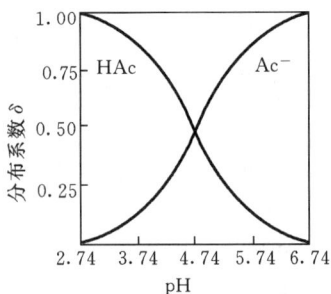

图 3-1　HAc 和 Ac⁻ 的分布系数与溶液 pH 值的关系

$$\delta_{H_2CO_3} = \frac{[H_2CO_3]}{c_{H_2CO_3}} = \frac{[H_2CO_3]}{[H_2CO_3] + [HCO_3^-] + [CO_3^{2-}]} = \frac{1}{1 + \dfrac{[HCO_3^-]}{[H_2CO_3]} + \dfrac{[CO_3^{2-}]}{[H_2CO_3]}}$$

$$= \frac{1}{1 + \dfrac{K_{a_1}}{[H^+]} + \dfrac{K_{a_1}K_{a_2}}{[H^+]^2}} = \frac{[H^+]^2}{[H^+]^2 + K_{a_1}[H^+] + K_{a_1}K_{a_2}}$$

同理可得

$$\delta_{HCO_3^-} = \frac{K_{a_1}[H^+]}{[H^+]^2 + K_{a_1}[H^+] + K_{a_1}K_{a_2}}$$

$$\delta_{CO_3^{2-}} = \frac{K_{a_1}K_{a_2}}{[H^+]^2 + K_{a_1}[H^+] + K_{a_1}K_{a_2}}$$

根据不同 pH 值的碳酸溶液中三种碳酸型体的分布系数,可以计算出三种碳酸型体含量的相对比例,如表 3-2 所示,图 3-2 所示的是三种碳酸型体比例变化曲线。

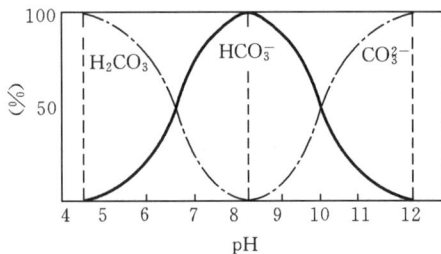

图 3-2　三种碳酸型体比例变化曲线

从表 3-2 和图 3-2 中可以看出,三种碳酸型体含量的相对比例取决于溶液的 pH 值。故对于碳酸平衡体系来说,当 pH 值很小时,以游离的分子碳酸($H_2CO_3$)型体的存在为主;当 pH 值逐渐增大时,先以重碳酸盐($HCO_3^-$)型体,后以碳酸盐($CO_3^{2-}$)型体的存在为主。

表 3-2　三种碳酸型体含量的相对比例(%)

| pH | $H_2CO_3$ | $HCO_3^-$ | $CO_3^{2-}$ | pH | $H_2CO_3$ | $HCO_3^-$ | $CO_3^{2-}$ |
|---|---|---|---|---|---|---|---|
| | $100\delta_{H_2CO_3}$ | $100\delta_{HCO_3^-}$ | $100\delta_{CO_3^{2-}}$ | | $100\delta_{H_2CO_3}$ | $100\delta_{HCO_3^-}$ | $100\delta_{CO_3^{2-}}$ |
| 2.0 | 100.00 | | | 4.5 | 98.62 | 1.38 | |
| 2.5 | 99.99 | 0.01 | | 5.0 | 95.75 | 4.25 | |
| 3.0 | 99.96 | 0.04 | | 5.5 | 87.70 | 12.30 | |
| 3.5 | 99.86 | 0.14 | | 6.0 | 70.42 | 29.58 | |
| 4.0 | 99.57 | 0.43 | | 6.5 | 41.62 | 58.37 | 0.01 |

| pH | $H_2CO_3$ | $HCO_3^-$ | $CO_3^{2-}$ | pH | $H_2CO_3$ | $HCO_3^-$ | $CO_3^{2-}$ |
|---|---|---|---|---|---|---|---|
| | $100\delta_{H_2CO_3}$ | $100\delta_{HCO_3^-}$ | $100\delta_{CO_3^{2-}}$ | | $100\delta_{H_2CO_3}$ | $100\delta_{HCO_3^-}$ | $100\delta_{CO_3^{2-}}$ |
| 7.0 | 18.64 | 81.32 | 0.04 | 10.5 | | 40.22 | 59.78 |
| 7.5 | 6.74 | 93.12 | 0.14 | 11.0 | | 17.52 | 82.46 |
| 8.0 | 2.46 | 97.08 | 0.46 | 11.5 | | 6.30 | 93.70 |
| 8.5 | 0.72 | 97.83 | 1.45 | 12.0 | | 2.08 | 97.92 |
| 9.0 | 0.17 | 95.36 | 4.47 | 12.5 | | 0.67 | 99.33 |
| 9.5 | 0.04 | 87.03 | 12.93 | 13.0 | | 0.21 | 99.79 |
| 10.0 | 0.01 | 68.02 | 31.97 | | | | |

对于其他多元酸,如 $H_nA$,溶液中存在有 $n+1$ 个型体,即 $H_nA$,$H_{n-1}A^-$,$H_{n-2}A^{2-}$,$\cdots$,$A^{n-}$,可用与处理 $H_2CO_3$ 相同的方法推导出各型体的分布系数:

$$\delta_{H_nA} = \frac{[H^+]^n}{[H^+]^n + [H^+]^{n-1}K_{a_1} + [H^+]^{n-2}K_{a_1}K_{a_2} + \cdots + K_{a_1}K_{a_2}\cdots K_{a_n}}$$

$$\delta_{H_{n-1}A^-} = \frac{K_{a_1}[H^+]^{n-1}}{[H^+]^n + [H^+]^{n-1}K_{a_1} + [H^+]^{n-2}K_{a_1}K_{a_2} + \cdots + K_{a_1}K_{a_2}\cdots K_{a_n}}$$

$$\cdots$$

$$\delta_{A^{n-}} = \frac{K_{a_1}K_{a_2}K_{a_3}\cdots K_{a_n}}{[H^+]^n + [H^+]^{n-1}K_{a_1} + [H^+]^{n-2}K_{a_1}K_{a_2} + \cdots + K_{a_1}K_{a_2}\cdots K_{a_n}}$$

【例 3-2】　计算 pH=5.00 时,0.10 mol/L 草酸溶液中 $C_2O_4^{2-}$ 的浓度。

解　已知 pH=5.00,$[H^+]=1.0\times10^{-5}$ mol/L,$H_2C_2O_4$ 的 $K_{a_1}=5.9\times10^{-2}$,$K_{a_2}=6.4\times10^{-5}$,故

$$\delta_{C_2O_4^{2-}} = \frac{[C_2O_4^{2-}]}{c_{H_2C_2O_4}} = \frac{K_{a_1}K_{a_2}}{[H^+]^2 + [H^+]K_{a_1} + K_{a_1}K_{a_2}}$$

$$= \frac{5.9\times10^{-2}\times6.4\times10^{-5}}{(1.0\times10^{-5})^2 + 1.0\times10^{-5}\times5.9\times10^{-2} + 5.9\times10^{-2}\times6.4\times10^{-5}}$$

$$= 0.86$$

$$[C_2O_4^{2-}] = \delta_{C_2O_4^{2-}}c_{H_2C_2O_4} = 0.86\times0.10 \text{ mol/L} = 0.086 \text{ mol/L}$$

## 三、物料平衡方程、电荷平衡方程及质子平衡方程

### 1. 物料平衡方程

物料平衡方程,简称物料平衡。它是指在一个化学平衡体系中,某一给定组分的总浓度等于各有关组分平衡浓度之和。例如 0.10 mol/L HAc 溶液的物料平衡为

$$[HAc] + [Ac^-] = 0.10 \text{ mol/L}$$

浓度为 $c$ 的 $NaHCO_3$ 溶液的物料平衡为

$$[Na^+]=c$$
$$[H_2CO_3]+[HCO_3^-]+[CO_3^{2-}]=c$$

浓度为 $c$ 的 $Na_2SO_3$ 溶液的物料平衡为

$$[Na^+]=2c$$
$$[H_2SO_3]+[HSO_3^-]+[SO_3^{2-}]=c$$

**2. 电荷平衡方程**

电荷平衡方程,简称电荷平衡。由电中性原则可知,溶液中正离子的总电荷数与负离子的总电荷数恰好相等。根据这一原则和各离子的电荷与浓度,即可列出电荷平衡方程。中性分子不包含在电荷平衡式中。

例如,在浓度为 $c$ 的 NaCN 溶液中,存在下列反应:

$$NaCN \Longrightarrow Na^+ + CN^-$$
$$CN^- + H_2O \Longrightarrow HCN + OH^-$$
$$H_2O \Longrightarrow H^+ + OH^-$$

溶液中的正负离子都是一价。为保持溶液的电中性,正负离子的总浓度应该相等。故得

$$[H^+]+[Na^+]=[CN^-]+[OH^-]$$

或

$$[H^+]+c=[CN^-]+[OH^-]$$

又如在浓度为 $c$ 的 $Na_2CO_3$ 溶液中,存在如下反应:

$$Na_2CO_3 \Longrightarrow 2Na^+ + CO_3^{2-}$$
$$CO_3^{2-} + H_2O \Longrightarrow HCO_3^- + OH^-$$
$$HCO_3^- + H_2O \Longrightarrow H_2CO_3 + OH^-$$
$$H_2O \Longrightarrow H^+ + OH^-$$

溶液中的正离子有 $Na^+$ 和 $H^+$,负离子有 $OH^-$、$HCO_3^-$ 和 $CO_3^{2-}$,其中一个 $CO_3^{2-}$ 需要两个 $+1$ 价离子才能与它的电荷相平衡,就是说,与 $CO_3^{2-}$ 相平衡的 $+1$ 价离子的浓度应该是 $CO_3^{2-}$ 浓度的两倍,所以其电荷平衡式为

$$[Na^+]+[H^+]=[OH^-]+[HCO_3^-]+2[CO_3^{2-}]$$

或

$$2c+[H^+]=[OH^-]+[HCO_3^-]+2[CO_3^{2-}]$$

**3. 质子平衡方程**

质子平衡方程,简称质子平衡或质子条件。按照酸碱质子理论,酸碱反应达到平衡时,酸给出的质子数应等于碱接受的质子数。这种等衡关系称为质子条件。根据质子条件,可以得到溶液中 $H^+$ 浓度与有关组分浓度的关系式,它是处理酸碱平衡计算问题的基本关系式。通常采用两种方法求得质子条件:

(1) 由物料平衡和电荷平衡求解。

例如,在浓度为 $c$ 的 NaCN 溶液中物料平衡为

$$[Na^+]=c \tag{3-3}$$

$$[HCN]+[CN^-]=c \tag{3-4}$$

电荷平衡为

$$[H^+]+[Na^+]=[CN^-]+[OH^-] \tag{3-5}$$

将式(3-3)、式(3-4)代入式(3-5),消除原始组分,得

$$[H^+]+[HCN]+[CN^-]=[CN^-]+[OH^-]$$

整理后,得到质子条件:

$$[H^+]=[OH^-]-[HCN]$$

(2) 由溶液中得失质子的关系求解。

首先,选择一些酸碱组分作为质子得失的参考水准(零水准),然后将溶液中其他酸碱组分与其比较。把所有得质子后产物的摩尔浓度的总和写在等式一端,所有失质子后产物的摩尔浓度的总和写在等式另一端,即得到质子条件。

例如,弱酸(HB)溶液有如下的酸碱反应:

弱酸离解 $\qquad\qquad HB+H_2O\Longrightarrow H_3O^++B^-$

$H_2O$ 分子之间质子的自递反应 $\qquad H_2O+H_2O\Longrightarrow H_3O^++OH^-$

由此可知,得质子后的产物为 $H_3O^+$,失质子后的产物为 $B^-$ 和 $OH^-$。根据得失质子的摩尔数相等的原则,得到 HB 溶液的质子条件:

$$[H_3O^+]=[OH^-]+[B^-]$$

或 $\qquad\qquad\qquad [H^+]=[OH^-]+[B^-]$

又如,求 $Na_2HPO_4$ 溶液的质子条件,选择 $HPO_4^{2-}$ 和 $H_2O$ 作质子参考水准。在溶液中得质子后的产物有 $H^+$、$H_2PO_4^-$、$H_3PO_4$,失质子后的产物有 $OH^-$、$PO_4^{3-}$。其中 $H_3PO_4$ 是 $HPO_4^{2-}$ 得到两个质子后的产物,故在质子条件式中,$H_3PO_4$ 的浓度必须乘以 2,才能保持失质子数相等。所以得到 $Na_2HPO_4$ 溶液的质子条件式为

$$[H^+]+[H_2PO_4^-]+2[H_3PO_4]=[OH^-]+[PO_4^{3-}]$$

## 四、酸碱溶液中 $H^+$ 浓度的计算

### 1. 强酸强碱溶液

因为强酸强碱在溶液中全部离解,所以一般情况下,强酸强碱溶液中 $H^+$ 浓度的计算比较简单。

现以浓度为 $c$ 的强酸 HB 溶液为例进行讨论。在 HB 溶液中存在以下离解平衡:

$$HB\Longrightarrow H^++B^-$$
$$H_2O\Longrightarrow H^++OH^-$$

由质子条件式:

$$[H^+]=[B^-]+[OH^-]=c+[OH^-]$$

得 $\qquad\qquad\qquad [H^+]^2-c[H^+]-K_w=0 \qquad\qquad\qquad (3\text{-}6)$

在加减法计算中,一项若大于另一项 20 倍时,另一项可以舍去,由此产生的误差不会大于 5%。因此,若 HB 溶液的浓度不是很稀($c>10^{-6}$ mol/L)时,溶液中的[$H^+$]几乎全部是 HB 离解的,水离解的[$H^+$]可忽略不计。

$$[H^+]=c \qquad\qquad\qquad (3\text{-}7)$$

同理,对于一元强碱溶液,也可采用同样的方法处理。即

$$[OH^-]=c \qquad\qquad\qquad (3\text{-}8)$$

### 2. 一元弱酸弱碱溶液

对于弱酸弱碱溶液,如果浓度 $c$ 及其离解常数 $K_a$ 或 $K_b$ 都不是很小,当 $K_a c \geqslant 20 K_w$ 或者 $K_b c \geqslant 20 K_w$ 时,溶液中的 $H^+$ 或 $OH^-$ 主要来自弱酸或弱碱的离解,故水离解的影响可忽略不计。在这种情况下,应根据弱酸或弱碱的离解平衡,采用近似方法进行计算。

1) 一元弱酸溶液

浓度为 $c$ 的弱酸 HB,在水溶液中有下列离解平衡:

$$HB \Longrightarrow H^+ + B^-$$

质子条件式为

$$[H^+] = [B^-]$$

设 HB 的离解常数为 $K_a$,由离解平衡得

$$[H^+] = \frac{K_a [HB]}{[B^-]}$$

$$[H^+] = \sqrt{K_a [HB]} \tag{3-9}$$

由于 $[HB] = c - [H^+]$,以此代入式(3-9),得

$$[H^+] = \sqrt{K_a (c - [H^+])}$$

$$[H^+]^2 + K_a [H^+] - K_a c = 0$$

$$[H^+] = \frac{-K_a + \sqrt{K_a^2 + 4 K_a c}}{2} \text{(舍去负值)} \tag{3-10}$$

式(3-10)是计算一元弱酸溶液中 $H^+$ 浓度的近似公式。

当 $\dfrac{c}{K_a} \geqslant 500$(即弱酸的离解度 $<5\%$)时,可忽略弱酸的离解,即 $c - [H^+] \approx c$,由式(3-9)得

$$[H^+] = \sqrt{K_a c} \tag{3-11}$$

式(3-11)是计算一元弱酸溶液中 $H^+$ 浓度的最简公式,其计算结果的相对误差约为 $2\%$。因此,一般以 $\dfrac{c}{K_a} \geqslant 500$ 作为用最简公式进行计算的必要条件。

2) 一元弱碱溶液

一元弱碱 B 在水溶液中有下列离解平衡:

$$B + H_2O \Longrightarrow BH^+ + OH^-$$

与讨论弱酸溶液中 $H^+$ 浓度的计算公式相似,只要将 $K_a$ 换成 $K_b$,就可以得到计算一元弱碱溶液中 $OH^-$ 浓度的近似公式和最简公式。

$$[OH^-] = \frac{-K_b + \sqrt{K_b^2 + 4 K_b c}}{2} \text{(舍去负值)} \tag{3-12}$$

$$[OH^-] = \sqrt{K_b c} \tag{3-13}$$

**【例 3-3】** 计算 $0.010\ mol/L$ HAc 溶液的 pH 值。

**解** 已知 HAc 的 $K_a = 1.8 \times 10^{-5}$,$c = 0.010\ mol/L$,则 $\dfrac{c}{K_a} > 500$,可用式(3-11)计算:

$$[H^+] = \sqrt{1.8 \times 10^{-5} \times 0.010}\ mol/L = 4.2 \times 10^{-4}\ mol/L$$

$$pH=3.38$$

【例 3-4】 计算 $1.0 \times 10^{-4}$ mol/L $NH_4Cl$ 溶液的 pH 值。

**解** $NH_4^+$ 是 $NH_3$ 的共轭酸,在水中有下列酸碱平衡:

$$NH_4^+ + H_2O \Longrightarrow NH_3 + H_3O^+ \quad 或 \quad NH_4^+ \Longrightarrow NH_3 + H^+$$

因此可按一元弱酸的离解平衡进行计算。已知 $NH_3$ 的 $K_b = 1.8 \times 10^{-5}$,则 $NH_4^+$ 的

$$K_a = \frac{K_w}{K_b} = 5.6 \times 10^{-10}, \quad K_a c = 5.6 \times 10^{-10} \times 10^{-4} = 5.6 \times 10^{-14} < 20K_w$$

所以水的离解不能忽略,又因为 $\frac{c}{K_a} \gg 500$,所以

$$[H^+] = \sqrt{K_a c + K_w} = \sqrt{5.6 \times 10^{-14} + 10^{-14}} \text{ mol/L} = 2.6 \times 10^{-7} \text{ mol/L}$$

$$pH = 6.59$$

【例 3-5】 计算 $1.0 \times 10^{-4}$ mol/L NaCN 溶液的 pH 值。

**解** $CN^-$ 在水中的酸碱平衡:

$$CN^- + H_2O \Longrightarrow HCN + OH^-$$

已知 HCN 的 $K_a = 6.2 \times 10^{-10}$,则 $CN^-$ 的 $K_b = \frac{K_w}{K_a} = 1.6 \times 10^{-5}$,因 $\frac{c}{K_b} = \frac{1.0 \times 10^{-4}}{1.6 \times 10^{-5}} < 500$,故用式(3-12)计算:

$$[OH^-] = \frac{-1.6 \times 10^{-5} + \sqrt{(1.6 \times 10^{-5})^2 + 4 \times 1.6 \times 10^{-5} \times 1.0 \times 10^{-4}}}{2} \text{ mol/L}$$

$$= 3.3 \times 10^{-5} \text{ mol/L}$$

$$pOH = 4.48, \quad pH = 14.00 - 4.48 = 9.52$$

**3. 多元弱酸碱溶液**

多元弱酸碱在溶液中是逐级离解的,它是一种复杂的酸碱平衡体系。要精确计算溶液中的 $H^+$ 浓度,在数学上是非常麻烦的,因此常采用近似计算法。

例如,在 $H_3PO_4$ 溶液中,存在如下离解平衡:

$$H_3PO_4 \Longrightarrow H^+ + H_2PO_4^- \qquad K_{a_1} = 7.6 \times 10^{-3}$$
$$H_2PO_4^- \Longrightarrow H^+ + HPO_4^{2-} \qquad K_{a_2} = 6.3 \times 10^{-8}$$
$$HPO_4^{2-} \Longrightarrow H^+ + PO_4^{3-} \qquad K_{a_3} = 4.4 \times 10^{-13}$$
$$H_2O \Longrightarrow H^+ + OH^- \qquad K_w = 1.0 \times 10^{-14}$$

由于 $K_{a_1} \gg K_{a_2} \gg K_{a_3}$,$K_{a_1} \gg K_w$,显然第一级离解是溶液中 $H^+$ 的主要来源,这样就可近似的按一元弱酸的有关公式计算 $H^+$ 浓度。

多元弱碱在溶液中按碱式逐级离解。例如,$Na_2CO_3$ 溶液中存在如下酸碱平衡:

$$CO_3^{2-} + H_2O \Longrightarrow HCO_3^- + OH^- \qquad K_{b_1} = 1.8 \times 10^{-4}$$
$$HCO_3^- + H_2O \Longrightarrow H_2CO_3 + OH^- \qquad K_{b_2} = 2.4 \times 10^{-8}$$
$$H_2O \Longrightarrow H^+ + OH^- \qquad K_w = 1.0 \times 10^{-14}$$

由于 $K_{b_1} \gg K_{b_2}$,且 $K_{b_2} \gg K_w$,显然碱的第一级离解是溶液中 $OH^-$ 的主要来源。与处理多元弱酸的方法一样,可近似的按一元弱碱的有关公式计算 $OH^-$ 的浓度。

**【例 3-6】** 计算 $0.10 \ \text{mol/L} \ Na_2CO_3$ 溶液的 pH 值。

**解** 已知 $K_{b_1}=1.8 \times 10^{-4}$，$K_{b_2}=2.4 \times 10^{-8}$，因为 $K_{b_1} \gg K_{b_2}$，$\dfrac{c}{K_{b_1}}=\dfrac{0.10}{1.8 \times 10^{-14}}>500$，故可用式(3-13)计算：

$$[OH^-]=\sqrt{1.8 \times 10^{-4} \times 0.10} \ \text{mol/L}=4.2 \times 10^{-3} \ \text{mol/L}$$

$$pOH=2.38，\quad pH=14.00-2.38=11.62$$

#### 4. 两性物质溶液

在质子传递反应中，除水以外，主要的两性物质有多元酸的酸式盐(如 $NaHCO_3$)、弱酸弱碱盐(如 $NH_4Ac$)和氨基酸(如氨基乙酸)等，下面以酸式盐($NaHCO_3$)为例来讨论这类物质的酸碱平衡。

在 $NaHCO_3$ 溶液中，$HCO_3^-$ 既可起酸的作用，又可起碱的作用，故溶液中存在着下列酸碱平衡：

$$HCO_3^- \Longrightarrow H^+ + CO_3^{2-} \qquad\qquad K_{a_2}=5.6 \times 10^{-11}$$

$$HCO_3^- + H_2O \Longrightarrow H_2CO_3 + OH^- \qquad K_{b_2}=2.4 \times 10^{-8}$$

$$H_2O \Longrightarrow H^+ + OH^- \qquad\qquad K_w=1.0 \times 10^{-14}$$

其质子条件式为

$$[H^+]+[H_2CO_3]=[CO_3^{2-}]+[OH^-]$$

或

$$[H^+]=[CO_3^{2-}]+[OH^-]-[H_2CO_3] \tag{3-14a}$$

根据 $H_2CO_3$ 的离解平衡关系式：

$$K_{a_1}=\frac{[H^+][HCO_3^-]}{[H_2CO_3]} \qquad\qquad [H_2CO_3]=\frac{[H^+][HCO_3^-]}{K_{a_1}} \tag{3-14b}$$

$$K_{a_2}=\frac{[H^+][CO_3^{2-}]}{[HCO_3^-]} \qquad\qquad [CO_3^{2-}]=\frac{K_{a_2}[HCO_3^-]}{[H^+]} \tag{3-14c}$$

$$K_w=[H^+][OH^-] \qquad\qquad [OH^-]=\frac{K_w}{[H^+]} \tag{3-14d}$$

将上述(3-14b)、(3-14c)、(3-14d)三式代入式(3-14a)中得

$$[H^+]=\frac{K_{a_2}[HCO_3^-]}{[H^+]}+\frac{K_w}{[H^+]}-\frac{[H^+][HCO_3^-]}{K_{a_1}}$$

整理后得

$$[H^+]^2(K_{a_1}+[HCO_3^-])=K_{a_1}K_{a_2}[HCO_3^-]+K_{a_1}K_w$$

$$[H^+]=\sqrt{\frac{K_{a_1}(K_{a_2}[HCO_3^-]+K_w)}{K_{a_1}+[HCO_3^-]}} \tag{3-15}$$

由于 $K_{a_2}$ 很小，故溶液中 $HCO_3^-$ 离解甚少，$[HCO_3^-] \approx c$，则式(3-15)可写成如下形式：

$$[H^+]=\sqrt{\frac{K_{a_1}(K_{a_2}c+K_w)}{K_{a_1}+c}} \tag{3-16}$$

式(3-16)是考虑了水的离解影响，计算酸式盐溶液中 $H^+$ 浓度的近似公式。当 $c$ 或 $K_{a_2}$ 不是很小，即 $cK_{a_2}>20K_w$ 时，式(3-16)中的 $K_w$ 可忽略不计，故得

$$[H^+] = \sqrt{\frac{K_{a_1}K_{a_2}c}{K_{a_1}+c}} \tag{3-17}$$

式(3-17)是忽略了水的离解影响,计算酸式盐溶液中 $H^+$ 浓度的近似公式。如果 $c > 20K_{a_1}$,则 $K_{a_1}+c \approx c$,由式(3-17)得

$$[H^+] = \sqrt{K_{a_1}K_{a_2}} \tag{3-18}$$

式(3-18)是计算酸式盐溶液中 $H^+$ 浓度的最简式。

对于其他多元酸的酸式盐溶液,可用同样类似的方法处理,得到类似的最简式。

例如, $NaH_2PO_4$ 溶液 $\qquad [H^+] = \sqrt{K_{a_1}K_{a_2}}$

$Na_2HPO_4$ 溶液 $\qquad [H^+] = \sqrt{\dfrac{K_{a_3}(K_{a_3}c+K_w)}{K_{a_2}+c}}$

对于酸碱组成的摩尔比为 $1:1$ 的弱酸弱碱盐溶液,其 $H^+$ 浓度的计算与酸式盐相类似。在弱酸弱碱盐溶液中,涉及两种物质的酸碱平衡。如 $NH_4Ac$ 溶液,其中 $NH_4^+$ 起酸的作用,$Ac^-$ 起碱的作用,水则有离解作用:

$$NH_4^+ \Longrightarrow NH_3 + H^+ \qquad K'_a = \frac{K_w}{K_b} = 5.6 \times 10^{-10}$$

$$Ac^- + H_2O \Longrightarrow HAc + OH^- \qquad K'_b = \frac{K_w}{K_a} = 5.6 \times 10^{-10}$$

$$H_2O \Longrightarrow H^+ + OH^- \qquad K_w = 1.0 \times 10^{-14}$$

根据质子条件平衡关系,得到近似公式和最简式:

$$[H^+] = \sqrt{\frac{K_a(K'_a c + K_w)}{K_a + c}} \tag{3-19}$$

$$[H^+] = \sqrt{\frac{K_a K'_a c}{K_a + c}} \tag{3-20}$$

$$[H^+] = \sqrt{K_a K'_a} \tag{3-21}$$

【例 3-7】 计算 $0.10\ mol/L\ NaHCO_3$ 溶液的 pH 值。

**解** 已知 $c = 0.10\ mol/L$,$K_{a_1} = 4.2 \times 10^{-7}$,$K_{a_2} = 5.6 \times 10^{-11}$,由于 $cK_{a_2} \gg 20K_w$,$c > 20K_{a_2}$,用式(3-18)计算,得

$$[H^+] = \sqrt{4.2 \times 10^{-7} \times 5.6 \times 10^{-11}}\ mol/L = 4.9 \times 10^{-9}\ mol/L$$

$$pH = 8.31$$

【例 3-8】 计算 $1.0 \times 10^{-2}\ mol/L\ Na_2HPO_4$ 溶液的 pH 值。

**解** 已知 $c = 1.0 \times 10^{-2}\ mol/L$,$K_{a_1} = 7.6 \times 10^{-3}$,$K_{a_2} = 6.3 \times 10^{-8}$,$K_{a_3} = 4.4 \times 10^{-13}$,由于 $K_{a_3}$ 很小,$cK_{a_3} < 20K_w$,$K_w$ 不能忽略;但 $c \gg K_{a_2}$,$K_{a_2} + c \approx c$,故采用式(3-16)计算,得到

$$[H^+] = \sqrt{\frac{K_{a_2}(K_{a_3}c+K_w)}{c}} = \sqrt{\frac{6.3 \times 10^{-8}(4.4 \times 10^{-13} \times 1.0 \times 10^{-2} + 1.0 \times 10^{-14})}{1.0 \times 10^{-2}}}\ mol/L$$

$$= 3.0 \times 10^{-10}\ mol/L$$

$$pH = 9.52$$

【例 3-9】 计算 $0.10\ mol/L\ NH_4Ac$ 溶液的 pH 值。

**解** $Ac^-$ 的共轭酸的 $K_a = 1.8 \times 10^{-5}$，$NH_4^+$ 的 $K_a' = 5.6 \times 10^{-10}$，$K_a'c > 20K_w$，$c \gg K_a$，故采用式(3-21)计算,得

$$[H^+] = \sqrt{1.8 \times 10^{-5} \times 5.6 \times 10^{-10}} \ mol/L = 1.0 \times 10^{-7} \ mol/L$$

$$pH = 7.00$$

## 五、缓冲溶液

缓冲溶液是一种对溶液的酸度起稳定作用的溶液。如果向缓冲溶液中加入少量的酸或碱,或者溶液中的化学反应产生了少量酸或碱,或者将溶液稍加稀释,都能使溶液的酸度基本上稳定不变。

缓冲溶液一般是由浓度较大的弱酸及其共轭碱所组成的,如 $HAc—Ac^-$、$NH_4^+—NH_3$ 等。在高浓度的强酸强碱溶液中,由于 $H^+$ 或 $OH^-$ 的浓度本来就很高,故外加少量酸或碱不会对溶液的酸度产生太大的影响,在这种情况下,强酸强碱也是缓冲溶液。它们主要是高酸度(pH<2)和高碱度(pH>12)时的缓冲溶液。

**1. 缓冲溶液 pH 值的计算**

作为一般控制酸度用的缓冲溶液,因为缓冲剂本身的浓度较大,对计算结果不要求十分准确,故常采用最简式进行计算。但当缓冲溶液各组分的浓度过稀,或者二组分的浓度比相差悬殊时,最简式的计算结果偏差较大。

在由弱酸(HB)及其共轭碱($B^-$)组成的缓冲溶液中,计算 $H^+$ 浓度的最简式为

$$[H^+] = K_a \frac{[HB]}{[B^-]} \tag{3-22}$$

$$pH = pK_a - \lg \frac{[HB]}{[B^-]}$$

或

$$pH = pK_a - \lg \frac{[酸]}{[共轭碱]}$$

在由弱碱(B)及其共轭酸($HB^+$)所组成的缓冲溶液中,计算 $OH^-$ 浓度的最简式为

$$[OH^-] = K_b \frac{[B]}{[HB^+]}$$

$$pOH = pK_b - \lg \frac{[B]}{[HB^+]} \tag{3-23}$$

$$pH = pK_w - pK_b + \lg \frac{[碱]}{[共轭酸]} \tag{3-24}$$

**【例 3-10】** 计算 $0.100 \ mol/L \ NH_4Cl—0.200 \ mol/L \ NH_3$ 缓冲溶液的 pH 值。

**解** 已知 $K_b = 1.8 \times 10^{-5}$，$[NH_4^+] = 0.100 \ mol/L$，$[NH_3] = 0.200 \ mol/L$，由于 $[NH_4^+]$ 和 $[NH_3]$ 都较大,故由式(3-24)得

$$pH = pK_w - pK_b + \lg \frac{[NH_3]}{[NH_4^+]} = 14.00 + \lg 1.8 \times 10^{-5} + \lg \frac{0.200}{0.100} = 9.56$$

**2. 缓冲容量与缓冲范围**

缓冲溶液的缓冲作用是有一定限度的,就每一种缓冲溶液而言,只有在加入有限量的酸或

碱时,才能保持溶液的 pH 值基本保持不变,所以,每一种缓冲溶液只具有一定的缓冲能力。

缓冲容量($\beta$)是衡量缓冲溶液缓冲能力大小的尺度,又称缓冲指数。其数学定义为

$$\beta = \frac{db}{dpH} = -\frac{da}{dpH}$$

根据这个定义,缓冲容量是使 1 升缓冲溶液的 pH 增加 dpH 单位所需强碱 db(mol),或者是使 1 升缓冲溶液的 pH 减少 dpH 单位所需强酸 da(mol)。酸的增加使 pH 值降低,故在 $\frac{da}{dpH}$ 前加负号,使 $\beta$ 具有正值。$\beta$ 越大,缓冲能力越强。

HA—$A^-$ 体系可看作 HA 溶液中加入强碱。若 HA 的分析浓度为 $c$(mol/L),强碱的浓度为 $b$(mol/L),其质子条件是

$$[H^+] + b = [OH^-] + [A^-]$$

所以

$$b = -[H^+] + \frac{K_w}{[H^+]} + \frac{cK_a}{[H^+] + K_a}$$

则

$$\frac{db}{d[H^+]} = -1 - \frac{K_w}{[H^+]^2} - \frac{cK_a}{([H^+] + K_a)^2}$$

又因为

$$dpH = d(-\lg[H^+]) = -\frac{d[H^+]}{2.3[H^+]}$$

故

$$\beta = \frac{db}{dpH} = \frac{db}{d[H^+]} \cdot \frac{d[H^+]}{dpH} = 2.3\left\{[H^+] + [OH^-] + \frac{cK_a[H^+]}{([H^+] + K_a)^2}\right\} \tag{3-25}$$

此即计算弱酸缓冲容量的精确式。当弱酸不太强又不过分弱时,略去[$H^+$]和[$OH^-$],简化成近似式

$$\beta = 2.3cK_a \cdot \frac{[H^+]}{([H^+] + K_a)^2} = \frac{2.3}{c} \cdot [HA] \cdot [A^-] \tag{3-26}$$

根据式(3-26)求极值可知,当[$H^+$]=$K_a$(即 pH=$pK_a$)时,$\beta$ 有极大值,其值为

$$\beta_{max} = 2.3c \cdot \frac{K_a^2}{(2K_a)^2} = 0.575c$$

由上可见:

(1) 缓冲物质总浓度越大,缓冲容量也越大,过分稀释将导致缓冲能力显著下降。

(2) pH=$pK_a$ 时,缓冲容量最大,此时[HA]=[$A^-$],即弱酸与其共轭碱的浓度控制在 1:1 时缓冲容量最大。

根据式(3-26)计算可以证明,当[HA]:[$A^-$]=1:10 或者 10:1,即 pH=$pK_a±1$ 时,缓冲容量为其最大值的三分之一。而当[HA]:[$A^-$]=1:100 或者 100:1,即 pH=$pK_a±2$ 时,缓冲容量仅为最大值的二十五分之一。由此可见,缓冲溶液的有效缓冲范围在 pH 为 $pK_a±1$ 的范围,即约为 2 个 pH 单位。

对于强酸、强碱溶液,其缓冲容量为式(3-25)中第一、二项,即

$$\beta = 2.3([H^+] + [OH^-])$$

对于强碱溶液,忽略[$H^+$];对于强酸溶液,则忽略[$OH^-$]。若强酸或强碱的浓度为 $c$(mol/L),则其缓冲容量 $\beta$ 为

$$\beta = 2.3c$$

可见强酸或强碱与共轭酸碱对的总浓度相同时,前者的缓冲容量是后者的四倍。但它们的缓冲范围只在浓度较大的区域,在 pH＝3～11 间几乎没有什么缓冲能力。

**3. 缓冲溶液的种类、选择和配制**

1) 标准缓冲溶液

标准缓冲溶液的 pH 值是由精确实验测定的,测得的是 $H^+$ 的活度。因此,若用有关公式进行理论计算,则应校正离子强度的影响,否则理论计算值与实验值不符。表 3-3 所示的是常用的 pH 标准溶液。

表 3-3　pH 标准溶液

| pH 标准溶液 | pH(标准值,25 ℃) |
| --- | --- |
| 饱和酒石酸氢钾(0.034 mol/L) | 3.56 |
| 0.05 mol/L 邻苯二甲酸氢钾 | 4.01 |
| 0.025 mol/L $KH_2PO_4$—0.025 mol/L $Na_2HPO_4$ | 6.86 |
| 0.01 mol/L 硼砂 | 9.18 |

2) 常用缓冲溶液

常用缓冲溶液如表 3-4 所示。

表 3-4　常用缓冲溶液

| 缓 冲 溶 液 | 酸的存在形式 | 碱的存在形式 | $pK_a$ |
| --- | --- | --- | --- |
| 氨基乙酸—HCl | $^+NH_3CH_2COOH$ | $^+NH_3CH_2COO^-$ | 2.35($pK_{a_1}$) |
| 一氯乙酸—NaOH | $CH_2ClCOOH$ | $CH_2ClCOO^-$ | 2.86 |
| 邻苯二甲酸氢钾—HCl | $C_6H_4(COOH)_2$ | $C_6H_4COOHCOO^-$ | 2.95($pK_{a_2}$) |
| 甲酸—NaOH | $HCOOH$ | $HCOO^-$ | 3.76 |
| HAc—NaAc | $HAc$ | $Ac^-$ | 4.74 |
| 六次甲基四胺—HCl | $(CH_2)_6N_4H^+$ | $(CH_2)_6N_4$ | 5.15 |
| $NaH_2PO_4$—$Na_2HPO_4$ | $H_2PO_4^-$ | $HPO_4^{2-}$ | 7.20($pK_{a_1}$) |
| 三乙醇胺—HCl | $^+HN(CH_2CH_2OH)_3$ | $N(CH_2CH_2OH)_3$ | 7.76 |
| Tris①—HCl | $^+NH_3C(CH_2OH)_3$ | $NH_2C(CH_2OH)_3$ | 8.21 |
| $Na_2B_4O_7$—HCl | $H_3BO_3$ | $H_2BO_3^-$ | 9.24($pK_{a_1}$) |
| $Na_2B_4O_7$—NaOH | $H_3BO_3$ | $H_2BO_3^-$ | 9.24($pK_{a_1}$) |
| $NH_3$—$NH_4Cl$ | $NH_4^+$ | $NH_3$ | 9.26 |
| 乙醇胺—HCl | $^+NH_3CH_2CH_2OH$ | $NH_2CH_2CH_2OH$ | 9.50 |
| 氨基乙酸—NaOH | $^+NH_3CH_2COO^-$ | $NH_2CH_2COO^-$ | 9.60($pK_{a_2}$) |
| $NaHCO_3$—$Na_2CO_3$ | $HCO_3^-$ | $CO_3^{2-}$ | 10.25($pK_{a_2}$) |

注:① Tris——三(羟甲基)氨基甲烷。

3) 缓冲溶液的选择和配制

在水质分析中,常用缓冲溶液来控制被测溶液的 pH 值。一种缓冲溶液只有在一定的 pH 范围内才具有缓冲作用。因此,必须根据实际情况,选用不同的缓冲溶液。

选择缓冲溶液时,首先要求缓冲溶液对分析过程没有干扰。同时,缓冲溶液的 pH 值应在溶液所要求的稳定酸度范围之内。为此,组成缓冲溶液的酸的 $pK_a$ 应等于或接近溶液所需的 pH 值,即 $pK_a \approx pH$;或组成缓冲溶液的碱的 $pK_b$ 应等于或接近溶液所需的 pOH 值,即 $pK_b \approx pOH$。另外,缓冲溶液应有足够的缓冲容量,即组成缓冲溶液的各组分的浓度不能太小,一般应在 $0.01 \sim 1$ mol/L 之间,且各组分的浓度比最好是 1:1,此时的缓冲能力较大。

**【例 3-11】**　欲配制 pH = 5.00 的缓冲溶液 1 L,其中 [HAc] = 0.20 mol/L。问需要 $NaAc \cdot 3H_2O$ 多少克? 1.0 mol/L HAc 多少毫升?

**解**　已知 pH = 5.00,即 $[H^+] = 1.0 \times 10^{-5}$ mol/L,[HAc] = 0.20 mol/L,根据式(3-22),得到

$$[H^+] = K_a \frac{[HAc]}{[Ac^-]}$$

$$1.0 \times 10^{-5} = 1.8 \times 10^{-5} \times \frac{0.20}{[Ac^-]}$$

$$[Ac^-] = 0.36 \text{ mol/L}$$

已知 $M_{NaAc \cdot 3H_2O}$ 为 136.1 g/mol,则所需 $NaAc \cdot 3H_2O$ 的量为

$$136.1 \times 0.36 \text{ g} = 49 \text{ g}$$

需要 1.0 mol/L 的 HAc 体积为

$$\frac{0.20 \times 1000}{1.0} \text{ mL} = 200 \text{ mL}$$

**【例 3-12】**　选择 pH = 4.7 的两种缓冲溶液,并对其缓冲能力的大小进行比较。

**解**　(1) 根据 pH 值的要求,选择合适的缓冲溶液,按 $pK_a \approx pH = 4.7$ 的原则,选择下面两种缓冲溶液较合适:

$$HAc—NaAc \qquad\qquad HAc \text{ 的 } pK_a = 4.74$$
$$HCOOH—HCOONa \qquad\qquad HCOOH \text{ 的 } pK_a = 3.74$$

(2) 确定 $\frac{[酸]}{[共轭碱]}$ 的比值。根据

$$pH = pK_a - \lg \frac{[酸]}{[共轭碱]}$$

如果选用 HAc—NaAc 缓冲溶液,因为 $pK_a$ 与所要求的 pH 值近似相等,则

$$\lg \frac{[酸]}{[共轭碱]} = 0, \qquad \frac{[酸]}{[共轭碱]} = 1.0$$

如果选用 HCOOH—HCOONa 缓冲溶液,因为 $pK_a = 3.74$,则

$$\lg \frac{[酸]}{[共轭碱]} = -1.00, \qquad \frac{[酸]}{[共轭碱]} = \frac{1}{10}$$

3) 缓冲能力的比较

在 HAc—NaAc 缓冲溶液中,由于 HAc 的 $pK_a$ 与所要求的 pH 值近似相等,其 [HAc]:[NaAc] = 1:1,所以缓冲能力较大。在 HCOOH—HCOONa 缓冲溶液中,由于 HCOOH 的 $pK_a$ 与所要求的 pH 值仅相近,[HCOOH]:[HCOONa] = 1:10,所以缓冲能力较小。依题意,应选择 HAc—NaAc 缓冲溶液为好。

# 第四节　酸碱指示剂

## 一、酸碱指示剂的作用原理

酸碱指示剂一般是弱的有机酸或有机碱,其酸式和碱式具有不同的颜色。当溶液的 pH 值改变时,指示剂失去质子由酸式转变为碱式,或接受质子由碱式转变为酸式。这种结构上的变化可引起颜色的变化。

例如,酚酞指示剂是一种有机弱酸,它在水溶液中主要发生如下离解作用和颜色变化:

由平衡关系可以看出,在酸性或中性溶液中,酚酞以无色形式存在;在碱性溶液中,平衡向右移动,转化为醌式离子后显红色。但是在 pH 足够大的浓碱溶液中,它能转化为无色的羧酸盐式的离子。

又如甲基橙

由平衡关系可以看出,在酸性溶液中,平衡向左移动,呈现红色;在碱性溶液中,平衡向右移动,呈现黄色。

其他酸碱指示剂的变色情况与酚酞、甲基橙相类似。由此可知,指示剂的结构变化是颜色变化的根据,溶液 pH 值的改变是颜色变化的条件。

指示剂的变色范围,可用指示剂在溶液中的离解平衡来解释。现以弱酸型指示剂(HIn)为例进行说明。

HIn 在溶液中的离解平衡为

$$\underset{\text{(酸式色)}}{HIn} \rightleftharpoons H^+ + \underset{\text{(碱式色)}}{In^-}$$

$$K_a = \frac{[H^+][In^-]}{[HIn]} \qquad 或 \qquad \frac{[In^-]}{[HIn]} = \frac{K_a}{[H^+]}$$

$K_a$ 为指示剂的离解平衡常数,简称指示剂常数。$[In^-]$ 和 $[HIn]$ 分别为指示剂的碱式色和酸式色的浓度。随着溶液中 $[H^+]$ 的变化,$\frac{[In^-]}{[HIn]}$ 的比值也发生变化,溶液的颜色也逐渐发生改变。

根据人的眼睛对颜色的分辨能力,一般说来,当 $\frac{[In^-]}{[HIn]} \geq 10$ 时,看到的是 $In^-$ 的颜色;当 $\frac{[In^-]}{[HIn]} \leq 0.1$ 时,看到的是 $HIn$ 的颜色;当 $10 > \frac{[In^-]}{[HIn]} > 0.1$ 时,看到的是它们的混合色;当 $\frac{[In^-]}{[HIn]} = 1$ 时,两者浓度相等,此时 $pH = pK_a$,称为指示剂的理论变色点。

当 $\frac{[In^-]}{[HIn]} \geq 10$ 时,　　　　　　$[H^+] \leq \frac{K_a}{10}$,　$pH \geq pK_a + 1$

当 $\frac{[In^-]}{[HIn]} \leq \frac{1}{10}$ 时,　　　　　　$[H^+] \geq 10K_a$,　$pH \leq pK_a - 1$

因此,当溶液的 pH 值由 $pK_a - 1$ 变化到 $pK_a + 1$ 时,就能明显地看到指示剂由酸式色逐渐变为碱式色。所以,$pH = pK_a \pm 1$ 就称为指示剂的变色范围。如酚酞,当 $pH \leq 8$ 时是无色,当 $pH \geq 10$ 时是红色,所以 pH 在 8~10 之间是酚酞的变色范围。

从理论上说,指示剂的变色范围约为 2 个 pH 单位。实际上并不一定恰好如此。因为在混合色调中,某些颜色容易被人的眼睛察觉到,而另一些颜色则不然。例如,黄色在红色中就不像红色在黄色中明显。所以,甲基橙的 $pK_a = 3.4$,其理论变色范围是 2.4~4.4,但实际变色范围是 3.1~4.4。这说明甲基橙要由碱式色(黄色)变为酸式色(红色),其 $[In^-]$ 浓度应是 $[HIn]$ 浓度的 10 倍($pH = 4.4$ 时,$\frac{[In^-]}{[HIn]} = 10$),才能观察到碱式色(黄色);而 $[HIn]$ 浓度只要大于 $[In^-]$ 浓度的 2 倍($pH = 3.1$ 时,$\frac{[In^-]}{[HIn]} = \frac{1}{2}$),就能观察到酸式色(红色)。

现将常用的酸碱指示剂列于表 3-5 中。

表 3-5　常用的酸碱指示剂

| 指示剂 | 变色范围 pH | 颜色变化 | $pK_{HIn}$ | 浓　　度 | 用量 (滴/10 mL 试液) |
|---|---|---|---|---|---|
| 百里酚蓝 | 1.2~2.8 | 红~黄 | 1.65 | 0.1%的20%乙醇溶液 | 1~2 |
| 甲 基 黄 | 2.9~4.0 | 红~黄 | 3.25 | 0.1%的90%乙醇溶液 | 1 |
| 甲 基 橙 | 3.1~4.4 | 红~黄 | 3.45 | 0.05%的水溶液 | 1 |
| 溴 酚 蓝 | 3.0~4.6 | 黄~紫 | 4.1 | 0.1%的20%乙醇溶液或其钠盐水溶液 | 1 |
| 溴甲酚绿 | 4.0~5.6 | 黄~蓝 | 4.9 | 0.1%的20%乙醇溶液或其钠盐水溶液 | 1~3 |

续表

| 指示剂 | 变色范围 pH | 颜色变化 | $pK_{HIn}$ | 浓 度 | 用量 (滴/10 mL 试液) |
|--------|------------|----------|-----------|-------|---------------------|
| 甲 基 红 | 4.4~6.2 | 红~黄 | 5.2 | 0.1%的60%乙醇溶液或其钠盐水溶液 | 1 |
| 溴百里酚蓝 | 6.2~7.6 | 黄~蓝 | 7.3 | 0.1%的20%乙醇溶液或其钠盐水溶液 | 1 |
| 中 性 红 | 6.8~8.0 | 红~黄橙 | 7.4 | 0.1%的60%乙醇溶液 | 1 |
| 苯 酚 红 | 6.8~8.4 | 黄~红 | 8.0 | 0.1%的60%乙醇溶液或其钠盐水溶液 | 1 |
| 酚 酞 | 8.0~10.0 | 无~红 | 9.1 | 0.5%的90%乙醇溶液 | 1~3 |
| 百里酚蓝 | 8.0~9.6 | 黄~蓝 | 8.9 | 0.1%的20%乙醇溶液 | 1~4 |
| 百里酚酞 | 9.4~10.6 | 无~蓝 | 10.0 | 0.1%的90%乙醇溶液 | 1~2 |

指示剂的用量直接影响到滴定的准确度。指示剂用量过多(或浓度过高),会使终点颜色变化不敏锐;同时,由于指示剂本身是弱酸或弱碱物质,用量过多将会多消耗标准溶液,从而引起滴定误差。因此,在不影响指示剂变色灵敏度的条件下,一般以用量少为好。

## 二、混合指示剂

表 3-5 所列指示剂都是单一指示剂,它们的变色范围一般都较宽,变色过程中还有过渡颜色,不易辨别颜色的变化。而混合指示剂则具有变色范围窄、变色明显等优点。

混合指示剂是由人工配制而成的。配制方法有两种。一种是由两种或两种以上的指示剂混合而成。如溴甲酚绿($pK_a=4.9$)和甲基红($pK_a=5.2$)所组成的混合指示剂。溴甲酚绿酸式色为黄色,碱式色为蓝色;甲基红酸式色为红色,碱式色为黄色。两者混合后,由于颜色的叠加,酸式色为橙红色(黄+红),碱式色为绿色(蓝+黄)。当 pH=5.1 时,溴甲酚绿的碱性成分多,呈绿色,甲基红的酸性成分多,呈橙红色,这两种颜色互补呈浅灰色,故变色十分敏锐。另一种混合指示剂是由某种指示剂和一种惰性染料混合而成。如中性红和染料次甲基蓝混合后,在 pH=7.0 时为紫蓝色,变色范围约 0.2 个 pH 单位,比单一的中性红的变色范围要窄得多。表 3-6 列出了常用的混合酸碱指示剂。

**表 3-6　常用混合酸碱指示剂**

| 指示剂溶液的组成 | 变色点的 pH | 颜色 | | 备 注 |
|------------------|-------------|------|------|-------|
| | | 酸式色 | 碱式色 | |
| 一份 0.1%甲基黄乙醇溶液 一份 0.1%次甲基蓝乙醇溶液 | 3.25 | 蓝紫 | 绿 | pH=3.4 绿色 pH=3.2 蓝紫色 |
| 一份 0.1%甲基橙水溶液 一份 0.25%靛蓝二磺酸钠水溶液 | 4.1 | 紫 | 黄绿 | pH=4.1 灰色 |

续表

| 指示剂溶液的组成 | 变色点的 pH | 颜色 | | 备 注 |
|---|---|---|---|---|
| | | 酸式色 | 碱式色 | |
| 一份 0.1％溴甲酚绿钠盐水溶液<br>一份 0.02％甲基橙水溶液 | 4.3 | 橙 | 蓝绿 | pH＝3.5 黄色,pH＝4.05 绿色,<br>pH＝4.3 浅绿 |
| 三份 0.1％溴甲酚绿乙醇溶液<br>一份 0.2％甲基红乙醇溶液 | 5.1 | 酒红 | 绿 | pH＝5.1 灰色 |
| 一份 0.1％溴甲酚绿钠盐水溶液<br>一份 0.1％氯酚红钠盐水溶液 | 6.1 | 黄绿 | 蓝紫 | pH＝5.4 蓝绿色,pH＝5.8 蓝色,<br>pH＝6.0 蓝带紫,pH＝6.2 蓝紫 |
| 一份 0.1％中性红乙醇溶液<br>一份 0.1％次甲基蓝乙醇溶液 | 7.0 | 蓝紫 | 绿 | pH＝7.0 紫蓝 |
| 一份 0.1％甲酚红钠盐水溶液<br>三份 0.1％百里酚蓝钠盐水溶液 | 8.3 | 黄 | 紫 | pH＝8.2 玫瑰红,pH＝8.4 清晰的<br>紫色 |
| 一份 0.1％百里酚蓝 50％乙醇溶液<br>三份 0.1％酚酞 50％乙醇溶液 | 9.0 | 黄 | 紫 | 从黄到绿再到紫 |
| 一份 0.1％酚酞乙醇溶液<br>一份 0.1％百里酚酞乙醇溶液 | 9.9 | 无 | 紫 | pH＝9.6 玫瑰红,pH＝10 紫色 |
| 二份 0.1％百里酚酞乙醇溶液<br>一份 0.1％茜素黄 R 乙醇溶液 | 10.2 | 黄 | 紫 | |

# 第五节　酸碱滴定法的基本原理

酸碱滴定法是以酸碱反应为基础的滴定分析方法,在酸碱滴定中最重要的是要估计被测物质能否准确被滴定,滴定过程中溶液 pH 值的变化如何,怎样选择最合适的指示剂来确定滴定终点等。

特别要强调的是在酸碱滴定中,滴定剂一般都是强酸或者强碱,被测物是各种具有酸碱性的物质。弱酸弱碱之间的滴定,由于滴定突跃范围太小,实际意义不大,故不讨论。

## 一、强酸滴定强碱或强碱滴定强酸

现以 0.1000 mol/L NaOH 滴定 20.00 mL 0.1000 mol/L HCl 为例进行讨论。

**1. 溶液 pH 值计算**

1)滴定前

滴定前溶液中只含有 0.1000 mol/L HCl,由于 HCl 是强电解质,全部电离,因此,溶液的 pH 值取决于 HCl 的原始浓度。

$$[H^+]=0.1000 \text{ mol/L}, \qquad pH=1.00$$

2）滴定开始至化学计量点前

随着 NaOH 溶液的不断加入，溶液中的 HCl 不断被中和，这时溶液的 pH 值取决于剩余 HCl 的浓度，即

$$[H^+]=0.1000 \times \frac{V_{HCl(剩)}}{V_{总}} \text{ mol/L}$$

当滴入 NaOH 溶液 18.00 mL（剩余 HCl 的体积为 2.00 mL）时：

$$[H^+]=0.1000 \times \frac{2.00}{20.00+18.00} \text{ mol/L}=5.26 \times 10^{-3} \text{ mol/L}$$

$$pH=2.28$$

当滴入 NaOH 溶液 19.98 mL 时：

$$[H^+]=0.1000 \times \frac{0.02}{20+19.98} \text{ mol/L}=5.0 \times 10^{-5} \text{ mol/L}, \qquad pH=4.30$$

此时没有被滴定的 HCl 的量占总量的百分比为

$$\frac{0.02 \times 0.1}{0.1 \times 20} \times 100\%=0.1\%$$

也即若此时停止滴定引起的误差为 −0.1%。

如此逐一计算滴入不同 NaOH 溶液体积（mL）时溶液的 pH 值，并将计算结果列于表 3-7 中。

表 3-7    用 0.1000 mol/L NaOH 滴定 20 mL 0.1000 mol/L HCl

| 加入 NaOH/mL | 中和百分数 | 剩余 HCl/mL | 过量 NaOH/mL | $[H^+]$/(mol/L) | pH | |
|---|---|---|---|---|---|---|
| 0.00 | 0.00 | 20.00 | | $1.00 \times 10^{-1}$ | 1.00 | |
| 18.00 | 90.00 | 2.00 | | $5.26 \times 10^{-3}$ | 2.28 | |
| 19.80 | 99.00 | 0.20 | | $5.02 \times 10^{-4}$ | 3.30 | |
| 19.96 | 99.80 | 0.04 | | $1.00 \times 10^{-4}$ | 4.00 | |
| 19.98 | 99.90 | 0.02 | | $5.00 \times 10^{-5}$ | 4.30 | 突跃 |
| 20.00 | 100.0 | 0.00 | | $1.00 \times 10^{-7}$ | 7.00 | 范围 |
| 20.02 | 100.1 | | 0.02 | $2.00 \times 10^{-10}$ | 9.70 | |
| 20.04 | 100.2 | | 0.04 | $1.00 \times 10^{-10}$ | 10.00 | |
| 20.20 | 101.0 | | 0.20 | $2.00 \times 10^{-11}$ | 10.70 | |
| 22.00 | 110.0 | | 2.00 | $2.10 \times 10^{-12}$ | 11.70 | |
| 40.00 | 200.0 | | 20.00 | $3.00 \times 10^{-13}$ | 12.50 | |

3）化学计量点时

当滴入 NaOH 溶液 20.00 mL 时，达到了化学计量点，溶液呈中性，溶液的 H$^+$ 来自水的离解，即

$$[H^+]=[OH^-]=1.00 \times 10^{-7} \text{ mol/L}$$

$$pH=7.00$$

4）化学计量点后

化学计量点之后，再继续滴入 NaOH 溶液，此时，溶液的 pH 值取决于过量的 NaOH 的浓

度，即

$$[OH^-]=0.1000×\frac{V_{NaOH(过量)}}{V_总}\ mol/L$$

当滴入 NaOH 溶液 20.02 mL(过量 NaOH 的体积为 0.02 mL)时：

$$[OH^-]=0.1000×\frac{0.02}{20.00+20.02}\ mol/L=5.00×10^{-5}\ mol/L$$

$$pOH=4.30,\quad pH=14.00-4.30=9.70$$

此时 HCl 被中和的量占其总量的百分比为

$$\frac{20.02×0.1}{20.00×0.1}=100.1\%$$

也即若此时停止滴定引起的误差为 +0.1%。

其他亦如此逐一计算，并将计算结果列入表 3-7 中。

### 2. 滴定曲线

以溶液的 pH 值为纵坐标，滴入 NaOH 溶液的体积(mL)为横坐标，可得到如图 3-3 所示的滴定曲线。此曲线明显地表示了滴定过程中溶液 pH 值的变化情况。

从表 3-7 和图 3-3 中可以看出，从滴定开始到加入 19.98 mL NaOH 溶液，溶液的 pH 值从 1.00 变到 4.30，总共只改变了 3.30 个 pH 单位，且溶液始终显酸性。从滴定曲线上可以看出，在 CA 段溶液的 pH 值是渐变的。如再滴入 0.02 mL(约半滴)NaOH 溶液，正好是滴定的化学计量点，此时 pH 值迅速增至 7.00。再滴入 0.02 mL NaOH 溶液，pH 值增至 9.70。由此可知，在化学计量点前后，从剩余 0.02 mL HCl 到过量 0.02 mL NaOH，即 NaOH 从尚差 0.02 mL 到过量 0.02 mL，体积变化只是 0.04 mL(约 1

图 3-3　0.1000 mol/L NaOH 滴定
0.1000 mol/L HCl 的滴定曲线

滴)，而溶液的 pH 值变化却从 4.30 增至 9.70，共改变了 5.4 个 pH 单位，且溶液也从酸性变成了碱性。从滴定曲线上可以看出，在 AB 段溶液的 pH 值是突变的，其 pH 值的变化称为滴定的 pH 突跃范围，简称突跃范围。此后再加入过量的 NaOH 溶液，所引起的 pH 值的变化又愈来愈小，故在曲线的 BD 段，溶液的 pH 值也是渐变的。

### 3. 指示剂的选择

在酸碱滴定中，指示剂的选择以 pH 值的突跃范围为依据。显然，最理想的指示剂应该恰好在化学计量点时变色。但实际上，凡在 pH 值突跃范围内能变色的指示剂，都可以作为该类滴定的指示剂，且能达到测定的准确度。如上例中，滴定的 pH 突跃范围是 4.30～9.70，可选择酚酞、甲基橙、甲基红为此类滴定的指示剂。若用酚酞作指示剂，当滴定到酚酞由无色突然变为微红色时，溶液的 pH 值约为 9。此时 NaOH 过量不到半滴，即滴定误差不大于 0.1%，符合滴定要求。

反之，若用 0.1000 mol/L HCl 滴定 0.1000 mol/L NaOH 溶液，其滴定曲线与图 3-3 相

同,但位置相反。滴定的 pH 突跃范围是 9.70～4.30,可选择酚酞和甲基红作指示剂。如果用甲基橙作指示剂,只应滴至橙色(pH＝4.00)。若滴至红色(pH＝3.10),将产生＋0.2%以上的误差。为消除这种误差,可进行指示剂校正。校正的方法是取 40 mL 0.05 mol/L NaCl 溶液,加入与滴定时相同量的甲基橙,再以 0.1000 mol/L HCl 溶液滴定至溶液的颜色恰好与被滴定的溶液颜色相同为止,记下所消耗 HCl 的用量(称为校正值)。用滴定 NaOH 所消耗的 HCl 用量减去此校正值,即为 HCl 的真正用量。

在实际应用中,用 HCl 滴定 NaOH 时,一般用甲基橙作指示剂滴到橙色。用酚酞作指示剂时颜色从红色变到无色,由于人眼对红色的敏锐性而导致较大的误差。

### 4. 影响滴定突跃范围的因素

必须指出,滴定突跃范围的大小与溶液的浓度有关。例如,通过计算,可以得到不同浓度 NaOH 溶液滴定不同浓度 HCl 溶液的滴定曲线,如图 3-4 所示。

由图可知,酸碱浓度愈大,突跃范围愈大。如用 1 mol/L NaOH 滴定 1 mol/L HCl,突跃范围为 3.3～10.7,即酸碱浓度较 0.1 mol/L 增大 10 倍时,滴定的突跃范围增加约 2 个 pH 单位。反之,如用 0.01 mol/L NaOH 滴定 0.01 mol/L HCl,突跃范围为 5.3～8.7,即酸碱浓度较 0.1 mol/L 减为 1/10 时,滴定的突跃范围也就减少 2 个 pH 单位。由于滴定突跃范围小了,指示剂的选择就受到限制,要使误差＜0.1%,最好用甲基红作指示剂,也可用酚酞。若用甲基橙作指示剂,误差可达 1%以上。

图 3-4　不同浓度 NaOH 溶液滴定不同浓度
HCl 溶液的滴定曲线

## 二、强碱滴定弱酸

现以 0.1000 mol/L NaOH 滴定 20.00 mL 0.1000 mol/L HAc 为例进行讨论。这一类型滴定的酸碱反应为

$$OH^- + HAc \Longrightarrow Ac^- + H_2O$$

### 1. 溶液 pH 值计算

1) 滴定前

因为是弱酸(HAc)溶液,且 $c_{HAc}/K_a > 500$,所以

$$[H^+] = \sqrt{K_a c_{HAc}} = \sqrt{1.8 \times 10^{-5} \times 0.1000} \text{ mol/L} = 1.34 \times 10^{-3} \text{ mol/L}$$

$$pH = 2.87$$

2) 滴定开始至化学计量点前

由于溶液中未反应的 HAc 和产物 NaAc 组成缓冲体系,所以可采用近似公式计算溶液的 pH 值:

$$pH = pK_a + \lg \frac{[Ac^-]}{[HAc]}$$

设滴加 NaOH 体积为 $V$ mL,则

$$[HAc]=\frac{0.1(20-V)}{20+V}; \quad [Ac^-]=\frac{0.1V}{20+V}, \quad pH=pK_a+lg\frac{0.1V}{0.1(20-V)}=pK_a+lg\frac{V}{20-V}$$

当 $V=19.98$ mL 时, $\qquad pH=4.74+lg\frac{19.98}{0.02}=7.74$

此时没有被中和的 HAc 的量为

$$\frac{0.02\times0.1}{20\times0.1}\times100\%=0.1\%$$

3) 化学计量点时

当滴入 NaOH 溶液 20.00 mL 时,HAc 全部被中和,生成 NaAc,由于 $Ac^-$ 是弱碱,其

$$c_{Ac^-}=\frac{0.1\times20.00}{20.00+20.00}\ mol/L=0.0500\ mol/L, 且\ c_{Ac^-}/K_b>500,所以$$

$$[OH^-]=\sqrt{K_b c_{Ac^-}}=\sqrt{\frac{K_w}{K_a}c_{Ac^-}}=\sqrt{\frac{1.0\times10^{-14}}{1.8\times10^{-5}}\times0.0500}\ mol/L=5.3\times10^{-6}\ mol/L$$

$$pOH=5.28, \qquad pH=14.00-5.28=8.72$$

4) 化学计量点后

由于过量 NaOH 的存在,抑制了 $Ac^-$ 的离解,此时溶液的 pH 值取决于过量的 NaOH。计算方法与强碱滴定强酸相同。

例如,滴入 NaOH 溶液 20.02 mL(过量 NaOH 体积为 0.02 mL),则

$$[OH^-]=0.1000\times\frac{0.02}{20.00+20.02}\ mol/L=5.0\times10^{-5}\ mol/L$$

$$pOH=4.30, \qquad pH=14.00-4.30=9.70$$

**2. 滴定曲线及指示剂的选择**

如此逐一计算,将计算结果列于表 3-8 中,并根据计算结果绘制滴定曲线,如图 3-5 所示。

**表 3-8 用 0.1000 mol/L NaOH 滴定 20.00 mL 0.1000 mol/L HAc**

| 加入 NaOH/mL | 中和百分数 | 剩余 HAc/mL | 过量 NaOH/mL | pH |
|---|---|---|---|---|
| 0.00 | 0.00 | 20.00 | | 2.87 |
| 18.00 | 90.00 | 2.00 | | 5.70 |
| 19.80 | 99.00 | 0.20 | | 6.74 |
| 19.98 | 99.90 | 0.02 | | 7.74 } 突跃 |
| 20.00 | 100.0 | 0.00 | | 8.72 } 范围 |
| 20.02 | 100.1 | | 0.02 | 9.70 |
| 20.20 | 101.0 | | 0.20 | 10.70 |
| 22.00 | 110.0 | | 2.00 | 11.70 |
| 40.00 | 200.0 | | 20.00 | 12.50 |

从表 3-8 和图 3-5 中可以看出,由于 HAc 是弱酸,滴定开始前,溶液中 $[H^+]$ 较低,pH 值较 NaOH 滴定 HCl 时高。滴定开始后,溶液的 pH 值升高较快,这是由于生成的 $Ac^-$ 产生同离子效应,使 HAc 更难离解,$[H^+]$ 迅速降低。但在继续滴入 NaOH 溶液后,由于 NaAc 的不断生成,在溶液中形成 HAc-NaAc 的缓冲体系,使溶液的 pH 值增加较慢。因此,滴定曲线中

的这一段曲线较为平坦。当滴定接近化学计量点时，由于溶液中剩余的 HAc 已很少，溶液的缓冲能力已逐渐减弱，于是，随着 NaOH 溶液的不断滴入，溶液 pH 值的升高逐渐变快。达到化学计量点时，在其附近出现 pH 突跃，其突跃范围是 $7.74 \sim 9.70$。由于突跃范围处于碱性范围内，所以可选用酚酞、百里酚酞和百里酚蓝等作指示剂。

### 3. 影响滴定突跃的因素

从滴定突跃的计算可以看出，影响滴定突跃的因素是浓度和 $K_a$ 值，如图 3-6 所示。

图 3-5  0.1000 mol/L NaOH 滴定 0.1000 mol/L HAc 的滴定曲线

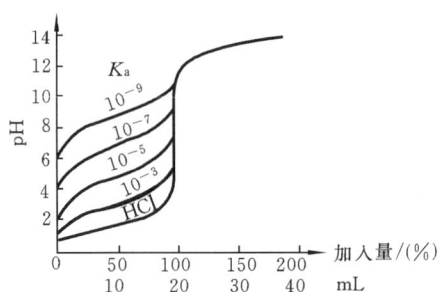

图 3-6  0.1000 mol/L NaOH 滴定 0.1000 mol/L 各种强度的酸的滴定曲线

（1）在滴定突跃的起点：

浓度的大小没有影响。$K_a$ 值越大，$pK_a$ 越小，滴定突跃的起点越低。根据林邦的误差公式

$$TE = \frac{10^{\Delta pH} - 10^{-\Delta pH}}{\sqrt{K c_{HA}^{ep}}} \times 100\%$$

式中，$\Delta pH = pH_{ep} - pH_{eq}$（$pH_{ep}$ 为终点 pH，$pH_{eq}$ 为计量点 pH）；$K$ 为滴定反应的平衡常数，$HAc + OH^- \Longrightarrow Ac^- + H_2O$，$K = \dfrac{1}{K_b'}$（$K_b'$ 为 $Ac^-$ 的离解常数）；$c_{HA}^{ep}$ 为弱酸在终点时的总浓度，为 $\dfrac{c_{HA}}{2}$。

按滴定分析要求，假设终点误差 $\leqslant 0.2\%$，又假定选择的指示剂使 $pH_{ep} = pH_{eq}$，但由于人眼对颜色观察的局限性，总是使 $\Delta pH$ 有 $\pm 0.3$ 个单位的不确定性。根据误差公式，可求出当 $TE \leqslant 0.2\%$ 时，$K_a c \geqslant 10^{-8}$。

因此常常以 $K_a c \geqslant 10^{-8}$ 为判据，判断弱酸是否能够被准确滴定。

（2）在滴定突跃的终点：

此时与强碱滴定强酸一致，浓度越大，突跃范围越大。然而，对于有些极弱的酸，有时仍可采用适当的办法准确进行滴定。例如，硼酸为一极弱的酸，因为 $K_a = 5.7 \times 10^{-10}$，所以不能直接准确进行滴定。但如果使弱酸强化，即在硼酸溶液中加入大量甘油或甘露醇等多羟基化合物，使其与硼酸生成一种较稳定的络合酸，$K_a$ 值增大（$K_a \approx 8 \times 10^{-6}$，与多羟基化合物浓度有关），酸性增强，则可用 NaOH 准确滴定。

## 三、强酸滴定弱碱

例如，用 0.1000 mol/L HCl 滴定 0.1000 mol/L $NH_3$，其滴定反应为

$$H^+ + NH_3 \rightleftharpoons NH_4^+$$

滴定前,溶液中只有弱碱 $NH_3$,溶液呈弱碱性,pH 值较大。滴定开始后,由于 HCl 的加入,溶液中的 $NH_3$ 不断被中和,pH 值逐渐由大到小。达到化学计量点时,产物为 $NH_4^+$,其 pH=5.28,所以,滴定的突跃范围在酸性范围内(pH 为 6.25～4.30),故选用甲基红作指示剂最合适。

这种类型的滴定如同强碱滴定弱酸一样,碱性太弱或浓度太低的弱碱,其滴定突跃范围也很小。只有当弱碱的 $cK_b \geqslant 10^{-8}$ 时,才能准确进行滴定。

## 四、多元酸的滴定

用强碱滴定多元酸,情况比较复杂。这里主要讨论化学计量点时溶液 pH 值的计算和指示剂的选择。

现以 0.1000 mol/L NaOH 滴定 20.00 mL 0.1000 mol/L $H_3PO_4$ 为例进行讨论。$H_3PO_4$ 是一个三元酸,其三级离解如下:

$$H_3PO_4 \rightleftharpoons H^+ + H_2PO_4^- \qquad K_{a_1} = 7.6 \times 10^{-3}$$

$$H_2PO_4^- \rightleftharpoons H^+ + HPO_4^{2-} \qquad K_{a_2} = 6.3 \times 10^{-8}$$

$$HPO_4^{2-} \rightleftharpoons H^+ + PO_4^{3-} \qquad K_{a_3} = 4.4 \times 10^{-13}$$

用 NaOH 溶液滴定 $H_3PO_4$ 溶液时,其反应也是分级进行的。

第一化学计量点:因 $c_{H_3PO_4} K_{a_1} > 10^{-8}$,所以,$H_3PO_4$ 第一级离解的 $H^+$ 被滴定,产物是 $NaH_2PO_4$(酸式盐),其浓度为 0.0500 mol/L。因为 $c_{NaH_2PO_4} K_{a_2} \gg K_w$,所以溶液的 pH 值按式 (3-17) 计算,求得

$$[H^+] = \sqrt{\frac{K_{a_1} K_{a_2} c_{NaH_2PO_4}}{K_{a_1} + c_{NaH_2PO_4}}} = \sqrt{\frac{7.6 \times 10^{-3} \times 6.3 \times 10^{-8} \times 0.0500}{7.6 \times 10^{-3} + 0.0500}} \text{ mol/L}$$
$$= 2.0 \times 10^{-5} \text{ mol/L}$$
$$pH = 4.70$$

可选用甲基橙作指示剂,终点颜色由红色变为黄色。

第二化学计量点:因 $c_{NaH_2PO_4} K_{a_2} \approx 10^{-8}$,$K_{a_2} \ll c_{NaH_2PO_4}$,所以,$H_3PO_4$ 第二级离解的 $H^+$ 被滴定,产物是 $Na_2HPO_4$(酸式盐),其浓度为 0.033 mol/L。溶液的 pH 值按式 (3-16) 计算,求得

$$[H^+] = \sqrt{\frac{K_{a_2}(K_{a_3} c_{Na_2HPO_4} + K_w)}{K_{a_2} + c_{Na_2HPO_4}}} \approx \sqrt{\frac{K_{a_2}(K_{a_3} c_{Na_2HPO_4} + K_w)}{c_{Na_2HPO_4}}}$$
$$= \sqrt{\frac{6.3 \times 10^{-8} \times (4.4 \times 10^{-13} \times 0.033 + 1.0 \times 10^{-14})}{0.033}} \text{ mol/L}$$
$$= 2.2 \times 10^{-10} \text{ mol/L}$$
$$pH = 9.66$$

可选用酚酞或百里酚酞作指示剂。如选用百里酚酞作指示剂,终点颜色由无色变为浅蓝色。

第三化学计量点:因 $K_{a_3}$ 太小,$c_{Na_2HPO_4} K_{a_3} < 10^{-8}$,所以 $H_3PO_4$ 第三级离解的 $H^+$ 不能直接准确滴定。

从上述讨论中可以看出,强碱滴定多元酸时,多元酸中的 $H^+$ 是否均被准确滴定,取决于酸的浓度和各级离解常数 $K_a$ 的大小。

对于二元酸,当 $cK_{a_1} > 10^{-3}$, $cK_{a_2} > 10^{-8}$ 时,说明第一级和第二级离解的 $H^+$ 都能准确滴定。这两个 $H^+$ 能否进行分级滴定,则取决于 $K_{a_1}/K_{a_2}$ 的比值。若 $K_{a_1}/K_{a_2} > 10^5$,两个 $H^+$ 才可以进行分级滴定,即在两个化学计量点附近可形成两个明显的 pH 突跃范围。若 $K_{a_1}/K_{a_2} < 10^5$,由于第一级的 $H^+$ 尚未被中和完,第二级的 $H^+$ 就开始参加反应,致使第一个化学计量点附近的 pH 突跃不明显,或两个 $H^+$ 同时被滴定,形成一个较大的 pH 突跃,因而无法确定第一化学计量点。如草酸,$K_{a_1} = 5.9 \times 10^{-2}$,$K_{a_2} = 6.4 \times 10^{-5}$,$K_{a_1}/K_{a_2} \approx 10^3$,故不能准确分级滴定。

### 五、多元碱的滴定

多元碱一般是指多元酸与强碱作用所生成的盐,如 $Na_2CO_3$、$Na_2B_4O_7$ 等,通常又称为水解盐。

现以 $0.1000$ mol/L HCl 滴定 $0.1000$ mol/L $Na_2CO_3$ 为例。$Na_2CO_3$ 是二元弱碱,其滴定反应如下:

$$H^+ + CO_3^{2-} \Longrightarrow HCO_3^- \qquad K_{b_1} = 1.8 \times 10^{-4}$$

$$H^+ + HCO_3^- \Longrightarrow H_2CO_3 \qquad K_{b_2} = 2.4 \times 10^{-8}$$

由于 $c_{Na_2CO_3} K_{b_1} > 10^{-8}$,$K_{b_1}/K_{b_2} \approx 10^4$,故在第一个化学计量点附近出现 pH 突跃,滴定产物是 $HCO_3^-$,此时溶液的 pH 值由 $HCO_3^-$ 的浓度确定。因为 $c_{HCO_3^-} K_{a_2} > 20K_w$,$c_{HCO_3^-} > 20K_{a_1}$,则可按式(3-18)计算,求得

$$[H^+] = \sqrt{K_{a_1} K_{a_2}} = \sqrt{4.2 \times 10^{-7} \times 5.6 \times 10^{-11}} \text{ mol/L} = 4.9 \times 10^{-9} \text{ mol/L}$$

$$pH = 8.31$$

可选用酚酞作指示剂。但由于 $K_{b_1}/K_{b_2}$ 的值不够大,故第一个化学计量点附近的突跃不太明显,滴定误差较大(约 1%)。为了准确判断第一终点,通常采用 $NaHCO_3$ 溶液作为参比溶液,或采用甲酚红与百里酚蓝混合指示剂指示终点(变色范围 pH 为 $8.2 \sim 8.4$)。这样能获得较为准确的滴定结果,误差约为 0.5%。

由于 $Na_2CO_3$ 的 $K_{b_2}$ 不够大,故滴定的第二个化学计量点也不理想。该化学计量点时的滴定产物是 $H_2CO_3(CO_2 + H_2O)$,其饱和溶液的浓度约为 $0.04$ mol/L。因 $c_{H_2CO_3}/K_{a_1} > 500$,故可按式(3-11)计算,求得

$$[H^+] = \sqrt{K_{a_1} c_{H_2CO_3}} = \sqrt{4.2 \times 10^{-7} \times 0.04} \text{ mol/L} = 1.3 \times 10^{-4} \text{ mol/L}$$

$$pH = 3.89$$

可用甲基橙作指示剂。但是,由于滴定过程中生成的 $H_2CO_3$ 慢慢地转变为 $CO_2$,易形成 $CO_2$ 的过饱和溶液,使溶液的酸度增大,终点出现过早,且变色不明显。因此,在滴定快到达等当点时,应剧烈地摇动溶液,以加快 $H_2CO_3$ 的分解和除去过量的 $CO_2$。

HCl 滴定 $Na_2CO_3$ 的滴定曲线如图 3-7 所示。

## 六、碱度及其测定

碱度是指水中能与强酸进行中和反应的物质的总含量,即能接受质子($H^+$)的物质总量。组成水中碱度的物质可以归纳为三类:强碱、弱碱及强碱弱酸盐。一般天然水和经处理后的清水中能产生碱度的物质主要有碳酸盐($CO_3^{2-}$)、重碳酸盐($HCO_3^-$)及氢氧化物。磷酸盐和硅酸

图 3-7　HCl 滴定 $Na_2CO_3$ 的滴定曲线

盐虽然也会产生一定的碱度,但由于它们在天然水和清水中含量甚微,常忽略不计。因此,按照离子种类的不同,可以把水中的碱度分为三类。第一类称为氢氧化物碱度,即 $OH^-$ 的含量;第二类称为碳酸盐碱度,即 $CO_3^{2-}$ 的含量;第三类称为重碳酸盐碱度,即 $HCO_3^-$ 的含量。

碱度对饮用水的卫生影响并不大,但含有氢氧化物碱度的水有涩味,不适宜饮用。碱度的测定,对水的凝聚、澄清、软化等处理过程,是一项重要的水质指标。如果水中碱度太小,则将造成水处理上的困难,因而,必须事先在水中加入适量的碱,才能进行凝聚或软化。某些工业用水,如冷却水、锅炉用水、印染用水等的碱度则不能过高,否则会对锅炉、管道、织物产生腐蚀作用。对碱度高的工业废水,如造纸废水,在排放之前必须进行中和处理,以免污染环境。对于工业废水,由于产生碱度的物质很复杂,用普通方法不易分辨出各种物质成分,因此,一般只需测定总碱度,即水中能与酸作用的物质的总量。

碱度的测定通常采用酸碱滴定法。其原理是在水样中加入酚酞或甲基橙指示剂,用酸标准溶液进行滴定。酚酞变色时的碱度称为酚酞碱度,而只用甲基橙作指示剂,溶液由黄色变到橙色时的碱度称为甲基橙碱度或者全碱度。

工业生产中会经常碰到混合碱的测定,常常也是用酚酞、甲基橙两种指示剂进行测定。

例如,有一水样,含有 $NaOH$、$Na_2CO_3$、$NaHCO_3$ 或者含有它们的混合物,可以通过双终点滴定,测出它们是由何种组分组成,并能测出这些组分的含量。应当指出,$NaOH$ 与 $NaHCO_3$ 在一起是会发生反应的。

$$NaOH + NaHCO_3 \Longrightarrow Na_2CO_3 + H_2O$$

因此,从常量分析的角度看,上述三种物质实际上只能形成两种物质的混合物,即 $NaOH + Na_2CO_3$ 或 $Na_2CO_3 + NaHCO_3$。

如前所述,用酚酞作指示剂时,$CO_3^{2-} \longrightarrow HCO_3^-$,$OH^- \longrightarrow H_2O$,而用甲基橙作指示剂时,$HCO_3^- \longrightarrow CO_2 + H_2O$。

表 3-9 是双指示剂法测定碱度的结果。

表 3-9　双指示剂法测定碱度的结果

| 物　　质 | 酚酞变色时所消耗的酸的体积 $V_1/mL$ | 第一终点产物 | 甲基橙变色时所消耗的酸的体积 $V_2/mL$ | 第二终点产物 |
|---|---|---|---|---|
| $NaOH$ | >0 | $H_2O$ | =0 | $H_2O$ |
| $Na_2CO_3$ | >0 | $HCO_3^-$ | >0 | $CO_2 + H_2O$ |
| $NaHCO_3$ | =0 | $HCO_3^-$ | >0 | $CO_2 + H_2O$ |

可通过 $V_1$ 及 $V_2$ 的大小,来判断混合碱的组成。

$V_1=0$,　　$V_2>0$　　　　　　只有 NaHCO_3;

$V_1>0$,　　$V_2=0$　　　　　　只有 NaOH;

$V_1=V_2>0$　　　　　　　　　　只有 Na_2CO_3;

$V_1>V_2>0$　　　　　　　　　组成为 NaOH+Na_2CO_3;

$V_2>V_1>0$　　　　　　　　　组成为 Na_2CO_3+NaHCO_3。

在 $Na_2CO_3$、NaOH 组成中,$Na_2CO_3$ 消耗的盐酸体积为 $2V_2$;NaOH 消耗体积为 $V_1-V_2$。

在 $Na_2CO_3$、NaHCO_3 组成中,$Na_2CO_3$ 消耗的盐酸体积为 $2V_1$;NaHCO_3 消耗体积为 $V_2-V_1$。

**【例 3-13】** 有 A、B、C 三种水样(均为含有 NaOH、Na_2CO_3、NaHCO_3 或它们的混合物,其他杂质为惰性),各取 100 mL,分别用 0.1000 mol/L HCl 滴定。酚酞变色时消耗盐酸的体积 $V_1$ 分别为:A—8.00 mL,B—10.00 mL,C—12.50 mL。继续加甲基橙指示剂,滴至终点时又消耗盐酸的体积 $V_2$ 分别为:A—12.00 mL,B—10.00 mL,C—7.50 mL。问 A、B、C 三种水样各含何种碱度组分? 其浓度各多少?

**解**　A 样:$V_1=8.00$ mL$<V_2=12.00$ mL,组成为 $Na_2CO_3+NaHCO_3$。

$$c_{Na_2CO_3}=\frac{V_1\times0.1000}{100}=\frac{8.00\times0.1000}{100}\text{ mol/L}=8.00\times10^{-3}\text{ mol/L}$$

$$c_{NaHCO_3}=\frac{(V_2-V_1)\times0.1000}{100}=\frac{4\times0.1000}{100}\text{ mol/L}=4.00\times10^{-3}\text{ mol/L}$$

B 样:$V_1=10.00$ mL$=V_2=10.00$ mL,组成为 $Na_2CO_3$。

$$c_{Na_2CO_3}=\frac{V_1\times0.1000}{100}=\frac{10.00\times0.1000}{100}\text{ mol/L}=1.00\times10^{-2}\text{ mol/L}$$

C 样:$V_1=12.50$ mL$>V_2=7.50$ mL,组成为 $NaOH+Na_2CO_3$。

$$c_{Na_2CO_3}=\frac{V_2\times0.1000}{100}=\frac{7.5\times0.1000}{100}\text{ mol/L}=7.50\times10^{-3}\text{ mol/L}$$

$$c_{NaOH}=\frac{(V_1-V_2)\times0.1000}{100}=\frac{5\times0.1000}{100}\text{ mol/L}=5.00\times10^{-3}\text{ mol/L}$$

# 第六节　滴 定 误 差

酸碱滴定一般是利用酸碱指示剂颜色的变化来确定滴定终点。如果滴定终点与反应的化学计量点不一致,就会引起一定的误差,这种误差称为"滴定误差"或"终点误差"。

通常可用在滴定终点时,溶液中剩余的酸或碱的数量,或者多加了的酸或碱的数量,来计算滴定误差。

**【例 3-14】** 以 0.1000 mol/L NaOH 溶液滴定 20.00 mL 0.1000 mol/L HCl 溶液时,若用甲基橙作指示剂,滴定到橙黄色(pH=4)时为终点,滴定误差为多少? 若用酚酞作指示剂,滴定到粉红色(pH=9)时为终点,滴定误差又为多少?

**解**　用强碱滴定强酸,化学计量点时的 pH 值应等于 7。

(1)用甲基橙作指示剂,终点时 pH=4,说明终点在化学计量点之前,即 NaOH 溶液滴加量不够,溶液中尚有一部分 HCl 未被中和。此时,溶液中的 $H^+$ 浓度大于 $OH^-$ 浓度。但是,溶液中的 $H^+$ 不能完全看成是由未中和的 HCl 的离解所产生的,必须同时考虑水的离解所产生的 $H^+$:$H_2O \Longrightarrow H^+ + OH^-$,其中 $[H^+] = [OH^-]$,且 $[OH^-] = 1.0 \times 10^{-10}$ mol/L。故由未中和的 HCl 的离解所产生的 $H^+$ 浓度为

$$[H^+]_{未中和} = [H^+]_{总} - [OH^-] = (1.0 \times 10^{-4} - 1.0 \times 10^{-10})\ \text{mol/L} \approx 1.0 \times 10^{-4}\ \text{mol/L}$$

由于终点时,溶液的总体积 = (20+20) mL = 40 mL,根据未中和的 HCl 的浓度,可计算未中和的 HCl 所占应该中和的 HCl 的比例(%),即

$$滴定误差 = -\frac{1.0 \times 10^{-4} \times 40}{0.1000 \times 20} \times 100\% = -0.2\%$$

(2)用酚酞作指示剂,终点时 pH=9,说明终点在化学计量点之后,即 NaOH 溶液滴加过量了。此时,溶液中的 $OH^-$ 浓度大于 $H^+$ 浓度。同样,溶液中的 $OH^-$ 来自两个方面,一是由过量的 NaOH 的离解所产生的,二是由水的离解所产生的。故由过量的 NaOH 的离解所产生的 $OH^-$ 浓度为

$$[OH^-]_{过量} = [OH^-]_{总} - [H^+] = (1.0 \times 10^{-5} - 1.0 \times 10^{-9})\ \text{mol/L} \approx 1.0 \times 10^{-5}\ \text{mol/L}$$

同理,可计算过量的 NaOH 所占应该滴加的 NaOH 的比例(%),即

$$滴定误差 = +\frac{1.0 \times 10^{-5} \times 40}{0.1000 \times 20} \times 100\% = +0.02\%$$

通过计算,说明用酚酞作指示剂的滴定误差小,用甲基橙作指示剂的滴定误差较大,但仍符合滴定分析的要求。

【例 3-15】 用 0.1000 mol/L NaOH 滴定 20.00 mL 0.1000 mol/L HAc 时,以酚酞作指示剂,求滴定终点(pH=9)时的滴定误差。

**解** 由于是强碱滴定弱酸,滴定到达化学计量点时,生成的 NaAc 发生离解而产生 $OH^-$。此时,溶液中 $OH^-$ 浓度大于 $H^+$ 浓度,其 pH 值的计算如下:

$$Ac^- + H_2O \Longrightarrow HAc + OH^- \qquad K_b = 5.6 \times 10^{-10}$$

依题意,$c_{Ac^-} = \dfrac{0.1000}{2}$ mol/L $= 0.0500$ mol/L,$\dfrac{c_{Ac^-}}{K_b} \gg 500$,故

$$[OH^-] = \sqrt{K_b c_{Ac^-}} = \sqrt{5.6 \times 10^{-10} \times 0.0500}\ \text{mol/L} = 5.3 \times 10^{-6}\ \text{mol/L}$$

$$pOH = -\lg 5.3 \times 10^{-6} = 5.28$$

$$pH = 14.00 - 5.28 = 8.72$$

由于滴定终点的 pH=9,终点在化学计量点之后,说明 NaOH 过量了。此时,溶液中的 $[OH^-] = 1.0 \times 10^{-5}$ mol/L。该 $OH^-$ 来自两个方面,一是由过量的 NaOH 的离解所产生的,二是由 $Ac^-$ 的水解($Ac^- + H_2O \Longrightarrow HAc + OH^-$)所产生的。由 $Ac^-$ 水解产生的 $[OH^-]_{Ac^-} = [HAc]$,因此

$$[OH^-]_{过量} = [OH^-]_{总} - [OH^-]_{Ac^-} = [OH^-]_{总} - [HAc]$$

[HAc]可由 HAc 的分布系数 $\delta_{HAc}$ 和总浓度 $c_{HAc}$ 求得,于是

$$[HAc] = \delta_{HAc} c_{HAc} = \frac{[H^+]}{K_a + [H^+]} c_{HAc}$$

$$= \frac{1.0 \times 10^{-9}}{1.8 \times 10^{-5} + 1.0 \times 10^{-9}} \times 0.0500\ \text{mol/L} = 2.8 \times 10^{-6}\ \text{mol/L}$$

$$\left[OH^-\right]_{过量} = \left[OH^-\right]_{总} - \left[HAc\right] = (1.0 \times 10^{-5} - 2.8 \times 10^{-6}) \text{ mol/L} = 7.2 \times 10^{-6} \text{ mol/L}$$

故                              $$滴定误差 = +\frac{7.2 \times 10^{-6}}{0.0500} \times 100\% = +0.014\%$$

因此,用 NaOH 溶液滴定 HAc 溶液时,以酚酞作指示剂,可以获得十分准确的滴定结果。

# 思 考 题

**1.** 酸碱质子理论认为酸碱反应的实质是什么? $NaHCO_3$ 是一种酸式盐,但它的水溶液却呈微碱性,应如何解释?

**2.** HAc 和 NaAc 混合溶液为什么有调节和控制溶液酸度的能力? HCl 和 NaCl 混合溶液有这种能力吗?为什么?

**3.** 酸度和氢离子浓度在概念上有什么不同? 试举例说明。

**4.** 试说明下列问题:

(1) 什么是酸碱滴定的 pH 值突跃范围? 影响突跃范围的因素是什么?

(2) 什么是指示剂的变色范围? 如何选择酸碱指示剂?

(3) 为什么可以用 NaOH 标准溶液直接滴定 HAc,而不能直接滴定 $H_3BO_3$?

**5.** 下列酸溶液能否准确进行分级滴定或分别滴定:

(1) 0.1 mol/L 酒石酸                    (2) 0.1 mol/L 草酸

(3) 0.01 mol/L 砷酸                     (4) 0.1 mol/L $H_2SO_4$ + 0.1 mol/L $H_3BO_3$

(5) 0.01 mol/L $H_2CO_3$ + 0.1 mol/L HAc

**6.** 水中碱度的组成类型有几种? 表示碱度的单位有几种? 不同单位之间如何换算?

**7.** 单用甲基橙作指示剂,测出的碱度为什么就是水的总碱度?

**8.** 说明 pH 值对碳酸平衡体系中三种碳酸型体存在的影响。

**9.** 酸度和游离二氧化碳的测定有何意义? 测定总酸度应选用何种指示剂? 为什么?

**10.** 在天然水中,为什么可用酚酞作指示剂测定游离二氧化碳? 在水样中加入酚酞指示剂后,如果颜色变红,水中是否还有游离二氧化碳存在? 为什么?

# 习 题

**1.** 计算 0.010 mol/L $CaCl_2$ 溶液中 $Ca^{2+}$ 和 $Cl^-$ 的活度。

**2.** 计算下列溶液的 pH 值:

(1) 0.200 mol/L $H_3PO_4$                (2) 0.100 mol/L $H_3BO_3$

(3) 0.100 mol/L $H_2SO_4$                (4) $5.0 \times 10^{-8}$ mol/L HCl

(5) 0.0500 mol/L $NH_3 \cdot H_2O$        (6) 0.100 mol/L 三乙醇胺($(HOCH_2CH_2)_3N$)

**3.** 计算下列溶液的 pH 值:

(1) 0.0500 mol/L NaAc                   (2) 0.0500 mol/L $NH_4NO_3$

(3) 0.100 mol/L $NH_4CN$                 (4) 0.100 mol/L $Na_2S$

(5) 0.0500 mol/L $K_2HPO_4$              (6) 0.0500 mol/L 氨基乙酸

**4.** 计算下列混合溶液的 pH 值:

（1）40 mL 0.20 mol/L NaOH＋60 mL 0.20 mol/L HAc；

（2）0.20 mol/L NaAc 与 0.10 mol/L HCl 等体积相混合。

**5.** 若配制 pH＝10.0 的 $NH_3$—$NH_4Cl$ 缓冲溶液 1 L，已知用了 15 mol/L 氨水 350 mL，问需 $NH_4Cl$ 多少克？

**6.** 用 0.5000 mol/L $HNO_3$ 滴定 0.5000 mol/L $NH_3 \cdot H_2O$，在化学计量点时的 pH 值为多少？突跃范围为多少？选用哪种指示剂最合适？

**7.** 有一浓度为 0.100 mol/L 的三元酸，其三级离解常数分别为：$K_1＝1.0×10^{-2}$，$K_2＝1.0×10^{-6}$，$K_3＝1.0×10^{-12}$。用 0.100 mol/L NaOH 滴定时，求第一和第二化学计量点时的 pH 值分别为多少？选用什么指示剂？能否直接滴定至正盐？

**8.** 已知柠檬酸（$H_3OHC_6H_4O_6$）的三级离解常数为 $K_{a_1}＝1.1×10^{-3}$，$K_{a_2}＝4.1×10^{-5}$，$K_{a_3}＝2.21×10^{-6}$，如配成 0.3000 mol/L 的溶液，以 0.1000 mol/L NaOH 溶液滴定，有几个突跃？宜用什么指示剂？

**9.** 吸取某水样 100 mL，加过量 NaOH 溶液，加热蒸出的氨吸收于 20.00 mL 0.0500 mol/L HCl 溶液中，过量的酸用 0.0500 mol/L NaOH 回滴，用去 NaOH 15.12 mL。计算水样中的氨氮含量。

**10.** 分别计算 pH＝4.00 和 pH＝6.00 时，0.0400 mol/L $H_2CO_3$ 溶液中各种碳酸型体的浓度。

**11.** 有水样 100 mL，以 0.0500 mol/L HCl 溶液滴定至酚酞变色时，用去 HCl 溶液 1.30 mL。此后，又加入甲基橙指示剂，继续滴加 HCl 溶液至甲基橙变色为止，共用去 HCl 溶液 9.72 mL。问水样中混合碱的组成是什么？含量分别为多少（mmol/L）？

**12.** 取同一水样两份各 50 mL，分别用 0.0500 mol/L HCl 溶液滴定。其中一份用酚酞作指示剂，用去 HCl 溶液 3.20 mL；另一份用甲基橙作指示剂，用去 HCl 溶液 4.40 mL。问水样中有何种碱度？其含量分别为多少（mmol/L）？

**13.** 已知某混合物试样中，可能含有 $Na_3PO_4$、$NaH_2PO_4$ 和 $Na_2HPO_4$，同时含有惰性杂质。称取该试样 2.000 g，用水溶解，当用甲基橙作指示剂，以 0.5000 mol/L HCl 溶液滴定时，用去 HCl 溶液 32.00 mL。取相同重量的试样，当用酚酞作指示剂时，用去 0.5000 mol/L HCl 溶液 12.00 mL。问试样由哪几种物质组成？各物质的百分含量为多少？

**14.** 有工业硼砂 $Na_2B_4O_7 \cdot 10H_2O$ 1.000 g，用 25.00 mL 0.2000 mol/L HCl 溶液中和至化学计量点。计算试样中 $Na_2B_4O_7 \cdot 10H_2O$ 的百分含量和以 B 表示的百分含量。

**15.** 用 0.2000 mol/L NaOH 滴定 0.2000 mol/L HCl 与 0.0200 mol/L HAc 混合溶液中的 HCl。到达化学计量点时，pH 值为多少？应采用何种指示剂？

**16.** 用 HCl（0.02 mol/L）滴定 KOH（0.02 mol/L）20.0 mL，试计算计量点前 0.1%、计量点时、计量点后 0.1% 的 pH，应选何种指示剂？

**17.** 用 0.1000 mol/L HCl 滴定 0.1000 mol/L NaOH，分别计算以甲基红（pH＝5.5）、甲基橙（pH＝4.0）、酚酞（pH＝9.0）作指示剂时的滴定误差，并指出用哪种指示剂较为合适？

**18.** 用 0.1000 mol/L HCl 滴定 0.1000 mol/L $NH_3$ 溶液，计算以甲基橙（pH＝4.0）作指示剂的滴定误差。

**19.** 取苯甲酸溶液 25.00 mL，用 NaOH（0.1000 mol/L）滴定，误选甲基红作指示剂。当滴定剂加到 20.70 mL 时，达到终点的 pH 为 6.20。试计算：(1)滴定终点误差；(2)计量点的 pH；(3)苯甲酸钠的原始浓度。

**20.** NaAc 溶液（0.1 mol/L）30 mL 稀释至 70 mL，用 HCl 溶液（0.10 mol/L）滴定，计算在化学计量点时的 pH 和超过化学计量点 2 滴（0.10 mL）时的 pH。这一滴定可行吗？

**21.** 取工业用 $Na_2CO_3$ 碱 1.000 g 溶于水，并稀释至 100.00 mL，取其中 25.00 mL，以酚酞为指示剂消耗 HCl 溶液（0.1015 mol/L）24.76 mL。另取 25.00 mL，以甲基橙为指示剂，消耗同样浓度 HCl 43.34 mL，则：(1)$Na_2CO_3$ 中有几种碱，都是什么？(2)计算各碱的质量分数。

# 第四章　络合滴定法

## 第一节　络合滴定法概述

利用形成络合物的反应进行滴定分析的方法,称为络合滴定法。例如,测定水样中 $CN^-$ 的含量时,可用 $AgNO_3$ 标准溶液进行滴定,$Ag^+$ 与 $CN^-$ 络合形成难离解的络离子 $[Ag(CN)_2]^-$,其反应如下:

当滴定达到化学计量点时,稍过量的 $Ag^+$ 就与 $[Ag(CN)_2]^-$ 形成白色的 $Ag[Ag(CN)_2]$ 沉淀,以指示终点的到达。其反应为

此时,由滴定中用去 $AgNO_3$ 的量,可示出 $CN^-$ 的含量。

能够形成无机络合物的反应很多,但能用于络合滴定的并不多。这是由于大多数无机络合物的稳定性不高,而且还存在分级络合的缺点。例如,$CN^-$ 与 $Cd^{2+}$ 的络合反应:

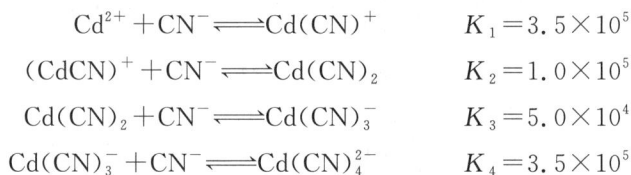

由于各级络合物的稳定常数相差很小,在络合滴定时,容易形成配位数不同的络合物,因此,很难确定"络合比"和判断滴定终点。所以,这类络合反应不能用于络合滴定。对于这类络合物,只有当形成配位数不同的络合物的稳定常数相差较大时,而且控制反应条件才能用于络合滴定。

从上述讨论中可以看出,能够用于络合滴定的络合反应,必须具备下列条件:

(1) 形成的络合物要相当稳定,使络合反应能够进行完全。

(2) 在一定的反应条件下,只形成一种配位数的络合物。

(3) 络合反应的速度要快。

(4) 要有适当的方法确定滴定的化学计量点。

一般无机络合剂很难满足上述条件,而有机络合剂却往往能满足上述条件。在络合滴定中,应用最广泛的是氨羧络合剂一类的有机络合剂。它能与许多金属离子形成组成一定的稳定络合物。

氨羧络合剂是一类含有氨基($-NH_2$)和羧基$\left(-C\begin{smallmatrix}O\\\\OH\end{smallmatrix}\right)$的有机化合物。它们是以氨

基二乙酸$\left(-N\begin{matrix}CH_2COOH\\CH_2COOH\end{matrix}\right)$为主体的衍生物,其通式为 $RN(CH_2COOH)_2$。

在络合滴定中,常用的氨羧络合剂有以下几种:

氨基三乙酸(简称 NTA)

$$HN\begin{matrix}CH_2-COOH\\CH_2-COO^-\\CH_2-COOH\end{matrix}$$

环已烷二胺基四乙酸(简称 DCTA 或 Cy DTA)

$$\begin{matrix}H_2C\\\text{(环)}\end{matrix}\quad CH-\overset{+}{N}H\begin{matrix}CH_2-COO^-\\CH_2-COOH\end{matrix}\\CH-\overset{+}{N}H\begin{matrix}CH_2-COO^-\\CH_2-COOH\end{matrix}$$

乙二胺四乙酸(简称 EDTA)

$$\begin{matrix}{}^-OOC-CH_2\\HOOC-CH_2\end{matrix}\overset{+}{N}H-CH_2-CH_2-\overset{+}{N}H\begin{matrix}CH_2-COO^-\\CH_2-COOH\end{matrix}$$

其中,EDTA 是目前应用最广的一种络合剂。用 EDTA 标准溶液可以滴定几十种金属离子,并可间接测定非金属离子。

# 第二节　EDTA 络合剂

### 1. 乙二胺四乙酸及其二钠盐

乙二胺四乙酸简称 EDTA 或 EDTA 酸,常用 $H_4Y$ 表示。当 $H_4Y$ 溶解于酸度很高的溶液中时,它的两个羧基可再接受 $H^+$,形成 $H_6Y^{2+}$,这样 EDTA 就相当于六元酸,存在六级离解平衡:

$$H_6Y^{2+} \rightleftharpoons H^+ + H_5Y^+ \qquad K_{a_1} = 1.3 \times 10^{-1}$$

$$H_5Y^+ \rightleftharpoons H^+ + H_4Y \qquad K_{a_2} = 2.5 \times 10^{-2}$$

$$H_4Y \rightleftharpoons H^+ + H_3Y^- \qquad K_{a_3} = 1.0 \times 10^{-2}$$

$$H_3Y^- \rightleftharpoons H^+ + H_2Y^{2-} \qquad K_{a_4} = 2.1 \times 10^{-3}$$

$$H_2Y^{2-} \rightleftharpoons H^+ + HY^{3-} \qquad K_{a_5} = 6.9 \times 10^{-7}$$

$$HY^{3-} \rightleftharpoons H^+ + Y^{4-} \qquad K_{a_6} = 5.5 \times 10^{-11}$$

和其他多元酸一样,由于分级离解,EDTA 在水溶液中总是以 $H_6Y^{2+}$、$H_5Y^+$、$H_4Y$、$H_3Y^-$、$H_2Y^{2-}$、$HY^{3-}$、$Y^{4-}$ 等 7 种型体存在。在不同 pH 值时,EDTA 各种型体的分布系数如图 4-1 所示。

从图 4-1 中可以看出，EDTA 在 pH＜1 的强酸性溶液中，主要以 $H_6Y^{2+}$ 型体存在；在 pH 为 1～1.6 的溶液中，主要以 $H_5Y^+$ 型体存在；在 pH 为 1.6～2 的溶液中，主要以 $H_4Y$ 型体存在；在 pH 为 2～2.67 的溶液中，主要以 $H_3Y^-$ 型体存在；在 pH 为 2.67～6.16 的溶液中，主要以 $H_2Y^{2-}$ 型体存在；当 pH＞10.26 时，才几乎完全以 $Y^{4-}$ 型体存在。在上述 7 种型体中，主要是 $Y^{4-}$ 与金属离子直接络合。溶液的 pH 值愈大，$Y^{4-}$ 的分布系数就愈大。因此，EDTA 在碱性溶液中的络合能力较强。

EDTA 微溶于水(22 ℃时，每 100 mL 水中可溶解 0.02 g)，难溶于酸和一般有机溶剂，易溶于氨水和 NaOH 溶液，并生成相应的盐。由于 $H_4Y$ 在水中的溶解度小，故通常把它制成二钠盐，一般也简称 EDTA 或 EDTA-2Na，用 $Na_2H_2Y \cdot 2H_2O$ 表示。在实际应用中，为了书写方便，常以 $H_2Y^{2-}$ 来代表 EDTA 或 EDTA-2Na。

EDTA-2Na 的溶解度较大，在 22 ℃时，每 100 mL 水中可溶解 11.1 g，此溶液的浓度为 0.3 mol/L。由于 EDTA-2Na 溶液中，主要是 $H_2Y^{2-}$，所以溶液的 pH 值约为 4.4。

**2. EDTA 与金属离子形成的络合物**

EDTA 分子结构中含有两个氨基和四个羧基，共有六个配位基和六个配位原子(四个氧原子、两个氮原子)，因此，EDTA 可与许多金属离子络合，形成具有多个五元环的螯合物。例如 EDTA 与 $Ca^{2+}$ 络合：

$$Ca^{2+} + H_2Y^{2-} \Longrightarrow CaY^{2-} + 2H^+$$

$CaY^{2-}$ 络合物的结构式如图 4-2 所示，从结构式可以看出，所形成的络合物是具有一个
N—C—C—N 五元螯合环和四个 O—C—C—N 五元螯合环的五环结构。具有环状结构的
 └→Ca←┘                        └→Ca←┘
络合物称为螯合物。

图 4-1  EDTA 各种型体的分布系数

图 4-2  $CaY^{2-}$ 络合物的结构式

螯合物的稳定性与螯合环的大小和数目有关。从络合物的研究中知道，具有五元环或六元环的螯合物最稳定，而且，所形成的环愈多，螯合物愈稳定。因此，EDTA 与许多金属离子形成的络合物具有较大的稳定性。

一般情况下，不论金属离子是二价、三价或四价，EDTA 与金属离子都以 1：1 的比例形成易溶于水的络合物，其络合反应式如下：

$$M^{2+} + H_2Y^{2-} \Longrightarrow MY^{2-} + 2H^+$$

$$M^{3+} + H_2Y^{2-} \Longrightarrow MY^- + 2H^+$$

$$M^{4+} + H_2Y^{2-} \Longrightarrow MY + 2H^+$$

为了应用方便起见,可略去式中的电荷,将反应式简写成

$$M+Y \Longrightarrow MY$$

少数高价金属离子与 EDTA 螯合时,不是形成 1：1 的螯合物。例如,五价钼与 EDTA 形成 Mo：Y＝2：1 的螯合物$(MoO_2)_2Y^{2-}$。

EDTA 与无色的金属离子形成无色的螯合物,与有色的金属离子则形成颜色更深的螯合物。如 $Cu^{2+}$ 显浅蓝色,而 $CuY^{2-}$ 显更深的蓝色;$Mn^{2+}$ 显微红色,而 $MnY^{2-}$ 显紫红色。

# 第三节　络合物在溶液中的离解平衡

## 一、络合物的稳定常数

在络合反应中,络合物的形成和离解构成络合平衡。其络合平衡常数用稳定常数(形成常数)或不稳定常数(离解常数)表示。

### 1. 1：1 型的螯合物

如 EDTA 与金属离子的络合反应:

$$M+Y \Longrightarrow MY$$

如果用形成平衡关系式表示,可写成

$$K_稳 = \frac{[MY]}{[M][Y]}$$

$K_稳$ 或 $\lg K_稳$ 值愈大,说明络合物愈稳定。

如果用离解平衡关系式表示,则可写成

$$K_{不稳} = \frac{[M][Y]}{[MY]}$$

$K_{不稳}$ 或 $\lg K_{不稳}$ 值愈小,说明络合物愈稳定。对于 1：1 型的络合物,

$$K_稳 = 1/K_{不稳} \quad 或 \quad \lg K_稳 = pK_{不稳}$$

络合物的稳定性,主要取决于金属离子和络合剂的性质。EDTA 与不同金属离子所形成的络合物,其稳定性是不同的,且在一定条件下,都有各自的稳定常数。EDTA 螯合物的 $\lg K_稳$ 值见表 4-1。

表 4-1　EDTA 螯合物的 $\lg K_稳$（$I=0.1,20\sim25$ ℃）

| 离　子 | $\lg K_稳$ | 离　子 | $\lg K_稳$ | 离　子 | $\lg K_稳$ | 离　子 | $\lg K_稳$ |
|---|---|---|---|---|---|---|---|
| $Li^+$ | 2.79 | $Sm^{3+}$ | 17.14 | $VO^{2+}$ | 18.80 | $Cd^{2+}$ | 16.46 |
| $Na^+$ | 1.66 | $Eu^{3+}$ | 17.35 | $VO_2^+$ | 18.10 | $Hg^{2+}$ | 21.70 |
| $Be^{2+}$ | 9.30 | $Gd^{3+}$ | 17.37 | $Cr^{3+}$ | 23.40 | $Al^{3+}$ | 16.30 |
| $Mg^{2+}$ | 8.70 | $Tb^{3+}$ | 17.67 | $MoO_2^+$ | 28.00 | $Ga^{3+}$ | 20.30 |
| $Ca^{2+}$ | 10.69 | $Dy^{3+}$ | 18.30 | $Mn^{2+}$ | 13.87 | $In^{3+}$ | 25.00 |
| $Sr^{2+}$ | 8.73 | $Ho^{3+}$ | 18.74 | $Fe^{2+}$ | 14.32 | $Tl^{3+}$ | 37.80 |

| 离　子 | lg$K_稳$ | 离　子 | lg$K_稳$ | 离　子 | lg$K_稳$ | 离　子 | lg$K_稳$ |
|---|---|---|---|---|---|---|---|
| $Ba^{2+}$ | 7.86 | $Er^{3+}$ | 18.85 | $Fe^{3+}$ | 25.10 | $Sn^{2+}$ | 22.11 |
| $Sc^{3+}$ | 23.10 | $Tm^{3+}$ | 19.07 | $Co^{2+}$ | 16.31 | $Pb^{2+}$ | 18.04 |
| $Y^{3+}$ | 18.09 | $Yb^{3+}$ | 19.57 | $Co^{3+}$ | 36.00 | $Bi^{3+}$ | 27.94 |
| $La^{3+}$ | 15.50 | $Lu^{3+}$ | 19.83 | $Ni^{2+}$ | 18.62 | $Th^{4+}$ | 23.20 |
| $Ce^{3+}$ | 15.98 | $Ti^{3+}$ | 21.30 | $Pd^{2+}$ | 18.50 | $U^{4+}$ | 25.80 |
| $Pr^{3+}$ | 16.40 | $TiO^{2+}$ | 17.30 | $Cu^{2+}$ | 18.80 | | |
| $Nd^{3+}$ | 16.60 | $ZrO^{2+}$ | 29.50 | $Ag^{+}$ | 7.32 | | |
| $Pm^{3+}$ | 16.75 | $HfO^{2+}$ | 19.10 | $Zn^{2+}$ | 16.50 | | |

**2. 1 : $n$ 型简单配位络合物**

对于 1 : $n$ 型络合物，其形成常数为 $K$，离解常数为 $K'$。各级的形成常数分别是

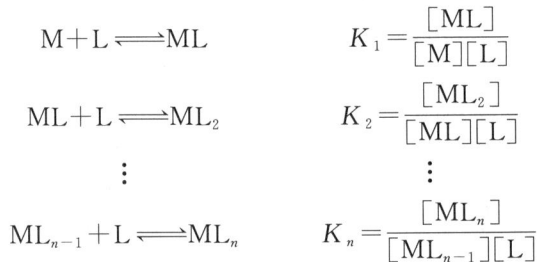

$$M+L \Longrightarrow ML \qquad K_1 = \frac{[ML]}{[M][L]}$$

$$ML+L \Longrightarrow ML_2 \qquad K_2 = \frac{[ML_2]}{[ML][L]}$$

$$\vdots \qquad\qquad\qquad \vdots$$

$$ML_{n-1}+L \Longrightarrow ML_n \qquad K_n = \frac{[ML_n]}{[ML_{n-1}][L]}$$

各级的离解常数分别是

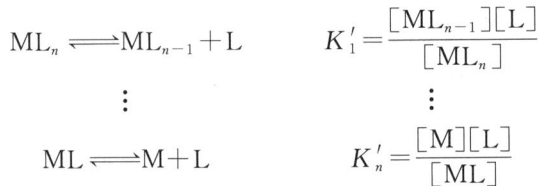

$$ML_n \Longrightarrow ML_{n-1}+L \qquad K_1' = \frac{[ML_{n-1}][L]}{[ML_n]}$$

$$\vdots \qquad\qquad\qquad \vdots$$

$$ML \Longrightarrow M+L \qquad K_n' = \frac{[M][L]}{[ML]}$$

由于络合物是逐级形成和逐级离解的，同一级的 $K$ 与 $K'$ 不是倒数关系，而是第一级的稳定常数 $K_1$ 是第 $n$ 级不稳定常数 $K_n'$ 的倒数，第二级稳定常数 $K_2$ 是第 $n-1$ 级不稳定常数的倒数，依此类推。

## 二、简单配位络合物的累积常数 $\boldsymbol{\beta_i}$

将逐级稳定常数渐次相乘，就得到累积稳定常数 $\beta_i$，$\beta_i = K_1 K_2 \cdots K_i$

$$\beta_1 = K_1 = \frac{[ML]}{[M][L]}$$

$$\beta_2 = K_1 K_2 = \frac{[ML_2]}{[M][L]^2}$$

$$\vdots$$

$$\beta_n = K_1 \cdots K_n = \frac{[ML_n]}{[M][L]^n}$$

由上式可见,各级络合物的浓度分别是

$$[ML]=\beta_1[M][L]$$

$$[ML_2]=\beta_2[M][L]^2$$

$$\vdots$$

$$[ML_n]=\beta_n[M][L]^n$$

各级累积稳定常数将各级络合物的浓度($[ML]$、$[ML_2]$、$\cdots$、$[ML_n]$)直接与游离金属、游离络合剂的浓度($[M]$、$[L]$)联系起来。在络合平衡处理中,常涉及各级络合物的浓度,以上关系式很重要。

# 第四节 络合物的副反应系数和条件稳定常数

## 一、副反应系数

在络合反应中,金属离子 M 与配位体 Y 之间的反应是主反应,溶液中还存在共存金属离子 N,共存其他配位体 L,溶液中的 $H^+$、$OH^-$ 等,这些都会与 M 及 Y 发生反应。除主反应之外的化学反应都称为副反应。

$$
\begin{array}{ccc}
 & M & + & Y & \Longrightarrow & MY \quad \text{主反应} \\
 & L \diagup \ \diagdown OH^- & & N \diagup \ \diagdown H & & \\
 ML & \quad M(OH) & NY & \quad HY & & \\
 \vdots & \vdots & \vdots & & \text{副反应} \\
 ML_n & ML(OH)_n & H_nY & &
\end{array}
$$

为了定量地表示副反应进行的程度,引入副反应系数。

**1. 络合剂 Y 的副反应及副反应系数**

1)酸效应系数

酸度对 EDTA 络合物(MY)稳定性的影响可用下式表示:

$$
\begin{array}{c}
M+Y \Longrightarrow MY \\
\| +H^+ \\
HY \\
\| +H^+ \\
H_2Y \\
\vdots
\end{array}
$$

金属离子(M)与 EDTA(Y)进行的络合反应称为主反应。如有 $H^+$ 存在,Y 也会与 $H^+$ 结合,形成它的共轭酸 HY、$H_2Y$、$\cdots$,使$[Y]$降低,故使主反应受到影响,这种反应称为副反应。这种由于 $H^+$ 存在使配位体(Y)参加主反应能力降低的现象,称为酸效应。$H^+$ 引起副反应时的副反应系数,称为酸效应系数,通常用 $\alpha_{Y(H)}$ 表示。

$\alpha_{Y(H)}$ 表示未与金属离子络合的 EDTA 总浓度[Y′]是 Y 的平衡浓度[Y]的多少倍：

$$\alpha_{Y(H)} = \frac{[Y']}{[Y]} = \frac{[Y] + [HY] + [H_2Y] + \cdots + [H_6Y]}{[Y]} \tag{4-1}$$

$\alpha_{Y(H)}$ 愈大，表示 Y 的平衡浓度愈小，即其副反应愈严重。如果 $H^+$ 没有引起副反应，即未参加络合反应的 EDTA 全部以 Y 形式存在([Y′]=[Y])，则 $\alpha_{Y(H)} = 1$。

从式(4-1)可以看出，EDTA 的 $\alpha_{Y(H)}$ 值是分布系数 $\delta_Y$ 值的倒数：

$$\alpha_{Y(H)} = \frac{1}{\delta_Y}$$

根据第三章中分布系数的计算方法，可得

$$\delta_Y = \frac{K_{a_1} K_{a_2} K_{a_3} K_{a_4} K_{a_5} K_{a_6}}{[H^+]^6 + [H^+]^5 K_{a_1} + [H^+]^4 K_{a_1} K_{a_2} + \cdots + K_{a_1} K_{a_2} K_{a_3} \cdots K_{a_6}}$$

所以，EDTA 的酸效应的计算公式如下：

$$\alpha_{Y(H)} = 1 + \frac{[H^+]}{K_{a_6}} + \frac{[H^+]^2}{K_{a_6} K_{a_5}} + \cdots + \frac{[H^+]^6}{K_{a_6} K_{a_5} \cdots K_{a_1}} \tag{4-2}$$

从式(4-2)可知，$\alpha_{Y(H)}$ 值与溶液的酸度有关，它随溶液 pH 值的增大而减小。由于 $\alpha_{Y(H)}$ 值的变化范围很大，故用其对数值比较方便。表 4-2 列出了 EDTA 在不同 pH 值的 $\lg\alpha_{Y(H)}$ 值。

表 4-2　不同 pH 值时的 $\lg\alpha_{Y(H)}$ 值

| pH | $\lg\alpha_{Y(H)}$ | pH | $\lg\alpha_{Y(H)}$ | pH | $\lg\alpha_{Y(H)}$ | pH | $\lg\alpha_{Y(H)}$ |
|---|---|---|---|---|---|---|---|
| 0.0 | 23.64 | 2.8 | 11.13 | 5.4 | 5.69 | 8.5 | 1.77 |
| 0.4 | 21.32 | 3.0 | 10.63 | 5.8 | 4.98 | 9.0 | 1.29 |
| 0.8 | 19.08 | 3.4 | 9.71 | 6.0 | 4.65 | 9.5 | 0.83 |
| 1.0 | 18.01 | 3.8 | 8.86 | 6.4 | 4.06 | 10.0 | 0.45 |
| 1.4 | 16.02 | 4.0 | 8.44 | 6.8 | 3.55 | 11.0 | 0.07 |
| 1.8 | 14.21 | 4.4 | 7.64 | 7.0 | 3.32 | 12.0 | 0.00 |
| 2.0 | 13.51 | 4.8 | 6.84 | 7.5 | 2.78 | | |
| 2.4 | 12.24 | 5.0 | 6.45 | 8.0 | 2.26 | | |

【例 4-1】　计算在 pH=2.00 时，EDTA 的酸效应系数。

**解**　已知 pH=2.00，$[H^+]=1.0\times10^{-2}$ mol/L，由式(4-2)得

$$\alpha_{Y(H)} = 1 + \frac{10^{-2}}{10^{-10.26}} + \frac{10^{-4}}{10^{-10.26-6.16}} + \frac{10^{-6}}{10^{-10.26-6.16-2.67}} + \frac{10^{-8}}{10^{-10.26-6.16-2.67-2.0}}$$

$$+ \frac{10^{-10}}{10^{-10.26-6.16-2.67-2.0-1.6}} + \frac{10^{-12}}{10^{-10.26-6.16-2.67-2.0-1.6-0.9}}$$

$$= 3.25 \times 10^{13}$$

$$\lg\alpha_{Y(H)} = 13.51$$

2) 共存离子的影响(假定此时无酸效应)

由共存金属离子 N 引起的副反应称为共同离子效应，其副反应系数称共同离子效应系数 $\alpha_{Y(N)}$。

同样 
$$\alpha_{Y(N)} = \frac{[Y']}{[Y]}$$

由于没有酸效应， 
$$[Y'] = [Y] + [NY]$$

所以 
$$\alpha_{Y(N)} = 1 + \frac{[NY]}{[Y]} = 1 + K_{NY}[N]$$

3）Y 的总副反应系数 $\alpha_Y$

当体系中既有共存离子 N 又有酸效应时

$$c_Y = [Y] + [HY] + \cdots + [H_nY] + [NY] + [MY] = [Y'] + [MY]$$

$$\alpha_Y = \frac{[Y']}{[Y]} = \frac{[Y] + [HY] + \cdots + [H_nY] + [NY] + [Y] - [Y]}{[Y]} = \alpha_{Y(H)} + \alpha_{Y(N)} - 1$$

**2. 其他络合剂的影响——金属离子的副反应系数**

其他络合剂(L)对 EDTA 络合物 MY 稳定性的影响，也可用下式表示：

$$
\begin{array}{c}
M + Y \rightleftharpoons MY \\
\Big\Vert + L \\
ML \\
\Big\Vert + L \\
ML_2 \\
\vdots
\end{array}
$$

当 M 与 Y 反应时，如有另一络合剂 L 存在，则 L 也能与 M 形成络合物，使主反应受到影响。这种由于其他络合剂的存在，使金属离子参加主反应能力降低的现象，称为络合效应。络合剂 L 引起副反应时的副反应系数，称为络合效应系数，通常用 $\alpha_{M(L)}$ 表示。

$\alpha_{M(L)}$ 表示未与 EDTA 络合的金属离子总浓度 $[M']$ 是 M 的平衡浓度 $[M]$ 的多少倍：

$$\alpha_{M(L)} = \frac{[M']}{[M]} = \frac{[M] + [ML] + [ML_2] + \cdots + [ML_n]}{[M]} \tag{4-3}$$

$\alpha_{M(L)}$ 愈大，表示 M 的平衡浓度愈小，即其副反应愈严重。如果没有其他络合剂 L，M 没有副反应（即 $[M'] = [M]$），则 $\alpha_{M(L)} = 1$。

根据络合平衡关系和式(4-3)，可导出络合效应系数 $\alpha_{M(L)}$ 的计算公式如下：

$$\alpha_{M(L)} = 1 + \beta_1[L] + \beta_2[L]^2 + \cdots + \beta_n[L]^n = 1 + \sum_{i=1}^{n} \beta_i[L]^i \tag{4-4}$$

式中，$\beta_1$、$\beta_2$、$\cdots$、$\beta_n$ 为该络合物相应的累积常数。

**【例 4-2】** 在 $0.10 \text{ mol/L AlF}_6^{3-}$ 溶液中，游离 $F^-$ 的浓度为 $0.010 \text{ mol/L}$，求溶液中 $Al^{3+}$ 的浓度。

**解** 已知 $AlF_6^{3-}$ 的 $\lg\beta_1 \sim \lg\beta_6$ 分别为：$6.13$、$11.15$、$15.00$、$17.75$、$19.37$、$19.84$，则

$$c_{Al} = [Al^{3+}] + [AlF^{2+}] + [AlF_2^+] + [AlF_3] + [AlF_4^-] + [AlF_5^{2-}] + [AlF_6^{3-}]$$

$$= [Al^{3+}] + \beta_1[Al^{3+}][F^-] + \beta_2[Al^{3+}][F^-]^2 + \beta_3[Al^{3+}][F^-]^3$$

$$+ \beta_4[Al^{3+}][F^-]^4 + \beta_5[Al^{3+}][F^-]^5 + \beta_6[Al^{3+}][F^-]^6$$

$$= [Al^{3+}]\left(1 + \sum_{i=1}^{n} \beta_i[F^-]^i\right) = [Al^{3+}] \cdot \alpha_{Al(F)}$$

由式(4-4)得

$$\alpha_{Al(F)} = 1 + 10^{6.13} \times 0.01 + 10^{11.15} \times 0.01^2 + 10^{15.00} \times 0.01^3 + 10^{17.75} \times 0.01^4 + 10^{19.37} \times 0.01^5$$
$$+ 10^{19.84} \times 0.01^6 = 8.9 \times 10^9$$

$\alpha_{Al(F)}$ 值比较大,说明 $Al^{3+}$ 与 $F^-$ 形成络合物 $AlF_6^{3-}$ 的反应很完全。同时溶液中还存在游离 $F^-$,此时,$AlF_6^{3-}$ 的浓度可看成是 $Al^{3+}$ 的总浓度。故由式(4-3)得

$$[Al^{3+}] = \frac{c_{Al}}{\alpha_{Al(F)}} = \frac{0.10}{8.9 \times 10^9} \ mol/L = 1.1 \times 10^{-11} \ mol/L$$

计算结果表明,溶液中的 $Al^{3+}$ 几乎全部被 $F^-$ 络合成 $AlF_6^{3-}$。因此,当用 EDTA 标准溶液滴定 $Al^{3+}$ 时,溶液中不能有 $F^-$ 存在,因为由 $F^-$ 引起的副反应极为严重。

## 二、条件稳定常数

EDTA 与金属离子所形成的络合物的稳定性,不仅取决于络合物的稳定常数,即 $K_稳$ 值的大小,也取决于酸效应和络合效应的影响。

络合物 MY 的稳定常数可用下式表示:

$$K_稳 = \frac{[MY]}{[M][Y]} \tag{4-5}$$

$K_稳$ 称为绝对稳定常数。它不因浓度、酸度及其他外界条件的改变而发生变化。

从前面的讨论可知,当溶液具有一定酸度和有其他络合剂存在时,将会引起一系列副反应:

$$
\begin{array}{ccc}
M & + & Y \rightleftharpoons MY \\
\Vert +L' & & \Vert +H^+ \\
ML' & & HY \\
\Vert +L' & & \Vert +H^+ \\
ML'_2 & & H_2Y \\
\vdots & & \vdots
\end{array}
$$

当络合反应达到平衡时,未形成络合物 MY 的金属离子的总浓度是 $[M]+[ML']+[ML'_2]+\cdots+[ML'_n]$,用 $[M']$ 表示;未形成络合物 MY 的 EDTA 总浓度是 $[Y]+[HY]+[H_2Y]+\cdots+[H_6Y]$,用 $[Y']$ 表示。此时络合物的稳定常数,称为条件稳定常数,又称有效稳定常数或表观稳定常数,通常用 $K'_稳$ 表示,即

$$K'_稳 = \frac{[MY]}{[M'][Y']} \tag{4-6}$$

$K'_稳$ 是考虑了副反应影响的络合物的实际稳定常数。

由式(4-1)和式(4-3)得

$$[Y'] = \alpha_Y[Y], \quad [M'] = \alpha_M[M]$$

将上述两式代入式(4-6)得

$$K'_稳 = \frac{[MY]}{\alpha_M[M]\alpha_Y[Y]} = \frac{K_稳}{\alpha_M \alpha_Y} \tag{4-7}$$

在实际应用中,常用它的对数值来表示,即

$$\lg K'_{\text{稳}} = \lg K_{\text{稳}} - \lg \alpha_M - \lg \alpha_Y \tag{4-8}$$

当溶液中只考虑 EDTA 的酸效应，无络合效应（$\alpha_{M(L')} = 1$）时，式(4-8)可简化为

$$\lg K'_{\text{稳}} = \lg K_{\text{稳}} - \lg \alpha_{Y(H)} \tag{4-9}$$

显然，式(4-9)可以说明在一定酸度的条件下，络合物的实际稳定程度，pH 值愈大，$\lg \alpha_{Y(H)}$ 值愈小，则 $\lg K'_{\text{稳}}$ 愈大，络合物愈稳定。

**【例 4-3】** 计算在 pH＝2.00 和 pH＝5.00 时，ZnY 的条件稳定常数。

**解** 查表 4-1，$\lg K_{ZnY} = 16.50$；查表 4-2，当 pH＝2.00 时，$\lg a_{Y(H)} = 13.51$；当 pH＝5.00 时，$\lg a_{Y(H)} = 6.45$。将查出的数值代入式(4-9)中，得

$$\text{pH} = 2.00 \text{ 时，} \quad \lg K'_{ZnY} = 16.50 - 13.51 = 2.99$$
$$\text{pH} = 5.00 \text{ 时，} \quad \lg K'_{ZnY} = 16.50 - 6.45 = 10.05$$

计算结果表明，在 pH＝2.00 时，络合物 ZnY 很不稳定；当 pH＝5.00 时，络合物 ZnY 的稳定性比较好。

**【例 4-4】** 计算在 pH＝5.00 的 0.10 mol/L AlY 溶液中，游离 $F^-$ 浓度为 0.010 mol/L 时，AlY 的条件稳定常数。

**解** 查表 4-1，$\lg K_{AlY} = 16.3$；查表 4-2，当 pH＝5.00 时，$\lg a_{Y(H)} = 6.45$。由于络合剂 $F^-$ 的存在，表明有络合效应。根据例 4-2 的计算结果，其络合效应系数 $\alpha_{Al(F)} = 8.9 \times 10^9$，则 $\lg \alpha_{Al(F)} = 9.95$。将上述有关数值代入式(4-8)中，得

$$\lg K'_{AlY} = 16.3 - 6.45 - 9.95 = -0.1$$

由计算结果可知 AlY 的条件稳定常数很小，说明在此情况下，EDTA 不能与 $Al^{3+}$ 形成络合物 AlY。

# 第五节　络合滴定法的基本原理

## 一、基本原理

在络合滴定中，随着络合剂 EDTA 标准溶液的加入，被滴定的金属离子不断被络合，其浓度不断减小。由于金属离子浓度[M]很小，故常用 pM($-\lg$[M])表示。当滴定达到化学计量点时，溶液的 pM 值发生突变，此时，可以利用适当的方法指示滴定终点。

**1. 滴定曲线**

1）pM 的计算

现以 0.01000 mol/L EDTA 标准溶液滴定 20.00 mL 0.01000 mol/L $Ca^{2+}$ 溶液（在 $NH_3$—$NH_4Cl$ 缓冲溶液存在时，使溶液的 pH＝10）为例，讨论滴定过程中 pCa 的变化情况。

查表 4-1，$\lg K_{CaY} = 10.69$；查表 4-2，当 pH＝10 时，$\lg a_{Y(H)} = 0.45$；又因为 $NH_3$ 与 $Ca^{2+}$ 不发生络合发应，故由式(4-9)得

$$\lg K'_{CaY} = 10.69 - 0.45 = 10.24$$
$$K'_{CaY} = 10^{10.24} = 1.7 \times 10^{10}$$

(1)滴定前。

$$[Ca^{2+}] = 0.01000 \text{ mol/L}$$

所以

$$pCa = -\lg 0.01000 = 2.0$$

(2)滴定开始至化学计量点前。

设已加入 EDTA 溶液 19.98 mL,此时还剩余 0.02 mL $Ca^{2+}$ 溶液,故

$$[Ca^{2+}] = \frac{0.01000 \times 0.02}{20.00 + 19.98} \text{ mol/L} = 5.0 \times 10^{-6} \text{ mol/L}$$

所以

$$pCa = 5.3$$

(3)化学计量点时。

由于 CaY 络合物比较稳定,可以认为 $Ca^{2+}$ 与 EDTA 几乎全部络合成 CaY 络合物,所以

$$[CaY] = \frac{0.01000 \times 20.00}{20.00 + 20.00} \text{ mol/L} = 5.0 \times 10^{-3} \text{ mol/L}$$

同时,由于 CaY 络合物的离解平衡,此时溶液中 $[Ca^{2+}] = [Y^{4-}]'$,并且 $\dfrac{[CaY]}{[Ca^{2+}][Y^{4-}]'} = K'_{CaY}$,即

$$\frac{5.0 \times 10^{-3}}{[Ca^{2+}]^2} = 1.7 \times 10^{10}, \qquad [Ca^{2+}] = 5.4 \times 10^{-7} \text{ mol/L}$$

所以

$$pCa = 6.3$$

推广到一般:计量点时,

$$K'_{MY} = \frac{[MY]}{[M'][Y']}, \text{且} [M'] = [Y']$$

所以

$$pM'_{eq} = \frac{1}{2}(\lg K'_{MY} + pc_M^{eq})$$

式中,$c_M^{eq}$ 为金属离子在计量点时的总浓度,mol/L。这是一个非常重要的计算式,是选择指示剂的依据。

(4)化学计量点后。

设加入 20.02 mL EDTA 溶液,此时 EDTA 溶液过量 0.02 mL,其浓度为

$$[Y] = \frac{0.01000 \times 0.02}{20.00 + 20.02} \text{ mol/L} = 5.0 \times 10^{-6} \text{ mol/L}$$

并且

$$\frac{[CaY]}{[Ca^{2+}][Y^{4-}]} = \frac{5.0 \times 10^{-3}}{[Ca^{2+}] \times (5.0 \times 10^{-6})} = 1.7 \times 10^{10}$$

$$[Ca^{2+}] = 5.9 \times 10^{-8} \text{ mol/L}$$

所以

$$pCa = 7.2$$

按照相同的方法,可以计算在不同 pH 值时,滴定过程中 pCa 值的变化情况。图 4-3 是不同 pH 值时,以 pCa 为纵坐标,以加入 EDTA 标准溶液的百分数为横坐标作图,得到的 0.01 mol/L 的 EDTA 滴定 0.01 mol/L 的 $Ca^{2+}$ 的滴定曲线。

2)影响滴定突跃范围的因素

从图 4-3 可以看出,滴定曲线突跃部分的长短,随溶液 pH 值的不同而变化,这是由于络合物的条件稳定常数随 pH 值的变化而改变的缘故。pH 值愈大,$K_{稳}$ 值愈大,滴定突跃愈大,其滴定曲线上的突跃部分也就愈长。因此,络合物的条件稳定常数是影响滴定突跃的主要因

素,即 $K'_稳$ 愈大,滴定的准确度愈高。

金属离子起始浓度的大小对滴定曲线的突跃也有影响,图 4-4 是 $\lg K'_稳=10$ 时,用 EDTA 滴定不同浓度的金属离子所得到的滴定曲线。从图中可以看出,当 $\lg K'_稳$ 值一定时,金属离子的起始浓度愈小,滴定曲线的起点就愈高,其滴定突跃就愈短。

图 4-3　0.01 mol/L 的 EDTA 滴定
0.01 mol/L 的 Ca²⁺ 的滴定曲线

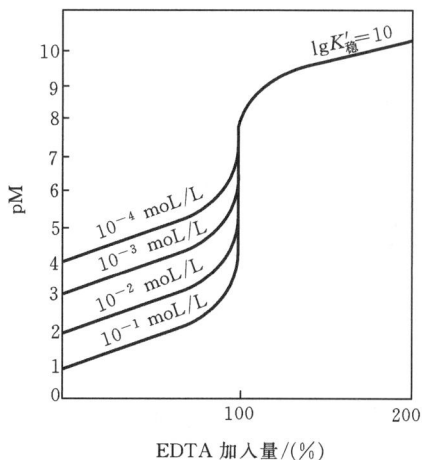

图 4-4　用 EDTA 滴定不同浓度的
金属离子的滴定曲线

### 2. 常用指示剂

1) 指示剂作用原理

络合滴定和酸碱滴定一样,也要使用指示剂来指示滴定终点。由于在络合滴定中,指示剂是指示滴定过程中金属离子浓度的变化,故称为金属指示剂。

金属指示剂通常是一种有机络合剂,它能与金属离子形成一种络合物,这种络合物的颜色与指示剂本身的颜色有显著不同,以指示滴定络点。现以 EDTA 滴定金属离子为例,说明金属指示剂(In)的作用原理。

在用 EDTA 滴定前,将少量金属指示剂加入被测金属离子溶液中,此时指示剂与金属离子反应,形成一种与指示剂本身颜色不同的络合物:

$$\underset{(颜色甲)}{M} + \underset{}{In} \rightleftharpoons \underset{(颜色乙)}{MIn}$$

滴加 EDTA 时,金属离子逐步被络合,当达到反应的化学计量点时,溶液中游离的金属离子完全被络合。此时,EDTA 夺取 MIn 络合物中的金属离子,使指示剂 In 被释放出来,溶液由金属-指示剂络合物的颜色,转变为游离指示剂的颜色,以指示滴定终点的到达。

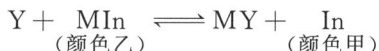

$$\underset{(颜色乙)}{Y + MIn} \rightleftharpoons MY + \underset{(颜色甲)}{In}$$

从以上讨论中可以看出,金属指示剂必须具备下列条件:

(1) 指示剂(In)的颜色与金属-指示剂络合物(MIn)的颜色应显著不同,这样终点时的颜色变化才明显。

(2) 指示剂(In)与金属离子形成的有色络合物(MIn)要有足够的稳定性,但又要比该金属的 EDTA 络合物的稳定性低。如果稳定性太低,在化学计量点前就会显示出指示剂本身的颜色,使滴定终点提前出现,而且变色不敏锐;如果稳定性太高,就会使滴定终点推后,而且有可能使 EDTA 不能夺取 MIn 络合物中的金属离子,得不到滴定终点。一般来说,两者的稳定常数应相差 100 倍以上,才能有效地指示滴定终点。

（3）指示剂应具有一定的选择性,即在一定条件下,只对某一种(或某几种)离子发生显色反应,且显色反应要灵敏、迅速,有良好的变色可逆性。

（4）指示剂应比较稳定,不容易被氧化、还原或分解等,便于贮藏和使用。

此外,指示剂与金属离子形成的络合物应易溶于水。如果生成胶体溶液或沉淀,则会使变色不明显。

2）几种常用指示剂

（1）铬黑 T。

铬黑 T 属于偶氮染料,化学名称是 1-(1-羟基-2-萘偶氮基)-6-硝基-2 萘酚-4-磺酸钠,其结构式为

与金属离子络合时,有色络合物结构式为

铬黑 T 溶于水时,磺酸基上的 $Na^+$ 全部离解,形成 $H_2In^-$。它在溶液中存在下列酸碱平衡,且呈现三种不同的颜色:

$$\underset{(紫红)}{H_2In^-} \underset{+H^+}{\overset{pK_{a_2}=6.3}{\rightleftharpoons}} \underset{(蓝)}{HIn^{2-}} \underset{+H^+}{\overset{pK_{a_3}=11.55}{\rightleftharpoons}} \underset{(橙)}{In^{3-}}$$

根据酸碱指示剂的变色原理,可近似估计铬黑 T 在不同 pH 下的颜色:pH＝$pK_{a_2}$＝6.3 时,$[H_2In^-]$＝$[HIn^{2-}]$,呈蓝色与紫红色的混合色;pH<6.3 时,$[H_2In^-]$>$[HIn^{2-}]$,呈紫红色;pH>11.55 时,呈橙色;pH 为 6.3～11.55 时,呈蓝色。

铬黑 T 可与许多二价金属离子络合,形成稳定的酒红色络合物,如 $Mg^{2+}$、$Mn^{2+}$、$Zn^{2+}$、$Cd^{2+}$、$Pb^{2+}$ 等。实验结果表明,在 pH＝9～10.5 的溶液中,用 EDTA 直接滴定这些离子时,铬黑 T 是良好的指示剂,终点时变色敏锐,溶液由酒红色变为蓝色。但 $Ca^{2+}$ 与铬黑 T 显色不够灵敏,必须有 $Mg^{2+}$ 存在时,才能改善滴定终点。一般在测定 $Ca^{2+}$、$Mg^{2+}$ 的总量时,常用铬黑 T 作指示剂。

固体铬黑 T 性质稳定,但其水溶液只能保存几天,这是由于发生聚合反应和氧化反应的缘故。其聚合反应为

$$\underset{(紫红)}{n\,H_2In^-} \rightleftharpoons \underset{(棕色)}{(H_2In^-)_n}$$

在 pH<6.5 的溶液中,聚合更为严重。指示剂聚合后,不能与金属离子发生显色反应。所以,

在配制铬黑 T 溶液时,常加入三乙醇胺,以减慢聚合速度。

在碱性溶液中,空气中的氧以及 $Mn(\text{IV})$ 和 $Ce^{4+}$ 等能将铬黑 T 氧化并褪色。加入盐酸羟胺或抗坏血酸等还原剂,可防止其氧化。

铬黑 T 常与 NaCl 或 $KNO_3$ 等中性盐制成固体混合物(1∶100)使用,直接加入被滴定的溶液中。这种干燥的固体虽然易保存,但滴定时,对指示剂的用量不易控制。

(2) 二甲酚橙。

二甲酚橙属于三苯甲烷类显色剂,化学名称是 $3\text{-}3'$-双(二羧甲基氨甲基)-邻甲酚磺酞,其结构式为

与金属离子络合时,有色络合物的结构式为

二甲酚橙是紫色结晶,易溶于水,它有六级酸式离解。其中 $H_6In$ 至 $H_2In^{4-}$ 都是黄色,$HIn^{5-}$ 和 $In^{6-}$ 是红色。在 pH 为 5~6 时,二甲酚橙主要以 $H_2In^{4-}$ 的形式存在。$H_2In^{4-}$ 在溶液中存在着下列酸碱平衡,且呈现两种不同的颜色

$$H_2In^{4-} \xrightleftharpoons{\quad pK_{a_5}=6.3 \quad} H^+ + HIn^{5-}$$
$$\text{(黄)} \qquad\qquad\qquad \text{(红)}$$

由此可知,pH>6.3 时,呈红色;pH<6.3 时,呈黄色;pH=$pK_{a_5}$=6.3 时,呈黄色和红色的混和色。而二甲酚橙与金属离子形成的络合物是紫红色,因此,它只适用于 pH<6 的酸性溶液中。通常配成 0.5% 的水溶液,可保存 2~3 周。

许多离子如 $ZrO^{2+}$、$Bi^{3+}$、$Th^{4+}$、$Pb^{2+}$、$Zn^{2+}$、$Cd^{2+}$、$Hg^{2+}$ 等,可用二甲酚橙作指示剂直接滴定,终点时溶液由红色变为亮黄色。$Fe^{3+}$、$Al^{3+}$、$Ni^{2+}$、$Cu^{2+}$ 等离子,也可以在加入过量 EDTA 后用 $Zn^{2+}$ 标准溶液进行返滴定。

$Fe^{3+}$、$Al^{3+}$、$Ni^{2+}$、$Ti^{4+}$ 和 pH 为 5~6 时的 $Th^{4+}$ 对二甲酚橙有封闭作用,可用 $NH_4F$ 掩蔽 $Al^{3+}$、$Ti^{4+}$,抗坏血酸掩蔽 $Fe^{3+}$,邻二氮菲掩蔽 $Ni^{2+}$,乙酰丙酮掩蔽 $Th^{4+}$、$Al^{3+}$ 等,以消除封闭现象。

（3）PAN。

PAN 属于吡啶偶氮类显色剂,化学名称是 1-(2-吡啶偶氮)-2-萘酚,其结构式为

与金属离子络合时,有色络合物结构式为

PAN 是橙红色针状结晶,难溶于水,可溶于碱、氨溶液及甲醇、乙醇等溶剂中,通常配成 0.1％的乙醇溶液使用。

PAN 的杂环氮原子能发生质子化,因而表现为二级酸式离解:

$$H_2In^+ \underset{+H^+}{\overset{pK_{a_1}=1.9}{\rightleftharpoons}} HIn \underset{+H^+}{\overset{pK_{a_2}=12.2}{\rightleftharpoons}} In^-$$
（黄绿）　　　　　　　（黄）　　　　　　　（淡红）

由此可见,PAN 在 pH=1.9~12.2 的范围内呈黄色,而 PAN 与金属离子形成的络合物是红色,故 PAN 可在此 pH 范围内使用。

PAN 可与 $Cu^{2+}$、$Bi^{3+}$、$Cd^{2+}$、$Hg^{2+}$、$Pb^{2+}$、$Zn^{2+}$、$Sn^{2+}$、$In^{3+}$、$Fe^{2+}$、$Ni^{2+}$、$Mn^{2+}$、$Th^{4+}$ 和稀土金属离子形成红色螯合物。这些螯合物的水溶性差,大多出现沉淀,使变色不敏锐。为了加快变色过程,可加入乙醇,并适当加热。

$Cu^{2+}$ 与 PAN 的络合物稳定性强（$lgK_{Cu-PAN}=16$）,且显色敏锐,故间接测定某些离子（如 $Al^{3+}$、$Ca^{2+}$）时,常用 PAN 作指示剂,用 $Cu^{2+}$ 离子标准溶液进行返滴定。

$Ni^{2+}$ 对 Cu-PAN 有封闭作用。

（4）酸性铬蓝 K。

酸性铬蓝 K 的化学名称是 1,8-二羟基 2-(2-羟基-5-磺酸基-1-偶氮苯)-3,6-二磺酸萘钠盐,其结构式为

酸性铬蓝 K 的水溶液,在 pH<7 时呈玫瑰红色,pH 为 8~13 时呈蓝色。在碱性溶液中能与 $Ca^{2+}$、$Mg^{2+}$、$Mn^{2+}$、$Zn^{2+}$ 等离子形成红色螯合物。它对 $Ca^{2+}$ 的灵敏度较铬黑 T 的高。

为了提高终点的敏锐性,通常将酸性铬蓝 K 与萘酚绿 B 混合（1∶2~1∶2.5）,然后再用 50 倍的 NaCl 或 KNO₃ 固体粉末稀释后使用。这种指示剂可较长期保存,简称 K-B 指示剂。K-B 指示剂在 pH=10 时可用于测定 $Ca^{2+}$、$Mg^{2+}$ 的总量,在 pH=12.5 时可单独测定 $Ca^{2+}$。

（5）钙指示剂。

钙指示剂的化学名称是 2-羟基-1-（2-羟基-4-磺酸基-1-萘偶氮基)-3-萘甲酸,其结构式为

钙指示剂在 pH 为 12～14 的溶液中呈蓝色,可与 $Ca^{2+}$ 形成红色络合物。在 $Ca^{2+}$ 与 $Mg^{2+}$ 共存时,可用其测定 $Ca^{2+}$,终点由橙红色变为蓝色,其变色敏锐。在 pH>12 时,$Mg^{2+}$ 可生成 $Mg(OH)_2$ 沉淀,故需先调至 pH>12.5,使 $Mg(OH)_2$ 沉淀后,再加入指示剂,以减少沉淀对指示剂的吸附。

$Fe^{3+}$、$Al^{3+}$、$Cu^{2+}$、$Ni^{2+}$、$Co^{2+}$、$Mn^{2+}$ 等离子能封闭指示剂。$Al^{3+}$ 和少量 $Fe^{3+}$ 可用三乙醇胺掩蔽;$Cu^{2+}$、$Ni^{2+}$、$Co^{2+}$ 等可用 KCN 掩蔽;$Mn^{2+}$ 可用三乙醇胺和 KCN 联合掩蔽。

钙指示剂为紫黑色粉末,它的水溶液或乙醇溶液都不稳定。故一般取固体试剂,用干燥的 NaCl(1∶100 或 1∶200)粉末稀释后使用。

3）指示剂的封闭现象及其消除

在实际工作中,有时指示剂的颜色变化受到干扰,即达到化学计量点后,过量 EDTA 并不能夺取金属-指示剂有色络合物中的金属离子,因而使指示剂在化学计量点附近没有颜色变化。这种现象称为指示剂的封闭现象。

产生封闭现象的原因,可能是由于溶液中某些离子的存在,与指示剂形成十分稳定的有色络合物,不能被 EDTA 所破坏。对于这种情况,通常需要加入适当的掩蔽剂,以消除某些离子的干扰。例如,以铬黑 T 为指示剂,用 EDTA 滴定 $Ca^{2+}$、$Mg^{2+}$ 时,$Fe^{3+}$、$Al^{3+}$、$Cu^{2+}$、$Co^{2+}$、$Ni^{2+}$ 对指示剂有封闭作用,可加入少量三乙醇胺掩蔽 $Fe^{3+}$、$Al^{3+}$,加入 KCN(或 $Na_2S$)掩蔽 $Cu^{2+}$、$Co^{2+}$、$Ni^{2+}$,以消除其干扰。

有时产生封闭现象是由于动力学方面的原因,即由于有色络合物的颜色变化为不可逆反应所引起的。此时,金属-指示剂有色络合物的稳定性虽不及金属-EDTA 络合物的稳定性高,但由于其颜色变化为不可逆,有色络合物不能很快地被 EDTA 所破坏,故对指示剂也产生封闭现象。这种由被滴定离子本身引起的封闭现象,可用先加入过量 EDTA,然后进行返滴定的方法,加以避免。

有时,金属离子与指示剂生成难溶性有色化合物,在终点时与滴定剂置换缓慢,使终点推后。这时,可加入适当的有机溶剂,增大其溶解度;或将溶液适当加热,加快置换速度,使指示剂在终点时变色明显。

**3. 金属指示剂的选择**

从络合滴定曲线的讨论中可知,在化学计量点附近时,被滴定金属离子的 pM 发生突跃。因此,要求指示剂能在此区间内发生颜色变化,并且,指示剂变色点的 pM 应尽量与化学计量点的 pM 一致,以免引起终点误差。

设金属离子 M 与指示剂 In 形成络合物 MIn：

$$M + In \rightleftharpoons MIn \qquad K_{MIn} = \frac{[MIn]}{[M][In]}$$

若考虑指示剂的酸效应及金属离子的副反应,则

$$K'_{MIn}=\frac{[MIn]}{[M'][In']}, \qquad \lg K'_{MIn}=pM'+\lg\frac{[MIn]}{[In']}$$

当达到指示剂的变色点时,$[MIn]=[In']$,故

$$\lg K'_{MIn}=pM', 记为 pM'_{ep}=\lg K'_{MIn}$$

可见,指示剂变色点的 $pM'$ 等于有色络合物的 $\lg K'_{MIn}$。

络合滴定中所用的指示剂一般为有机弱酸,存在着酸效应。它与金属离子 M 所形成的有色络合物的条件稳定常数 $K'_{MIn}$,将随 pH 值的变化而变化;指示剂变色点的 pM,也随 pH 值的变化而变化。因此,金属指示剂不可能像酸碱指示剂那样,有一个确定的变色点。在选择金属指示剂时,必须考虑酸度的影响,应使有色络合物的 $\lg K'_{MIn}$ 与化学计量点的 $pM'_{eq}$ 尽量一致,至少应在化学计量点的 pM 突跃范围内。否则,指示剂变色点的 pM 与化学计量点的 pM 相差较大,就会产生较大的滴定误差。

应该指出,目前由于金属指示剂的有关常数很不齐全,故实际上大多采用实验的方法来选择指示剂,即先试验其终点颜色变化是否敏锐,然后检查滴定结果是否准确,这样就可确定该指示剂是否符合要求。

## 二、终点误差及准确滴定的条件

根据林邦的终点误差公式,有

$$TE=\frac{10^{\Delta pM'}-10^{-\Delta pM'}}{\sqrt{K'_{MY}c_M^{eq}}}\times 100\% \tag{4-10}$$

式中,$\Delta pM'=pM'_{ep}-pM'_{eq}$

可知,终点误差既与 $K'_{MY}c_M^{eq}$ 有关,还与 $\Delta pM'$ 有关。按分析化学的要求,在滴定过程中,即使选择最合适的指示剂(终点与计量点一致),由于人眼对颜色的判断的局限性,使得 $\Delta pM'$ 总有 $\pm(0.3\sim 0.5)$ 个单位的不确定性,取 $\Delta pM'=\pm 0.3$,$TE\leqslant 0.2\%$,可以求出

$$K'_{MY}c_M^{eq}\geqslant 5.6\times 10^5, \qquad K'_{MY}c_M\geqslant 10^6 \tag{4-11}$$

因此,以 $\lg K'_{MY}c_M\geqslant 6$ 作为金属离子能够被准确滴定的判据。若 $c_M$ 取 0.01 mol/L,则 $\lg K'_{MY}\geqslant 8$。

## 三、络合滴定中酸度的控制

### 1. 最高酸度和最低酸度(对单一离子,且 $\alpha_M=1$)

(1)最高酸度:满足准确滴定要求时的最低 pH 值。

在一般情况下,即 $TE\leqslant 0.2\%$,$\Delta pM'=\pm 0.3$,$c_M=0.01$ mol/L 时,要求 $\lg K'_{MY}c_M\geqslant 6$ 才能准确滴定,也即 $\lg K'_{MY}\geqslant 8$。

根据前面的讨论,对于单一离子且 $\alpha_M=1$ 的情况下,络合物的条件稳定常数仅与酸度有关,对稳定性高的络合物,溶液的酸度稍高一些也能准确地进行滴定,但对稳定性差的络合物,酸度若高过某一个值时就不能准确滴定了。因此,滴定不同的金属离子,有不同的最低 pH 值

（最高酸度），超过这一最低 pH 值，就不能够进行准确滴定。

滴定任一金属离子的最低 pH 值，可按下式进行计算：

$$\lg K'_{MY} = \lg K_{MY} - \lg \alpha_{Y(H)} \geqslant 8$$

$$\lg \alpha_{Y(H)} \leqslant \lg K_{MY} - 8$$

由此式可以计算出各种金属离子的 $\lg \alpha_{Y(H)}$，再由图 4-5 查出相应的 pH。这个 pH 值即为滴定某一金属离子的最低 pH 值（最高酸度）。

**图 4-5 EDTA 的酸效应曲线**

【**例 4-5**】 求用 EDTA 滴定 $1.0 \times 10^{-3}$ mol/L $Zn^{2+}$ 的最高允许酸度。

**解** 已知 $c_{Zn^{2+}} = 1.0 \times 10^{-3}$ mol/L，查表 4-1，$\lg K_{ZnY} - 16.50$，根据式（4-11），

$$\lg c_{Zn} \cdot K'_{ZnY} \geqslant 6$$

得

$$\lg K'_{ZnY} \geqslant 9$$

此时 $Zn^{2+}$ 才能准确被滴定。

根据式（4-9），有

$$9 = \lg K_{ZnY} - \lg \alpha_{Y(H)}$$

则

$$\lg \alpha_{Y(H)} = \lg K_{ZnY} - 9 = 16.50 - 9 = 7.5$$

由图 4-5 可查出当 $\lg \alpha_{Y(H)} = 7.5$ 时，相应的 pH 值约为 4.5，所以，滴定 $1 \times 10^{-3}$ mol/L 的 $Zn^{2+}$ 时最低 pH 值为 4.5。

（2）最低酸度：金属离子不发生水解时的最高 pH 值。

在络合滴定中，实际上所采用的 pH 值，要比允许的最低 pH 值稍高一些，这样可以使被滴定的金属离子络合得更完全。但是，过高的 pH 值会引起金属离子的水解，从而影响金属离子与 EDTA 的络合反应，故不利于滴定。例如，$Mg^{2+}$ 在强碱性溶液中会形成 $Mg(OH)_2$ 沉淀，而不能与 EDTA 进行络合反应，因此，通常在弱碱性（pH＝10 左右）溶液中滴定 $Mg^{2+}$。在没有其他络合剂存在时，一般以金属离子的水解酸度，作为滴定这种金属离子所允许的最低酸度，即所允许的最高 pH 值。

显然，不同的金属离子用 EDTA 滴定时，pH 值都有一定的限制范围，超过这个范围，不论是高还是低，都不适于进行滴定。

如上例中，为防止滴定开始时形成 $Zn(OH)_2$ 沉淀，必须

$$[OH^-] \leqslant \sqrt{\frac{K_{spZn(OH)_2}}{[Zn^{2+}]}} = \sqrt{\frac{10^{-15.3}}{1.0 \times 10^{-3}}} = 10^{-6.15}$$

即最高 pH＝7.8。

### 2. 缓冲溶液控制溶液的酸度

络合滴定过程中会不断释放出 $H^+$

$$M + H_2Y \Longrightarrow MY + 2H^+$$

溶液酸度增高会降低 $K'_{MY}$ 值，影响到反应的完全程度，同时还减小 $K'_{MIn}$ 值使指示剂灵敏度降低。因此，络合滴定中常加入缓冲剂控制溶液的酸度。

在弱酸性溶液（pH＝5～6）中滴定，常使用醋酸缓冲溶液或六次甲基四胺缓冲溶液；在 pH＝8～10 的弱碱性溶液中滴定，常采用氨性缓冲溶液。在强酸性溶液中滴定（如 pH＝1 时滴定 $Bi^{3+}$）或强碱性溶液中滴定（如 pH＝13 时滴定 $Ca^{2+}$），强酸或强碱本身就是缓冲溶液，具有一定的缓冲作用。

【例 4-6】 EDTA 和 $Mg^{2+}$ 的浓度均为 0.02 mol/L，问

(1) 在 pH＝5.00 时，若允许 $TE\% \leqslant \pm 0.2\%$，EDTA 能否滴定 $Mg^{2+}$；

(2) 在 pH＝10.00 的氨性缓冲溶液中，EDTA 能否滴定 $Mg^{2+}$，以 EBT 作指示剂，终点误差多大？已知 $lgK_{EBT-Mg} = 7.0$，EBT 的 $K_{a_1} = 10^{-6.3}$，$K_{a_2} = 10^{-11.6}$。

**解** (1) pH＝5.0 时，查表 4-2 得 $lg\alpha_{Y(H)} = 6.45$。

$$lgK'_{MgY} = lgK_{MgY} - lg\alpha_{Y(H)} = 8.7 - 6.45 = 2.25 < 8$$

所以不能准确滴定。

(2) pH＝10.00 时，查表 4-2 得 $lg\alpha_{Y(H)} = 0.45$。

$$lgK'_{MgY} = lgK_{MgY} - lg\alpha_{Y(H)} = 8.7 - 0.45 = 8.25 > 8$$

可以被滴定。

$$pMg_{ep} = lgK'_{EBT-Mg} = lgK_{EBT-Mg} - lg\alpha_{EBT(H)}$$

$$\alpha_{EBT(H)} = 1 + \frac{[H^+]}{K_{a_2}} + \frac{[H^+]^2}{K_{a_1}K_{a_2}} = 1 + \frac{10^{-10}}{10^{-11.6}} + \frac{10^{-20}}{10^{-6.3} \times 10^{-11.6}} = 10^{1.6}$$

所以

$$pMg_{ep} = 7.0 - 1.6 = 5.40$$

$$pMg_{eq} = \frac{1}{2}(lgK'_{MgY} + pc^{eq}_{Mg}) = \frac{1}{2}(8.25 + 2.00) = 5.13$$

$$\Delta pMg = pMg_{ep} - pMg_{eq} = 5.40 - 5.13 = 0.27$$

$$TE = \frac{10^{\Delta pMg} - 10^{-\Delta pMg}}{\sqrt{K'_{MgY}c^{eq}_{Mg}}} \times 100\% = \frac{10^{0.27} - 10^{-0.27}}{\sqrt{10^{8.25} \times 10^{-2}}} \times 100\% = 0.1\%$$

# 第六节　提高络合滴定选择性的方法

前面讨论的是单一金属离子被滴定的情况，在实际工作中，由于 EDTA 具有广泛的络合作用，分析对象比较复杂，有多种离子共存的现象。因此，在混合离子中进行选择性的滴定就成为络合滴定中需要解决的问题。

## 一、控制酸度进行选择性滴定

设溶液中有 M、N 离子,都能与 EDTA 形成络合物,且 $K_{MY} > K_{NY}$,当用 EDTA 滴定时,首先被滴定的是 M,那么 N 的存在在什么条件下不干扰 M 的滴定?

**1. 能准确分布滴定的条件(设 $\alpha_M = 1$)**

从前面的讨论中我们已得出结论,当 $\lg K'_{MY} \geqslant 8$ 时,M 离子能够被准确滴定。

$$\lg K'_{MY} = \lg K_{MY} - \lg \alpha_Y = \lg K_{MY} - \lg(\alpha_{Y(H)} + \alpha_{Y(N)} - 1)$$

(1)当 $\alpha_{Y(H)} \gg \alpha_{Y(N)}$ 时,N 的存在不影响 M 的滴定。

(2)当 $\alpha_{Y(N)} \gg \alpha_{Y(H)}$ 时,

$$\lg K'_{MY} = \lg K_{MY} - \lg \alpha_{Y(N)} = \lg K_{MY} - \lg K_{NY}[N]$$

$$\lg K'_{MY} + \lg c_M = \lg K_{MY} - \lg K_{NY}[N] + \lg c_M = \lg K_{MY} - \lg K_{NY} + \lg c_M - \lg[N]$$

$$= \Delta \lg K + \lg \frac{c_M}{[N]}$$

当 $\lg K'_{MY} c_M \geqslant 6$,即 $\Delta \lg K + \lg \dfrac{c_M}{[N]} \geqslant 6$ 时,N 存在的情况可以准确滴定 M。

当 $[N] = c_M$ 时,$\Delta \lg K \geqslant 6$ 就可以准确滴定 M 离子了。

**【例 4-7】** 在 pH=5.5 时,用 $2 \times 10^{-2}$ mol/L EDTA 滴定 $2 \times 10^{-2}$ mol/L 的 $Zn^{2+}$ 和 $5 \times 10^{-2}$ mol/L $Mg^{2+}$ 中的 $Zn^{2+}$,能否准确进行滴定? 若以二甲酚橙(XO)为指示剂计算终点误差,当溶液中存在的是 $5 \times 10^{-2}$ mol/L 的 $Ca^{2+}$ 时,滴定情况又如何?

已知 pH=5.5 时,$\lg K'_{Zn\text{-}XO} = 5.70$,$Ca^{2+}$、$Mg^{2+}$ 不与 XO 显色。

**解** 已知,pH=5.5 时,

$$\lg \alpha_{Y(H)} = 5.51, \quad K_{MgY} = 10^{8.7}$$

$$\alpha_Y = \alpha_{Y(H)} + \alpha_{Y(Mg)} - 1 = 10^{5.51} + 10^{8.7} \times \frac{5}{2} \times 10^{-2} = 10^{7.1}$$

$$\lg K'_{ZnY} = \lg K_{ZnY} - \lg \alpha_Y = 16.5 - 7.1 = 9.4 > 8$$

所以 pH=5.5,$Zn^{2+}$ 与 $Mg^{2+}$ 共存时,是可以准确滴定 $Zn^{2+}$ 的,

$$pZn'_{eq} = \frac{1}{2}(\lg K'_{ZnY} + pc_{Zn}^{eq}) = \frac{1}{2}(9.4 + 2) = 5.7$$

又已知 $pZn_{ep} = \lg K'_{Zn\text{-}XO} = 5.70$,所以 $\Delta pZn = 0$,取 $\Delta pZn = \pm 0.2$,则

$$TE = \frac{10^{\Delta pZn} - 10^{-\Delta pZn}}{\sqrt{K'_{ZnY} c_{Zn}^{eq}}} \times 100\% = \frac{10^{0.2} - 10^{-0.2}}{\sqrt{10^{9.4} \times 10^{-2}}} \times 100\% = 0.02\%$$

$Zn^{2+}$-$Ca^{2+}$ 共存时

$$\alpha_Y = \alpha_{Y(H)} + \alpha_{Y(Ca)} - 1 = 10^{5.51} + 10^{10.69} \times \frac{5}{2} \times 10^{-2} = 10^{9.1}$$

$$\lg K'_{ZnY} = \lg K_{ZnY} - \lg \alpha_Y = 16.5 - 9.1 = 7.4 < 8$$

$$pZn'_{eq} = \frac{1}{2}(\lg K'_{ZnY} + pc_{Zn}^{eq}) = \frac{1}{2}(7.4 + 2.0) = 4.70, \qquad \Delta pZn = 5.70 - 4.70 = 1.00$$

$$TE = \frac{10 - 10^{-1}}{\sqrt{10^{7.4} \times 10^{-2}}} \times 100\% = 2.0\%$$

可见，pH$=5.5$，$Zn^{2+}$-$Ca^{2+}$ 共存时，滴定 $Zn^{2+}$ 会产生较大的误差，其原因为 CaY 比 MgY 稳定，可以调整合适酸度进行控制。

**2. 混合离子滴定溶液酸度的控制**

在分步滴定可能性不太好的时候(如 $\Delta lgK < 6$ 时)，可以通过最佳酸度的选择来达到减少误差的目的。因为误差除了与 $K'_{MY}$ 有关外，还与 $\Delta pM'$ 有关。

$lgK'_{MY}$ 与 pH 的关系如图 4-6 所示。

(1) 酸度很高时，$\alpha_{Y(H)} \gg \alpha_{Y(N)}$，这时 $lgK'_{MY}$ 随 pH 增高而增加，如曲线 $a$ 段。这里只要 $lgK'_{MY} \geqslant 8$ 就能准确滴定。

(2) pH 继续增加时，$\alpha_{Y(H)}$ 逐渐降低，当 $\alpha_{Y(N)} \gg \alpha_{Y(H)}$ 时，$lgK'_{MY}$ 的大小与 pH 无关，在曲线上是一条直线，且为最大值。在这里，只要 $lgK'_{MY} \geqslant 8$ 就可以准确进行滴定；当 $lgK'_{MY} < 8$ 时，可以在最佳酸度条件下滴定，改变 $\Delta pM'$，使误差减小。

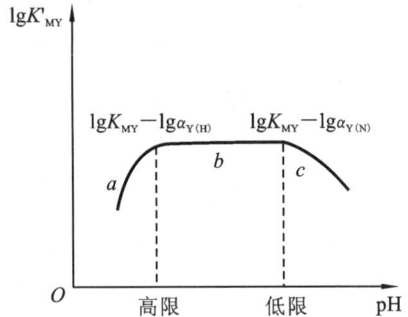

**图 4-6　$lgK'_{MY}$ 与 pH 关系示意图**

被测金属离子的 $K'_{MY}$ 达到最大值且与酸度无关的酸度范围称为适宜酸度范围。

适宜酸度范围的计算：

酸度高限——$\alpha_{Y(H)} = \alpha_{Y(N)}$ 时对应的酸度；

酸度低限——金属离子开始水解的酸度。

由于 $K'_{MY}$ 在适宜酸度范围内与酸度无关，则 $pM'_{eq}$ 都不会变化，令 $pM'_{eq} = pM'_{ep} = lgK'_{MIn} = lgK_{MIn} - lg\alpha_{In(H)}$，此 $lg\alpha_{In(H)}$ 对应的酸度即为最佳酸度。在此酸度下滴定，$\Delta pM$ 理论上为 0，只是实际检测中人眼对颜色的判断会导致有 $\pm(0.3 \sim 0.5)$ 个 pM 的不确定性。

(3) 当 pH 再增加时，金属离子会发生水解，此时 $\alpha_M > 1$，$lgK'_{MY}$ 又开始下降，如图 4-6 中曲线 $c$ 段。

**【例 4-8】** 在例 4-7 中，$c_{Zn} = 2 \times 10^{-2}$ mol/L，$c_{Ca^{2+}} = 5 \times 10^{-2}$ mol/L，$c_Y = 2 \times 10^{-2}$ mol/L，计算适宜酸度范围，最佳酸度。若此时终点检测尚有 $\pm 0.2 pZn$ 的不确定性，求终点误差。

已知，$lgK_{Zn-XO} = 18.9$，pH$=5.5$ 时，$lg\alpha_{XO(H)} = 13.2$；pH$=4.9$ 时，$lg\alpha_{XO(H)} = 14.2$。

**解**　适宜酸度范围：高限 $\alpha_{Y(H)} = \alpha_{Y(Ca)}$，

$$\alpha_{Y(Ca)} = 1 + K_{CaY}[Ca^{2+}] = 1 + 10^{10.69} \times \frac{5}{2} \times 10^{-2} = 10^{9.1}$$

$\alpha_{Y(H)} = \alpha_{Y(Ca)} = 10^{9.1}$，查表 4-2 得 pH$=3.70$。

低限：$[OH^-] = \sqrt{\dfrac{K_{spZn(OH)_2}}{[Zn^{2+}]}} = \sqrt{\dfrac{1.2 \times 10^{-17}}{2 \times 10^{-2}}} = 10^{-7.61}$，pH$=6.39$

所以适宜酸度范围是 $3.70 \sim 6.39$。

此时，
$$lgK'_{ZnY} = lgK_{ZnY} - lg\alpha_{Y(Ca)} = 16.50 - 9.10 = 7.40$$

$$pZn'_{eq} = \frac{1}{2}(lgK'_{ZnY} + pc_{Zn}^{eq}) = \frac{1}{2}(7.40 + 2.00) = 4.70$$

令　　　　　　　　　　　　$$pZn'_{eq} = pZn'_{ep} = \lg K'_{Zn\text{-}XO}$$

而　　　　　　　　　$$\lg K'_{Zn\text{-}XO} = \lg K_{Zn\text{-}XO} - \lg \alpha_{XO(H)} = 4.70$$

所以　　　　　　$$\lg \alpha_{XO(H)} = \lg K_{Zn\text{-}XO} - 4.70 = 18.9 - 4.70 = 14.2$$

其最佳酸度为 pH＝4.90。

根据题设,在最佳酸度下,$\Delta pZn = \pm 0.2$,故

$$TE = \frac{10^{\Delta pZn} - 10^{-\Delta pZn}}{\sqrt{K'_{ZnY} c_{Zn}^{eq}}} \times 100\% = \frac{10^{0.2} - 10^{-0.2}}{\sqrt{10^{7.4} \times 10^{-2}}} \times 100\% = 0.19\%$$

## 二、利用掩蔽剂消除干扰

利用掩蔽剂可降低干扰离子的浓度,使其不与 EDTA 络合,从而消除干扰,提高络合滴定的选择性。常用的掩蔽方法有络合掩蔽法、沉淀掩蔽法和氧化还原掩蔽法。

### 1. 络合掩蔽法

利用掩蔽剂与干扰离子形成稳定络合物,使干扰离子的浓度降低,这种消除干扰的方法称为络合掩蔽法。例如,$Zn^{2+}$、$Al^{3+}$ 共存时,当用 EDTA 滴定 $Zn^{2+}$ 时,$Al^{3+}$ 有干扰,这时可调节溶液的 pH 为 5～6,加掩蔽剂 $NH_4F$,则 $Al^{3+}$ 与 $F^-$ 形成稳定的 $AlF_6^{3-}$ 络合物,从而排除了 $Al^{3+}$ 的干扰。

在用 EDTA 滴定水中的 $Ca^{2+}$、$Mg^{2+}$ 以测定硬度时,$Fe^{3+}$、$Al^{3+}$ 有干扰。掩蔽剂不能用氟化物,因为 $F^-$ 与 $Ca^{2+}$ 能生成 $CaF_2$ 沉淀,影响 $Ca^{2+}$ 的测定。此时,可在酸性条件下加入三乙醇胺作掩蔽剂,则 $Fe^{3+}$、$Al^{3+}$ 与三乙醇胺形成稳定络合物而不发生干扰。然后再调节 pH＝10 以测定 $Ca^{2+}$。

通常作为络合掩蔽剂的物质必须具备下列条件:

(1) 干扰离子与掩蔽剂形成的络合物远比与 EDTA 形成的络合物稳定,而且这些络合物应为无色或浅色,不影响终点的判断。

(2) 待测离子不与掩蔽剂络合,即使形成络合物,其稳定性也应远小于待测离子与 EDTA 络合物的稳定性,这样在滴定时,才能被 EDTA 置换。

(3) 掩蔽剂的 pH 范围,要符合测定所要求的 pH 范围。

### 2. 沉淀掩蔽法

利用掩蔽剂与干扰离子形成沉淀,使干扰离子的浓度降低,在不分离沉淀的条件下直接进行滴定的方法,称为沉淀掩蔽法。例如,$Ca^{2+}$、$Mg^{2+}$ 共存时,用 EDTA 滴定 $Ca^{2+}$,可用 NaOH 溶液作掩蔽剂,使 $Mg^{2+}$ 生成 $Mg(OH)_2$ 沉淀而排除 $Mg^{2+}$ 的干扰。

通常作为沉淀掩蔽剂的物质也必须具备下列条件:

(1) 沉淀的溶解度要小,否则干扰离子沉淀不完全,掩蔽效果不好。

(2) 生成的沉淀应是无色或浅色,否则由于沉淀的颜色深,影响对终点的判断。

(3) 生成的沉淀应是致密的,体积要小,最好是晶形沉淀。否则沉淀易吸附被测离子和指示剂,影响滴定的准确度和对终点的判断。

由于发生沉淀反应时,通常伴随有共沉淀现象,故沉淀掩蔽法不是一种理想的掩蔽方法,在实际应用中有一定的局限性。表 4-3 所示的是采用沉淀掩蔽法的实例。

表 4-3　沉淀掩蔽法示例

| 掩　蔽　剂 | 被掩蔽离子 | 被测定离子 | pH 值 | 指　示　剂 |
|---|---|---|---|---|
| NH₄F | Ba²⁺、Ca²⁺、Sr²⁺、Mg²⁺、稀土、Ti⁴⁺、Al³⁺ | Zn²⁺、Cd²⁺、Mn²⁺ | 10 | 铬黑 T |
| NH₄F | 同　　上 | Cu²⁺、Ni²⁺、Co²⁺ | 10 | 紫脲酸铵 |
| K₂CrO₄ | Ba²⁺ | Sr²⁺ | 10 | Mg-EDTA＋铬黑 T |
| Na₂S 或铜试剂 | 微量重金属 | Ca²⁺、Mg²⁺ | 10 | 铬黑 T |
| H₂SO₄ | Pb²⁺ | Bi³⁺ | 1 | 二甲酚橙 |

### 3. 氧化还原掩蔽法

当某种价态的共存离子对滴定有干扰时,利用氧化还原反应改变干扰离子的价态以消除干扰的方法,称为氧化还原掩蔽法。例如,用 EDTA 滴定 $Bi^{3+}$,溶液中如果有 $Fe^{3+}$ 存在,由于 $\lg K_{BiY^-}=27.94$,$\lg K_{FeY^-}=25.1$,所以 $Fe^{3+}$ 对滴定有干扰。此时可加入抗坏血酸或羟胺,将 $Fe^{3+}$ 还原为 $Fe^{2+}$:

$$2Fe^{3+}+O=C-C=C-C-CH-CH-CH_2 \Longrightarrow 2Fe^{2+}+2H^++O=C-C-C-CH-CH-CH_2$$

$$4Fe^{3+}+2NH_2OH \Longrightarrow 4Fe^{2+}+N_2O+H_2O+4H^+$$

由于 $Fe^{2+}$ 与 EDTA 形成络合物($FeY^{2-}$)的稳定性比 $Bi^{3+}$ 与 EDTA 形成络合物($BiY^-$)的稳定性小得多,即 $\lg K_{FeY^{2-}}=14.33$。因此,$Fe^{2+}$ 不干扰 $Bi^{3+}$ 的滴定,从而达到了消除干扰的目的。

显然,氧化还原掩蔽法,只适用于那些易发生氧化还原反应的金属离子,且氧化还原反应后的产物不干扰测定。

# 第七节　络合滴定方式及其应用

## 一、络合滴定的方式

在络合滴定中,采用不同的滴定方式,不仅可以扩大络合滴定的应用范围,而且可以提高络合滴定的选择性。常用的方式有以下四种。

### 1. 直接滴定法

直接滴定法是络合滴定中的基本方法。这种方法是将被测试样处理成溶液后,调节至所需要的酸度,加入指示剂(有时还需加入掩蔽剂等),直接用 EDTA 标准溶液滴定至终点。然后根据消耗的 EDTA 标准溶液的体积,计算被测离子的含量。

采用直接滴定法,必须符合下列条件:

（1）被测离子与 EDTA 的络合速度快，且形成的络合物很稳定，即 $\lg c_M K'_{MY} \geqslant 6$。

（2）必须有变色敏锐的指示剂，且没有封闭现象。

（3）在选用的滴定条件下，被测离子不发生水解和沉淀反应，必要时可加辅助络合剂来防止这些反应的发生。例如，在 pH＝10 时滴定 $Pb^{2+}$，可先在酸性溶液中加入酒石酸盐，将 $Pb^{2+}$ 络合，再调节溶液的 pH 为 10 左右，然后进行滴定。这样就防止了 $Pb^{2+}$ 的水解。

直接滴定法应用很广泛。例如，在酸性条件下，$Zn^{2+}$、$Pb^{2+}$、$Fe^{3+}$、$Bi^{3+}$、$Hg^{2+}$、$Cd^{2+}$、$Cu^{2+}$ 等离子可以直接进行滴定。在碱性条件下，$Ca^{2+}$、$Mg^{2+}$、$Ni^{2+}$、$Co^{2+}$、$Zn^{2+}$ 等离子可以直接进行滴定。

### 2. 返滴定法

返滴定法是在试液中先加入已知过量的 EDTA 标准溶液，用另一种金属盐类的标准溶液返滴定过量的 EDTA，根据两种标准溶液的浓度和用量，即可求得被测物质的含量。

返滴定法适用于被测离子与 EDTA 的络合速度慢，被测离子易水解，或无适当指示剂的金属离子的测定。滴定时，要求返滴定剂所形成的络合物应有足够的稳定性，但不宜超过被测离子络合物的稳定性太多，否则在滴定过程中，返滴定剂会置换出被测离子，引起误差，而使终点变色不敏锐。

例如，用 EDTA 滴定 $Al^{3+}$ 时，由于络合速度缓慢，并且 $Al^{3+}$ 对二甲酚橙等指示剂有封闭作用，故不宜采用直接滴定法，而是采用 $Zn^{2+}$ 标准溶液进行返滴定。又如滴定 $Ba^{2+}$ 时，用铬黑 T 指示剂变色不敏锐，故采用 $Mg^{2+}$ 标准溶液进行返滴定。

**【例 4-9】**　测定某水样中铝含量时，取试样溶液 100 mL，加入 0.05000 mol/L EDTA 溶液 25.00 mL，调节 pH＝3.5 左右。加热煮沸溶液，冷却后再调节溶液的 pH 为 5～6。加入二甲酚橙，用 0.02000 mol/L $Zn(Ac)_2$ 溶液 21.50 mL 滴定至红色，求铝的含量（mg/L）。

**解**　已知 Al 式量＝26.98，因为

$$Al^{3+} + H_2Y^{2-}（过量） \Longrightarrow AlY^- + 2H^+$$

$$H_2Y^{2-}（剩余） + Zn^{2+} \Longrightarrow ZnY^{2-} + 2H^+$$

故

$$铝的含量 = \frac{(0.05000 \times 25.00 - 0.02000 \times 21.50) \times 26.98}{100} \times 1000 \ \text{mol/L} = 221.2 \ \text{mg/L}$$

### 3. 置换滴定法

置换滴定法是利用置换反应，置换出等摩尔量的另一金属离子，或置换出 EDTA，然后进行滴定的方法。此法主要用于有多种金属离子存在时测定其中一种离子，或是用于无适当指示剂的金属离子的测定。

采用置换滴定法，必须符合下列条件：

（1）被置换的金属离子要有合适的指示剂，使滴定终点颜色变化敏锐。

（2）被置换的金属离子与 EDTA 络合物的稳定性要小于被测离子与 EDTA 络合物的稳定性。这样置换反应才能顺利进行。

例如，铬黑 T 与 $Mg^{2+}$ 显色很灵敏，但与 $Ca^{2+}$ 显色不灵敏。为此，在 pH＝10 的溶液中用 EDTA 滴定 $Ca^{2+}$ 时，可先加入少量 $MgY^{2-}$，此时发生下列置换反应：

$$MgY^{2-} + Ca^{2+} \Longrightarrow CaY^{2-} + Mg^{2+}$$

置换出来的 $Mg^{2+}$ 与铬黑 T 形成酒红色的 Mg—铬黑 T 络合物。滴定时,EDTA 先与 $Ca^{2+}$ 络合,当达到滴定终点时,EDTA 夺取 Mg—铬黑 T 络合物中的 $Mg^{2+}$,形成 $MgY^{2-}$,游离出蓝色铬黑 T 指示剂,溶液由酒红色变为蓝色。在这里,由于滴定前加入的 $MgY^{2-}$ 和最后生成的 $MgY^{2-}$ 的量是相等的,故加入的 $MgY^{2-}$ 不影响滴定结果。

#### 4. 间接滴定法

有些金属离子和非金属离子不与 EDTA 络合,或形成的络合物不稳定,这时可采用间接滴定法。

例如 $PO_4^{3-}$ 的测定,可将 $PO_4^{3-}$ 先转变为 $MgNH_4PO_4$ 沉淀,然后过滤,将沉淀洗净并溶解,调节溶液的 $pH = 10$,用铬黑 T 作指示剂,以 EDTA 标准溶液滴定沉淀中的 $Mg^{2+}$,由 $Mg^{2+}$ 的含量可以间接计算出 $PO_4^{3-}$ 的含量。

## 二、水中的硬度

### 1. 水中的硬度及其测定

水中的硬度是指水中含有能与肥皂作用生成难溶物,或与水中某些阴离子作用生成水垢的金属离子。其中最主要的是 $Ca^{2+}$、$Mg^{2+}$,其次是 $Fe^{2+}$、$Mn^{2+}$、$Al^{3+}$、$Sr^{2+}$ 等金属离子。由于天然水中 $Fe^{2+}$、$Mn^{2+}$、$Al^{3+}$、$Sr^{2+}$ 的含量很少,对于硬度的影响不大,所以,一般常以 $Ca^{2+}$、$Mg^{2+}$ 的含量来计算水的硬度。$Ca^{2+}$、$Mg^{2+}$ 的含量愈多,水的硬度就愈大。

硬度是水质指标的重要内容之一。天然水中都含有一定的硬度,地下水、咸水和海水的硬度较大。水中所含 $Ca^{2+}$、$Mg^{2+}$ 的总量称为水的总硬度,简称水的硬度。其硬度可以分为如下两类。

(1) 碳酸盐硬度,主要是由钙、镁的重碳酸盐所形成。这种水煮沸时,钙、镁的重碳酸盐将分解生成沉淀。如:

$$Ca(HCO_3)_2 \xrightarrow{\triangle} CaCO_3 \downarrow + CO_2 \uparrow + H_2O$$

这时,水中的碳酸盐硬度大部分可被除去。由于分解产生的沉淀物(碳酸钙)在水中有一定的溶解度,因此该硬度并不能由煮沸全部除去。

(2) 非碳酸盐硬度,主要是由钙、镁的硫酸盐、氯化物等形成。

此外,硬度还可以按照水中所含有的金属离子的不同来分类,即水中 $Ca^{2+}$ 的含量称为钙硬度,$Mg^{2+}$ 的含量称为镁硬度。

硬度的单位是用 mmol/L 和 mg/L $CaCO_3$ 的重量浓度来表示的。在实际应用中,硬度的单位又常用"度"来表示,以水中含有 10 mg/L 的 CaO 称为 1 德国度;以水中含有 10 mg/L 的 $CaCO_3$ 称为 1 法国度。故硬度单位之间的换算可用下列各式表示($\frac{1}{2}CaO$ 的摩尔质量为 28,$\frac{1}{2}CaCO_3$ 的摩尔质量为 50):

$$1\ mmol/L \leftrightharpoons 28\ mg/L\ 的\ CaO \leftrightharpoons 2.8\ 度(德国度)$$
$$1\ mmol/L \leftrightharpoons 50\ mg/L\ 的\ CaCO_3 \leftrightharpoons 5\ 度(法国度)$$
$$1\ 德国度 \leftrightharpoons 1.79\ 法国度$$

一般不另加说明时,硬度常指的是德国度。

根据硬度的大小可以对各种用水进行分类。硬度在 4 度以下为最软水,4～8 度为软水,8～16 度为稍硬水,16～30 度为硬水,超过 30 度的为最硬水。废水和污水一般不考虑硬度。

在工业用水中,若用硬水洗涤会多消耗肥皂,也影响工业产品的质量。如:

$$2C_{17}H_{35}COO^- + Ca^{2+} \rightleftharpoons (C_{17}H_{35}COO)_2Ca \downarrow$$

生成的沉淀易粘附在纺织纤维上,影响洗染质量。锅炉用水不能使用硬度大的水。硬度的卫生意义不大,但饮用水的硬度过大会影响肠胃的消化功能。我国饮用水的水质标准中规定硬度不超过 250 mg/L(以 CaO 计)。

水中总硬度的测定方法,通常采用 EDTA 络合滴定法。在碱性(pH≈10)溶液中,以铬黑 T 为指示剂,用 EDTA 标准溶液进行滴定。

由于铬黑 T 和 EDTA 都能与 $Ca^{2+}$、$Mg^{2+}$ 形成络合物,其络合物的稳定性是 $CaY^{2-} > MgY^{2-} > MgIn^- > CaIn^-$。因此,在加入指示剂铬黑 T 时,铬黑 T 与 $Mg^{2+}$、$Ca^{2+}$ 先后形成酒红色的络合物:

$$Mg^{2+} + HIn^{2-} \rightleftharpoons MgIn^- + H^+$$
$$Ca^{2+} + HIn^{2-} \rightleftharpoons CaIn^- + H^+$$

当用 EDTA 滴定时,EDTA 先与游离的 $Ca^{2+}$ 络合,然后再与游离的 $Mg^{2+}$ 络合,最后依次夺取 $CaIn^-$、$MgIn^-$ 络合物中的 $Ca^{2+}$、$Mg^{2+}$,使铬黑 T($HIn^{2-}$)游离出来。当溶液由酒红色变为蓝色时,即为滴定终点。其滴定反应如下:

$$Ca^{2+} + H_2Y^{2-} \rightleftharpoons CaY^{2-} + 2H^+$$
$$Mg^{2+} + H_2Y^{2-} \rightleftharpoons MgY^{2-} + 2H^+$$
$$CaIn^- + H_2Y^{2-} \rightleftharpoons CaY^2 + HIn^2 + H^|$$
$$MgIn^- + H_2Y^{2-} \rightleftharpoons MgY^{2-} + HIn^{2-} + H^+$$

从反应式可以看出,在测定过程中有 $H^+$ 产生。为了控制溶液的 pH≈10,使 EDTA 与 $Ca^{2+}$、$Mg^{2+}$ 形成稳定的络合物,必须使用缓冲溶液。

### 2. 天然水中硬度和碱度的关系

为了讨论天然水中硬度和碱度的关系,必须引入"假想化合法"的概念。因为溶解在水中的各种类型的盐,实际上是以离子状态存在的。所谓水中的某种盐,只是一种假想的化合物,即假设水中的某些离子相互结合,形成某种盐的化合物。利用这种假想化合的方法来讨论问题,即称为"假想化合法"。在天然水和一般清水中,共有七种主要离子:阳离子 $Ca^{2+}$、$Mg^{2+}$、$Na^+$、$K^+$ 和阴离子 $HCO_3^-$、$SO_4^{2-}$、$Cl^-$。在一定条件下,经过蒸发或浓缩,水中的阳离子和阴离子将按一定的次序互相结合,生成盐而析出。这些离子相互结合的难易程度的顺序如下:

阳离子:$Ca^{2+}$、$Mg^{2+}$、$Na^+$、$K^+$

$$\longrightarrow$$

阴离子:$HCO_3^-$、$SO_4^{2-}$、$Cl^-$

为此,$Ca^{2+}$ 首先与 $HCO_3^-$ 按化学计量数化合析出,若 $Ca^{2+}$ 的含量比 $HCO_3^-$ 大,则当 $HCO_3^-$ 全部被化合完后,剩余的 $Ca^{2+}$ 再依次与 $SO_4^{2-}$、$Cl^-$ 化合。反之,若 $HCO_3^-$ 的含量比 $Ca^{2+}$ 大,则当 $Ca^{2+}$ 全部被化合完后,剩余的 $HCO_3^-$ 再依次与 $Mg^{2+}$、$Na^+$、$K^+$ 化合。其余依此类推。

天然水的总碱度主要是重碳酸盐碱度,碳酸盐碱度含量极小,故可认为$[HCO_3^-]$等于总碱度。根据假想化合物组成的不同,可以将水中碱度和硬度的关系分为以下三种情况:

(1) 总碱度小于总硬度。

$[HCO_3^-] < [Ca^{2+}] + [Mg^{2+}]$。此时水中有碳酸盐硬度和非碳酸盐硬度。则

$$碳酸盐硬度 = 总碱度$$

$$非碳酸盐硬度 = 总硬度 - 总碱度$$

(2) 总碱度大于总硬度。

$[HCO_3^-] > [Ca^{2+}] + [Mg^{2+}]$。此时水中没有非碳酸盐硬度,有碳酸盐硬度,即

$$碳酸盐硬度 = 总硬度$$

除此之外,由于水中还存在 $Na^+$、$K^+$ 的重碳酸盐,它们相当于总碱度与总硬度的差值,通常称为负硬度,或称过剩碱度,即

$$负硬度(过剩碱度) = 总碱度 - 总硬度$$

(3) 总碱度等于总硬度。

$[HCO_3^-] = [Ca^{2+}] + [Mg^{2+}]$。此时水中只有碳酸盐硬度,即

$$碳酸盐硬度 = 总硬度 = 总碱度$$

【例 4-10】 某天然水含有 65 mg/L 的 $Ca^{2+}$、10 mg/L 的 $Mg^{2+}$、190 mg/L 的 $HCO_3^-$,试求出水中存在何种硬度? 其值各为多少?

**解** 已知 Ca 式量 = 40.08,Mg 式量 = 24.305,$HCO_3^-$ 式量 = 61.02。

$$水中钙硬度 = 65 \left/ \frac{40.08}{2} \right. \ mmol/L = 3.24 \ mmol/L$$

$$镁硬度 = 10 \left/ \frac{24.305}{2} \right. \ mmol/L = 0.82 \ mmol/L$$

$$总硬度 = (3.24 + 0.82) \ mmol/L = 4.06 \ mmol/L$$

$$总碱度 [HCO_3^-] = \frac{190}{61.02} \ mmol/L = 3.1 \ mmol/L$$

因为总硬度 > 总碱度,所以水中有碳酸盐硬度和非碳酸盐硬度:

$$碳酸盐硬度 = 总碱度 = 3.1 \ mmol/L$$

$$非碳酸盐硬度 = (4.06 - 3.1) \ mmol/L = 0.96 \ mmol/L$$

若以"度"表示硬度值:

$$总硬度 = 4.06 \times 2.8 = 11.37(度)$$

$$碳酸盐硬度 = 3.1 \times 2.8 = 8.68(度)$$

$$非碳酸盐硬度 = 0.96 \times 2.8 = 2.69(度)$$

# 思 考 题

1. EDTA 与金属离子的络合有哪些特点?

2. 络合物的绝对稳定常数和条件稳定常数有什么不同? 二者之间有什么关系? 对络合反应来说,影响络合物稳定性的主要因素是什么?

3. 络合滴定的条件如何选择? 主要从哪些方面考虑?

**4.** 金属指示剂应具备什么条件？选择金属指示剂的依据是什么？

**5.** 提高络合滴定选择性的方法主要有哪些？根据什么情况来确定该用哪种方法？

**6.** 简述 EDTA 络合滴定法测定硬度的原理及条件。

**7.** 天然水中硬度存在的主要类型有几种？根据硬度与碱度的关系，如何判别水中硬度的类型？

# 习　　题

**1.** 在 $0.10$ mol/L $Ag(NH_3)_2^+$ 溶液中，含有 $1.0$ mol/L 游离氨，求溶液中 $Ag^+$ 的浓度。

**2.** 求用 EDTA 滴定 $10^{-2}$ mol/L $Pb^{2+}$ 时的最高酸度。

**3.** 若溶液中 $Mg^{2+}$ 的浓度为 $2.0 \times 10^{-2}$ mol/L，问在 pH＝5 时，能否用 EDTA 滴定 $Mg^{2+}$？在 pH＝10 时的情况如何？如果继续降低酸度，情况又如何？

**4.** 计算 $0.10$ mol/L $NH_3$—$NH_4Cl$ 溶液中 $ZnY^{2-}$ 的 $\lg K'_{ZnY}$。如果将溶液的酸度调节到 pH＝10.0 时，$\lg K'_{ZnY}$ 等于多少？在这两种情况下，能否用 EDTA 准确滴定 $0.01$ mol/L $Zn^{2+}$？

**5.** PAR 指示剂形成 $H_2In$、$HIn^-$ 时是黄色，$In^{2-}$ 及其指示剂与金属的络合物是红色，$HIn^-$ 离解为 $In^{2-}$ 时，$pK_a = 12.4$。据此判断，PAR 在不同酸度下呈现什么颜色？变色点的 pH 是多少？它在多大的 pH 范围内能用作金属离子指示剂？

**6.** 钍、镧的浓度各为 $10^{-2}$ mol/L 左右，用二甲酚橙作指示剂，以 EDTA 标准溶液进行滴定。问在什么酸度范围内，镧不干扰钍的准确滴定？滴定钍后，在什么酸度范围内可以滴定镧？

**7.** 称取 $0.1005$ g 纯 $CaCO_3$，溶解后，用容量瓶配制成 100 mL 的溶液。吸取该溶液 25 mL，在 pH＝10 时，用铬黑 T 作指示剂，以 EDTA 标准溶液进行滴定，用去标准溶液 24.90 mL。

(1) 计算 EDTA 标准溶液的摩尔浓度以及对 ZnO 和 $Fe_2O_3$ 的滴定度。

(2) 计算配制此浓度的 EDTA 标准溶液 500 mL，需用 $Na_2H_2Y \cdot 2H_2O$ 多少克？

**8.** 用 $2 \times 10^{-2}$ mol/L EDTA 滴定 $2 \times 10^{-2}$ mol/L $Fe^{3+}$ 溶液，若要求 $\Delta pM' = \pm 0.2$，$TE = \pm 0.1\%$，计算滴定的适宜酸度范围。

**9.** 为测定水的硬度，取水样 100 mL，调节 pH＝10，以铬黑 T 为指示剂，用 $0.01000$ mol/L EDTA 标准溶液进行滴定，用去标准溶液 4.82 mL，计算水的硬度。（其硬度单位分别用 mmol/L、$CaCO_3$ 的 mg/L、度表示）。

**10.** 对某水样的分析结果如下：酚酞碱度＝0，甲基橙碱度＝12.6 度，$Ca^{2+}$ 含量＝80.00 mg/L，$Mg^{2+}$ 含量 ＝20.00 mg/L。问该水样中含有何种碱度和硬度，其值各为多少 mmol/L？

**11.** 用 $2 \times 10^{-2}$ mol/L EDTA 标准溶液滴定 $Zn^{2+}$、$Al^{3+}$ 混合溶液中同浓度的 $Zn^{2+}$（0.02 mol/L）。

(1) 若以 $NH_4F$ 掩蔽 $Al^{3+}$，终点时 $[F^-] = 1 \times 10^{-2}$ mol/L，pH 为 5.5 时能否准确滴定？

(2) 若用二甲基酚橙作指示剂（$pZn_t = 5.7$），计算终点误差。

**12.** 用浓度为 $0.02$ mol/L 的 EDTA 滴定相同浓度的 $Cu^{2+}$，若溶液的 pH＝10，游离氨浓度为 0.2 mol/L，计算化学计量点时的 $pCu'$。

**13.** 在 pH＝9.00 的氨性缓冲溶液中，以 EDTA 标准溶液（0.02000 mol/L）滴定体积为 20.00 ml 等体积的 $Zn^{2+}$，在计量点附近游离氨的浓度为 0.10 mg/L。计算 $\pm 0.1\%$ 相对误差范围内的 $pZn'$ 突跃范围和计量点的 $pZn'$。

**14.** 欲用 EDTA 络合滴定法，测定水样中 $Fe^{3+}$、$Al^{3+}$、$Ca^{2+}$、$Mg^{2+}$ 的含量。试根据滴定的主要条件，设计一个简单的测定方案。

# 第五章 沉淀滴定法

沉淀滴定法是以沉淀反应为基础的一种滴定分析方法。能形成沉淀的反应很多,但不是所有的沉淀反应都能用于滴定分析。用于沉淀滴定法的反应必须符合下列条件:

(1) 沉淀的溶解度必须很小。

(2) 沉淀反应必须能迅速、定量地进行。

(3) 有确定化学计量点的简单方法。

(4) 沉淀的吸附现象不影响滴定的准确度。

能满足上述条件且应用较广的是生成难溶银盐的沉淀反应,例如:

$$Ag^+ + Cl^- \Longrightarrow AgCl \downarrow$$

$$Ag^+ + SCN^- \Longrightarrow AgSCN \downarrow$$

这种利用生成难溶银盐的滴定方法称为银量法。用银量法可以测定 $Cl^-$、$Br^-$、$I^-$、$Ag^+$、$CN^-$、$SCN^-$ 等离子。某些汞盐(如 $HgS$)、铅盐(如 $PbSO_4$)、钡盐(如 $BaSO_4$)、锌盐(如 $K_2Zn_3[Fe(CN)_6]_2$)、钍盐(如 $ThF_4$)和某些有机沉淀剂参加的反应,虽然也可以用于沉淀滴定法,但其重要性不及银量法。

本章只讨论几种重要的银量法(莫尔法、佛尔哈德法、法扬斯法)及其在水质分析中的应用——水中 $Cl^-$ 的测定。

## 第一节 沉淀溶解平衡与影响溶解度的因素

### 一、沉淀溶解平衡

#### 1. 溶解度和溶度积

微溶化合物 MA 在饱和溶液中的平衡可表示为

$$MA_{(S)} \Longrightarrow M^+_{(L)} + A^-_{(L)}$$

式中,$MA_{(S)}$ 和 $M^+_{(L)}$、$A^-_{(L)}$ 中下角标(S)和(L)分别表示固态和液态,在一定温度下当微溶化合物 MA 沉淀溶解平衡时,其活度积为一常数:

$$K^\circ_{sp} = a_{M^+} \cdot a_{A^-} \tag{5-1}$$

式中,$a_{M^+}$ 和 $a_{A^-}$ 是 $M^+$ 和 $A^-$ 两种离子的活度。$K^\circ_{sp}$ 为 MA 的活度积。

又因为活度与浓度的关系是

$$a_{M^+} = \gamma_{M^+}[M^+]$$

$$a_{A^-} = \gamma_{A^-}[A^-] \tag{5-2}$$

式中,$\gamma_{M^+}$、$\gamma_{A^-}$ 为两种离子的平均活度系数,与溶液中离子强度有关。将式(5-2)代入式(5-1)得

$$\gamma_{M^+}[M^+] \cdot \gamma_{A^-}[A^-] = K_{sp}^{\circ}$$

则

$$K_{sp} = [M^+][A^-] = \frac{K_{sp}^{\circ}}{\gamma_{M^+} \cdot \gamma_{A^-}} \tag{5-3}$$

式中,$K_{sp}$ 为水中微溶化合物 MA 的溶度积常数,称为溶度积。

在纯水中,微溶化合物 MA 的溶解度很小,令 $S_0$ 为 MA 的溶解度,则

$$S_0 = [M^+] = [A^-]$$

由于 MA 溶解甚少,又无其他电解质存在,离子的活度系数可视为 1,所以式(5-3)可写成

$$K_{sp} = K_{sp}^{\circ} = [M^+] \cdot [A^-] = S_0^2 \tag{5-4}$$

可见,溶解度 $S_0$ 是在很稀的溶液中又没有其他离子存在时的数值,由 $S_0$ 所得的溶度积 $K_{sp}$ 非常接近活度积 $K_{sp}^{\circ}$。在分析化学中,由于微溶化合物的溶解度一般都很小,溶液中的离子强度不大,故通常不考虑离子强度的影响,所以在稀溶液中,常用离子浓度乘积来研究沉淀的情况。如果溶液中的离子强度较大,则溶度积 $K_{sp}$ 和活度积 $K_{sp}^{\circ}$ 就有了差别,例如,讨论盐效应对沉淀溶解的影响时,就必须用活度积 $K_{sp}^{\circ}$ 来讨论沉淀的情况。一般手册中查到的多是溶度积(见附表 20)。

对 $M_m A_n$ 型沉淀,溶度积的计算式为(省略物质电荷):

$$M_m A_n \rightleftharpoons m M + n A$$

$$K_{sp} = [M]^m [A]^n$$

令该沉淀的溶解度为 $S$,即平衡时每升溶液中有 $S(mol)$ 的 $M_m A_n$ 溶解,此时必同时产生 $mS \ mol/L$ 的 $M^{n+}$ 和 $nS \ mol/L$ 的 $A^{m-}$,即

$$[M^{n+}] = mS, \quad [A^{m-}] = nS$$

于是

$$K_{sp} = (mS)^m \cdot (nS)^n = m^m \cdot n^n \cdot S^{m+n}$$

则

$$S = \sqrt[m+n]{\frac{K_{sp}}{m^m \cdot n^n}} \tag{5-5}$$

例如,$Fe(OH)_3$ 是 1∶3 型沉淀

$$Fe(OH)_3 \rightleftharpoons Fe^{3+} + 3OH^-$$

$$S = \sqrt[4]{\frac{K_{sp}}{1 \times 3^3}} = \sqrt[4]{\frac{K_{sp}}{27}} = \sqrt[4]{\frac{3 \times 10^{-39}}{27}} \ mol/L = 1.03 \times 10^{-10} \ mol/L$$

**2. 条件溶度积**

在一定温度下,微溶电解质 MA 在纯水中的溶度积 $K_{sp}$ 是一定的,它的大小是由微溶电解质本身的性质决定的。外界条件变化,如 pH 变化、络合剂的存在,也会使沉淀溶解平衡中除主反应外,发生副反应。考虑这些影响时的溶度积常数称为条件溶度积常数,简称条件溶度积,用 $K_{sp}'$ 表示。$K_{sp}'$ 与 $K_{sp}$ 的关系是

$$K_{sp}' = K_{sp} \alpha_M \alpha_A \tag{5-6}$$

式中,$K_{sp}'$ 为条件溶度积;$K_{sp}$ 为微溶化合物的溶度积;$\alpha_M$ 和 $\alpha_A$ 为微溶化合物水溶液中 $M^+$ 和 $A^-$ 的副反应系数。与络合平衡中算法相同。

当 pH、温度、离子强度、络合剂浓度等一定时,$K_{sp}'$ 是一常数。对微溶化合物的溶解度 $S$ 的计算与无副反应时的公式完全相同,只是用 $K_{sp}'$ 代替 $K_{sp}$。

【例 5-1】 已知 $CaC_2O_4$ 的 $K_{sp}=2.3\times10^{-9}$($pK_{sp}=8.64$),$H_2C_2O_4$ 的 $K_{a_1}=5.9\times10^{-2}$($pK_{a_1}=1.23$),$K_{a_2}=6.4\times10^{-5}$($pK_{a_2}=4.19$),求在 pH=8.0 和 pH=1.0 时 $CaC_2O_4$ 的溶解度。

**解** 只有 $C_2O_4^{2-}$ 与 $H^+$ 的副反应,当 pH=8.0 时

$$\beta_1=\frac{1}{K_{a_2}}=10^{4.19}, \quad \beta_2=\frac{1}{K_{a_1}K_{a_2}}=10^{4.19}\times10^{1.23}$$

$$\alpha_{C_2O_4(H)}=1+\beta_1[H^+]+\beta_2[H^+]^2$$
$$=1+10^{4.19}\times10^{-8}+10^{4.19}\times10^{1.23}\times(10^{-8})^2=1$$

可见,pH=8.0 时,无副反应发生,则

$$S=\sqrt{K_{sp}}=\sqrt{2.3\times10^{-9}}\ mol/L=4.8\times10^{-5}\ mol/L$$

当 pH=1.0 时

$$\alpha_{C_2O_4(H)}=1+10^{4.19}\times10^{-1}+10^{4.19}\times10^{1.23}\times(10^{-1})^2$$
$$=1+10^{3.19}+10^{3.42}=10^{3.62}$$

可见,pH=1.0 时,有副反应发生,则

$$K_{sp}'=K_{sp}\times\alpha_{C_2O_4(H)}=2.3\times10^{-9}\times10^{3.62}=9.59\times10^{-6}$$

$$S=\sqrt{K_{sp}'}=\sqrt{9.59\times10^{-6}}\ mol/L=3.1\times10^{-3}\ mol/L$$

所以,pH=1.0 相较 pH=8.0,$CaC_2O_4$ 溶解度增加 60 倍以上。

应用溶度积原理,可以进行溶度积和溶解度之间的换算以及溶液中各种离子浓度的计算;也可判断沉淀反应能否进行和沉淀反应进行得是否完全。通常,根据分析的允许误差,某离子在溶液中的浓度小于 $10^{-5}$ mol/L 时,就可以认为该离子已经沉淀完全。沉淀的完全与否决定于沉淀的溶解度及影响溶解度的各种因素。

## 二、影响沉淀溶解度的因素

沉淀滴定法要求沉淀的溶解度很小,那么影响沉淀的溶解度因素有哪些呢?

### 1. 同离子效应

组成沉淀的离子称为构晶离子,如微溶化合物 AgCl 中 $Ag^+$ 和 $Cl^-$ 为 AgCl 的构晶离子,$BaSO_4$ 沉淀中 $Ba^{2+}$ 与 $SO_4^{2-}$ 为 $BaSO_4$ 的构晶离子等。当沉淀反应达到平衡时,如果向溶液中加入构晶离子而使沉淀的溶解度减少的现象称为沉淀溶解平衡中的同离子效应。

工业上硬水的软化,较早是采用熟石灰碳酸钠法,先测定水中的硬度之后再加入定量的 $Ca(OH)_2$ 及 $Na_2CO_3$,使 $Ca^{2+}$ 和 $Mg^{2+}$ 沉淀除去,就是利用同离子效应。

（1）已知 25 ℃时 $CaCO_3$ 在水中溶解度 $S_0$ 为

$$S_0 = \sqrt{K_{sp}} = \sqrt{3.8 \times 10^{-9}}\ mol/L = 6.2 \times 10^{-5}\ mol/L$$

如果溶液中加入 $Na_2CO_3$，使溶液中 $[CO_3^{2-}]$ 增加至 $0.1\ mol/L$，则 $CaCO_3$ 沉淀的溶解度 $S$ 为

$$S = [Ca^{2+}] = \frac{K_{sp}}{[CO_3^{2-}]} = \frac{3.8 \times 10^{-9}}{0.10}\ mol/L = 3.8 \times 10^{-8}\ mol/L$$

此时，$CaCO_3$ 沉淀的溶解度减小为 $1/1600$。

（2）已知 25 ℃时 $Mg(OH)_2$ 在水中的溶解度 $S_0$ 为

$$S_0 = \sqrt[3]{\frac{K_{sp}}{4}} = \sqrt[3]{\frac{1.8 \times 10^{-11}}{4}}\ mol/L = 1.65 \times 10^{-4}\ mol/L$$

如果溶液中加入 $Ca(OH)_2$ 使溶液中 $[OH^-]$ 增加至 $0.1\ mol/L$，则 $Mg(OH)_2$ 沉淀的溶解度 $S$ 为

$$S = [Mg^{2+}] = \frac{K_{sp}}{[OH^-]^2} = \frac{1.8 \times 10^{-11}}{[0.10]^2}\ mol/L = 1.8 \times 10^{-9}\ mol/L$$

此时，$Mg(OH)_2$ 沉淀的溶解度减小为 $1/90000$。

在锅炉水的早期软化处理中，就是利用同离子效应，加大沉淀剂的用量使被沉淀的组分沉淀完全，达到预期的处理效果。

应该注意，为保证沉淀完全，一般加入沉淀剂过量 50%～100% 是合适的，但由于沉淀剂不易挥发，则过量 20%～30% 就可以了，否则将引起其他效应，如引起盐效应、酸效应或络合效应等副反应，反而会使沉淀的溶解度增大，影响处理效果。

**2. 盐效应**

在微溶化合物的饱和溶液中，加入易溶强电解质而使沉淀的溶解度增大的现象称为盐效应。例如，AgCl 的溶解度在纯水中为 $1.24 \times 10^{-5}\ mol/L$，而在 $0.01\ mol/L\ KNO_3$ 中为 $1.40 \times 10^{-5}\ mol/L$，其溶解度增加 13%；又如 $BaSO_4$ 在纯水中的溶解度 $S_0 = 0.93 \times 10^{-5}\ mol/L$，在 $0.01\ mol/L\ KNO_3$ 中的溶解度 $S = 1.49 \times 10^{-5}\ mol/L$，其溶解度增加 60%。强电解质（如 $KNO_3$）的加入，使溶液中少量的 $Ag^+$ 与 $Cl^-$ 或 $Ba^{2+}$ 与 $SO_4^{2-}$ 互相碰撞、互相接触的机会减少，因而形成 AgCl 或 $BaSO_4$ 沉淀机会相应减少，也就是 AgCl 或 $BaSO_4$ 的溶解度增加。其他微溶化合物也有类似性质。

至于 AgCl 与 $BaSO_4$ 同样在 $KNO_3$ 溶液中，溶解度增加程度不同，主要是它们的构晶离子的电荷不一样，所带电荷越多，影响就越严重。如 $BaSO_4$ 与 AgCl 比较，构晶离子所带电荷越多，其溶解度增加也越多。一般微溶化合物 MA 的溶解度都很小，溶液中离子强度不大，故常用平衡浓度代替活度 $a$，即认为活度系数 $\gamma = 1$，即

$$[M^+][A^-] = K_{sp}$$

但是，在较浓的电解质溶液中，如浓度 $> 0.01\ mol/L$ 时，微溶化合物 MA 的溶度积 $K_{sp}$ 用活度积 $K_{sp}^{\circ}$ 表示（式 5-3）：

$$K_{sp} = [M^+][A^-] = \frac{K_{sp}^{\circ}}{\gamma_M \cdot \gamma_A}$$

可见，如果高价离子（如 $Ba^{2+}$ 与 $SO_4^{2-}$）所带电荷较低价离子（如 $Ag^+$ 与 $Cl^-$）的多，离子强

度就大,其活度系数($\gamma_M \cdot \gamma_A$)就越小,两离子浓度之积$[M^+][A^-]$就越大,溶度积 $K_{sp}$ 就越大,其盐效应就越显著。相反,强电解质浓度<0.01 mol/L 时,可不考虑盐效应。

**3. 酸效应**

溶液的 pH 对沉淀溶解度的影响称为酸效应。酸效应发生主要是由于溶液中 $H^+$ 浓度的大小对弱酸、多元酸或微溶酸离解平衡的影响。如果沉淀是强酸盐,如 AgCl、$BaSO_4$ 等,其溶解度受 pH 影响较小,但沉淀是弱酸盐(如 $CaC_2O_4$、$CaCO_3$、CdS)、多元酸盐(如 $Ca_3(PO_4)_2$、$MgNH_4PO_4$)或微溶酸(如硅酸 $SiO_2 \cdot nH_2O$、钨酸 $WO_3 \cdot nH_2O$),以及许多与有机沉淀剂形成的沉淀,则酸效应就很显著。因此,对弱酸盐、多元酸盐需在碱性条件下沉淀,而对本身是沉淀的硅酸、钨酸则必须在强酸条件下沉淀。

例如,微溶化合物铬酸银($Ag_2CrO_4$)的饱和溶液中,沉淀溶解平衡:

$$Ag_2CrO_4 \Longrightarrow 2Ag^+ + CrO_4^{2-} \qquad K_{sp,Ag_2CrO_4} = 1.1 \times 10^{-12}$$

铬酸 $H_2CrO_4$ 是二元酸,在溶液中有下列平衡:

$$H_2CrO_4 \Longrightarrow H^+ + HCrO_4^- \qquad K_{a_1} = 1.8 \times 10^{-1}$$

$$HCrO_4^- \Longrightarrow H^+ + CrO_4^{2-} \qquad K_{a_2} = 3.2 \times 10^{-7}$$

显然,在酸性溶液中,$CrO_4^{2-}$ 的浓度减少,另外,还会有下列平衡:

$$2CrO_4^{2-} + 2H^+ \Longrightarrow 2HCrO_4^- \Longrightarrow Cr_2O_7^{2-} + H_2O$$

这都使 $Ag_2CrO_4$ 的溶解度增大;相反,碱性溶液中(如 pH>10),又会有 $Ag_2O$ 析出。考虑酸效应的影响,同样采用酸效应系数 $\alpha_H$,其意义与 EDTA 的酸效应系数完全一样。则

$$K'_{sp,Ag_2CrO_4} = K_{sp,Ag_2CrO_4} \cdot \alpha_H = [Ag^+]^2 \cdot [CrO_4^{2-}]$$

式中,$K'_{sp,Ag_2CrO_4}$ 为条件溶度积。

不同 pH,$Ag_2CrO_4$ 的溶解度为

$$S_{Ag_2CrO_4} = \sqrt[m+n]{\frac{K'_{sp}}{m^m \cdot n^n}} = \sqrt[3]{\frac{K'_{sp}}{4}} = \sqrt[3]{\frac{K_{sp} \cdot \alpha_H}{4}}$$

可见,pH 减小,$\alpha_H$ 增加,$Ag_2CrO_4$ 沉淀的溶解度也增加,酸效应显著。

例如,$H_2CrO_4$ 的 $K_{a_1} = 1.8 \times 10^{-1}$,$K_{a_2} = 3.2 \times 10^{-7}$

$$\alpha_{CrO_4^{2-}(H)} = 1 + \beta_1[H^+] + \beta_2[H^+]^2$$

式中

$$\beta_1 = \frac{1}{K_{a_2}} = 10^{6.50}, \quad \beta_2 = \frac{1}{K_{a_1}K_{a_2}} = 10^{7.24}$$

当 pH=3.0 时,$[H^+] = 10^{-3}$ mol/L,则

$$\alpha_{CrO_4^{2-}(H)} = 1 + 10^{6.50} \times 10^{-3} + 10^{7.24} \times 10^{-6} = 10^{3.50}$$

$$S = \sqrt[3]{\frac{1.1 \times 10^{-12}}{4} \times 10^{3.50}} \text{ mol/L} = 9.5 \times 10^{-4} \text{ mol/L}$$

同理,计算 pH=5.0 时,

$$\alpha_{CrO_4^{2-}(H)} = 10^{1.50}, \quad S = 2.0 \times 10^{-4} \text{ mol/L}$$

pH=6.5 时,

$$\alpha_{CrO_4^{2-}(H)} = 1, \quad S = 6.5 \times 10^{-5} \text{ mol/L}$$

通过计算表明,pH 增大,$\alpha_{CrO_4^{2-}(H)}$ 减小,$Ag_2CrO_4$ 沉淀的溶解度减少,酸效应越不明显,当

pH＝6.5 时，已无酸效应。因此，欲使 $Ag_2CrO_4$ 沉淀完全，又不转化为 $Ag_2O$ 沉淀，适宜的 pH 范围在 6.5～10.0 之间。

有时还利用酸效应，如常将在微溶化合物（如 $CaC_2O_4$、$Mg(OH)_2$ 等）的饱和溶液中，增加 $H^+$ 浓度，使它们转化为易溶解的弱电解质（如 $H_2C_2O_4$、$H_2O$ 等），达到沉淀全部溶解的目的。

**【例 5-2】**　考虑 $S^{2-}$ 的水解，计算 $Ag_2S$ 的溶解度。

$$K_{sp,Ag_2S}＝1.6×10^{-49}，H_2S \text{ 的 } K_{a_1}＝5.7×10^{-8}，\quad K_{a_2}＝1.2×10^{-15}$$

**解**　已知 $Ag_2S$ 在水中的溶解平衡：

$$Ag_2S \Longrightarrow 2Ag^+ + S^{2-}$$

$S^{2-}$ 水解：

$$S^{2-} + H_2O \Longrightarrow HS^- + OH^-$$

$$HS^- + H_2O \Longrightarrow H_2S + OH^-$$

由于 $Ag_2S$ 的溶解度很小，所以溶液中 $[S^{2-}]$ 也很小。$S^{2-}$ 水解所产生的 $[OH^-]$ 可忽略不计，故溶液的 pH 就是纯水的 pH，pH＝7.0。但由于 $S^{2-}$ 水解，使 $Ag_2S$ 的溶解度增大。$S^{2-}$ 的水解效应系数为

$$\alpha_{S^{2-}} = 1 + \beta_1[H^+] + \beta_2[H^+]^2 \tag{5-7}$$

$$= 1 + \frac{1}{1.2×10^{-15}}×10^{-7} + \frac{1}{5.7×10^{-8}×1.2×10^{-15}}×(10^{-7})^2$$

$$= 1 + 8.33×10^{14}×10^{-7} + 1.46×10^{22}×10^{-14} = 2.29×10^8$$

得　　　$$S = \sqrt[m+n]{\frac{K_{sp}}{m^m·n^n}·\alpha_{S^{2-}}} = \sqrt[3]{\frac{K_{sp,Ag_2S}}{4}×\alpha_{S^{2-}}} = \sqrt[3]{\frac{1.6×10^{-49}}{4}×2.29×10^8} \text{ mol/L}$$

$$= 2.09×10^{-14} \text{ mol/L}$$

$Ag_2S$ 在纯水中的溶解度 $S_0$：

$$S_0 = \sqrt[3]{\frac{K_{sp,Ag_2S}}{4}} = \sqrt[3]{\frac{1.6×10^{-49}}{4}} \text{ mol/L} = 3.5×10^{-17} \text{ mol/L}$$

可见，由于 $S^{2-}$ 的水解，$Ag_2S$ 的溶解度增大 $\dfrac{2.09×10^{-14}}{3.5×10^{-17}} = 597$ 倍 ≈ 600 倍。

#### 4. 络合效应

当溶液中存在某种络合剂，能与构晶离子生成可溶性络合物，使沉淀溶解度增大，甚至不产生沉淀的效应称为络合效应。

在饱和溶液中，微溶化合物 AgCl 的沉淀溶解平衡之后，当有 $NH_3·H_2O$ 存在时，有银氨络离子 $Ag(NH_3)_2^+$ 生成。

$$AgCl \Longrightarrow Ag^+ + Cl^- \qquad \lg K_2 = 4.00(\lg K_1 = 3.40，Ag(NH_3)^+)$$
$$\Updownarrow 2NH_3·H_2O$$
$$Ag(NH_3)_2^+$$

可见，由于 $NH_3·H_2O$ 存在，使沉淀溶解平衡向右移，AgCl 溶解度增大。

络合剂（如 $NH_3·H_2O$）浓度越大，生成的络合物越稳定，使沉淀的溶解度越大，络合效应就越显著。

如果沉淀剂本身又是络合剂,则会有使沉淀的溶解度降低的同离子效应和使沉淀的溶解度增大的络合效应两种情况发生。例如,用 $Cl^-$ 滴定水中 $Ag^+$ 时,最初生成 AgCl 沉淀;若继续加入过量的 $Cl^-$,则 $Cl^-$ 与 AgCl 络合成 $AgCl_2^-$ 和 $AgCl_3^{2-}$ 等络离子,使 AgCl 沉淀逐渐溶解。

此时,不同 $Cl^-$ 浓度下 AgCl 的溶解度可由下式计算:

$$S = [Ag^+] + [AgCl] + [AgCl_2^-] + [AgCl_3^{2-}] + [AgCl_4^{3-}]$$

$$= [Ag^+] + \beta_1[Ag^+][Cl^-] + \beta_2[Ag^+][Cl^-]^2 + \beta_3[Ag^+][Cl^-]^3 + \beta_4[Ag^+][Cl^-]^4$$

$$= \frac{K_{sp}}{S}[1 + \beta_1[Cl^-] + \beta_2[Cl^-]^2 + \beta_3[Cl^-]^3 + \beta_4[Cl^-]^4]$$

$$S = \sqrt{K_{sp} \cdot \alpha_{AgCl}} \qquad (5-8)$$

式中,$\beta_n$ 为 $Ag^+$ 与 $Cl^-$ 形成的络合物的累级稳定常数。

$$\alpha_{AgCl} = 1 + \beta_1[Cl^-] + \beta_2[Cl^-]^2 + \beta_3[Cl^-]^3 + \beta_4[Cl^-]^4 \qquad (5-9)$$

式中,$\beta_1 = 10^{3.04}$,$\beta_2 = 10^{5.04}$,$\beta_3 = 10^{5.04}$,$\beta_4 = 10^{5.30}$。

如已知水中过量$[Cl^-]$,可一一计算出 AgCl 溶解度,如表 5-1 所示。

**表 5-1　AgCl 在不同浓度的 NaCl 溶液中的溶解度**

| 过量 $c_{Cl^-}$(mol/L) | 纯水 | $3.9 \times 10^{-3}$ | $9.2 \times 10^{-3}$ | $3.6 \times 10^{-3}$ | $8.8 \times 10^{-2}$ | $3.5 \times 10^{-1}$ | $5 \times 10^{-1}$ |
|---|---|---|---|---|---|---|---|
| $S_{AgCl}$(mol/L) | $1.3 \times 10^{-5}$ | $7.2 \times 10^{-7}$ | $9.1 \times 10^{-7}$ | $1.9 \times 10^{-6}$ | $3.6 \times 10^{-6}$ | $1.7 \times 10^{-5}$ | $2.8 \times 10^{-5}$ |

可见,AgCl 在 $3.9 \times 10^{-3}$ mol/L NaCl 溶液中的溶解度($7.2 \times 10^{-7}$ mol/L)比在纯水中的溶解度($1.3 \times 10^{-5}$ mol/L)小 18 倍,同离子效应是主要的;若 $Cl^-$ 浓度增大到 0.5 mol/L,则 AgCl 溶解度($2.8 \times 10^{-5}$ mol/L)超过纯水中的溶解度,此时络合效应就占优势;$Cl^-$ 浓度再增大,会使 AgCl 全部溶解。因此,用 $Cl^-$ 滴定 $Ag^+$ 时,必须严格控制 $Cl^-$ 浓度。

通过上述讨论可见,在进行沉淀反应时,对强酸盐沉淀(如 AgCl 等),在无络合反应时,主要考虑同离子效应;对弱酸盐沉淀(如 $CaC_2O_4$、$CaCO_3$、CdS、$MgNH_4PO_4$ 等)主要考虑酸效应;对有络合反应且形成较稳定络合物,则主要考虑络合效应。

对氢氧化物沉淀,若有氢氧基络合物形成,则其溶解度虽然可参照前面公式按 $S = \sqrt[m+n]{\dfrac{K_{sp}}{m^m \cdot n^n} \cdot \alpha_{M(OH)}}$ 计算,但对 $Al^{3+}$、$Fe^{3+}$、$Th^{4+}$ 等容易形成多核氢氧基络合物离子,使问题变得稍复杂一些。例如,$Al^{3+}$ 常形成 $Al(OH)^{2+}$、$Al_2(OH)_2^{4+}$、$Al_6(OH)_{15}^{3+}$、$Al_7(OH)_{17}^{4+}$、$Al_8(OH)_{20}^{4+}$、$Al_{13}(OH)_{34}^{5+}$ 等;$Fe^{3+}$ 常形成 $Fe(OH)^{2+}$、$Fe_2(OH)_2^{4+}$、$Fe(OH)_2^+$ 等。

【例 5-3】　考虑形成氢氧基络合物,计算 $Fe(OH)_3$ 在水中的溶解度。

$$K_{sp,Fe(OH)_3} = 3 \times 10^{-39}, \quad \beta_1 = 6.76 \times 10^{10}, \quad \beta_2 = 1.35 \times 10^{21}, \quad \beta_3 = 1.26 \times 10^{25}$$

**解**　　　　　　　　　　

由于 $Fe(OH)_3$ 的溶解度很小,故溶液中$[OH^-]$也很小,可视溶液$[OH^-] = [H^+] = 10^{-7}$ mol/L。

但考虑形成氢氧基络合物 $Fe(OH)^{2+}$、$Fe(OH)_2^+$ 和 $Fe_2(OH)_2^{4+}$,即

$$Fe^{3+}+OH^- \Longrightarrow Fe(OH)^{2+} \qquad \beta_1=6.76\times10^{10}$$

$$Fe^{3+}+2OH^- \Longrightarrow Fe(OH)_2^+ \qquad \beta_2=1.35\times10^{21}$$

$$2Fe^{3+}+2OH^- \Longrightarrow Fe_2(OH)_2^{4+} \qquad \beta_3=1.26\times10^{25}$$

则此时,$Fe(OH)_3$ 的溶解度是

$$
\begin{aligned}
S &= [Fe^{3+}]+[Fe(OH)^{2+}]+[Fe(OH)_2^+]+2[Fe_2(OH)_2^{4+}]\\
&= [Fe^{3+}]+\beta_1[Fe^{3+}][OH^-]+\beta_2[Fe^{3+}][OH^-]^2+2\beta_3[Fe^{3+}]^2[OH^-]^2\\
&= [Fe^{3+}](1+\beta_1[OH^-]+\beta_2[OH^-]^2+2\beta_3[Fe^{3+}][OH^-]^2)\\
&= [Fe^{3+}]\cdot\alpha_{FeOH}
\end{aligned}
$$

式中,

$$[Fe^{3+}]=\frac{K_{sp,Fe(OH)_3}}{[OH^-]^3}=\frac{3\times10^{-39}}{(10^{-7})^3}\ \text{mol/L}=3\times10^{-18}\ \text{mol/L}$$

$$
\begin{aligned}
\alpha_{FeOH} &= 1+\beta_1[OH^-]+\beta_2[OH^-]^2+2\beta_3[Fe^{3+}][OH^-]^2\\
&= 1+6.76\times10^{10}\times10^{-7}+1.35\times10^{21}\times10^{-14}+2\times1.26\times10^{25}\times3\times10^{-18}\times10^{-14}\\
&= 1+6.76\times10^3+1.35\times10^7+7.56\times10^{-7}\\
&\approx 1.35\times10^7
\end{aligned}
$$

可见,$Fe^{3+}$ 的氢氧基络合物的溶解度主要是由 $Fe(OH)_2^+$ 决定的。

$$
\begin{aligned}
S &= [Fe^{3+}]\cdot\alpha_{FeOH}\\
&= 3\times10^{-18}\times1.35\times10^7\ \text{mol/L}\\
&= 4.0\times10^{-11}\ \text{mol/L}
\end{aligned}
$$

对于氢氧化物沉淀能够形成氢氧基络合物的金属离子还有 $Al^{3+}$、$Bi^{3+}$、$Cr^{3+}$、$Tl^{4+}$、$Cd^{2+}$、$Hg^{2+}$、$Co^{2+}$、$Pb^{2+}$ 等。

除了同离子效应、盐效应、酸效应和络合效应外,还有温度、溶剂等其他因素也影响沉淀的溶解度。

### 5. 影响沉淀溶解的其他因素

1）温度的影响

沉淀的溶解反应,多数是吸热反应。温度升高,沉淀的溶解度一般增大。大多数沉淀在热溶液中的溶解度比冷溶液中的溶解度大,不同沉淀,温度对溶解度影响大小也不同,如图 5-1 所示。

在实际分析中,如果在热溶液中,对于溶解度随温度升高而增大的沉淀物质,如 $MgNH_4PO_4$,在进行洗涤过滤等操作时需在室温下进行,否则温度升高,沉淀会因进一步溶解而损失;相反,高价金属离子的水合氧化物在热溶液中溶解度减小的无定形沉淀,常会形成胶体溶液,如 $Fe_2O_3\cdot nH_2O$、$Al_2O_3\cdot nH_2O$ 金属氧化物及硅、钨、铌、钽的水合氧化物沉淀等,需

图 5-1　温度对沉淀溶解度的影响

趁热洗涤、过滤,否则冷却后,难洗干净、难过滤,也会带来误差。

2)溶剂的影响

无机物沉淀大多数是离子晶体,在纯水中的溶解度比在有机溶剂中的大。例如,$PbSO_4$、$CaSO_4$ 溶液中加入适量乙醇、丙酮等,则它们的溶解度明显降低。

3)沉淀颗粒大小

同一种沉淀,在相同质量的条件下,小颗粒沉淀比大颗粒沉淀的溶解度大。这是因为,小颗粒沉淀的总表面积越大,与溶液接触的机会就越多,沉淀溶解的量也就越多。例如,$SrSO_4$ 沉淀,大颗粒的溶解度为 $6.2×10^{-4}$ mol/L,而颗粒半径为 $0.05$ $\mu m$ 和 $0.01$ $\mu m$ 时,溶解度分别为 $6.7×10^{-4}$ mol/L 和 $9.3×10^{-4}$ mol/L,它们的溶解度分别增大 8% 和 50% 左右。

实际分析工作中,经常将沉淀在溶液中放一段时间,使小晶体转化为大晶体,以减少沉淀溶解度,这个过程叫陈化。陈化可使沉淀结构发生转变,例如,室温下生成 $CaC_2O_4$ 沉淀,开始析出亚稳态 $CaC_2O_4 \cdot 2H_2O$ 和 $CaC_2O_4 \cdot 3H_2O$,放置陈化后转变为稳定态的 $CaC_2O_4 \cdot H_2O$。

在水处理或水分析中,常利用酸效应、络合效应等将沉淀转化为易溶化合物,使沉淀溶解。

# 第二节  分 步 沉 淀

形成沉淀反应是沉淀滴定法的基础。有关微溶化合物的溶解度及其溶度积原理在前面已做了概要介绍和回顾。应用溶度积原理可解决多种被沉淀离子共存下,当加入沉淀剂(沉淀滴定中称为滴定剂)时沉淀反应进行的次序问题,同时也可解决一种沉淀物质是否能转化为另一种沉淀物质问题。下面仅就溶度积原理的应用——分步沉淀和沉淀的转化加以讨论。

## 一、分步沉淀

例如,溶液中同时含有 0.1000 mol/L $Cl^-$ 和 0.1000 mol/L $CrO_4^{2-}$,逐滴加入 $AgNO_3$ 溶液,则有

$$Ag^+ + Cl^- \rightleftharpoons AgCl\downarrow \qquad K_{sp,AgCl} = 1.8×10^{-10}$$
$$\text{(白)}$$
$$2Ag^+ + CrO_4^{2-} \rightleftharpoons Ag_2CrO_4\downarrow \qquad K_{sp,Ag_2CrO_4} = 1.1×10^{-12}$$
$$\text{(砖红色)}$$

可由溶度积 $K_{sp}$ 分别求出 AgCl 与 $Ag_2CrO_4$ 开始沉淀时,需要的 $[Ag^+]$。$Cl^-$ 开始形成 AgCl 沉淀需 $[Ag^+]$ 为

$$[Ag^+] = \frac{K_{sp,AgCl}}{[Cl^-]} = \frac{1.8×10^{-10}}{0.10} \text{ mol/L} = 1.8×10^{-9} \text{ mol/L} \tag{5-10}$$

$CrO_4^{2-}$ 开始形成 $Ag_2CrO_4$ 沉淀需 $[Ag^+]$ 为

$$[Ag^+] = \sqrt{\frac{K_{sp,Ag_2CrO_4}}{[CrO_4^{2-}]}} = \sqrt{\frac{1.1×10^{-12}}{0.10}} \text{ mol/L} = 3.3×10^{-6} \text{ mol/L} \tag{5-11}$$

可见,开始形成沉淀,$Cl^-$ 需要的 $Ag^+$ 浓度 $[Ag^+]$ 远远小于 $CrO_4^{2-}$ 所需要的 $[Ag^+]$。所以 AgCl 首先达到溶度积 $K_{sp}$ 沉淀出来。

那么，$Ag_2CrO_4$ 什么时候沉淀呢？显然，由式（5-11）可知，滴入 $AgNO_3$ 溶液至 $[Ag^+]$ 达到 $3.3×10^{-6}$ mol/L 时，$Ag_2CrO_4$ 开始沉淀。而此时，溶液中 $Cl^-$ 还剩多少呢？

$$[Cl^-]=\frac{K_{sp,AgCl}}{[Ag^+]}=\frac{1.8×10^{-10}}{3.3×10^{-6}}\ \text{mol/L}=5.4×10^{-5}\ \text{mol/L}$$

溶液中 $Cl^-$ 浓度还有 $5.4×10^{-5}$ mol/L，它远远小于 $Cl^-$ 的原有浓度 0.1000 mol/L，可以认为 $Cl^-$ 已沉淀完全。

因此，我们得出结论，利用达到溶度积 $K_{sp}$ 的先后次序进行沉淀的作用称为分步沉淀。凡是先达到溶度积（$K_{sp}$）的，先沉淀；后达到溶度积的，后沉淀。

## 二、沉淀的转化

将微溶化合物转化成更难溶的化合物叫做沉淀的转化。沉淀的转化在水质分析和水处理中有十分重要的作用。下面仅举两个例子加以说明。

（1）当微溶化合物 AgCl 的溶液中，达到沉淀溶解平衡后，加入硫氰酸铵（$NH_4SCN$）溶液，生成更难溶化合物硫氰酸银（AgSCN），即

$$AgCl \Longrightarrow Ag^+ + Cl^-\qquad K_{sp,AgCl}=1.8×10^{-10}$$

$$\Big\Uparrow SCN^-$$

$$AgSCN\downarrow\quad K_{sp,AgSCN}=1.07×10^{-12}$$
$$\text{（白色）}$$

由于 $K_{sp,AgCl}>K_{sp,AgSCN}$，所以加入 $NH_4SCN$ 后，AgCl 沉淀的溶解平衡向右移动，使 AgCl 不断溶解，AgSCN 沉淀继续生成，直到 AgCl 沉淀全部转化为 AgSCN 沉淀为止。测定水样 $Cl^-$ 的佛尔哈德法就是利用沉淀转化原理。

（2）在微溶化合物 $CaSO_4$ 的溶液中，加入 $Na_2CO_3$ 溶液，便生成更难溶化合物 $CaCO_3$，即

$$CaSO_4 \Longrightarrow Ca^{2+} + SO_4^{2-}\quad K_{sp,CaSO_4}=2.4×10^{-5}$$
$$\text{(S)}$$

$$\Big\Uparrow CO_3^{2-}$$

$$CaCO_3\downarrow\qquad K_{sp,CaCO_3}=3.8×10^{-9}$$
$$\text{(S)}$$

显然，$K_{sp,CaCO_3}<K_{sp,CaSO_4}$，则 $CaSO_4$ 溶液中，由于加入 $Na_2CO_3$ 之后，使 $CaSO_4$ 的溶解平衡不断向右移动，直至 $CaSO_4$ 全部溶解并转化为更难溶的 $CaCO_3$，即不溶于酸的 $CaSO_4$，转化为易溶于酸的 $CaCO_3$。在水处理中，尤其工业用水处理中，硬水的转化就是利用这个原理。

# 第三节　沉淀滴定法的基本原理

沉淀反应有很多，但能用于沉淀滴定法中的沉淀反应却很少，相当多的沉淀反应都不能完全符合滴定对化学反应的基本要求，而无法用于滴定。最有实际意义的是生成微溶银盐的反

应,以生成银盐沉淀的反应为基础的滴定方法,即所谓银量法。银量法包括:莫尔法、佛尔哈德法和法扬斯法。主要用于水中 $Cl^-$、$Br^-$、$I^-$、$Ag^+$ 和 $SCN^-$ 离子等的测定。

## 一、沉淀滴定曲线

以 0.1000 mol/L $AgNO_3$ 滴定 20.00 mL 0.1000 mol/L NaCl 为例说明沉淀滴定法的基本原理。

(1) 计量点之前。

滴定之前,为 NaCl 溶液,$[Ag^+]=0$。滴定开始至计量点之前,由于同离子效应,AgCl 沉淀所溶解出的 $Cl^-$ 极少,一般可忽略。因此,可根据溶液中某一时刻的 $[Cl^-]$ 和 $K_{sp,AgCl}$ 来计算此时的 $[Ag^+]$ 和 pAg($Ag^+$ 浓度的负对数)。

例如,滴入 $AgNO_3$ 标准溶液 19.98 mL 时,

$$[Cl^-]=\frac{0.1000\times(20.00-19.98)}{19.98+20.00}\ mol/L=5.0\times10^{-5}\ mol/L$$

$$[Ag^+]=\frac{K_{sp,AgCl}}{[Cl^-]}=\frac{1.8\times10^{-10}}{5.0\times10^{-5}}\ mol/L=3.6\times10^{-6}\ mol/L$$

$$pAg=5.44$$

同样方法,计算出计量点之前滴入 0.1000 mol/L $AgNO_3$ 不同量时的 pAg 值。

(2) 计量点时。

此时已滴入 20.00 mL 0.1000 mol/L $AgNO_3$ 溶液,可以认为 $Ag^+$ 与 $Cl^-$ 的量完全由 AgCl 溶解所产生,且 $[Ag^+]=[Cl^-]$。所以

$$[Ag^+]=[Cl^-]=\sqrt{K_{sp,AgCl}}=1.34\times10^{-5}\ mol/L$$

$$pAg=4.87$$

(3) 计量点后。

计量点之后,溶液中有 AgCl 沉淀和过量的 $AgNO_3$,同样由于同离子效应,使 AgCl 沉淀所溶解出的 $Ag^+$ 极少,可忽略不计。因此,只按过量 $AgNO_3$ 的量近似求得 $[Ag^+]$。

例如,滴入 20.02 mL $AgNO_3$,则

$$[Ag^+]=\frac{0.1000\times(20.02-20.00)}{20.02+20.00}\ mol/L$$

$$=5.0\times10^{-5}\ mol/L$$

$$pAg=4.3$$

同样按类似方法求得计量点之后的 pAg 值。

以 0.1000 mol/L $AgNO_3$ 标准溶液的滴入量(mL)为横坐标,以对应的 pAg 为纵坐标,绘制的曲线为沉淀滴定曲线(见图 5-2)。可见 $AgNO_3$ 标准溶液滴定水中 $Cl^-$ 的计量点时 pAg

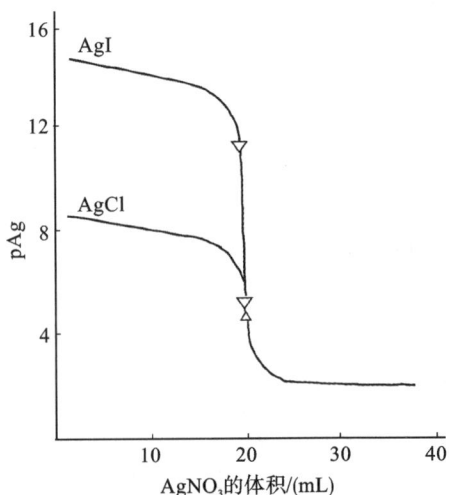

图 5-2　0.1000 mol/L $AgNO_3$ 滴定同浓度 NaCl 或 NaI 的滴定曲线

$=4.87$,其突跃范围是 $pAg=5.44\sim4.3$;沉淀滴定的突跃范围与滴定剂和被沉淀物质的浓度有关,滴定剂的浓度越大,滴定突跃就越大;除此之外,还与沉淀的 $K_{sp}$ 大小有关,沉淀的 $K_{sp}$ 值越大,即沉淀的溶解度越大,滴定突跃就越小。

例如:AgCl 的 $K_{sp}=1.8\times10^{-1}$,而 AgI 的 $K_{sp}=8.3\times10^{-17}$,因此,用 AgNO$_3$ 滴定 Cl$^-$ 的突跃就比滴定同浓度的 I$^-$ 时的突跃小(见图 5-2)。

## 二、银量法

### 1. 莫尔法

莫尔法是以 K$_2$CrO$_4$ 作指示剂,用 AgNO$_3$ 标准溶液进行滴定的一种方法。此法主要用在中性或弱碱性条件下,对氯化物和溴化物进行测定。

用莫尔法测定氯化物时,是根据分步沉淀的原理进行的。由于 AgCl 的溶解度比 Ag$_2$CrO$_4$ 小,所以 AgCl 首先沉淀出来。当 AgCl 定量沉淀后,过量一滴 AgNO$_3$ 溶液,使 Ag$^+$ 浓度增加,与 CrO$_4^{2-}$ 生成砖红色的 Ag$_2$CrO$_4$ 沉淀,即为滴定的终点。其滴定反应如下:

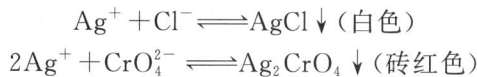

$$Ag^+ + Cl^- \Longleftrightarrow AgCl\downarrow(白色)$$
$$2Ag^+ + CrO_4^{2-} \Longleftrightarrow Ag_2CrO_4\downarrow(砖红色)$$

显然,指示剂的浓度(即 CrO$_4^{2-}$ 浓度)过大或过小,都会使 Ag$_2$CrO$_4$ 沉淀的析出提前或推后,从而产生滴定误差。所以,Ag$_2$CrO$_4$ 沉淀的生成应该恰好在化学计量点时发生。此时所需要的 CrO$_4^{2-}$ 浓度可通过计算求得。

在化学计量点时:

$$[Ag^+]=[Cl^-]=\sqrt{K_{sp,AgCl}}=\sqrt{1.8\times10^{-10}}\ mol/L=1.3\times10^{-5}\ mol/L$$

$$[CrO_4^{2-}]=\frac{K_{sp,Ag_2CrO_4}}{[Ag^+]^2}=\frac{2.0\times10^{-12}}{(1.3\times10^{-5})^2}\ mol/L=1.2\times10^{-2}\ mol/L$$

然而在实际工作中,由于 K$_2$CrO$_4$ 显黄色,当浓度较高、颜色较深时,妨碍对 Ag$_2$CrO$_4$ 沉淀颜色的观察,影响终点的判断。故在滴定中,所用 CrO$_4^{2-}$ 的浓度约为 $5.0\times10^{-3}$ mol/L 较为合适。

显然,K$_2$CrO$_4$ 浓度降低后,要使 Ag$_2$CrO$_4$ 沉淀析出,必须多滴加 AgNO$_3$ 溶液,这样滴定剂就过量了,因此产生滴定正误差。但是,如果溶液的浓度不太稀,如用 0.1000 mol/L AgNO$_3$ 溶液滴定 0.1000 mol/L KCl 溶液,指示剂的浓度为 $5.0\times10^{-3}$ mol/L,则产生的滴定误差一般小于 0.1%,不影响分析结果的准确度。如果溶液的浓度较稀,如用 0.01000 mol/L AgNO$_3$ 溶液滴定 0.01000 mol/L KCl 溶液,指示剂的浓度不变,则产生的滴定误差可达 0.6% 左右,这样,就会影响分析结果的准确度。在这种情况下,通常需要校正指示剂的空白值。

校正指示剂空白值的方法是用蒸馏水作空白试验,即用蒸馏水代替试样,所加试剂及滴定操作方法与测定试样相同,从而得到 CrO$_4^{2-}$ 生成 Ag$_2$CrO$_4$ 沉淀所用 AgNO$_3$ 的量。

溶液的酸度直接影响莫尔法测定结果的准确度。若溶液为酸性,则 CrO$_4^{2-}$ 与 H$^+$ 发生如下反应:

$$2H^+ + 2CrO_4^{2-} \Longleftrightarrow 2HCrO_4^- \Longleftrightarrow Cr_2O_7^{2-} + H_2O$$

从而降低了 $CrO_4^{2-}$ 的浓度,影响 $Ag_2CrO_4$ 沉淀的生成。若溶液的碱性太强,则 $Ag^+$ 与 $OH^-$ 发生反应,析出棕黑色 $Ag_2O$ 沉淀:

因此,莫尔法只能在中性或弱碱性(pH=6.5~10.5)溶液中进行。如果溶液为酸性或强碱性,可用酚酞作指示剂,以稀 $NaOH$ 溶液或稀 $H_2SO_4$ 溶液调节至酚酞的红色刚好褪去为止。

溶液中的共存离子对测定的干扰较大。如果溶液中有 $NH_4^+$ 存在,则要求溶液的酸度范围更窄(pH 为 6.5~7.2)。这是因为当溶液的 pH 值较高时,可产生较多的游离 $NH_3$,生成 $Ag(NH_3)^+$ 及 $Ag(NH_3)_2^+$ 络合物,使 $AgCl$ 和 $Ag_2CrO_4$ 的溶解度增大,影响滴定的准确度。凡能与 $Ag^+$ 生成沉淀或络合物的阴离子都对测定有干扰,例如 $PO_4^{3-}$、$AsO_4^{3-}$、$SO_3^{2-}$、$S^{2-}$、$CO_3^{2-}$、$C_2O_4^{2-}$ 等。其中 $H_2S$ 可在酸性溶液中加热除去;$SO_3^{2-}$ 可氧化为 $SO_4^{2-}$ 而不再干扰测定。凡能与 $CrO_4^{2-}$ 生成沉淀的阳离子也对测定有干扰,如 $Ba^{2+}$、$Pb^{2+}$ 等。大量的 $Cu^{2+}$、$Co^{2+}$、$Ni^{2+}$ 等有色离子的存在将对终点的观察有影响。$Fe^{3+}$、$Al^{3+}$、$Bi^{3+}$、$Sn^{4+}$ 等高价金属离子在中性或弱碱性溶液中易发生水解,也对测定有干扰,应预先进行分离。

由于生成的 $AgCl$ 沉淀容易吸附溶液中过量的 $Cl^-$,使溶液中 $Cl^-$ 浓度降低,以致过早生成 $Ag_2CrO_4$ 沉淀。故滴定时必须剧烈摇动,使被吸附的 $Cl^-$ 释放出来。

**2. 佛尔哈德法**

佛尔哈德法是以铁铵矾 $[NH_4Fe(SO_4)_2\cdot12H_2O]$ 作指示剂,用 $KSCN$ 或 $NH_4SCN$ 标准溶液滴定溶液中 $Ag^+$ 的一种方法。此法主要用于酸性条件下,对 $Ag^+$、$Cl^-$、$Br^-$、$I^-$ 和 $SCN^-$ 的测定。

用佛尔哈德法测定 $Ag^+$ 是采用直接滴定法。在含有 $Ag^+$ 的酸性溶液中,当滴定到达化学计量点附近时,由于 $AgSCN$ 已定量沉淀,此时再滴入微过量的 $NH_4SCN$,立即与 $Fe^{3+}$ 反应,生成红色络合物,以指示滴定的终点。其反应为

显然,为防止 $Fe^{3+}$ 的水解,滴定只适用于较强的酸性溶液,且只能用 $HNO_3$ 进行酸化。同时,由于 $AgSCN$ 沉淀强烈吸附 $Ag^+$,使溶液中 $Ag^+$ 浓度降低,以致过早形成 $FeSCN^{2+}$ 络合物。因此滴定过程中必须剧烈摇动,使被吸附的 $Ag^+$ 释放出来。

佛尔哈德法对 $Cl^-$、$Br^-$、$I^-$、$SCN^-$ 等的测定是采用返滴定法。例如,测定 $Cl^-$ 时,首先在被测溶液中加入已知过量的 $AgNO_3$ 标准溶液,然后加入铁铵矾指示剂,再用 $NH_4SCN$ 标准溶液返滴定剩余的 $AgNO_3$。其反应为

当 $Ag^+$ 与 $SCN^-$ 反应完全以后,微过量的 $NH_4SCN$ 与 $Fe^{3+}$ 反应,生成红色的 $FeSCN^{2+}$ 络合物,已指示终点的到达:

由于 $AgCl$ 的溶解度比 $AgSCN$ 大,因此过量的 $SCN^-$ 将与 $AgCl$ 发生反应,使 $AgCl$ 沉淀转化为溶解度更小的 $AgSCN$ 沉淀:

$$AgCl\downarrow + SCN^- \Longrightarrow AgSCN\downarrow + Cl^-$$

这样就会多用去一部分 $NH_4SCN$ 标准溶液,因而产生较大的误差。为了消除这一误差,可将 $AgCl$ 沉淀滤去,并用稀 $HNO_3$ 充分洗涤沉淀,用 $NH_4SCN$ 标准溶液滴定滤液中剩余的 $Ag^+$,或是在滴加 $NH_4SCN$ 溶液前加入 $1\sim 2$ mL 的 1,2-二氯乙烷,剧烈摇动,使 $AgCl$ 沉淀的表面覆盖一层有机溶剂,避免沉淀与外部溶液接触,阻止 $AgCl$ 与 $NH_4SCN$ 发生转化反应。此法比较简便。

用返滴定法测定 $Br^-$、$I^-$、$SCN^-$ 时,由于 $AgBr$ 与 $AgI$ 的溶解度均比 $AgSCN$ 小,故不发生上述转化反应,不必将沉淀过滤或加入有机溶剂。但在测定 $I^-$ 时,必须在加入过量 $AgNO_3$ 溶液后才能加入指示剂,否则 $Fe^{3+}$ 将把 $I^-$ 氧化为 $I_2$:

$$2Fe^{3+} + 2I^- \Longrightarrow 2Fe^{2+} + I_2$$

影响分析结果的准确度。

因为佛尔哈德法的特点是在酸性溶液中进行滴定,故许多弱酸根离子(如 $PO_4^{3-}$、$AsO_4^{3-}$、$CrO_4^{2-}$ 等)都不干扰滴定,所以这种方法的选择性高,应用范围广。但强氧化剂、氮的低价氧化物以及铜盐、汞盐等能与 $SCN^-$ 起反应,干扰滴定,必须预先除去。在中性或碱性溶液中不能使用佛尔哈德法,这是因为指示剂铁铵矾中的 $Fe^{3+}$ 将生成沉淀。

### 3. 法扬斯法

法扬斯法是利用吸附指示剂指示滴定终点的银量法。吸附指示剂是一类有色的有机化合物,当它被吸附在沉淀表面上以后,由于生成某种化合物而导致指示剂分子结构发生变化,因而引起颜色的变化。

例如,用 $AgNO_3$ 标准溶液测定 $Cl^-$,可用荧光黄作吸附指示剂。荧光黄是一种有机弱酸,可用 HFl 表示。在溶液中,它可离解为荧光黄阴离子 $Fl^-$,呈黄绿色。在化学计量点前,溶液中存在过量的 $Cl^-$,$AgCl$ 沉淀(胶体微粒)表面因吸附 $Cl^-$ 而带有负电荷。此时 $Fl^-$ 不被吸附,溶液呈黄绿色。当到达化学计量点后,溶液中存在过量的 $Ag^+$,则 $AgCl$ 沉淀(胶体微粒)表面因吸附 $Ag^+$ 而带有正电荷。此时带正电荷的胶体微粒强烈吸附 $Fl^-$,可能由于在 $AgCl$ 沉淀表面上形成了荧光黄银化合物而呈淡红色,从而指示滴定的终点。其表达式如下:

$$\underset{\text{(黄绿色)}}{AgCl\cdot Ag^+} + Fl^- \Longrightarrow \underset{\text{(淡红色)}}{AgCl\cdot Ag\cdot Fl}$$

采用法扬斯法应考虑以下几个因素:

(1) 由于终点颜色变化发生在沉淀的表面上,为使颜色变化敏锐,应尽量使沉淀的颗粒小一些,以保持溶胶的稳定状态。为此,滴定时一般都先加入糊精或淀粉溶液保护胶体,防止溶胶过分凝聚。

(2) 在滴定过程中,避免强阳光照射。因为卤化银沉淀对光敏感,很快转变为灰黑色,影响终点的观察。

(3) 被测离子的浓度不能太低,因为浓度太低时,沉淀很少,观察终点较困难。如用荧光黄作指示剂,用 $AgNO_3$ 滴定 $Cl^-$ 时,$Cl^-$ 的浓度要求在 0.005 mol/L 以上。如用曙红作指示剂,用 $AgNO_3$ 滴定 $Br^-$、$I^-$、$SCN^-$ 时,它们的浓度要求在 0.001 mol/L 以上。

(4) 胶体微粒对指示剂的吸附能力,应略小于对被测离子的吸附能力,否则指示剂将在化学计量点前变色。但吸附能力也不能太弱,否则变色不敏锐。例如用 $AgNO_3$ 滴定 $Cl^-$,不宜用曙红作指示剂,这是因为 $AgCl$ 胶体微粒对曙红阴离子的吸附能力很强,而使曙红阴离子取

代 $Cl^-$ 进入吸附层中，以致无法指示终点。

（5）吸附指示剂一般是有机弱酸，起指示作用的是指示剂的阴离子。由于指示剂的离解受酸度的影响，因此各种吸附指示剂都有一定的 pH 适用范围。例如荧光黄，其 $K_a \approx 10^{-7}$，当溶液的 pH 值较低时，大部分荧光黄以 HFl 分子形式存在，不被沉淀所吸附，故无法指示终点。所以，用荧光黄作指示剂时，溶液的 pH 值应为 $7 \sim 10$。二氯荧光黄的 $K_a \approx 10^{-4}$，其适用范围就大一些，溶液的 pH 值可为 $4 \sim 10$。曙红的 $K_a \approx 10^{-2}$，故溶液的 pH 值可为 $2 \sim 10$。

现将银量法中常用的吸附指示剂列入表 5-2 中。

**表 5-2    常用的吸附指示剂**

| 指 示 剂 | 被测定离子 | 滴 定 剂 | 适用的 pH 范围 |
|---|---|---|---|
| 荧光黄 | $Cl^-$ | $Ag^+$ | $7 \sim 10$ |
| 二氯荧光黄 | $Cl^-$ | $Ag^+$ | $4 \sim 10$ |
| 曙　红 | $Br^-$、$I^-$、$SCN^-$ | $Ag^+$ | $2 \sim 10$ |
| 溴甲酚绿 | $SCN^-$ | $Ag^+$ | $4 \sim 5$ |

# 第四节    水中氯化物的测定

### 1. 水中氯化物及其测定意义

氯化物（$Cl^-$）普遍存在于各种水中。海水中的 $Cl^-$ 可达到 18 g/L；某些咸水湖中的 $Cl^-$ 可高达 150 g/L。天然水中 $Cl^-$ 的来源主要是地层或土壤中盐类的溶解，故 $Cl^-$ 含量一般不会太高。某些工业废水中含有大量的 $Cl^-$，生活污水中由于人尿的排入也含有较高的 $Cl^-$。生活饮用水中的 $Cl^-$ 对人体健康并无害处，但最好在 200 mg/L 以下，若达到 $500 \sim 1000$ mg/L，就有明显的咸味。工业用水中的 $Cl^-$ 含量过高时，对设备、金属管道和构筑物都有腐蚀作用。水中的 $Cl^-$ 与 $Ca^{2+}$、$Mg^{2+}$ 结合可构成永久硬度。因此，测定各种水中 $Cl^-$ 的含量，是评价水质的标准之一。

### 2. 氯化物的测定方法

水中 $Cl^-$ 的测定主要采用莫尔法，有时也采用佛尔哈德法和法扬斯法。若水样带有颜色，则对终点的观察有干扰，此时可采用电位滴定法。

用莫尔法测定 $Cl^-$，应在 pH = $6.5 \sim 10.5$ 的溶液中进行。干扰物有 $Br^-$、$I^-$、$CN^-$、$SCN^-$、$S^{2-}$、$PO_4^{3-}$、$AsO_4^{3-}$、$Ba^{2+}$、$Pb^{2+}$、$Bi^{3+}$ 及 $NH_3$。

用佛尔哈德法测定 $Cl^-$，必须在较强的酸性溶液中进行。因此，凡能生成不溶于酸的银盐离子，如 $Br^-$、$I^-$、$CN^-$、$SCN^-$、$S^{2-}$、$[Fe(CN)_6]^{3-}$、$[Fe(CN)_6]^{4-}$ 等，都会干扰测定。$Hg^+$、$Cu^{2+}$、$Ni^{2+}$、$Co^{2+}$ 能与 $SCN^-$ 生成络合物，也会干扰测定，影响终点的观察。

法扬斯法适合于测定高含量的氯化物。因为氯化物含量太低，产生的 AgCl 沉淀较少，对吸附指示剂的吸附作用就较弱，故使终点变色不敏锐。此法要求的滴定酸度条件，决定于所采用的吸附指示剂。例如用荧光黄作指示剂时，滴定溶液的 pH 值应在 $7 \sim 10$ 之间；用二氯荧光黄作指示剂时,滴定溶液的 pH 值应在 4～10 之间。干扰物有 $Br^-$、$I^-$、$CN^-$、$SCN^-$、$S^{2-}$、$PO_4^{3-}$、$AsO_4^{3-}$ 及 $NH_3$ 等。

# 思　考　题

1. 什么叫分步沉淀？如果向含有相同浓度的 $Cl^-$、$Br^-$、$I^-$ 的混合溶液中,滴加 $AgNO_3$ 溶液,沉淀的次序如何？为什么？

2. 用莫尔法测定 $Cl^-$ 时,为什么要做空白试验？

3. 用莫尔法测定 $Cl^-$ 时,有哪些主要因素影响测定结果的准确度？

4. 用佛尔哈德法测定 $Cl^-$ 时,为什么要用 $HNO_3$ 溶液酸化溶液,而不用 HCl 或 $H_2SO_4$ 溶液？

5. 用佛尔哈德法测定 $Br^-$ 或 $I^-$,临近滴定终点时,剧烈摇动溶液,AgBr、AgI 能否转化为 AgSCN 沉淀？为什么？

6. 用法扬斯法测定 $Cl^-$ 的主要条件有哪些？

7. 用银量法测定下列试样中 $Cl^-$ 含量时,选用哪种指示剂指示终点较为合适？

(1) $NH_4Cl$　　　　　　(2) $BaCl_2$　　　　　　　　(3) $FeCl_2$

(4) $NaCl+Na_3PO_3$　　(5) $NaCl+Na_2SO_4$

# 习　　题

1. 在 $Pb^{2+}$ 和 $Ag^+$ 的浓度均为 $1.5 \times 10^{-2}$ mol/L 的 20 mL 混合溶液中,当逐滴加入 2 mol/L NaCl 溶液时,问 $PbCl_2$、AgCl 谁先沉淀？为什么？当 $Pb^{2+}$ 开始沉淀时,溶液中 $Ag^+$ 的浓度为多少？

2. 某含有 NaCl 的水样溶液 20 mL,加入 $K_2CrO_4$ 指示剂,用 0.1023 mol/L 的 $AgNO_3$ 标准溶液进行滴定,用去标准溶液 27.00 mL,求水样中所含 $Cl^-$ 的浓度(以 g/L 表示)。

3. 配制 $AgNO_3$ 标准溶液 500 mL,用于测定氯化物的含量。若要使 1 mL $AgNO_3$ 溶液相当于 0.500 mg $Cl^-$,应如何配制？

4. 取某氯化物水样 100 mL,加入 0.1120 mol/L 的 $AgNO_3$ 溶液 20.00 mL,然后用 0.1158 mol/L 的 $NH_4SCN$ 溶液 10.20 mL 滴定过量的 $AgNO_3$。试求水样中氯化物的浓度(以 mg/L 表示)。

5. 含有纯 NaCl 及纯 KCl 的试样 0.1200 g,用 0.1000 mol/L 的 $AgNO_3$ 标准溶液滴定,用去 $AgNO_3$ 溶液 20.00 mL。试求试样中 NaCl 及 KCl 的百分含量。

6. 某含磷酸工业废水,用铁铵矾指示剂法在 pH=0.5 时测定 $Cl^-$,100 mL 水样加 0.1180 mol/L 的 $AgNO_3$ 溶液 20.00 mL,加硝基苯保护沉淀后,再用 0.1017 mol/L KSCN 滴定,消耗 6.53 mL,求废水中氯离子浓度(以 mg/L 表示)。

# 第六章 氧化还原滴定法

氧化还原滴定法是以氧化还原反应为基础的滴定分析方法。在水质分析中,水中许多具有氧化性或还原性的物质,除了能直接测定外,还可以用间接的定量反应关系进行测定。因此,氧化还原滴定法的应用十分广泛。氧化还原滴定法有多种方法。若以氧化剂命名,主要有高锰酸钾法、重铬酸钾法、碘量法、溴酸钾法等。

氧化还原反应与酸碱、络合、沉淀等反应不同。酸碱、络合、沉淀反应都是离子或分子相互结合的反应,其反应简单,一般瞬间即可完成。氧化还原反应是电子传递的反应,比较复杂,反应通常分步进行,一般反应速度较慢。同时,氧化还原反应除了主反应外,还经常伴随有各种副反应,或因条件不同而生成不同产物。因此在氧化还原滴定中,必须考虑反应速度以及滴定条件对滴定反应的影响。

## 第一节 基 本 概 念

### 一、能斯特方程式

氧化剂和还原剂的强弱,可以用有关电对的电极电位(简称电位)来衡量。电对的电位愈高,其氧化态的氧化能力愈强;电对的电位愈低,其还原态的还原能力愈强。因此,作为一种氧化剂,它可以氧化电位比它低的还原剂;作为一种还原剂,它可以还原电位比它高的氧化剂。根据有关电对的电位,可以判断反应进行的方向、次序和反应进行的程度。

可逆氧化还原电对的电位可用能斯特方程式求得。例如对下述氧化还原半电池(电对)反应:

$$氧化态 + ne \rightleftharpoons 还原态$$

其电对电位 $\varphi$ 可用能斯特方程式表示:

$$\varphi = \varphi^{\ominus} + \frac{RT}{nF}\ln\frac{[氧化态]}{[还原态]} \tag{6-1}$$

式中,$\varphi^{\ominus}$ 为电对的标准电位;$R$ 为气体常数(8.314 J/K·mol);$T$ 为绝对温度(K);$F$ 为法拉第常数(96487 C/mol);$n$ 为反应中的电子传递数;[氧化态]为电对中氧化态的平衡浓度(mol/L);[还原态]为电对中还原态的平衡浓度(mol/L)。

将以上常数代入式(6-1)中并换算为常用对数,在 25 ℃时,得

$$\varphi = \varphi^{\ominus} + \frac{0.059}{n}\lg\frac{[氧化态]}{[还原态]} \tag{6-2}$$

由式(6-2)可以看出,电对电位 $\varphi$ 值不仅与电对的标准电位 $\varphi^{\ominus}$ 有关,还与氧化态和还原

态的浓度比有关。当[氧化态]＝[还原态]＝1时,则 $\varphi = \varphi^{\ominus}$,此时电对的电位等于电对的标准电位。

电对的标准电位是指处于特定条件(0.1 MPa,25 ℃)下,电对中的氧化态、还原态的活度均等于1 mol/L(若反应中有气体参加,其分压等于0.1 MPa)时的电位。所以,应用能斯特方程式时,严格说来,应该使用氧化态和还原态的活度。如果忽略溶液中离子强度的影响,以浓度代替活度来进行计算,则计算结果就会与实际情况相差较大。所以,在实际工作中,考虑溶液中离子强度的影响,则式(6-2)应写成:

$$\varphi = \varphi^{\ominus} + \frac{0.059}{n} \lg \frac{a_{氧化态}}{a_{还原态}} \tag{6-3}$$

式中,$a_{氧化态}$为电对中氧化态的活度(mol/L);$a_{还原态}$为电对中还原态的活度(mol/L)。

## 二、条件电位

由于在实际工作中,通常使用的是浓度而不是活度,故式(6-3)可写成:

$$\varphi = \varphi^{\ominus} + \frac{0.059}{n} \lg \frac{\gamma_{氧化态}[氧化态]}{\gamma_{还原态}[还原态]}$$

当[氧化态]＝[还原态]＝1 mol/L 时

$$\varphi = \varphi^{\ominus} + \frac{0.059}{n} \lg \frac{\gamma_{氧化态}}{\gamma_{还原态}} = \varphi^{\ominus\prime} \tag{6-4}$$

$\varphi^{\ominus\prime}$ 称为条件电位,它相当于电对氧化态和还原态的浓度都等于1 mol/L时的电位。这种电位是校正了各种外界因素后得到的实际电位,它随活度系数而变化,当离子强度和副反应系数等条件不变时为一常数。例如,计算HCl溶液中Fe(Ⅲ)/Fe(Ⅱ)体系的电位,由能斯特方程式得

$$\varphi = \varphi^{\ominus} + 0.059 \lg \frac{a_{Fe^{3+}}}{a_{Fe^{2+}}} = \varphi^{\ominus} + 0.059 \lg \frac{\gamma_{Fe^{3+}}[Fe^{3+}]}{\gamma_{Fe^{2+}}[Fe^{2+}]}$$

但是,在HCl溶液中,由于铁离子的副反应还存在下列平衡:

$$Fe^{3+} + H_2O \Longrightarrow FeOH^{2+} + H^{+}$$

$$Fe^{3+} + Cl^{-} \Longrightarrow FeCl^{2+}$$

$$Fe^{2+} + Cl^{-} \Longrightarrow FeCl^{+}$$

$$\cdots$$

因此,除$Fe^{3+}$、$Fe^{2+}$外,还存在$FeOH^{2+}$、$FeCl^{2+}$、$FeCl_2^{+}$、$FeCl^{+}$、$FeCl_2$、$\cdots$。若用$c_{Fe(Ⅲ)}$、$c_{Fe(Ⅱ)}$分别表示溶液中$Fe^{3+}$和$Fe^{2+}$的总浓度,用$\alpha_{Fe(Ⅲ)}$、$\alpha_{Fe(Ⅱ)}$分别表示$Fe^{3+}$和$Fe^{2+}$的副反应系数,则

$$c_{Fe(Ⅲ)} = [Fe^{3+}] + [FeOH^{2+}] + [FeCl^{2+}] + \cdots$$

$$c_{Fe(Ⅱ)} = [Fe^{2+}] + [FeOH^{+}] + [FeCl^{+}] + \cdots$$

$$\alpha_{Fe(Ⅲ)} = \frac{c_{Fe(Ⅲ)}}{[Fe^{3+}]}, \quad \alpha_{Fe(Ⅱ)} = \frac{c_{Fe(Ⅱ)}}{[Fe^{2+}]}$$

于是

$$\varphi = \varphi^{\ominus} + 0.059 \lg \frac{\gamma_{Fe^{3+}} \alpha_{Fe(Ⅱ)} c_{Fe(Ⅲ)}}{\gamma_{Fe^{2+}} \alpha_{Fe(Ⅲ)} c_{Fe(Ⅱ)}} \tag{6-5}$$

当 $c_{Fe(\text{Ⅲ})} = c_{Fe(\text{Ⅱ})} = 1$ mol/L 时,可得

$$\varphi = \varphi^{\ominus} + 0.059 \lg \frac{\gamma_{Fe^{3+}} \; \alpha_{Fe(\text{Ⅱ})}}{\gamma_{Fe^{2+}} \; \alpha_{Fe(\text{Ⅲ})}} = \varphi^{\ominus'} \tag{6-6}$$

式(6-6)中,$\varphi^{\ominus'}$ 表示 HCl 溶液中 Fe(Ⅲ)/Fe(Ⅱ)电对的电位,当溶液中离子强度和副反应系数等条件不变时为一常数。

标准电位 $\varphi^{\ominus}$ 与条件电位 $\varphi^{\ominus'}$ 的关系,与稳定常数 $K$ 和条件稳定常数 $K'$ 的关系相似。分析化学中引入条件电位之后,处理问题就比较符合实际情况。但目前条件电位的数据还不完善,附录中列出了部分氧化还原电对的条件电位。当缺少相同条件下的条件电位数据时,可采用条件相近的条件电位数据。例如,在未查到 1.5 mol/L $H_2SO_4$ 溶液中 $Fe^{3+}/Fe^{2+}$ 电对的条件电位时,可用 1 mol/L $H_2SO_4$ 溶液中该电对的条件电位 0.68 V 代替。对于没有条件电位的氧化还原电对,只好采用标准电位,通过能斯特方程式来计算。

【例 6-1】 计算 0.10 mol/L HCl 溶液中 As(Ⅴ)/As(Ⅲ)电对的条件电位(忽略离子强度的影响)。

**解** 在 0.10 mol/L HCl 溶液中,电对的反应为

$$H_3AsO_4 + 2H^+ + 2e \Longrightarrow H_3AsO_3 + H_2O \qquad \varphi^{\ominus} = 0.559 \text{ V}$$

由于忽略了离子强度的影响,故条件电位只受溶液酸度的影响,由能斯特方程式得

$$\varphi = \varphi^{\ominus} + \frac{0.059}{2} \lg \frac{[H_3AsO_4][H^+]^2}{[H_3AsO_3]}$$

当 $[H_3AsO_4] = [H_3AsO_3] = 1$ mol/L 时,$\varphi = \varphi^{\ominus'}$,故

$$\varphi^{\ominus'} = \varphi^{\ominus} + 0.059 \lg[H^+] = (0.559 + 0.059 \lg 0.1) \text{ V} = 0.500 \text{ V}$$

# 第二节　氧化还原反应的方向和程度

## 一、氧化还原反应的方向及影响因素

根据氧化还原反应中两个电对的电极电位,可以判断氧化还原反应的方向。由于氧化剂和还原剂的浓度、溶液的酸度以及在反应中生成沉淀和形成络合物,均对氧化还原电对的电位产生影响,故这些因素也影响氧化还原反应的方向。

### 1. 氧化剂和还原剂的浓度对反应方向的影响

在氧化还原反应中,当两个电对的条件电位相差不大时,有可能通过改变氧化剂或还原剂的浓度来改变反应的方向。

【例 6-2】 当 $[Sn^{2+}] = [Pb^{2+}] = 1$ mol/L 和 $[Sn^{2+}] = 1$ mol/L,$[Pb^{2+}] = 0.1$ mol/L 时,判断 $Pb^{2+} + Sn \Longrightarrow Pb + Sn^{2+}$ 反应进行的方向。

**解** 由于没有查得相应的条件电位,故用标准电位进行计算。已知 $\varphi^{\ominus}_{Sn^{2+}/Sn} = -0.14$ V,$\varphi^{\ominus}_{Pb^{2+}/Pb} = -0.13$ V。当 $[Sn^{2+}] = [Pb^{2+}] = 1$ mol/L 时,$\varphi_{Sn^{2+}/Sn} < \varphi_{Pb^{2+}/Pb}$,则 Sn 的还原能力

大于 Pb 的还原能力,因此反应按下述方向进行:

$$Pb^{2+} + Sn \longrightarrow Pb + Sn^{2+}$$

当 $[Sn^{2+}] = 1\ mol/L,[Pb^{2+}] = 0.1\ mol/L$ 时,

$$\varphi_{Sn^{2+}/Sn} = -0.14\ V$$

$$\varphi_{Pb^{2+}/Pb} = \varphi^{\ominus}_{Pb^{2+}/Pb} + \frac{0.059}{2}\lg[Pb^{2+}] = \left(-0.13 + \frac{0.059}{2}\lg 0.1\right)\ V = -0.16\ V$$

此时 $\varphi_{Pb^{2+}/Pb} < \varphi_{Sn^{2+}/Sn}$,则 Pb 的还原能力大于 Sn 的还原能力,因此反应按下述方向进行:

$$Pb + Sn^{2+} \longrightarrow Pb^{2+} + Sn$$

**2. 溶液的酸度对反应方向的影响**

有些氧化还原反应有 $H^+$ 和 $OH^-$ 参加,当两个电对的条件电位相差不大时,有可能通过改变溶液的酸度来改变反应的方向。

**【例 6-3】** 用碘量法测定亚砷酸盐时,以 $I_2$ 标准溶液直接滴定 $AsO_3^{3-}$,使 $AsO_3^{3-}$ 氧化成 $AsO_4^{3-}$。当溶液中 $[H^+] = 1\ mol/L$ 和 $[H^+] = 1 \times 10^{-8}\ mol/L$ 时,试判断对反应方向的影响。

**解**　滴定反应为

$$I_2 + AsO_3^{3-} + H_2O \Longleftrightarrow AsO_4^{3-} + 2I^- + 2H^+$$

已知 $\varphi^{\ominus}_{I_2/I^-} = 0.545\ V,\varphi^{\ominus}_{AsO_4^{3-}/AsO_3^{3-}} = 0.559\ V$。当 $[H^+] = 1\ mol/L$ 时,由能斯特方程式得

$$\varphi_{AsO_4^{3-}/AsO_3^{3-}} = \varphi^{\ominus}_{AsO_4^{3-}/AsO_3^{3-}} + \frac{0.059}{2}\lg\frac{[AsO_4^{3-}][H^+]^2}{[AsO_3^{3-}]}$$

$$= \varphi^{\ominus'}_{AsO_4^{3-}/AsO_3^{3-}} = 0.559\ V$$

由于 $I_2/I^-$ 电对中没有 $H^+$ 参加反应,则

$$\varphi^{\ominus'}_{I_2/I^-} = \varphi^{\ominus}_{I_2/I^-} = 0.545\ V$$

此时 $\varphi^{\ominus'}_{I_2/I^-} < \varphi^{\ominus'}_{AsO_4^{3-}/AsO_3^{3-}}$,故反应按下述方向进行:

$$AsO_4^{3-} + 2I^- + 2H^+ \longrightarrow AsO_3^{3-} + I_2 + H_2O$$

当 $[H^+] = 1 \times 10^{-3}\ mol/L$ 时,由能斯特方程式得

$$\varphi^{\ominus'}_{AsO_4^{3-}/AsO_3^{3-}} = \varphi^{\ominus}_{AsO_4^{3-}/AsO_3^{3-}} + 0.059\lg[H^+]$$

$$= [0.559 + 0.059\lg(1 \times 10^{-8})]\ V = 0.087\ V$$

$$\varphi^{\ominus'}_{I_2/I^-} = \varphi^{\ominus}_{I_2/I^-} = 0.545\ V$$

此时 $\varphi^{\ominus'}_{AsO_4^{3-}/AsO_3^{3-}} < \varphi^{\ominus'}_{I_2/I^-}$,故反应按下述方向进行:

$$AsO_3^{3-} + I_2 + H_2O \longrightarrow AsO_4^{3-} + 2I^- + 2H^+$$

**3. 生成沉淀对反应方向的影响**

在氧化还原反应中,当加入一种可与氧化态或还原态形成沉淀的沉淀剂时,就会改变体系的标准电位或条件电位,有可能影响反应进行的方向。

**【例 6-4】** 用碘量法测定 $Cu^{2+}$ 时,是利用 $Cu^{2+}$ 氧化 $I^-$ 生成 $I_2$,同时生成 CuI 沉淀进行测定的。试通过电位的计算,说明 $Cu^{2+}$ 为什么可以氧化 $I^-$?

**解** 实际反应为

$$2Cu^{2+} + 4I^- \Longleftrightarrow 2CuI\downarrow + I_2$$

仅根据标准电位 $\varphi^{\ominus}_{Cu^{2+}/Cu^+} = 0.159 \text{ V} < \varphi^{\ominus}_{I_2/I^-} = 0.545 \text{ V}$,上述反应不能向右进行。但是,因为 $I^-$ 与 $Cu^+$ 生成难溶性的 CuI 沉淀,溶液中 $Cu^+$ 浓度很小,从而使 $Cu^{2+}/Cu^+$ 电对电位升高。

已知 $K_{sp(CuI)} = 1.1 \times 10^{-12}$,则 $[Cu^+] = \dfrac{K_{sp(CuI)}}{[I^-]}$,当 $[Cu^{2+}] = [I^-] = 1 \text{ mol/L}$ 时,$Cu^{2+}/Cu^+$ 电对电位为

$$\varphi_{Cu^{2+}/Cu^+} = \varphi^{\ominus}_{Cu^+/Cu^+} + 0.059 \lg \frac{[Cu^{2+}]}{[Cu^+]} = \varphi^{\ominus}_{Cu^{2+}/Cu^+} - 0.059 \lg K_{sp(CuI)}$$

$$= (0.159 - 0.059 \lg 1.1 \times 10^{-12}) \text{ V} = 0.865 \text{ V}$$

此时 $\varphi^{\ominus}_{I_2/I^-} < \varphi_{Cu^{2+}/Cu^+}$,故 $Cu^{2+}$ 可以将 $I^-$ 氧化为 $I_2$,即反应可以自左向右进行。

**4. 形成络合物对反应方向的影响**

在氧化还原反应中,当加入一种可与氧化态或还原态形成络合物的络合剂时,就会改变体系的标准电位和条件电位,有可能影响反应进行的方向。

**【例 6-5】** 用碘量法测定 $Cu^{2+}$ 时,$Fe^{3+}$ 的存在对 $Cu^{2+}$ 的测定有干扰。试通过电对电位的计算,说明:当加入 $NH_4F$ 以掩蔽 $Fe^{3+}$,形成 $FeF_3$ 络合物时,$Fe^{3+}$ 不能将 $I^-$ 氧化为 $I_2$ 的原因。假定溶液中 $c_{Fe^{3+}} = 0.10 \text{ mol/L}$,$[Fe^{2+}] = 1.0 \times 10^{-5} \text{ mol/L}$,游离 $[F^-] = 1.0 \text{ mol/L}$。

**解** 因为 $Fe^{3+}$ 与 $F^-$ 主要形成 $FeF_3$ 络合物,其各级稳定常数分别为 $K_1 = 1.9 \times 10^5$,$K_2 = 1.05 \times 10^4$,$K_3 = 5.8 \times 10^2$。根据游离 $F^-$ 浓度,可求得溶液中 $Fe^{3+}$ 的浓度。由

$$\alpha_{Fe(F)} = 1 + K_1[F^-] + K_1 K_2 [F^-]^2 + K_1 K_2 K_3 [F^-]^3$$

$$= 1 + 1.9 \times 10^5 \times 1 + 1.9 \times 10^5 \times 1.05 \times 10^4 \times 1^2 + 1.9 \times 10^5 \times 1.05 \times 10^4 \times 5.8 \times 10^2 \times 1^3$$

$$= 1.15 \times 10^{12}$$

又由

$$\alpha_{Fe(F)} = \frac{c_{Fe^{3+}}}{[Fe^{3+}]}$$

得

$$[Fe^{3+}] = \frac{0.10}{1.15 \times 10^{12}} \text{ mol/L} = 8.7 \times 10^{-14} \text{ mol/L}$$

$Fe^{3+}/Fe^{2+}$ 电对电位为

$$\varphi_{Fe^{3+}/Fe^{2+}} = \varphi^{\ominus}_{Fe^{3+}/Fe^{2+}} + 0.059 \lg \frac{[Fe^{3+}]}{[Fe^{2+}]}$$

$$= \left(0.77 + 0.059 \lg \frac{8.7 \times 10^{-14}}{1.0 \times 10^{-5}}\right) \text{ V} = 0.29 \text{ V}$$

计算结果表明,加入 $NH_4F$ 后,由于 $Fe^{3+}$ 几乎全部与 $F^-$ 形成了稳定的 $FeF_3$ 络合物,使 $Fe^{3+}/Fe^{2+}$ 电对电位降至 0.29 V。此时 $\varphi_{Fe^{3+}/Fe^{2+}} < \varphi^{\ominus}_{I_2/I^-}$,故 $Fe^{3+}$ 失去了氧化 $I^-$ 的能力,从而消除了 $Fe^{3+}$ 的干扰作用。

## 二、氧化还原反应的平衡常数及完全程度

**1. 反应的平衡常数**

氧化还原反应进行的程度,由反应的平衡常数来衡量。氧化还原反应的平衡常数,可以用

有关电对的标准电位或条件电位求得。

例如,有半反应

$$O_1/R_1: O_1 + n_1 e \rightleftharpoons R_1 \qquad \varphi_1 = \varphi_1^{\ominus} + \frac{0.059}{n_1} \lg \frac{[O_1]}{[R_1]}$$

$$O_2/R_2: O_2 + n_2 e \rightleftharpoons R_2 \qquad \varphi_2 = \varphi_2^{\ominus} + \frac{0.059}{n_2} \lg \frac{[O_2]}{[R_2]}$$

氧化还原反应为
$$n_2 O_1 + n_1 R_2 \rightleftharpoons n_1 O_2 + n_2 R_1$$

反应达到平衡时,两电对电位相等,故有

$$\varphi_1^{\ominus} + \frac{0.059}{n_1} \lg \frac{[O_1]}{[R_1]} = \varphi_2^{\ominus} + \frac{0.059}{n_2} \lg \frac{[O_2]}{[R_2]}$$

设两电对电子转移数 $n_1$ 与 $n_2$ 的最小公倍数为 $n$,且上式两边同乘以 $n$,得到

$$n(\varphi_1^{\ominus} - \varphi_2^{\ominus}) = 0.059 \lg \frac{[O_2]^{n_1} \cdot [R_1]^{n_2}}{[R_2]^{n_1} \cdot [O_1]^{n_2}} = 0.059 \lg K$$

所以
$$\lg K = \frac{n(\varphi_1^{\ominus} - \varphi_2^{\ominus})}{0.059}$$

式中,$n_1 \neq n_2$ 时,$n$ 为最小公倍数;$n_1 = n_2$ 时,$n = n_1 = n_2$。

**2. 氧化还原反应的完全程度**

一般的滴定分析中,要求 99.9% 的反应物变成产物,籍此我们可以计算出反应达到完全时所需要的平衡常数值。

对于反应
$$n_2 O_1 + n_1 R_2 \rightleftharpoons n_2 R_1 + n_1 O_2$$

反应完全时
$$\frac{[O_2]}{[R_2]} = \frac{99.9}{0.1} \approx 10^3, \qquad \frac{[R_1]}{[O_1]} = \frac{99.9}{0.1} \approx 10^3$$

(1) $n_1 = n_2$ 时,反应为
$$O_1 + R_2 \rightleftharpoons R_1 + O_2$$

$$\lg K = \lg \frac{[R_1][O_2]}{[O_1][R_2]} \geqslant \lg(10^3 \cdot 10^3) = 3 \times 2 = 6$$

即 $\lg K \geqslant 6$ 时,反应能完全。

氧化还原反应完全的程度不像酸碱、络合平衡那样,$K$ 值大于某一个数。氧化还原反应的平衡常数是与 $n$ 有关的,不同的反应有不同的 $K$ 值。一般情况下讨论 $\Delta\varphi^{\ominus}$ 更方便。此时

$$\varphi_1^{\ominus} - \varphi_2^{\ominus} \geqslant \frac{6 \times 0.059}{n},记为 \Delta\varphi^{\ominus} \geqslant \frac{0.354}{n}(V)$$

说明:当 $n_1 = n_2 = 1$ 时,$\Delta\varphi^{\ominus} \geqslant 0.354$ V 就可以反应完全;当 $n_1 = n_2 = 2$ 时,$\Delta\varphi^{\ominus} \geqslant 0.177$ V 就可以反应完全。

(2) $n_1 \neq n_2$ 时,反应为
$$n_2 O_1 + n_1 R_2 \rightleftharpoons n_2 R_1 + n_1 O_2$$

$$\lg K = \lg \frac{[O_2]^{n_1} \cdot [R_1]^{n_2}}{[R_2]^{n_1} \cdot [O_1]^{n_2}} \geqslant \lg(10^{3n_1} 10^{3n_2}) = 3(n_1 + n_2)$$

即
$$\Delta\varphi^{\ominus} \geqslant \frac{0.059 \times 3(n_1 + n_2)}{n} = \frac{0.177(n_1 + n_2)}{n}(V)时才能反应完全。$$

**【例 6-6】** 在 1 mol/L HCl 中,计算 $Fe^{3+}$ 与 $Sn^{2+}$ 反应的平衡常数及计量点时反应进行的

程度。已知 1 mol/L HCl 溶液中，$\varphi_{Fe^{3+}/Fe^{2+}}^{\ominus'} = 0.68$ V，$\varphi_{SnCl_6^{2-}/SnCl_4^{2-}}^{\ominus'} = 0.14$ V。

**解** 此反应为 $n_1 = 1, n_2 = 2$ 的反应

$$2Fe^{3+} + Sn^{2+} \Longrightarrow 2Fe^{2+} + Sn^{4+}$$

从理论计算上看

$$\Delta\varphi^{\ominus} \geqslant \frac{0.177 \times (1+2)}{1 \times 2} \text{ V} = 0.27 \text{ V}$$

或者 $\lg K = 3(n_1 + n_2) = 3 \times (1+2) = 9$ 就可以反应完全。而实际上，

$$\Delta\varphi^{\ominus} = (0.68 - 0.14) \text{ V} = 0.54 \text{ V} > 0.27 \text{ V}$$

$$\lg K = \frac{n(\varphi_1^{\ominus'} - \varphi_2^{\ominus'})}{0.059} = \frac{1 \times 2 \times (0.68 - 0.14)}{0.059} = 18.30 > 9$$

根据反应方程式，在计量点时有如下关系

$$\frac{[Fe^{2+}]}{[Sn^{4+}]} = \frac{2}{1}, \qquad \frac{[Fe^{3+}]}{[Sn^{2+}]} = \frac{2}{1}$$

所以

$$\lg K = \lg \frac{[Sn^{4+}][Fe^{2+}]^2}{[Sn^{2+}][Fe^{3+}]^2} = \lg \frac{\frac{1}{2}[Fe^{2+}]^3}{\frac{1}{2}[Fe^{3+}]^3} = 18.30$$

$$\frac{[Fe^{2+}]}{[Fe^{3+}]} = 1.2 \times 10^6$$

$$\frac{[Fe^{2+}]}{[Fe^{2+}] + [Fe^{3+}]} = \frac{1.2 \times 10^6}{1.2 \times 10^6 + 1} = 99.9999\%$$

可见，反应进行非常完全。

# 第三节　影响氧化还原反应速度的因素

在氧化还原中，根据两个电对电位的大小，可以判断反应进行的方向。但这只能指出反应进行的可能性，并不能指出反应进行的速度。实际上不同的氧化还原反应，其反应速度存在着很大的差别。有的反应速度较快，有的反应速度较慢，有的反应虽然从理论上看是可以进行的，但实际上由于反应速度太慢而可以认为它们之间并没有发生反应。所以在氧化还原滴定分析中，从平衡观点出发，不仅要考虑反应的可能性，还要从反应速度来考虑反应的现实性。因此对影响反应速度的因素必须有一定的了解。

氧化还原反应是电子传递的反应。氧化剂和还原剂之间的电子传递会遇到很多阻力。如溶液中的溶剂分子和各种配位体，物质之间的静电作用力，反应后因价态变化引起化学键和物质组成的变化等。因此，氧化还原反应速度不仅取决于氧化剂和还原剂的性质，而且还取决于反应物的浓度、反应的温度、催化剂等条件。

**1. 氧化剂和还原剂的性质**

不同性质的氧化剂和还原剂，其反应速度相差极大。这与它们的电子层结构、条件电位的差别和反应历程等因素有关。对此问题，由于理论复杂，不宜在本课程中讨论。

### 2. 反应物的浓度

根据质量作用定律,反应速度与反应物浓度的乘积成正比。在氧化还原反应中,由于反应机理比较复杂,反应往往是分步进行的。因此,在考虑总反应的反应速度时,不能简单地按质量作用定律处理。但一般说来,反应物的浓度愈大,反应的速度愈快。例如,在酸性溶液中,一定量的 $K_2Cr_2O_7$ 和 KI 反应:

$$Cr_2O_7^{2-} + 6I^- + 14H^+ \rightleftharpoons 2Cr^{3+} + 3I_2 + 7H_2O$$

增大 $I^-$ 的浓度或提高溶液的酸度,都可以使反应速度加快。但酸度不能过高,否则空气中的氧对 $I^-$ 的氧化速度也会加快,产生副反应,给测定结果带来误差:

$$4I^- + O_2 + 4H^+ \rightleftharpoons 2I_2 + 2H_2O$$

### 3. 温度

对大多数反应来说,升高溶液的温度,可提高反应速度。通常溶液的温度每增高 10 ℃,反应速度约增大 2～3 倍。例如,在酸性条件下用草酸标定高锰酸钾溶液的反应:

$$2MnO_4^- + 5C_2O_4^{2-} + 16H^+ \rightleftharpoons 2Mn^{2+} + 10CO_2 + 8H_2O$$

在室温下,反应速度缓慢。如果将溶液加热,反应速度便大大加快。所以,通常是将此溶液加热至 75～85 ℃时进行标定。当温度过高时,会使 $H_2C_2O_4$ 分解:

$$H_2C_2O_4 \rightleftharpoons CO_2 + CO + H_2O$$

因此必须根据不同反应物的特点,来确定反应的适宜温度。

应该注意,不是所有的反应都能用升高温度的办法来加快反应的速度。有些物质(如 $I_2$)具有较大的挥发性,如将溶液加热,则会引起挥发损失;有些物质(如 $Sn^{2+}$、$Fe^{2+}$ 等)很容易被空气中的氧所氧化,如将溶液加热就会促进氧化,从而引起误差。为此,就只有采用别的方法来提高反应的速度。

### 4. 催化剂

催化剂有正催化剂和负催化剂之分。正催化剂加快反应速度,负催化剂减慢反应速度。在水质分析中,经常利用催化剂来改变氧化还原反应的速度。

在催化反应中,由于催化剂的存在,可能产生一些不稳定的中间价态的离子、游离基或活泼的中间络合物,从而改变了原来的氧化还原反应历程,或者降低了原来进行反应时所需的活化能,使反应速度发生变化。

例如,$KMnO_4$ 与 $H_2C_2O_4$ 的反应,即使是在强酸性溶液(75～85 ℃)中,最初的反应速度也较慢,溶液的褪色亦很缓慢。当反应生成微量 $Mn^{2+}$ 后,随着 $KMnO_4$ 溶液的继续加入,反应速度逐渐加快,溶液的褪色也逐渐加快。在此反应中,$Mn^{2+}$ 起了催化剂的作用。这种生成物本身起催化作用的反应,叫做自动催化反应。

又如,化学需氧量的测定,在用 $K_2Cr_2O_7$ 氧化有机物时,常加入 $Ag_2SO_4$ 作催化剂。由于 $Ag^+$ 的催化作用,可使 $K_2Cr_2O_7$ 与有机物的氧化还原反应速度大大加快。

在氧化还原反应中,有时由于某一个氧化还原反应的发生,促进了另一个氧化还原反应的进行,这种现象称为诱导作用。例如,$KMnO_4$ 氧化 $Cl^-$ 的速度很慢,但是当溶液中有 $Fe^{2+}$ 存在时,$KMnO_4$ 与 $Fe^{2+}$ 的反应可以加速 $KMnO_4$ 与 $Cl^-$ 的反应:

$$MnO_4^- + 5Fe^{2+} + 8H^+ \longrightarrow Mn^{2+} + 5Fe^{3+} + 4H_2O$$

$$2MnO_4^- + 10Cl^- + 16H^+ \longrightarrow 2Mn^{2+} + 5Cl_2 + 8H_2O$$

这里 $MnO_4^-$ 与 $Fe^{2+}$ 的反应称为诱导反应,而 $MnO_4^-$ 与 $Cl^-$ 的反应称为受诱反应。其中 $MnO_4^-$ 称为作用体,$Fe^{2+}$ 称为诱导体,$Cl^-$ 称为受诱体。所以用 $KMnO_4$ 法测定 $Fe^{2+}$ 时,一般不用 $HCl$ 作酸性介质。但是,如果溶液中同时存在大量 $Mn^{2+}$,由于 $Mn^{2+}$ 的催化作用,使 $KMnO_4$ 基本上不与 $Cl^-$ 起反应。因此,用 $KMnO_4$ 法测定 $Fe^{2+}$ 时,若在被测溶液中加入一定量的 $MnSO_4$,则反应可在 $HCl$ 酸性介质中进行。

诱导反应和催化反应是不相同的。在催化反应中,催化剂参加反应后,又变回原来的组成;在诱导反应中,诱导体参加反应后,变为其他物质。

# 第四节　氧化还原滴定

在氧化还原滴定中,随着滴定剂的加入,被滴定物质的氧化态和还原态的浓度逐渐改变,电对的电位也随之不断变化,并且在化学计量点附近有一个突跃。这种电位变化的情况可用滴定曲线表示。滴定曲线一般通过实验方法测得,但也可以根据能斯特方程式,从理论上进行计算。

## 一、滴定曲线

现以 $c_{(\frac{1}{6}K_2Cr_2O_7)} = 0.1000\ mol/L$ 的 $K_2Cr_2O_7$ 标准溶液滴定 20.00 mL 0.1000 mol/L $Fe^{2+}$ 溶液为例,说明滴定过程中电位的计算方法。其滴定反应为

$$Cr_2O_7^{2-} + 6Fe^{2+} + 14H^+ \rightleftharpoons 6Fe^{3+} + 2Cr^{3+} + 7H_2O$$

**1. 滴定前**

滴定前,由于空气中的氧的氧化作用,溶液中可能有极少量 $Fe^{2+}$ 被氧化为 $Fe^{3+}$,组成 $Fe^{3+}/Fe^{2+}$ 电对。但由于不知道 $Fe^{3+}$ 的浓度,故此时的电位无法计算。

**2. 滴定开始至化学计量点前**

在这个阶段,溶液中存在 $Fe^{3+}/Fe^{2+}$ 和 $Cr_2O_7^{2-}/Cr^{3+}$ 两个电对。当反应达到平衡时,两个电对的电位相等。由于此时溶液中 $Cr_2O_7^{2-}$ 浓度很小,不易直接求得。故可利用 $Fe^{3+}/Fe^{2+}$ 电对来计算溶液的电位,则

$$\varphi = \varphi_{Fe^{3+}/Fe^{2+}}^{\ominus} + 0.059\ \lg\frac{[Fe^{3+}]}{[Fe^{2+}]}$$

若滴加 10 mL $K_2Cr_2O_7$ 溶液,则溶液中将有 $50\%Fe^{2+}$ 被氧化为 $Fe^{3+}$,此时电位为

$$\varphi = \left(0.77 + 0.059\ \lg\frac{50}{50}\right)\ V = 0.77\ V$$

若滴加 19.98 mL $K_2Cr_2O_7$ 溶液,则溶液中有 $99.9\%$ 的 $Fe^{2+}$ 被氧化为 $Fe^{3+}$,用同样方法可计算电位为

$$\varphi = \left(0.77 + 0.059\ \lg\frac{99.9}{0.1}\right)\ V = 0.94\ V$$

### 3. 化学计量点时

化学计量点时,加入 $K_2Cr_2O_7$ 溶液为 $20.00\ mL$(即 $100\%$),溶液中 $Fe^{2+}$ 和 $Cr_2O_7^{2-}$ 以化学计量关系作用完全。此时溶液中 $Fe^{2+}$ 和 $Cr_2O_7^{2-}$ 的浓度都很小,但不能看做零。因此,溶液的电位应该用两个电对来计算:

$$\varphi_{Fe^{3+}/Fe^{2+}} = \varphi_{Fe^{3+}/Fe^{2+}}^{\ominus} + 0.059\ lg\frac{[Fe^{3+}]}{[Fe^{2+}]} \tag{6-7}$$

$$\varphi_{Cr_2O_7^{2-}/Cr^{3+}} = \varphi_{Cr_2O_7^{2-}/Cr^{3+}}^{\ominus} + \frac{0.059}{6}\ lg\frac{[Cr_2O_7^{2-}][H^+]^{14}}{[Cr^{3+}]^2} \tag{6-8}$$

将式(6-8)乘以 6 得

$$6\varphi_{Cr_2O_7^{2-}/Cr^{3+}} = 6\varphi_{Cr_2O_7^{2-}/Cr^{3+}}^{\ominus} + 0.059\ lg\frac{[Cr_2O_7^{2-}][H^+]^{14}}{[Cr^{3+}]^2} \tag{6-9}$$

然后将式(6-7)与式(6-9)相加,得

$$\varphi_{Fe^{3+}/Fe^{2+}} + 6\varphi_{Cr_2O_7^{2-}/Cr^{3+}} = \varphi_{Fe^{3+}/Fe^{2+}}^{\ominus} + 6\varphi_{Cr_2O_7^{2-}/Cr^{3+}}^{\ominus} + 0.059\ lg\frac{[Fe^{3+}][Cr_2O_7^{2-}][H^+]^{14}}{[Fe^{2+}][Cr^{3+}]^2} \tag{6-10}$$

化学计量点时,两个电对的电位相等记为 $\varphi_{sp}$

$$\varphi_{sp} = \varphi_{Fe^{3+}/Fe^{2+}} = \varphi_{Cr_2O_7^{2-}/Cr^{3+}}$$

从 $Cr_2O_7^{2-}$ 与 $Fe^{2+}$ 的反应式可知,一个 $Cr_2O_7^{2-}$ 与六个 $Fe^{2+}$ 反应生成两个 $Cr^{3+}$ 与六个 $Fe^{3+}$,在化学计量点时它们的浓度符合以下关系:

$$[Fe^{2+}] = 6[Cr_2O_7^{2-}], \quad [Fe^{3+}] = 3[Cr^{3+}]$$

假设在化学计量点时 $[H^+] = 1\ mol/L$,将上述条件代入式(6-10),则得

$$7\varphi_{sp} = \left(0.77 + 6 \times 1.33 + 0.059\ lg\frac{3[Cr^{3+}][Cr_2O_7^{2-}]}{6[Cr_2O_7^{2-}][Cr^{3+}]^2}\right)\ V$$

$$\varphi_{sp} = \frac{1}{7}\left(0.77 + 7.98 + 0.059\ lg\frac{1}{2[Cr^{3+}]}\right)\ V \tag{6-11}$$

已知 $K_2Cr_2O_7$ 标准溶液的浓度 $c_{K_2Cr_2O_7} = \frac{1}{6} \times 0.1000\ mol/L$,又因溶液体积增加一倍,所以

$$[Cr^{3+}] = \left(0.1000 \times \frac{1}{6} \times \frac{1}{2}\right) \times 2\ mol/L = \frac{0.1000}{6}\ mol/L \tag{6-12}$$

将式(6-12)代入式(6-11),有

$$\varphi_{sp} = \frac{1}{7}\left(0.77 + 7.98 + 0.059\ lg\frac{1}{2 \times \frac{0.1000}{6}}\right)\ V = 1.26\ V$$

### 4. 化学计量点后

化学计量点后,由于 $Cr_2O_7^{2-}$ 过量,溶液电位的变化由 $Cr_2O_7^{2-}/Cr^{3+}$ 电对来计算,则

$$\varphi = \left(\varphi_{Cr_2O_7^{2-}/Cr^{3+}}^{\ominus} + \frac{0.059}{6}\ lg\frac{[Cr_2O_7^{2-}][H^+]^{14}}{[Cr^{3+}]^2}\right)\ V$$

若滴加 $K_2Cr_2O_7$ 溶液 $20.02\ mL$,过量 $0.02\ mL$(即过量 $0.1\%$),此时溶液中 $Cr_2O_7^{2-}$ 和 $Cr^{3+}$ 浓度分别为

$$[Cr_2O_7^{2-}] = \left(0.1000 \times 0.1\% \times \frac{1}{6} \times \frac{1}{2}\right) \text{ mol/L} = 8.3 \times 10^{-6} \text{ mol/L}$$

$$[Cr^{3+}] = \left(0.1000 \times \frac{1}{6} \times \frac{1}{2} \times 2\right) \text{ mol/L} = 1.7 \times 10^{-2} \text{ mol/L}$$

假设溶液中$[H^+] = 1$ mol/L,则溶液的电位

$$\varphi = \left(\varphi_{Cr_2O_7^{2-}/Cr^{3+}}^{\ominus} + \frac{0.059}{6} \lg \frac{8.3 \times 10^{-6}}{(1.7 \times 10^{-2})^2}\right) \text{ V} = (1.33 - 0.02) \text{ V} = 1.31 \text{ V}$$

将滴定过程中电位计算的结果绘制成滴定曲线,称为氧化还原滴定曲线。图 6-1 是 $K_2Cr_2O_7$ 滴定 $Fe^{2+}$ 的滴定曲线。从图中可以看出,滴定曲线在 0.94 ～ 1.31 V 之间产生突跃,化学计量点在突跃范围内。

氧化还原滴定曲线突跃范围的大小,与氧化剂和还原剂两个电对的条件电位(或标准电位)相差值有关。两个电对电位相差愈大,化学计量点附近电位的突跃也愈大,愈容易准确地确定化学计量点。在氧化还原滴定中,通常是借助氧化还原指示剂来指示滴定终点。一般要求化学计量点附近有 0.2 V 以上的电位突跃,才有可能进行滴定。

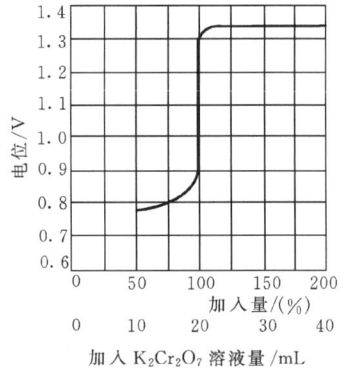

图 6-1　$K_2Cr_2O_7$ 滴定 $Fe^{2+}$ 的滴定曲线

## 二、氧化还原滴定中的指示剂

在氧化还原滴定中,除了用电位法确定终点外,还可利用某些物质在化学计量点附近颜色的变化来指示滴定终点。这些物质可用作氧化还原滴定中的指示剂,按使用类型常有以下三种。

### 1. 自身指示剂

在氧化还原滴定中,有些标准溶液或被滴定物质本身有颜色,而反应后可变为无色或浅色,那么滴定时就不必另加指示剂,可利用本身颜色的变化来指示滴定终点。例如,在高锰酸钾法中,$MnO_4^-$ 本身显紫红色,反应后 $MnO_4^-$ 被还原为 $Mn^{2+}$,而 $Mn^{2+}$ 几乎是无色的。所以用 $KMnO_4$ 滴定无色或浅色的还原剂溶液时,就不必另加指示剂。当滴定到达化学计量点后,只要 $MnO_4^-$ 稍微过量,就可以使溶液显粉红色,表示已经到达了滴定终点。实验证明,$c_{(\frac{1}{5}KMnO_4)}$ 的浓度约为 $10^{-5}$ mol/L 时,就可以看到溶液呈粉红色。

### 2. 显色指示剂

指示剂本身并不具有氧化还原性,但它能与氧化剂或还原剂发生显色反应,产生特殊的颜色,以指示滴定的终点。例如,在碘量法中,用淀粉作指示剂,可溶性淀粉与 $I_2$ 反应,生成深蓝色的络合物,当 $I_2$ 被还原为 $I^-$ 时,深蓝色消失。根据蓝色的出现或消失来表示滴定的终点。在室温下,用淀粉可检出约 $10^{-5}$ mol/L 的碘溶液。温度升高,显色灵敏度降低。

### 3. 氧化还原指示剂

氧化还原指示剂本身是具有氧化还原性质的有机化合物,其氧化态和还原态具有不同的

颜色。在滴定过程中,指示剂由氧化态变为还原态,或由还原态变为氧化态,根据颜色的突变来指示滴定终点。如果用 In(O) 和 In(R) 分别表示指示剂的氧化态和还原态,其氧化还原电对反应为

$$In(O) + ne \Longleftrightarrow In(R)$$

随着滴定过程中溶液电位值的变化,指示剂氧化态和还原态的浓度按能斯特方程式所示的关系变化:

$$\varphi = \varphi_{In}^{\ominus} + \frac{0.059}{n} lg \frac{[In(O)]}{[In(R)]}$$

与酸碱指示剂的变色情况相似,如果 In(O) 和 In(R) 的颜色强度相差不大,则

当 $\frac{[In(O)]}{[In(R)]} = 1$ 时,指示剂显中间颜色,此时,$\varphi = \varphi_{In}^{\ominus}$,称为指示剂的理论变色点;

当 $\frac{[In(O)]}{[In(R)]} \geqslant 10$ 时,指示剂显氧化态颜色,此时,$\varphi \geqslant \varphi_{In}^{\ominus} + \frac{0.059}{n}$;

当 $\frac{[In(O)]}{[In(R)]} \leqslant \frac{1}{10}$ 时,指示剂显还原态颜色,此时,$\varphi \leqslant \varphi_{In}^{\ominus} - \frac{0.059}{n}$。

故指示剂变色的电位范围为

$$\varphi_{In}^{\ominus} \pm \frac{0.059}{n} \text{ V}$$

在实际工作中,采用条件电位比较合适,故得到指示剂变色的电位范围为

$$\varphi_{In}^{\ominus '} \pm \frac{0.059}{n} \text{ V}$$

当 $n = 1$ 时,指示剂变色的电位范围为 $\varphi_{In}^{\ominus '} \pm 0.059$ V;当 $n = 2$ 时,为 $\varphi_{In}^{\ominus '} \pm 0.030$ V。由于此范围甚小,一般情况下,可用指示剂的条件电位来估计指示剂变色的电位范围。

在氧化还原滴定中,选择指示剂变色的电位范围应在滴定电位的突跃范围之内,或指示剂的条件电位尽量与滴定的化学计量点电位一致。

例如,邻二氮菲-亚铁指示剂,简称试亚铁灵。邻二氮菲与 $Fe^{2+}$ 生成深红色的络离子,被氧化剂氧化后形成浅蓝色 $Fe^{3+}$ 的络离子:

$$Fe(C_{12}H_8N_2)_3^{3+} + e \Longleftrightarrow Fe(C_{12}H_8N_2)_3^{2+} \qquad \varphi^{\ominus '} = 1.06 \text{ V}$$
（浅蓝色）　　　　　　　　　　　　　（深红色）

由于指示剂的条件电位较高,所以特别适合于用强氧化剂作滴定剂时用作指示剂。如用 $K_2Cr_2O_7$ 滴定 $Fe^{2+}$ 时,通常选用邻二氮菲-亚铁指示剂。强酸以及能与邻二氮菲形成稳定络合物的金属离子(如 $Co^{2+}$、$Ni^{2+}$、$Cu^{2+}$、$Zn^{2+}$、$Cd^{2+}$ 等),会破坏邻二氮菲-亚铁络合物。

现将常用的氧化还原指示剂列于表 6-1 中。

**表 6-1　常用的氧化还原指示剂**

| 指　示　剂 | $\varphi_{In}^{\ominus}/V$ $[H^+]=1 \text{ mol/L}$ | 颜 色 变 化 | |
| --- | --- | --- | --- |
| | | 氧化态 | 还原态 |
| 次甲基蓝 | 0.36 | 蓝 | 无色 |
| 二苯胺 | 0.76 | 紫 | 无色 |
| 二苯胺磺酸钠 | 0.84 | 紫红 | 无色 |
| 邻苯氨基苯甲酸 | 0.89 | 紫红 | 无色 |
| 邻二氮菲-亚铁 | 1.06 | 浅蓝 | 红 |
| 硝基邻二氮菲-亚铁 | 1.25 | 浅蓝 | 紫红 |

# 第五节　氧化还原滴定法在水质分析中的应用

## 一、高锰酸钾法——水中耗氧量的测定

### 1. 概述

高锰酸钾是一种强氧化剂。它的氧化作用与溶液的酸度有关。在强酸性溶液中,高锰酸钾与还原剂作用,$MnO_4^-$ 被还原为 $Mn^{2+}$:

$$MnO_4^- + 8H^+ + 5e \Longrightarrow Mn^{2+} + 4H_2O \qquad \varphi^{\ominus} = 1.51 \text{ V}$$

在微酸性、中性或弱碱性溶液中,$MnO_4^-$ 被还原为 $MnO_2$:

$$MnO_4^- + 2H_2O + 3e \Longrightarrow MnO_2 + 4OH^- \qquad \varphi^{\ominus} = 0.588 \text{ V}$$

由于生成褐色的水合二氧化锰($MnO_2 \cdot H_2O$)沉淀,影响滴定终点的观察,因而用高锰酸钾标准溶液进行滴定时,一般是在强酸性溶液中进行。

在不同的酸溶液中,$MnO_4^-$ 还原为 $Mn^{2+}$ 的条件电位不同。如在 8 mol/L $H_3PO_4$ 溶液中,$\varphi^{\ominus'} = 1.27$ V;在 $4.5 \sim 7.5$ mol/L $H_2SO_4$ 溶液中,$\varphi^{\ominus'} = 1.49 \sim 1.50$ V。通常选用 $H_2SO_4$ 作酸性介质,避免使用 HCl 或 $HNO_3$。因为 $Cl^-$ 具有还原性,能与 $MnO_4^-$ 作用;$HNO_3$ 具有氧化性,能氧化某些被滴定的物质。

在强碱性(NaOH 浓度大于 2 mol/L)溶液中,$MnO_4^-$ 易与某些有机物反应,其反应速度比在酸性条件下快。所以用高锰酸钾法测定有机物,常在强碱性溶液中进行。此时,$MnO_4^-$ 被还原为 $MnO_4^{2-}$:

$$MnO_4^- + e \Longrightarrow MnO_4^{2-} \qquad \varphi^{\ominus} = 0.564 \text{ V}$$

高锰酸钾法的优点是氧化能力强,因而应用广泛;$MnO_4^-$ 本身有颜色,一般不需另加指示剂。高锰酸钾法的主要缺点是试剂常含有少量杂质,使溶液不够稳定;由于其氧化能力强,可以和很多还原性物质发生反应,所以干扰也较严重。

**2. 高锰酸钾标准溶液**

高锰酸钾试剂中常含有少量 $MnO_2$ 和其他杂质,而且蒸馏水中也常含有微量的还原性物质,它们可与 $MnO_4^-$ 反应而析出 $MnO(OH)_2$ 沉淀;同时,热、光、酸、碱等也能促进高锰酸钾溶液的分解。因此,不能直接用高锰酸钾试剂配制标准溶液。通常是先配制一近似浓度的溶液,然后再进行标定。

为了配制较稳定的高锰酸钾溶液,常采用下列措施:

① 称取稍多于理论计算量的高锰酸钾,溶解在规定体积的蒸馏水中。如配制 $c_{\frac{1}{5}KMnO_4} = 0.1$ mol/L $KMnO_4$ 溶液 1 L,一般称取固体高锰酸钾 3.3~3.5 g。

② 将配好的高锰酸钾溶液加热至沸,并保持微沸 1 小时,然后放置 2~3 天,使溶液中各种还原性物质完全氧化。

③ 用微孔玻璃漏斗过滤,滤去析出的沉淀。

④ 将过滤后的高锰酸钾溶液贮存在棕色试剂瓶中,并存放于暗处,以待标定。

如需要浓度较稀的高锰酸钾溶液,可用蒸馏水将 $c_{\frac{1}{5}KMnO_4} = 0.1$ mol/L $KMnO_4$ 溶液随时进行稀释和标定后使用,但不宜长期贮存。

标定高锰酸钾溶液的基准物质较多,如 $Na_2C_2O_4$、$As_2O_3$、$H_2C_2O_4 \cdot 2H_2O$、$(NH_4)C_2O_4$ 等。其中 $Na_2C_2O_4$ 是最常用的基准物质。因为它容易提纯、性质稳定、不含结晶水,在 105~110 ℃下烘干约 2 小时,冷却后即可使用。

在 $H_2SO_4$ 溶液中,$MnO_4^-$ 与 $C_2O_4^{2-}$ 的反应如下:

$$2MnO_4^- + 5C_2O_4^{2-} + 16H^+ \xrightarrow{75 \sim 85 \ ℃} 2Mn^{2+} + 10CO_2 \uparrow + 8H_2O$$

为了使这个反应能够定量较快地进行,必须注意下列条件:

(1) 温度

在室温下反应速度缓慢,须将溶液加热至 75~85 ℃时进行滴定。

(2) 酸度

为了使滴定反应能够正常进行,溶液应保持一定的酸度。一般在开始滴定时,溶液的酸度为 0.5~1 mol/L;滴定终了时,酸度为 0.2~0.5 mol/L。若酸度太小,容易产生副反应:

$$2MnO_4^- + 3C_2O_4^{2-} + 8H^+ =\!=\!= 2MnO_2 + 6CO_2 \uparrow + 4H_2O$$

生成 $MnO_2$ 沉淀,影响滴定的准确度。若酸度过高,则会使部分 $H_2C_2O_4$ 分解。

(3) 滴定速度

由于 $MnO_4^-$ 与 $C_2O_4^{2-}$ 的反应是自动催化反应,开始滴定时,速度不宜太快,在 $KMnO_4$ 红色没有褪去之前,不宜加入第二滴。待几滴 $KMnO_4$ 溶液已产生作用之后,滴定速度可稍微加快,但不能过快,否则加入的 $KMnO_4$ 溶液还来不及与 $C_2O_4^{2-}$ 反应就会发生分解,从而产生滴定误差。

$$4MnO_4^- + 12H^+ =\!=\!= 4Mn^{2+} + 5O_2 \uparrow + 6H_2O$$

(4) 滴定终点

用 $KMnO_4$ 溶液滴定的终点颜色不稳定,这是因为空气中的还原性气体和尘埃等杂质落入溶液中,使 $KMnO_4$ 缓慢还原,故溶液的粉红色逐渐消失。所以,在正常情况下,若出现的粉红色在 1 分钟内不褪色,就可认为已经到达滴定终点。

### 3. 水中耗氧量的测定

耗氧量是指 1 L 水中的还原性物质(无机物和有机物),在一定条件下被高锰酸钾氧化所消耗高锰酸钾的量,以氧的毫克数表示($O_2$ mg/L),称为高锰酸盐指数。

天然水中主要存在的无机还原性物质有 $Fe^{2+}$、$NO_2^-$、$S^{2-}$、$SO_3^{2-}$ 等,而有机还原性物质的组成比较复杂,主要来源于腐烂的动植物体,以及所排放的生活污水和工业废水。水中有机物含量的多少,在一定程度上反映了水被污染的状况。由于天然水中所含的无机还原性物质很少,因此一般可用耗氧量间接表示水中有机物的含量。测定水中耗氧量,是饮用水和工业用水的一项重要水质指标。

在测定条件下,高锰酸钾并不能使水中所有的有机物全部氧化,如对含碳有机物易氧化,而对含氮有机物却不易氧化。因此,耗氧量只能反映水中有机物的相对含量。但是,用它来比较不同地区和不同时间间隔的原水的水质,仍具有很大的实际意义。

耗氧量的测定一般采用酸性高锰酸钾法。测定时必须严格控制反应条件。将被测水样在酸性条件下,加入一定量的 $KMnO_4$ 标准溶液,加热至沸,促进 $KMnO_4$ 的氧化作用。其反应为

$$4MnO_4^- + 5C + 12H^+ \rule[0.4ex]{2em}{0.4pt} 4Mn^{2+} + 5CO_2\uparrow + 6H_2O$$

水样中污染物质被 $KMnO_4$ 氧化后,再加入一定量的 $Na_2C_2O_4$ 标准溶液还原剩余的 $KMnO_4$,其反应为

$$2MnO_4^- + 5C_2O_4^{2-} + 16H^+ \rule[0.4ex]{2em}{0.4pt} 2Mn^{2+} + 10CO_2\uparrow + 8H_2O$$

最后再用 $KMnO_4$ 标准溶液回滴过量的 $Na_2C_2O_4$,使溶液呈粉红色时为止。根据高锰酸钾的用量计算高锰酸盐指数。

当水样中含有大量氯化物(300 mg/L 以上)时,由于 $KMnO_4$ 与 $Na_2C_2O_4$ 的反应,也促进了 $KMnO_4$ 与 $Cl^-$ 的反应:

$$2MnO_4^- + 10Cl^- + 16H^+ \rule[0.4ex]{2em}{0.4pt} 2Mn^{2+} + 5Cl_2\uparrow + 8H_2O$$

从而使耗氧量的测定结果偏高。为此,水样可用蒸馏水稀释,使氯化物浓度降低,或是采用碱性高锰酸钾法。

采用碱性高锰酸钾法时,将被测水样在碱性条件下,加入一定量的 $KMnO_4$ 标准溶液,加热至沸,并准确煮沸一定时间,其反应为

$$4MnO_4^- + 3C + 2H_2O \rule[0.4ex]{2em}{0.4pt} 4MnO_2 + 3CO_2\uparrow + 4OH^-$$

待水样中的污染物质被氧化后,再向溶液中加入一定量的 $H_2SO_4$ 溶液和 $Na_2C_2O_4$ 标准溶液。其滴定程序与酸性高锰酸钾法相似。这时加入的 $Na_2C_2O_4$ 除了还原剩余的 $KMnO_4$ 外,还可以使生成的 $MnO_2$ 还原,其反应为

$$MnO_2 + C_2O_4^{2-} + 4H^+ \rule[0.4ex]{2em}{0.4pt} Mn^{2+} + 2CO_2\uparrow + 2H_2O$$

显然,氧化同样多的有机物,在碱性条件下比在酸性条件下消耗的 $KMnO_4$ 的量要多。然而这一多消耗的量,被后来从 $MnO_2$ 还原为 $Mn^{2+}$ 时所需消耗的 $C_2O_4^{2-}$ 的量所抵消。因此,对于同一水样,采用酸性法或碱性法,所测得的耗氧量是相同的。

## 二、重铬酸钾法——水中化学需氧量的测定

### 1. 概述

重铬酸钾是一种常用的较强氧化剂,在酸性溶液中,$K_2Cr_2O_7$ 与还原剂作用,$Cr_2O_7^{2-}$ 被

还原为 $Cr^{3+}$：

$$Cr_2O_7^{2-} + 14H^+ + 6e \Longrightarrow 2Cr^{3+} + 7H_2O \qquad \varphi^{\ominus} = 1.33 \text{ V}$$

在酸性溶液中，$K_2Cr_2O_7$ 还原时的条件电位常比标准电位小。如在 4 mol/L $H_2SO_4$ 溶液中，$\varphi^{\ominus'} = 1.15$ V；在 3 mol/L HCl 溶液中，$\varphi^{\ominus'} = 1.08$ V；在 1 mol/L $HClO_4$ 溶液中，$\varphi^{\ominus'} = 1.025$ V。溶液酸度增大，$K_2Cr_2O_7$ 的条件电位亦随之增大。

重铬酸钾法有以下优点：$K_2Cr_2O_7$ 容易提纯，在 140～150 ℃下干燥后，可以直接称量、配制标准溶液；$K_2Cr_2O_7$ 标准溶液非常稳定，长期密闭贮存浓度不变；$K_2Cr_2O_7$ 的氧化能力比 $KMnO_4$ 稍弱（在 1 mol/L HCl 溶液中 $\varphi^{\ominus'} = 1.00$ V），室温下不会氧化 $Cl^-$（$\varphi^{\ominus}_{Cl_2/Cl^-} = 1.36$ V），因此可在 HCl 介质中用 $K_2Cr_2O_7$ 滴定 $Fe^{2+}$。

在重铬酸钾法中，虽然橙黄色的 $Cr_2O_7^{2-}$ 还原后能转化为绿色的 $Cr^{3+}$，但当 $Cr_2O_7^{2-}$ 浓度很小时其颜色很浅，所以不能根据它本身的颜色变化来确定滴定终点，而需采用氧化还原指示剂，如二苯胺磺酸钠、邻二氮菲-亚铁等。

重铬酸钾法可以用来测定铁的含量。通常在测定中，用二苯胺磺酸钠作指示剂，并向被测溶液中加入 $H_3PO_4$。由于 $H_3PO_4$ 能与 $Fe^{3+}$ 形成无色而稳定的 $[Fe(HPO_4)]^+$ 络离子，降低了 $Fe^{3+}/Fe^{2+}$ 电对的电位，使滴定的突跃范围增大，从而使指示剂能够准确指示滴定终点。

在水质分析中，重铬酸钾法最重要的应用是测定化学需氧量。

**2. 水中化学需氧量的测定**

化学需氧量是指 1 L 水中的还原性物质（无机物和有机物），在一定条件下被 $K_2Cr_2O_7$ 氧化所消耗 $K_2Cr_2O_7$ 的量，以氧的毫克数表示（$O_2$ mg/L）。通常用符号 COD 表示化学需氧量。

重铬酸钾在强酸性条件下，可使水中绝大部分有机物和还原态无机物氧化，若加入催化剂（硫酸银），可使直链烃类化合物的氧化达到 85%～95% 以上，但对芳香烃类化合物仍难以氧化，如苯、甲苯、吡啶等。总的说来，化学需氧量中有机物的氧化率，要远高于高锰酸钾法。因此，对于严重污染水、生活污水和工业废水等，常以化学需氧量来表示水中污染物质（主要是有机污染物）的相对含量。所以，重铬酸钾法测定化学需氧量是各种污水分析的最重要的水质指标之一。在测定中，为了得到准确的结果，同高锰酸钾法一样，必须严格控制反应的条件。

化学需氧量的测定是在被测水样中，加入一定量的强酸（一般用 $H_2SO_4$）和一定量的 $K_2Cr_2O_7$ 标准溶液，以 $Ag_2SO_4$ 作催化剂，加热煮沸，并冷凝回流 2 小时，使重铬酸钾与水中还原性污染物质充分作用，其反应为

$$2Cr_2O_7^{2-} + 3C + 16H^+ \Longrightarrow 4Cr^{3+} + 3CO_2\uparrow + 8H_2O$$

然后，以邻二氮菲-亚铁作指标剂，用硫酸亚铁铵 $[(NH_4)_2Fe(SO_4)_2]$ 标准溶液滴定剩余的 $K_2Cr_2O_7$，其反应为

$$Cr_2O_7^{2-} + 6Fe^{2+} + 14H^+ \Longrightarrow 2Cr^{3+} + 6Fe^{3+} + 7H_2O$$

同时，为避免因操作中引入有机物而造成的误差，应按同样程序，以蒸馏水代替水样进行空白试验，从而得到水样中有机物被氧化所消耗的 $K_2Cr_2O_7$ 量，以氧的毫克数表示（$O_2$ mg/L）。

如果只要求用化学需氧量表示水中有机物的含量，但水中又含有较多的无机还原性物质时，则应个别求出各无机还原性物质的含量，然后再减去这部分还原性物质对 $K_2Cr_2O_7$ 的消耗量。有时也可采用排除无机还原性物质干扰的方法进行测定，例如当水中氯化物含量高于

30 mg/L 时,可加硫酸汞形成可溶性络合物,避免 $Cl^-$ 的干扰。一般情况下,硫酸汞加入量为 $Cl^-$ 量的 10 倍。又如当亚硝酸盐干扰较大时,应加入氨基磺酸排除干扰,氨基磺酸加入量为亚硝酸盐量的 10 倍。为方便起见,最好把氨基磺酸加到重铬酸钾标准溶液内,与被测水样一起加热回流,其反应为

$$NH_2SO_2OH + NO_2^- \rightleftharpoons HSO_4^- + N_2 + H_2O$$

对此进行空白试验,氨基磺酸也应加在蒸馏水空白内。

### 三、碘量法——水中溶解氧、生化需氧量的测定

#### 1. 概述

碘量法是利用 $I_2$ 的氧化性和 $I^-$ 的还原性来进行滴定的方法。固体 $I_2$ 在水中的溶解度很小(0.00133 mol/L),故通常将 $I_2$ 溶解在 KI 溶液中,此时 $I_2$ 以 $I_3^-$ 形式存在于溶液中:

$$I_2 + I^- \rightleftharpoons I_3^-$$

为方便起见,一般简写为 $I_2$。因此,碘量法的基本反应是

$$I_3^- + 2e \rightleftharpoons 3I^- \qquad \varphi^\ominus = 0.545 \text{ V}$$

$I_2$ 是较弱的氧化剂,能与较强的还原剂作用;而 $I^-$ 是中等强度的还原剂,能与许多氧化剂作用。因此,碘量法又可分为直接碘量法和间接碘量法。

直接碘量法(或称碘滴定法):是利用 $I_2$ 标准溶液直接滴定较强的还原性物质,如 $SO_2$、$SO_3^{2-}$、$S_2O_3^{2-}$、$AsO_3^{3-}$、$Sn(II)$、$Sb(III)$ 等。然而,由于 $I_2$ 的氧化能力较弱,在酸性溶液中,只有少数还原性强、不受 $H^+$ 浓度影响的物质才能发生定量反应。所以,直接碘量法的应用受到限制。应该指出,直接碘量法不能在碱性溶液中进行,这是因为会发生下列歧化反应:

$$3I_2 + 6OH^- \rightleftharpoons IO_3^- + 5I^- + 3H_2O$$

间接碘量法(或称滴定碘法):是利用 $I^-$ 在一定条件下还原氧化性物质后,定量析出与之相当的 $I_2$,然后用 $Na_2S_2O_3$ 标准溶液滴定所析出的 $I_2$。例如,$KMnO_4$ 在酸性溶液中,与过量的 KI 作用,析出 $I_2$,再用 $Na_2S_2O_3$ 标准溶液滴定:

$$2MnO_4^- + 10I^- + 16H^+ \rightleftharpoons 2Mn^{2+} + 5I_2 + 8H_2O$$

$$I_2 + 2S_2O_3^{2-} \rightleftharpoons 2I^- + S_4O_6^{2-}$$

利用这一方法可以测定 $KMnO_4$ 的含量。由于 $I^-$ 是中等强度的还原剂,能被一般氧化剂定量氧化而析出 $I_2$,因此间接碘量法的应用相当广泛,可用于测定 $Cu^{2+}$、$CrO_4^{2-}$、$Cr_2O_7^{2-}$、$IO_3^-$、$BrO_3^-$、$AsO_4^{3-}$、$SbO_4^{3-}$、$ClO^-$、$NO_2^-$、$H_2O_2$ 等。

在碘量法中,为了提高分析结果的准确度,必须注意以下问题:

(1) 控制溶液的酸度

$S_2O_3^{2-}$ 与 $I_2$ 的反应迅速、完全,但必须在中性或弱酸性溶液中进行。因为在碱性溶液中,$S_2O_3^{2-}$ 将与 $I_2$ 发生下列副反应:

$$S_2O_3^{2-} + 4I_2 + 10OH^- \rightleftharpoons 2SO_4^{2-} + 8I^- + 5H_2O$$

而且 $I_2$ 在碱性溶液中还会发生歧化反应。

在强酸性溶液中,$Na_2S_2O_3$ 会发生分解:

$$S_2O_3^{2-} + 2H^+ \Longrightarrow SO_2 + S + H_2O$$

同时,$I^-$ 在强酸性溶液中易被空气中的氧所氧化:

$$4I^- + 4H^+ + O_2 \Longrightarrow 2I_2 + 2H_2O$$

光线照射能促进上述氧化作用。

(2) 防止碘的挥发和空气中的氧氧化 $I^-$

溶液中应加入过量的 KI,使 $I_2$ 以 $I_3^-$ 形式存在于溶液中,这样可减少 $I_2$ 的挥发;反应时溶液的温度不能过高,一般在室温下进行;滴定时最好在碘量瓶中进行,且不要剧烈摇动溶液。

为防止 $I^-$ 被空气中的氧所氧化,溶液的酸度不能过高;析出 $I_2$ 以后,不能让溶液放置过久,一般放置 5 分钟后,即用 $Na_2S_2O_3$ 溶液滴定;滴定速度应适当加快;在整个测定过程中应避免阳光直接照射。

**2. 硫代硫酸钠标准溶液**

固体 $Na_2S_2O_3 \cdot 5H_2O$ 常含有少量 $S$、$S^{2-}$、$SO_3^{2-}$、$CO_3^{2-}$、$Cl^-$ 等杂质,同时还容易风化、潮解。因此,不能用直接称量的方法来配制标准溶液,只能先配成近似浓度的溶液,然后再进行标定。

$Na_2S_2O_3$ 溶液不稳定,易分解,其原因:

(1) 细菌的作用

$$Na_2S_2O_3 \xrightarrow{\text{细菌}} Na_2SO_3 + S$$

(2) 溶解的 $CO_2$ 的作用

$Na_2S_2O_3$ 在中性或弱碱性溶液中较稳定,在 $pH < 4.6$ 时不稳定。当溶液中有 $CO_2$ 时,则

$$S_2O_3^{2-} + CO_2 + H_2O \Longrightarrow HCO_3^- + HSO_3^- + S$$

因此,配制好的 $Na_2S_2O_3$ 溶液应放置几天后,再进行标定为宜。

(3) 空气的氧化作用

$$2S_2O_3^{2-} + O_2 \longrightarrow 2SO_4^{2-} + 2S$$

综上所述,配制 $Na_2S_2O_3$ 溶液时,需要用新近煮沸(除去 $CO_2$ 并杀死细菌)并冷却了的蒸馏水,再加入少量 $Na_2CO_3$ 使溶液呈弱碱性,以防止 $Na_2S_2O_3$ 的分解。

日光能促进 $Na_2S_2O_3$ 的分解,所以 $Na_2S_2O_3$ 溶液应贮存在棕色瓶中,并放置在暗处,每隔一定时间,应重新加以标定。如果发现溶液变浑浊,就应该过滤后再标定,或者重新配制溶液。

标定 $Na_2S_2O_3$ 溶液的基准物质有 $K_2Cr_2O_7$、$KIO_3$、$KBrO_3$ 等。称取一定量的基准物质,在酸性溶液中与过量 KI 作用,析出与之相当的 $I_2$,以淀粉为指示剂,用 $Na_2S_2O_3$ 溶液滴定至蓝色恰好消失为止,即为滴定终点。有关反应式如下:

$$Cr_2O_7^{2-} + 6I^- + 14H^+ \Longrightarrow 2Cr^{3+} + 3I_2 + 7H_2O$$

或
$$IO_3^- + 5I^- + 6H^+ \Longrightarrow 3I_2 + 3H_2O$$

或
$$BrO_3^- + 6I^- + 6H^+ \Longrightarrow 3I_2 + Br^- + 3H_2O$$

$K_2Cr_2O_7$ 与 KI 的反应速度较慢,应将溶液在暗处放置一定时间(5 分钟),待反应完全后再用 $Na_2S_2O_3$ 溶液滴定。$KIO_3$ 与 KI 的反应较快,应及时进行滴定。在以淀粉作指示剂时,应先用 $Na_2S_2O_3$ 滴定至溶液呈浅黄色(大部分 $I_2$ 已作用)后,才加入淀粉溶液。淀粉若加入太早,影响 $I_2$ 与 $Na_2S_2O_3$ 的反应速度,使滴定产生误差。

滴定至终点后,经过 5 分钟以上,溶液又会出现蓝色,这是由于空气中的氧对 $I^-$ 氧化引起

的,不影响分析结果。

在水质分析中,碘量法最重要的应用是测定溶解氧和生化需氧量。

### 3. 水中溶解氧的测定

溶解于水中的氧称为溶解氧,常用符号 DO 表示。水中溶解氧的含量与大气压力、空气中氧的分压、水的温度有密切关系。大气压力(氧的分压)减小,溶解氧量也减少;温度升高,溶解氧量也显著下降。表 6-2 是在 0.1 MPa 下,空气中含氧量为 20.9%(体积)时,氧在淡水中不同水温下的溶解度(mg/L)。

当大气压力变化时,可以按照下列公式计算溶解氧的含量:

$$s' = s \times \frac{p'}{p}$$

式中,$s'$ 为大气压力在 $p'$ MPa 时氧的溶解度(mg/L);$s$ 为大气压力为 0.1 MPa 时氧的溶解度(mg/L);$p$ 为大气压力为 0.1 MPa;$p'$ 为测定时的大气压力(MPa)。

表 6-2　溶解氧与水温的关系

| 温度/℃ | 溶解氧/(mg/L) | 温度/℃ | 溶解氧/(mg/L) | 温度/℃ | 溶解氧/(mg/L) | 温度/℃ | 溶解氧/(mg/L) |
|---|---|---|---|---|---|---|---|
| 0 | 14.62 | 10 | 11.33 | 20 | 9.17 | 30 | 7.63 |
| 1 | 14.23 | 11 | 11.08 | 21 | 8.99 | 31 | 7.5 |
| 2 | 13.84 | 12 | 10.83 | 22 | 8.83 | 32 | 7.4 |
| 3 | 13.48 | 13 | 10.60 | 23 | 8.68 | 33 | 7.3 |
| 4 | 13.13 | 14 | 10.37 | 24 | 8.53 | 34 | 7.2 |
| 5 | 12.80 | 15 | 10.15 | 25 | 8.38 | 35 | 7.1 |
| 6 | 12.48 | 16 | 9.95 | 26 | 8.22 | 36 | 7.0 |
| 7 | 12.17 | 17 | 9.74 | 27 | 8.07 | 37 | 6.9 |
| 8 | 11.87 | 18 | 9.54 | 28 | 7.92 | 38 | 6.8 |
| 9 | 11.59 | 19 | 9.35 | 29 | 7.77 | 39 | 6.7 |

水体中溶解氧量的多少,在一定程度上能够反映出水体受污染的程度。由于地面水敞露于空气中,因而在正常情况下,清洁的地面水所含溶解氧量接近饱和状态。水中含有藻类时,由于光合作用而放出氧,就可能使水中的溶解氧量为过饱和状态。湖塘水的溶解氧量,在一般情况下与水层的深度成反比。地下水往往只含有少量的溶解氧,深层地下水甚至不含有溶解氧,这是因为地下水很少与空气接触,而且当地下水渗透时,可与土壤中某些物质起氧化作用,从而消耗了水中的溶解氧。当水体受到污染时,由于氧化污染物质需要耗氧,水中溶解氧量就逐渐减少。当污染严重时,氧化作用加快,水体还来不及从空气中吸收足够的氧来补充消耗的氧,以致使水中溶解氧量趋近于零。在这种情况下,厌氧细菌迅速繁殖并活跃起来,水中有机污染物质发生腐败作用,使水体变黑发臭。

水中溶解氧与水生动植物的生存以及水中的某些工业设备的使用寿命有密切关系。例如当水中溶解氧量过低(低于 4 mg/L)时,许多鱼类就可能发生窒息而死亡。又如当水中溶解氧量过高时,则对工业用水中的金属设备和水中的金属构筑物有较强的腐蚀作用,促使铁被氧化而溶解：

$$2Fe + O_2 + 2H_2O === 2Fe(OH)_2$$

水中溶解氧量的多少对水源自净作用的研究也有着极其密切的关系。在一条流动的河水中，取不同地段的水样测定溶解氧量，可以帮助了解该水源不同地段的自净作用的效率和速度，为建立自来水厂提供参数。

综上所述，水中溶解氧的测定对环境保护、用水和废水处理等方面有着重要的意义，它是衡量水体污染的一个重要指标。

溶解氧的测定一般采用间接碘量法。测定时，在被测水样中加入硫酸锰及碱性碘化钾（由 NaOH 和 KI 组成）溶液，发生以下反应：

$$MnSO_4 + 2NaOH === Mn(OH)_2 \downarrow （白色） + Na_2SO_4$$
$$2Mn(OH)_2 + O_2 === 2MnO(OH)_2 \downarrow$$

生成的 $MnO(OH)_2$ 也可写为 $H_2MnO_3$，是棕色沉淀。当溶解氧愈多时，其沉淀的颜色愈深。

加入浓硫酸，使沉淀溶解，析出与溶解氧相当的 $I_2$，以淀粉为指示剂，用 $Na_2S_2O_3$ 标准溶液进行滴定，其反应为

$$MnO(OH)_2 + 2I^- + 4H^+ === I_2 + Mn^{2+} + 3H_2O$$
$$2Na_2S_2O_3 + I_2 === Na_2S_4O_6 + 2NaI$$

此法适用于清洁的地面水或地下水。测定时可能受到许多物质的干扰，例如 $NO_2^-$、$Fe^{3+}$、$Cl_2$ 均能使 $I^-$ 氧化为 $I_2$，使测定结果偏高。如 $NO_2^-$ 存在时有下列反应：

$$2NO_2^- + 2I^- + 4H^+ === I_2 + 2NO + 2H_2O$$

在测定过程中水样易与空气接触，又会溶入一些氧，并与 NO 作用，转化为 $NO_2^-$：

$$4NO + O_2 + 2H_2O === 4HNO_2$$

这种循环过程将导致极大的偏差。又如 $SO_3^{2-}$、$S^{2-}$、$Fe^{2+}$ 均能使 $I_2$ 还原成 $I^-$，而使测定结果偏低。如 $SO_3^{2-}$ 存在时有下列反应：

$$SO_3^{2-} + 2I_2 + 6H^+ === S + 4I^- + 3H_2O$$

为消除各种干扰，常采用下列方法：

叠氮化钠（$NaN_3$）法消除 $NO_2^-$ 的干扰。$NaN_3$ 可在配制碱性碘化钾溶液时同时加入，当加入硫酸后，有如下反应：

$$NaN_3 + H^+ === HN_3 + Na^+$$
$$HN_3 + NO_2^- + H^+ === N_2 + N_2O + H_2O$$

高锰酸钾法消除有机物、$Fe^{2+}$、$NO_2^-$ 的干扰。在测定溶解氧之前，先加入过量的 $KMnO_4$ 和 $H_2SO_4$，使上述还原态物质氧化，其反应如下：

$$5C + 4MnO_4^- + 12H^+ === 5CO_2 + 4Mn^{2+} + 6H_2O$$
$$5Fe^{2+} + MnO_4^- + 8H^+ === 5Fe^{3+} + Mn^{2+} + 4H_2O$$
$$5NO_2^- + 2MnO_4^- + 6H^+ === 5NO_3^- + 2Mn^{2+} + 3H_2O$$

剩余的 $KMnO_4$ 再用 $Na_2C_2O_4$ 除去。

消除 $Fe^{3+}$ 的干扰，可加入 KF，形成稳定的 $FeF_6^{3-}$ 络合物，以降低 $Fe^{3+}$ 的浓度。

对于生活污水和含有较多干扰物质的工业废水，采用间接碘量法测定溶解氧有困难，这时可采用膜电极法进行测定，即以溶解氧测定仪测定水中溶解氧。此法快速、简便，可连续进行

测定,适宜室外工作。

**4. 生化需氧量的测定**

生化需氧量(或称生物化学需氧量)是指在有氧的条件下,由于微生物(主要是细菌)的作用,1 L 水中可以分解的有机物完全氧化分解时所需要的溶解氧量。用氧的毫克数表示($O_2$ mg/L)。常用符号 BOD 表示生化需氧量。

有机物在微生物的作用下,逐步氧化分解而达到无机化的过程称为生物氧化过程。水中存在着大量的微生物,细菌也是其中之一,具有分解、氧化有机物的巨大能力。在这个过程中,细菌从有机物的氧化反应中获得能量,被称为呼吸作用。细菌在呼吸时按其对氧的需要,可以分为好氧菌和厌氧菌。好氧菌是指生活时需要氧的细菌,它进行的呼吸作用称为好气生物氧化过程。厌氧菌是指在缺氧的环境中才能生活的细菌,它进行的呼吸作用称为厌气生物氧化过程。

当含有有机物的生活污水和工业废水排入天然水体后,细菌就开始利用水中的溶解氧进行好气分解。如果有机物的含量不高,而且水中的溶解氧不断得到补充,则好气氧化过程将一直继续下去,直到有机物完全无机化,水体恢复到原有的清洁程度为止。这就是水体的自净作用。如果有机物的含量较高,好气分解所消耗的溶解氧量甚多,而水体无法及时补充溶解氧时,则水中溶解氧就会减少甚至达到无氧状态,于是有机物的分解就转而成为厌气过程。厌气分解的产物中有 $CH_4$ 和 $H_2S$ 等气体,可造成水体的腐化发臭。同时由于缺氧,使水中依靠溶解氧生存的生物衰亡,造成水体更加严重的污染。因此,通常用在有氧条件下,有机物被好氧菌分解所消耗的溶解氧来间接表示水中有机物的含量,这一指标称为生化需氧量。所消耗的溶解氧量愈多,生化需氧量愈高,则表示水中有机物的含量愈多。所以,生化需氧量是衡量生活污水和工业废水中有机污染的一个重要指标。

在有氧的条件下,水中有机物生物氧化过程可分为两个阶段。第一阶段(称碳化阶段)中,主要是有机物在好氧菌的作用下转变为 $CO_2$、$H_2O$ 和 $NH_3$。这个阶段主要是不含氮的碳水有机物的氧化,也包括含氮有机物的氨化以及氨化后生成的不含氮有机物的继续氧化过程。第二阶段(称硝化阶段)中,主要是氨被硝化菌转化为亚硝酸盐和硝酸盐。由于氨已经是无机物,即使不进一步氧化,对水体的环境卫生影响也不大。因此,生化需氧量通常只指第一阶段有机物生物氧化所需的氧量。

因为微生物的活动与温度有关,所以测定生化需氧量常以 20 ℃作为测定的标准温度。当温度为 20 ℃时,一般的有机物需要 20 天左右就能基本完成第一阶段的氧化过程。若要全部完成整个生物氧化过程则需 100 多天。这么长的氧化时间,显然没有实际意义。因此,在实际工作中,把温度在 20 ℃时,生物氧化的时间规定为五天,作为测定生化需氧量的标准条件。这时测得的生化需氧量称为五天生化需氧量,用符号 $BOD_5$ 表示。对于生活污水和一般工业废水来说,$BOD_5$ 约为全部生化需氧量的 65%～80%。因此,用 $BOD_5$ 来反映水中有机物污染的程度,具有一定的代表性和相对性。

生化需氧量的测定可采用下列方法。

(1) 化学测定法。

与测定溶解氧相同,生化需氧量的测定也是应用间接碘量法。将水样在 20 ℃的温度下培养五天,测定水样培养前和培养后的溶解氧,二者之差即为生物氧化过程中所消耗的氧。

如果水中有机物较多，所含的溶解氧不够培养五天所需，则在测定前需将水样用含有一定养料和饱和溶解氧的稀释水进行适当的稀释，使水中含有足够的溶解氧，以满足五天的生化需氧量。一般要求稀释水样在 20 ℃下培养五天后，使溶解氧减少 40％～70％为宜，并且以溶解氧减少 40％～70％的稀释水样来计算水样的生化需氧量，其计算式为

$$\mathrm{BOD}_5 = \frac{(D_1 - D_2) - (B_1 - B_2)f_1}{f_2} \ \mathrm{mg/L}$$

式中，$D_1$ 为稀释水样在培养前的溶解氧；$D_2$ 为稀释水样在培养后的溶解氧；$B_1$ 为稀释水在培养前的溶解氧；$B_2$ 为稀释水在培养后的溶解氧；$f_1$ 为稀释水在稀释水样中所占的比例；$f_2$ 为水样在稀释水样中所占的比例。

**【例 6-7】**　测定某生活污水水样的五天生化需氧量情况如下：水样用稀释水稀释，稀释比为 3％；稀释水样培养前的溶解氧为 9.71 mg/L，稀释水样培养后的溶解氧为 4.50 mg/L，稀释水培养前的溶解氧为 9.90 mg/L，稀释水培养后的溶解氧为 9.70 mg/L。求 $\mathrm{BOD}_5$。

**解**　先求培养五天后溶解氧减少的百分数：

$$\frac{D_1 - D_2}{D_1} \times 100\% = \frac{9.71 - 4.50}{9.71} \times 100\% = 54\%$$

由此可知，溶解氧的减少量在所要求的范围内，所以可求 $\mathrm{BOD}_5$。由稀释比为 3％，可知稀释水样是由 3 份生活污水和 97 份稀释水组成的。则 $f_1 = 0.97$，$f_2 = 0.03$，故

$$\mathrm{BOD}_5 = \frac{(9.71 - 4.50) - (9.90 - 9.70) \times 0.97}{0.03} \ \mathrm{mg/L} = 167 \ \mathrm{mg/L}$$

为了提高生化需氧量测定结果的准确性，必须注意以下几个问题。

① 稀释水的选择和配制。

因为稀释水不能含有有毒物质或污染杂质，所以一般选用蒸馏水来配制稀释水。

稀释水应呈中性，以保证微生物有良好的生长和活动环境，故在稀释水中需加入磷酸盐缓冲溶液。

稀释水中必须有供微生物生长的营养料，故在稀释水中应加入氯化铵、硫酸镁、氯化铁、氯化钙等，以保证各种营养成分。

稀释水要保证有充足的溶解氧，以供微生物氧化分解有机物之用。因此，稀释水要经过曝气，使水中溶解氧接近饱和。

如果被测水样中缺乏微生物时(如一些有毒的工业废水)，则应在稀释水中投加适量的微生物(或称接种液)。一般以每升稀释水加 1～2 mL 经过沉淀除去悬浮物的生活污水和河水作为接种液。如果工业废水中的有机物只能被某些特殊的微生物氧化分解，而一般的生活污水和河水中又不一定含有这种微生物时，则常在这种工业废水排入河道的下游处采取其接种液。这是因为工业废水的排入，会在河道的下游附近繁殖足量的能使有机物氧化分解的微生物。

稀释水一般不应含有机物，但当加入接种液后，就会引进有机物。为了保证测定结果的准确性，一般应作空白试验，并要求稀释水的 $\mathrm{BOD}_5$ 最好不超过 0.2 mg/L。

② 稀释倍数的确定。

较清洁的水无需稀释，但一般受污染的水、生活污水、工业废水都应根据污染程度的不同，进行不同程度的稀释。稀释倍数应根据培养后溶解氧减少的量而定。对于同一水样，应同时

进行 3～4 种不同稀释倍数的实验。通常选择培养五天后,溶解氧减小 40%～70% 的稀释水样的稀释倍数,作为计算水中 $BOD_5$ 的数据。

在实际工作中,一般对污染严重的水样,可稀释 100～1000 倍;对普通污水和沉淀过的污水,可稀释 20～100 倍;对受到污染的河水,可稀释 1～4 倍。如果对水样污染性质不了解,则可用 $K_2Cr_2O_7$ 法测得的 COD 值除以 5 或 6,所得到的商值,作为稀释倍数的参考数据。

③ 防止空气中的氧引起的误差。

在测定过程中,为防止空气中的氧进入水样,应该用虹吸法采取水样和稀释水样。当培养瓶溢满水样后,需将瓶口塞紧,并用水封口,与空气隔绝。

(2) BOD 仪器测定法。

① BOD 库仑仪。

BOD 库仑仪是利用电化学分析法(库仑法),测定生化需氧量的装置,如图 6-2 所示。它由培养瓶、电解瓶、电极式压力计、电自动控制仪、记录仪等部件组成。与化学测定法相比,此种装置能够克服稀释过程中的供氧困难,保证不断地供氧,使有机物完全氧化分解。因此,此法简单,误差小,准确度高。

测定时,首先将水样装入培养瓶中,在 20 ℃ 的恒温下,利用电磁搅拌器进行搅拌。当水样中的有机物被微生物分解时,水中溶解氧被消耗,同时产生 $CO_2$。此时,由培养瓶内气相部分扩散来的氧溶解入水样中,以补充所消耗的溶解氧;而 $CO_2$ 则被瓶内上端的吸收剂所吸收。因此,培养瓶内气相中的压力下降。

压力的下降由电极式压力计检出,并转换成电讯号,使恒电流电解 $CuSO_4$ 溶液。在电解瓶内的两个电极上产生如下反应:

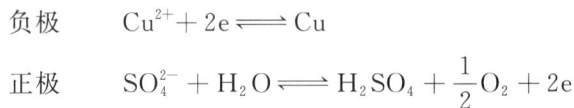

$$负极 \qquad Cu^{2+} + 2e \rightleftharpoons Cu$$

$$正极 \qquad SO_4^{2-} + H_2O \rightleftharpoons H_2SO_4 + \frac{1}{2}O_2 + 2e$$

电解过程中产生的氧用以补充培养瓶中氧的消耗,使培养瓶内的压力恢复到原来的压力。此时,电极式压力计的电信号使电路断开,从而使 $CuSO_4$ 溶液停止电解供氧。根据在恒电流的条件下,电解产生的氧与电解时间成正比的关系,对电解时间进行积分,并转换为毫伏信号输出,由记录仪指示出氧的消耗量。

② BOD 100F 型测定仪。

BOD 100F 型测定仪是利用水浴恒温,气体压力平衡原理,测定生化需氧量的装置。此种装置较 BOD 库仑仪结构简单、使用方便,如图 6-3 所示。它由培养瓶、水浴恒温、压力平衡等部件组成。

测定时,将水样装入培养瓶中,在 20 ℃ 的恒温水箱内培养五天。当水样中的有机物被微生物分解时,水中溶解氧被消耗而放出 $CO_2$,$CO_2$ 被强碱(KOH 或 NaOH)吸收液吸收。所消耗的溶解氧,由培养瓶中气相部分的氧溶解于水样中进行补充。此时,气相部分的氧分压和总压力下降。为了保持一定的压力平衡,与培养瓶相通的刻度毛细管则从恒温水箱内吸水,使气液压力维持平衡。这时,毛细管吸水的体积相当于补充溶解氧的体积。根据这一体积,可由气态方程式 $pV = nRT$ 换算成氧的消耗量。

图 6-2　BOD 库仑仪

图 6-3　BOD 100F 型测定仪示意图

## 四、溴酸钾法——水中酚的测定

### 1. 概述

溴酸钾是一种强氧化剂。在酸性溶液中，$KBrO_3$ 与还原性物质作用时，$BrO_3^-$ 被还原为 $Br^-$：

$$BrO_3^- + 6H^+ + 6e \Longrightarrow Br^- + 3H_2O \quad \varphi^{\ominus} = 1.44 \text{ V}$$

在水溶液中 $KBrO_3$ 易再结晶提纯，在 180 ℃下烘干后，可以直接配制标准溶液。$KBrO_3$ 溶液的浓度也可以用碘量法进行标定。在酸性溶液中，一定量的 $KBrO_3$ 与过量的 KI 作用，析出 $I_2$：

$$BrO_3^- + 6I^- + 6H^+ \Longrightarrow Br^- + 3I_2 + 3H_2O$$

然后以淀粉作指示剂，用 $Na_2S_2O_3$ 标准溶液滴定。

用溴酸钾法可以直接测定一些还原性物质，如 $Sb^{3+}$、$AsO_3^{3-}$、$Tl^+$ 等。在酸性溶液中，以甲基橙作指示剂，$BrO_3^-$ 与 $Sb^{3+}$ 有如下反应：

$$3Sb^{3+} + BrO_3^- + 6H^+ \Longrightarrow 3Sb^{5+} + Br^- + 3H_2O$$

微过量的 $KBrO_3$ 溶液，产生 $Br_2$，使甲基橙氧化而褪色，从而指示滴定终点。

溴酸钾法主要用于测定有机物。通常在 $KBrO_3$ 标准溶液中，加入过量的 KBr，再将溶液酸化后，$BrO_3^-$ 与 $Br^-$ 有如下反应：

$$BrO_3^- + 5Br^- + 6H^+ \Longrightarrow 3Br_2 + 3H_2O$$

生成的 $Br_2$ 能够与某些有机物反应，从而可以直接测定许多有机物或间接测定某些金属离子的含量。现以测定酚为例来说明溴酸钾法的应用。

### 2. 酚的测定

酚是苯的羟基衍生物。因此酚有多种。如一元酚有苯酚、间甲酚、邻甲酚、对甲酚等多系挥发酚；多元酚有间苯二酚、邻苯二酚等多系不挥发酚。

在炼油厂、炼焦厂、煤气发生站以及化学制药厂、有机化工厂、防腐厂等的工业废水中，都含有不同量的酚。酚是重要的工业原料,应该尽量回收利用。如果含酚废水未经回收和处理就排入水体或用于灌溉,会使水体产生酚臭味,使鱼类、贝类、海带、蔬菜、农作物受到毒害、污染;如用这种水体作饮用水水源,若以氯消毒,会生成氯酚,有更强烈的酚臭味。所以,测定酚的意义就在于根据测定的结果,依据水中酚含量的不同,进行必要的回收和处理。由于酚的毒性和特殊臭味,我国生活饮用水水质标准规定,水中挥发酚的含量不得超过 0.002 mg/L;地面水中挥发酚的最高容许浓度为 0.01 mg/L。

　　酚的测定方法依其含量的不同,通常分为两种,酚含量高于 10 mg/L 时用溴酸钾法(或称溴化法),低于 10 mg/L 时用比色法。

　　在溴酸钾法测酚中,由于水中的酚大多是各种酚的混合物,它们溴化时所需的溴量是各不相同的。例如

然而,水中酚的测定通常都是以苯酚量来表示其测定结果的。所以,这种测定结果得到的只能是酚的相对含量,而不能表示绝对含量。

　　测定时,在含酚的水样中,加入一定过量的 $KBrO_3$-KBr 标准溶液。酸化后,$KBrO_3$ 与 KBr 作用生成 $Br_2$。此时,溴的一部分使苯酚溴化成三溴酚;剩余的一部分溴与碘化钾(过量)作用析出 $I_2$,然后再用 $Na_2S_2O_3$ 标准溶液滴定,以淀粉溶液作指示剂指示滴定终点。由此可以得出反应中的计量关系:

$$KBrO_3 \sim 3Br_2 \sim 3I_2 \sim 6S_2O_3^{2-}$$

$$C_6H_5OH \sim 3Br_2 \sim 3I_2 \sim 6S_2O_3^{2-}$$

故 1 mol 苯酚与 1 mol $KBrO_3$ 相当,所以苯酚的量 $n_{苯酚}$ 为

$$n_{苯酚} = (cV)_{KBrO_3} - \frac{1}{6}(cV)_{Na_2S_2O_3}$$

$$酚(以苯酚计) = \frac{\left[(cV)_{KBrO_3} - \frac{1}{6}(cV)_{Na_2S_2O_3}\right]M_{C_6H_5OH}}{V_{水样}} \times 1000 \text{ mg/L}$$

# 第六节　水中有机物的污染指标

　　水中有机物的污染指标通常可用高锰酸盐指数、化学需氧量(COD)以及生化需氧量

（BOD）来表示。这些指标从不同方面反映了水中有机物的相对含量,且有其各自的特点。

高锰酸盐指数是以 $KMnO_4$ 作氧化剂,在酸性或碱性条件下对有机物进行反应。加热沸腾后,反应时间较短,其氧化率较低,且不能表示微生物所能氧化的有机物的量。它主要用于测定有机物污染不很严重的清洁水。

COD 是以 $K_2Cr_2O_7$ 作氧化剂,$Ag^+$ 作催化剂,在强酸加热沸腾回流的条件下,与有机物进行反应。反应时间较长。其氧化率较高,大多数有机物的氧化率可达 90% 以上,但仍不能表示微生物所能氧化的有机物的量。它主要用于测定有机物污染严重的生活污水和工业废水。

$BOD_5$ 反映了被微生物所能氧化的有机物的量,是反映水中有机物污染的最主要的水质指标。$BOD_5$ 在水体污染控制和水处理的生物工艺方面应用十分广泛。然而,生物氧化有时不如化学氧化进行得完全,且 $BOD_5$ 又只是部分生化需氧量,所以,$BOD_5$ 实际测定值低于理论计算需氧量,也低于 COD。此外,$BOD_5$ 测定时间过长,不利于及时指导生产实践。

表 6-3 列出了一些有机物的氧化率。

表 6-3　一些有机物的氧化率

| 名　称 | 理论需氧量 $(O_2)g/1g$ 有机物 | 氧化率/(%) | | |
| --- | --- | --- | --- | --- |
| | | 高锰酸盐指数 | $BOD_5$ | COD |
| 甲酸 | 0.348 | 14 | 68 | 99.4 |
| 醋酸 | 1.07 | 7 | 71 | 93.5 |
| 甲醇 | 1.50 | 27 | 68 | 95.3 |
| 乙醇 | 2.09 | 11 | 72 | 94.3 |
| 苯 | 3.08 | 0 | 0 | 16.9 |
| 酚 | 2.38 | 63 | 61 | 98.3 |
| 苯胺 | 2.41 | 90 | 3 | 100 |
| 葡萄糖 | 1.07 | 59 | 56 | 97.6 |
| 可溶淀粉 | 1.185 | 61 | 43 | 86.5 |
| 纤维素 | 1.185 | 0 | 7 | 92.0 |
| 甘氨酸 | 0.639 | 3 | 15 | 98.1 |
| 谷氨酸 | 0.980 | 6 | 58 | 100 |

从表中可以看出,当水中有机物的组成相对恒定时,对于一般的污水,其 COD>$BOD_5$>高锰酸盐指数,且 COD 与 $BOD_5$ 的差值,可近似表示水中不能被微生物氧化分解的有机物的量。其 $BOD_5$ 与 COD 的比值大致在 0.2~0.8 之间。

由于工业的迅速发展,有机物的污染日益严重。目前应用的 $BOD_5$ 指标,测定的时间长,不能迅速反映水中有机物污染的程度,故近年来国内外都在进行总有机碳及总需氧量的测定,以此作为表征有机物污染的指标,达到实现自动快速测定的目的。总有机碳和总需氧量的仪器测定,都是利用化学燃烧催化氧化的原理,其测定结果更能接近理论值。对含氮、硫的有机物、芳香烃等的测定也能得到较好的结果。

## 一、总有机碳(TOC)

总有机碳是表示 1 L 水中所含有机污染物的总碳量,单位为 C mg/L,常用符号 TOC 表示。它最适宜用来表示污水中微量的有机物,是评价水中需氧有机污染物的一个综合指标。

总有机碳的测定是用 TOC 分析仪进行的。图 6-4 是常用的 TOC 分析仪。其测定原理如下:首先在水样中加酸,并引入压缩空气进行酸化曝气,以除去水中的无机碳酸盐。然后将水样定量地注入有铂丝网作催化剂的燃烧管,在空气或氧气流中,于 900 ℃下进行燃烧。有机物在燃烧过程中产生的 $CO_2$,经红外线气体分析仪测定,并用自动记录仪记录,即得到水样中的总有机碳量。用这种方法测定一个水样仅需几分钟的时间。

图 6-4    TOC 分析仪

1—供氧器;2—调节阀;3—阀门;4—流量计;5—控制阀;6—全碳定量用燃烧管;7—管伏炉;8—高温计;
9—变压器;10—冷却管;11—旋塞;12—过滤器;13—红外线气体分析仪(非分散型);14—增幅器;15—记录仪

在测定时,如果水样中含有悬浮杂质和大量的重金属离子,会使燃烧管的注入口和各种配管堵塞,并使催化剂的催化作用降低,从而影响测定结果,故应对各种影响因素进行校正。

## 二、总需氧量(TOD)

总需氧量是表示 1 L 水中所含有机污染物全部被氧化时(碳被氧化为二氧化碳,氢、氮、硫分别被氧化为水、一氧化氮、二氧化硫等)所需要的氧量,单位为 $O_2$ mg/L。常用符号 TOD 表示。

总需氧量的测定是用 TOD 分析仪进行的。图 6-5 是常用的 TOD 分析仪,其测定原理是在含有一定量氧气的氮气流中,注入一定量的水样,一起进入以铂丝网为催化剂的燃烧管中,在 900 ℃时进行燃烧。水样中的有机物因燃烧而消耗了载气中的一部分氧气,剩余的氧气用燃料电池或氧电极测定,并用自动记录仪进行记录。用载气中原有的氧气量减去水样燃烧后剩余的氧气量,即得总需氧量。用这种方法测定一个水样也只需几分钟的时间。

在测定中,部分无机物对 TOD 的测定有影响,如 $NO_3^-$、$SO_4^{2-}$ 在高温下能发生下列反应:

$$2NO_3^- \Longrightarrow 2NO_2^- + O_2$$

$$SO_4^{2-} \Longrightarrow SO_3^{2-} + \frac{1}{2}O_2$$

图 6-5　TOD 分析仪

而使测定值偏低。当水样中溶解氧值较大时，TOD 值也偏低。同样，水样中若含有悬浮杂质和大量的金属离子，也会影响测定结果，故也需对各种影响因素进行校正。

# 思　考　题

**1.** 氧化还原滴定共分几类？这些方法的基本反应是什么？

**2.** 氧化还原反应有什么特点？影响氧化还原反应速度的主要因素有哪些？

**3.** 条件电位和标准电极电位有什么不同？影响条件电位的外界因素有哪些？

**4.** 用标准电极电位，说明在 $Br^-$ 和 $I^-$ 的混合液中，逐滴加入氯水时所发生的现象及其反应。

**5.** 在 1 mol/L 的酸度下，$AsO_4^{3-}$ 能氧化 $I^-$ 析出 $I_2$，而在 pH 为 8 时，却能用 $I_2$ 滴定 $AsO_3^{3-}$ 生成 $AsO_4^{3-}$，试解释其原因。

**6.** 用间接碘量法测定 $Cu^{2+}$ 时，$Fe^{3+}$ 和 $AsO_3^{3-}$ 都能将碘氧化而干扰测定。但当加入 $NH_4HF_2$ 使溶液的 pH≈3.3 时，$Fe^{3+}$ 和 $AsO_4^{3-}$ 的干扰却可以消除，为什么？

**7.** 碘量法中有哪些主要的误差来源？配制 $Na_2S_2O_3$ 标准溶液应该注意哪些问题？

**8.** 水中溶解氧与哪些因素有关？测定水中溶解氧有什么意义？

**9.** 高锰酸盐指数、化学需氧量、生化需氧量的测定有什么意义？三者之间各有什么特点？

**10.** 在测定溶解氧时，若取水样 100 mL，用 $x$ mL 0.0250 mol/L 的 $Na_2S_2O_3$ 标准溶液滴定，则溶解氧（$O_2$ mg/L）＝$2x$。此计算式是否正确？

**11.** 在生化需氧量的测定中，为什么通常测定的是 20 ℃下五天生化需氧量（$BOD_5$）？

**12.** 水中总有机碳和总需氧量的测定有什么意义？其测定方法有什么共同点？

# 习　题

**1.** 配平下列反应方程，并指出反应式中氧化剂和还原剂的反应摩尔比。

(1) $K_2Cr_2O_7 + KI + HCl \longrightarrow CrCl_3 + KCl + I_2 + H_2O$

(2) $Na_2C_2O_4 + KMnO_4 + H_2SO_4 \longrightarrow K_2SO_4 + Na_2SO_4 + MnSO_4 + CO_2 + H_2O$

(3) $HCOOH + KMnO_4 + NaOH \longrightarrow MnO_2 + Na_2CO_3 + K_2CO_3 + H_2O$

(4) $KBrO_3 + KBr + HCl \longrightarrow Br_2 + KCl + H_2O$

(5) $KBrO_3 + KI + HCl \longrightarrow KBr + KCl + I_2 + H_2O$

（6）$Na_2S_2O_3 + I_2 + KOH \longrightarrow Na_2SO_4 + KI + H_2O$

**2.** 判断下列反应能否自左向右发生。

$$Cl_2 + 2Br^- \longrightarrow 2Cl^- + Br_2$$

$$I_2 + 2Br^- \longrightarrow 2I^- + Br_2$$

**3.** 计算在 1 mol/L HCl 溶液中以下反应能否进行完全。

$$2Fe^{3+} + Sn^{2+} \Longrightarrow 2Fe^{2+} + Sn^{4+}$$

**4.** 称取含 Fe 及 $Fe_2O_3$ 的试样 0.4250 g，溶解后将 $Fe^{3+}$ 还原为 $Fe^{2+}$，并用 $KMnO_4$ 标准溶液滴定，若已用去 $c_{\frac{1}{5}KMnO_4} = 0.09910$ mol/L 的 $KMnO_4$ 溶液 37.50 mL，计算试样中 Fe 及 $Fe_2O_3$ 的质量分数。

**5.** 有硅酸盐试样 1.000 g，用重量法测定其中所含铁及铝时，得 $Fe_2O_3$ 和 $Al_2O_3$ 重 0.5000 g，将此沉淀溶解后，在酸性溶液中将 $Fe^{3+}$ 还原成 $Fe^{2+}$，然后用 $c_{\frac{1}{6}K_2Cr_2O_7} = 0.2000$ mol/L 的 $K_2Cr_2O_7$ 溶液滴定，用去 $K_2Cr_2O_7$ 溶液 25.00 mL，求试样中 FeO 及 $Al_2O_3$ 的质量分数各为多少？

**6.** 吸取水样 50 mL，加入 25.0 mL $c_{\frac{1}{6}K_2Cr_2O_7} = 0.2500$ mol/L 的 $K_2Cr_2O_7$ 溶液，在酸性条件下，加热回流 2 小时，冷却后以试亚铁灵为指示剂，用 $c_{Fe^{2+}} = 0.2500$ mol/L 的 $Fe^{2+}$ 标准溶液 12.50 mL 滴定至终点；另取 50 mL 蒸馏水做空白试验，用去 $Fe^{2+}$ 标准溶液 24.20 mL，求水中化学耗氧量（mg/L）。

**7.** 计算在 1 mol/L HCl 和 1 mol/L HCl-0.5 mol/L $H_3PO_4$ 溶液中，用 $c_{\frac{1}{6}K_2Cr_2O_7} = 0.1000$ mol/L 的 $K_2Cr_2O_7$ 滴定 $c_{Fe^{2+}} = 0.1000$ mol/L 的 $Fe^{2+}$，达到化学计量点时的电位。如果两种情况下都选用二苯胺磺酸钠作指示剂（$\varphi^{\ominus'} = 0.84$ V），哪种情况下引起的误差较小？已知 $\varphi^{\ominus'}_{Cr_2O_7^{2-}/Cr^{3+}} = 1.00$ V，$\varphi^{\ominus'}_{Fe^{3+}/Fe^{2+}}$（1 mol/L HCl）$= 0.68$ V，$\varphi^{\ominus'}_{Fe^{3+}/Fe^{2+}}$（1 mol/L HCl-0.25 mol/L $H_3PO_4$）$= 0.51$ V。

**8.** 用 $KIO_3$ 标定 $Na_2S_2O_3$ 溶液的浓度，称取 0.3567 g $KIO_3$ 溶于水中，并稀释至 100 mL，移取该溶液 25.00 mL，加入 $H_2SO_4$ 和 KI 溶液，用 24.98 mL $Na_2S_2O_3$ 溶液滴定析出的 $I_2$，求 $Na_2S_2O_3$ 溶液的摩尔浓度。

**9.** 用氧化还原滴定法测定钡的含量，是将 $Ba^{2+}$ 用过量 $KIO_3$ 沉淀为 $Ba(IO_3)_2$，然后加入过量的 KI，生成的 $I_2$ 用 $Na_2S_2O_3$ 标准溶液滴定。现有含钡样品 0.2567 g，用此法处理后消耗 $Na_2S_2O_3$ 标准溶液（0.1056 mol/L）8.56 mL，计算该样品中钡的质量分数。

**10.** 有 25.00 mL KI 溶液，用稀酸及 10.00 mL $c_{KIO_3} = 0.05000$ mol/L 的 $KIO_3$ 溶液处理，煮沸以除去析出的 $I_2$，冷却后，加入过量的 KI，使之与剩余的 $KIO_3$ 反应，并调至溶液呈中性。析出的 $I_2$ 用 $c_{Na_2S_2O_3} = 0.1008$ mol/L 的 $Na_2S_2O_3$ 标准溶液滴定，用去 $Na_2S_2O_3$ 溶液 21.14 mL，计算 KI 溶液的摩尔浓度。

**11.** 0.2000 g $Na_2C_2O_4$ 需要用 31.00 mL $KMnO_4$ 溶液（在酸性溶液中）使之完全氧化，用碘量法滴定此 $KMnO_4$ 溶液 25.00 mL，需用 $c_{Na_2S_2O_3} = 0.1000$ mol/L 的 $Na_2S_2O_3$ 溶液多少毫升？写出反应方程式。

**12.** 称取含 $Na_2S$ 的试样 0.1000 g 溶于水，在碱性条件下，加入 $KMnO_4$ 标准溶液（0.02000 mol/L）25.00 mL，此时 $S^{2-}$ 被氧化为 $SO_4^{2-}$，反应完全后酸化，此时有 $MnO_2$ 生成并有过量 $MnO_4^-$，再加入过量 KI 还原 $MnO_4^-$ 与 $MnO_2$ 为 $Mn^{2+}$，析出的 $I_2$ 用 $Na_2S_2O_3$ 标准溶液（0.1000 mol/L）滴定，消耗 15.00 mL。计算试样中 $Na_2S$ 的质量分数。

**13.** 测定某城市生活污水的生化需氧量情况如下：取生活污水 50 mL，用水稀释至 1000 mL，稀释水培养前的溶解氧（$O_2$ mg/L）$= 9.80$，稀释培养后的溶解氧（$O_2$ mg/L）$= 9.62$，稀释水样培养前的溶解氧（$O_2$ mg/L）$= 9.64$，稀释水样培养后的溶解氧（$O_2$ mg/L）$= 3.82$，求生活污水的生化需氧量（$BOD_5$）。

**14.** 含酚废水 100 mL，加入 $KBrO_3$-KBr 标准溶液 25.00 mL 及 HCl，使苯酚溴化后，再加入 KI 溶液，析出的 $I_2$ 用 $c_{Na_2S_2O_3} = 0.1000$ mol/L 的 $Na_2S_2O_3$ 标准溶液滴定，用去标准溶液 14.00 mL，另取 25.00 mL $KBrO_3$-KBr 标准溶液及 HCl，加入 KI，析出的 $I_2$ 用 $c_{Na_2S_2O_3} = 0.1000$ mol/L $Na_2S_2O_3$ 标准溶液滴定，用去标准溶液 20.40 mL，求废水中酚的含量（以苯酚，mg/L 计）。

**15.** $Pb_2O_3$ 试样 1.234 g，用 20.00 mL 0.2500 mol/L $H_2C_2O_4$ 溶液处理，这时 Pb(Ⅳ) 被还原为 Pb(Ⅱ)。

将溶液中和后,使 $Pb^{2+}$ 定量沉淀为 $PbC_2O_4$ 过滤。滤液酸化后,用 0.0400 mol/L $KMnO_4$ 溶液滴定,用去 10.00 mL,沉淀用酸溶解后,用同样的 $KMnO_4$ 溶液滴定,用去 30.00 mL,计算试样中 PbO 及 $PbO_2$ 的含量。

**16.** 某一难被酸分解的 $MnO\text{-}Cr_2O_3$ 矿石 2.000 g,用 $Na_2O_2$ 熔融后,得到 $Na_2MnO_4$ 和 $Na_2CrO_4$ 溶液。煮沸浸取液以除去过氧化物。酸化溶液,这时 $MnO_4^{2-}$ 歧化为 $MnO_4^-$ 和 $MnO_2$。滤去 $MnO_2$,滤液用 $c_{FeSO_4} = $ 0.1000 mol/L 的 $FeSO_4$ 溶液 50.00 mL 处理,过量 $FeSO_4$ 用 $c_{KMnO_4} = $ 0.01000 mol/L 的 $KMnO_4$ 溶液滴定。用去 18.40 mL。$MnO_2$ 沉淀用 $c_{FeSO_4} = $ 0.1000 mol/L 的 $FeSO_4$ 10.00 mL 处理,过量 $FeSO_4$ 用 $c_{KMnO_4} = $ 0.01000 mol/L 的 $KMnO_4$ 溶液滴定,用去 8.24 mL,求矿样中 MnO 和 $Cr_2O_3$ 的含量。

**17.** 含 Cr、Mn 的钢样 0.8000 g,经处理后,得到 $Fe^{3+}$、$Cr_2O_7^{2-}$、$Mn^{2+}$ 溶液,在 $F^-$ 存在时,用 $c_{KMnO_4} = $ 0.005000 mol/L 的 $KMnO_4$ 溶液滴定,此时 $Mn^{2+}$ 变成 $Mn^{3+}$,计用去 $KMnO_4$ 20.00 mL,然后此溶液继续用 $c_{Fe^{2+}} = $ 0.04000 mol/L 的 $Fe^{2+}$ 溶液滴定,用去 30.00 mL,计算试样中 Cr、Mn 的含量。

**18.** 称取制造油漆的填料红丹($Pb_3O_4$)0.1000 g,用 HCl 溶解,在热时加入 $c_{\frac{1}{6}K_2Cr_2O_7} = $ 0.1000 mol/L 的 $K_2Cr_2O_7$ 溶液 25.00 mL,析出 $PbCrO_4$:

$$2Pb^{2+} + Cr_2O_7^{2-} + H_2O \Longrightarrow 2PbCrO_4 \downarrow + 2H^+$$

冷后过滤,将 $PbCrO_4$ 用盐酸溶解,加入 KI 和淀粉溶液,用 $c_{Na_2S_2O_3} = $ 0.1000 mol/L 的 $Na_2S_2O_3$ 溶液滴定时用去 12.00 mL。求试样中 $Pb_3O_4$ 的百分含量。

# 第七章 比色分析及分光光度法

## 第一节 概　述

许多物质本身具有明显的颜色,例如 $KMnO_4$ 溶液呈紫红色,$K_2Cr_2O_7$ 溶液呈橙色等。还有一些物质本身没有颜色,或者颜色很淡,可是当它们与某些化学试剂反应后,则可生成具有明显颜色的物质。如 $Fe^{2+}$ 与邻二氮菲形成稳定的红色络合物,$Hg^{2+}$ 与双硫腙在酸性溶液中形成稳定的橙色络合物等。这些有色物质颜色的深浅与有色物质的浓度有关。溶液愈浓,颜色愈深。因此,在分析中,可以用比较颜色的深浅来测定溶液中该种有色物质的浓度,这种测定方法称为比色分析法。

随着近代测试仪器的发展,多年来已普遍使用分光光度计进行比色分析,这种方法称为分光光度法。

比色法和分光光度法通常用于试样中微量与痕量组分的测定。其方法的主要特点是:

(1) 灵敏度高。适于测定试样中含量为 $10^{-3}\% \sim 1\%$ 的微量组分,甚至还可测定含量为 $10^{-5}\%$ 左右的痕量组分。

(2) 准确度较高。一般比色分析法的相对误差为 $5\% \sim 10\%$,分光光度法为 $2\% \sim 5\%$。对于常量组分的测定,其准确度虽比滴定分析法低,但对微量组分的测定,还是比较满意的。因为对于微量组分,用滴定分析法测定时,误差也较大,甚至是无法测定的。

(3) 操作简便,测定速度快。在比色法或分光光度法中,由于应用了选择性高的显色剂和适当的显色条件,一般不经分离,就可避免干扰,直接进行测定。测定的仪器设备也比较简单,且操作方便、快速。

(4) 应用广泛。大多数无机离子和许多有机化合物均可直接或间接地用比色法或分光光度法进行测定。在水质分析中,由于有机显色剂的广泛采用,使比色法或分光光度法的应用更加广泛和重要。

## 第二节　比色分析原理

### 一、物质对光的选择性吸收

光是一种电磁波。根据波长的不同,可以分为紫外区光谱($10 \sim 400$ nm),可见区光谱($400 \sim 760$ nm)和红外区光谱($760 \sim 3 \times 10^5$ nm)。不同波长的光,其能量不同。波长愈短,光的能量愈大。由不同波长的光组成的光称为复合光。具有单一波长的光称为单色光。

人们日常所见的白光(如日光、白炽灯光)称为可见光。它是由红、橙、黄、绿、青、蓝、紫等色光按一定比例混合而成的,而且每一种颜色的光具有一定的波长范围。各种色光的近似波长范围如表 7-1。如果把适当颜色的两种光,按一定比例混合,可以成为白光,我们称这两种光为互补色光。在图 7-1 中,处于直线关系的两种色光为互补色光,如绿光和紫光可混合成白光等。

各种溶液会呈现不同的颜色,其原因是溶液对不同波长的光选择性吸收的结果。当白光照射某一溶液时,某些波长的光被溶液吸收,其余波长的光则透过溶液,溶液的颜色就是透过的这部分波长的光所呈现的颜色。如果溶液对各种波长的光全部吸收,则溶液呈黑色;如果全部不吸收或对各种波长的光的透过程度相同,则溶液呈无色;如果只吸收或最大程度吸收某种波长的光,则溶液呈现的是这种波长光的补色光。例如高锰酸钾溶液因吸收或最大程度吸收了白光中的绿色光而呈紫色。表 7-2 是物质颜色和吸收光颜色的关系。

**表 7-1　各种色光的近似波长**

| 颜　色 | 波长/nm |
| --- | --- |
| 红 | 620～760 |
| 橙 | 590～620 |
| 黄 | 560～590 |
| 绿 | 500～560 |
| 青 | 480～500 |
| 蓝 | 430～480 |
| 紫 | 400～430 |

图 7-1　互补色光示意图

**表 7-2　物质颜色和吸收光颜色的关系**

| 物质颜色 | 吸　收　光 | |
| --- | --- | --- |
| | 颜　色 | 波　长/nm |
| 黄绿 | 紫 | 400～450 |
| 黄 | 蓝 | 450～480 |
| 橙 | 绿蓝 | 480～490 |
| 红 | 蓝绿 | 490～500 |
| 紫红 | 绿 | 500～560 |
| 紫 | 黄绿 | 560～580 |
| 蓝 | 黄 | 580～600 |
| 绿蓝 | 橙 | 600～650 |
| 蓝绿 | 红 | 650～750 |

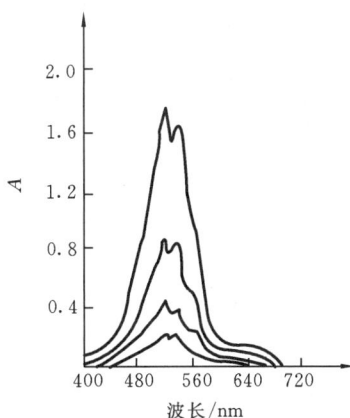

图 7-2　KMnO₄ 溶液的光吸收曲线

以上仅粗略地用溶液对各种光的选择性吸收来说明溶液呈现的颜色。其实,任何一种溶液对其他不同波长的光也是有吸收的,只是吸收的程度不同而已。如果将各种波长的单色光,依次通过一定浓度的某一溶液,即可测得该溶液对各种单色光的吸收程度(即吸光度)。以波长为横坐标,吸光度 $A$ 为纵坐标作图,可得到一条能清楚地描述物质对光吸收情况的曲线,称为光吸收曲线或吸收光谱曲线。

图 7-2 是四个不同浓度的 $KMnO_4$ 溶液的光吸收曲线。从图中可以看出:

(1) 四条光吸收曲线的形状相似。在可见光范围内,$KMnO_4$ 溶液对波长 525 nm 附近的绿色光吸收最大,而对紫色和红色光则吸收很少。因此,$KMnO_4$ 溶液呈紫红色。光吸收程度最大处的波长叫做最大吸收波长,常用 $\lambda_{最大}$ 表示。$KMnO_4$ 溶液的 $\lambda_{最大}=525$ nm。浓度不同时,其最大吸收波长不变。各种物质都有其特征吸收曲线和最大吸收波长 $\lambda_{最大}$。

(2) $KMnO_4$ 溶液的浓度不同,因此,溶液对光的吸收程度不同。溶液浓度愈大,溶液对光的吸收程度愈大,即吸光度愈大。这说明溶液的吸光度与溶液的浓度有一定的关系。

## 二、光吸收的基本定律

### 1. 朗伯-比尔定律

当一束平行的单色光照射到溶液时,光的一部分被吸收,一部分透过溶液,一部分被比色皿的表面反射回来。如果入射光的强度为 $I_0$,吸收光的强度为 $I_a$,透过光的强度为 $I_t$,反射光的强度为 $I_r$,则

$$I_0 = I_a + I_t + I_r$$

在比色分析中,盛溶液的比色皿都是采用相同质料的光学玻璃制成的。因此反射光的强度相同,其影响可以相互抵消,故上式可简化为

$$I_0 = I_a + I_t$$

透过光强度($I_t$)与入射光强度($I_0$)之比称为透光率或透光度,常用 $T$ 表示:

$$T = \frac{I_t}{I_0} \tag{7-1}$$

溶液的透光率常用百分数表示。当入射光强度 $I_0$ 一定时,$I_t$ 愈大,表示溶液对光的吸收 $I_a$ 愈小;反之,$I_t$ 愈小,表示 $I_a$ 愈大。

实践证明,溶液对光的吸收程度,与该溶液的浓度、液层厚度及入射光强度等因素有关。在比色分析中,如果保持入射光的强度不变,则溶液对光的吸收程度只与溶液浓度和液层厚度有关。朗伯和比尔分别研究了光的吸收与溶液浓度和液层厚度的定量关系,这个定量关系称为光的吸收定律,或称朗伯-比尔定律。

(1) 朗伯定律——液层厚度和光吸收的关系

当一束单色光通过液层厚度为 $l$ 的溶液后,由于溶液吸收了一部分光能,透过光的强度就要减弱。若将厚度为 $l$ 的液层分成无限小的相等薄层,每一薄层的厚度为 $dl$,如图 7-3 所示。设照射到每一薄层上的光强度为 $I$,则当光通过该薄层时,光的减弱 $-dI$ 与 $dl$ 及 $I$ 成正比,即

图 7-3　光吸收示意图

$$-dI \propto Idl, \quad -dI = aIdl, \quad \frac{dI}{I} = -adl$$

式中,$a$ 为比例常数。若入射光强度为 $I_0$,透过光强度为 $I_t$,

液层总厚度为 $l$,将上式取定积分得

$$\int_{I_0}^{I_t} \frac{\mathrm{d}I}{I} = -a\int_0^l \mathrm{d}l, \quad \ln\frac{I_t}{I} = -al$$

将自然对数换成常用对数,得

$$\lg\frac{I_t}{I_0} = -\frac{a}{2.303}l = -\kappa' l$$

或

$$\lg\frac{I_0}{I_t} = \kappa' l \tag{7-2}$$

从式(7-2)可以看出,如果 $I_t = I_0$,则 $\lg\dfrac{I_0}{I_t} = 0$,说明单色光通过溶液时完全不被吸收;如果 $I_t$ 愈小,$\lg\dfrac{I_0}{I_t}$ 的值则愈大,说明吸收程度愈大。因此 $\lg\dfrac{I_0}{I_t}$ 即表示单色光通过溶液时被吸收的程度,称为吸光度(或称消光度),用 $A$ 表示,即

$$A = \lg\frac{I_0}{I_t} = \kappa' l \tag{7-3}$$

式(7-3)称为朗伯定律。表示当入射光强度和溶液浓度一定时,光的吸收与液层厚度成正比。式中 $\kappa'$ 为比例常数,它与入射光的波长和溶液的性质、浓度及温度有关。

（2）比尔定律——溶液浓度和光吸收的关系

当一束单色光通过液层厚度一定的有色溶液时,溶液的浓度愈大,则光被吸收的程度愈大。如果溶液浓度增加 $\mathrm{d}c$,则入射光通过溶液后,强度减弱为 $-\mathrm{d}I$,而 $-\mathrm{d}I$ 与照在 $\mathrm{d}c$ 上的光强度 $I$ 和 $\mathrm{d}c$ 成正比,即

$$-\mathrm{d}I \propto I\mathrm{d}c, \quad -\mathrm{d}I = bI\mathrm{d}c, \quad \frac{\mathrm{d}I}{I} = -b\mathrm{d}c$$

式中,$b$ 为比例常数。若入射光强度为 $I_0$,透过光强度为 $I_t$,溶液浓度为 $c$,将上式取定积分可得

$$\int_{I_0}^{I_t} \frac{\mathrm{d}I}{I} = -b\int_0^c \mathrm{d}c, \quad \ln\frac{I_t}{I_0} = -bc$$

将自然对数换成常用对数,得

$$\lg\frac{I_t}{I_0} = -\frac{b}{2.303}c = -\kappa'' c$$

或

$$\lg\frac{I_0}{I_t} = \kappa'' c \tag{7-4}$$

所以

$$A = \lg\frac{I_0}{I_t} = \kappa'' c \tag{7-5}$$

式(7-5)称为比尔定律。表示当入射光强度和液层厚度一定时,光的吸收与溶液浓度成正比。式中 $\kappa''$ 为比例常数,它与入射光波长、液层厚度、溶液的性质和温度有关。

（3）朗伯-比尔定律（光的吸收定律）

如果溶液浓度和液层厚度都是可变的,就要同时考虑溶液浓度 $c$ 和液层厚度 $l$ 对光吸收的影响。为此,可将朗伯、比尔定律综合为光的吸收定律,称为朗伯-比尔定律。

根据朗伯定律

$$A = \lg\frac{I_0}{I_t} = \kappa' l$$

根据比尔定律 $$A = \lg \frac{I_0}{I_t} = \kappa'' c$$

因此朗伯 - 比尔定律为 $$A = \lg \frac{I_0}{I_t} = \kappa c l \qquad (7\text{-}6)$$

式(7-6)是光吸收定律的数学表达式。它表明:当一束平行的单色光通过溶液时,溶液对光的吸收程度与溶液浓度及液层厚度的乘积成正比。式中 $\kappa$ 为比例常数,称为吸光系数或消光系数。$\kappa$ 与入射光的波长、溶液的性质和温度有关。如果溶液浓度 $c$ 以 mol/L 表示,液层厚度 $l$ 以 cm 表示,则常数 $\kappa$ 称为摩尔吸光系数,并用 $\varepsilon$ 表示。此时,式(7-6)可表示为

$$A = \varepsilon c l \qquad (7\text{-}7)$$

式中,$\varepsilon$ 表示 $c = 1$ mol/L,$l = 1$ cm 时,溶液的吸光度,即 $A = \varepsilon$。$\varepsilon$ 的单位为 L/(mol · cm)。显然,摩尔吸光系数 $\varepsilon$ 值,反映了在一定条件下,有色溶液对某一波长光的吸收能力。同一物质与不同显色剂反应,生成不同的有色物质时,具有不同的 $\varepsilon$ 值。表 7-3 列出了 $Al^{3+}$ 与不同显色剂反应形成络合物的 $\varepsilon$ 值。

表 7-3　$Al^{3+}$ 与不同显色剂反应的 $\varepsilon$ 值

| 显　色　剂 | 显色条件 pH | 溶　剂 | $\lambda_{最大}/nm$ | $\varepsilon$ 值 |
|---|---|---|---|---|
| 铬天菁 S | 6.4 | $H_2O$ | 567.5 | $2.2 \times 10^4$ |
| 铝试剂 | 5.0~5.5 | $H_2O$ | 525 | $2.4 \times 10^4$ |
| 铬菁 R | 6.2~6.5 | $H_2O$ | 535 | $6.5 \times 10^4$ |
| 8-羟基喹啉 | 4.8~5.2 | $CHCl_3$ | 390 | $7.0 \times 10^3$ |

$\varepsilon$ 值愈大,表示溶液对光的吸收能力愈大,显色反应愈灵敏,比色测定的灵敏度也就愈高。因此,在比色分析中,为提高分析的灵敏度,在无干扰的情况下,必须选择 $\varepsilon$ 值大的有色物质,并以具有最大吸收波长的光作为入射光。

在实际测定中,由于不能直接以 1 mol/L 这样高的浓度来测定其摩尔吸光系数 $\varepsilon$,所以只能在低浓度时测定吸光度,然后通过计算求得 $\varepsilon$ 值。

【例 7-1】　浓度为 25.5 μg/50 mL 的 $Cu^{2+}$ 溶液,用双环己酮草酰二腙比色测定,在波长 600 nm 处,用 2 cm 比色皿,测定吸光度 $A = 0.297$。求摩尔吸光系数。

解　　　　　　　　　　　　　$M_{Cu} = 63.55$

则 $$[Cu^{2+}] = \frac{25.5}{50 \times 63.55} \times 10^{-3} \text{ mol/L} = 8.0 \times 10^{-6} \text{ mol/L}$$

故 $$\varepsilon = \frac{A}{cl} = \frac{0.297}{8.0 \times 10^{-6} \times 2} \text{ L/(mol · cm)} = 1.9 \times 10^4 \text{ L/(mol · cm)}$$

应该指出,以上求得的摩尔吸光系数 $\varepsilon$,是在把被测组分看做完全转变成吸光物质的条件下得到的。实际上,溶液中吸光物质的浓度常因离解、缔合或副反应等因素而改变。因此在计算摩尔吸光系数时,必须知道吸光物质的平衡浓度(真实浓度)。但在实测中,通常不考虑这种情况,而是以被测物质的总浓度进行计算,这样所得到的 $\varepsilon$ 值实际为条件摩尔吸光系数 $\varepsilon'$。

通过以上讨论,确定了吸光度与溶液浓度及液层厚度的关系。根据式(7-1),可以进一步得到吸光度与透光度(或称透光率)的关系,以及透光度与溶液浓度及液层厚度的关系:

$$A = \lg \frac{I_0}{I_t} = \lg \frac{1}{T} = -\lg T$$

则
$$A = -\lg T = \kappa c l$$

由此可知,吸光度与溶液浓度成正比,而透光度的负对数才与溶液浓度成正比。

**2. 偏离朗伯-比尔定律的原因**

在分光光度分析中,通常以固定液层厚度和入射光的波长,来测定一系列不同浓度标准溶液的吸光度。以吸光度为纵坐标,浓度为横坐标作图,得到一条通过原点的直线,称为标准曲线或工作曲线。但在实际工作中,经常出现标准曲线不成直线的情况,如图 7-4 虚线所示。特别是当溶液浓度比较高时,明显地看到标准曲线向浓度轴弯曲的情况(个别情况向吸光度轴弯曲)。这种情况称为偏离朗伯-比尔定律。在一般情况下,当标准曲线弯曲程度不严重时,仍可用于定量分析。否则在标准曲线严重弯曲部分进行测定时,将会引起较大的误差。

引起偏离朗伯-比尔定律的原因,主要来自所用仪器和溶液两个方面。现讨论如下:

(1)由于非单色光引起的偏离

严格地说,朗伯-比尔定律只适用于单色光。但目前一般用单色光器所得到的入射光并非纯的单色光,而是波长范围较窄的复合光,因而导致对朗伯-比尔定律的偏离。对于这种非单色光引起偏离朗伯-比尔定律的原因,现简单说明如下。

设由 $\lambda_1$ 和 $\lambda_2$ 两种波长组成的复合光,其强度分别为 $I_{01}$ 及 $I_{02}$。此复合光通过溶液后,强度分别减弱为 $I_1$ 和 $I_2$,如图 7-5 所示。根据朗伯-比尔定律,得

图 7-4　比色分析的工作曲线

图 7-5　非单色光通过溶液示意图

对于 $\lambda_1$ 光
$$A_1 = \lg \frac{I_{01}}{I_1} = \varepsilon_1 c l, \quad I_1 = I_{01} 10^{-\varepsilon_1 c l}$$

对于 $\lambda_2$ 光
$$A_2 = \lg \frac{I_{02}}{I_2} = \varepsilon_2 c l, \quad I_2 = I_{02} 10^{-\varepsilon_2 c l}$$

测定时,入射光的强度为 $(I_{01} + I_{02})$,透射光的强度为 $(I_1 + I_2)$,因此入射光的吸光度为

$$A = \lg \frac{I_{01} + I_{02}}{I_1 + I_2} = \lg \frac{I_{01} + I_{02}}{I_{01} 10^{-\varepsilon_1 c l} + I_{02} 10^{-\varepsilon_2 c l}}$$

当 $\varepsilon_1 = \varepsilon_2 = \varepsilon$ 时,即当入射光为单色光时,则 $A = \varepsilon c l$,$\varepsilon l$ 为定值,$A$ 与 $c$ 成直线关系。当 $\varepsilon_1 \neq \varepsilon_2$ 时,即当入射光为复合光时,$A$ 与 $c$ 不成直线关系。$\varepsilon_1$ 和 $\varepsilon_2$ 差别愈大,$A$ 与 $c$ 之间对线性关系的偏离就愈大,标准曲线的弯曲程度也就愈大。显然,单色光愈纯,$\varepsilon_1$ 和 $\varepsilon_2$ 差别愈小,偏离朗伯-比尔定律就愈小。

在实际工作中,通常选用一束吸光度随波长变化不大的复合光作入射光,或选用吸光物质的最大吸收波长光作入射光进行测定。由于 $\varepsilon$ 变化不大,所引起的偏离就小,标准曲线基本上

成直线,测定时有较高的灵敏度。所以比色分析并不严格要求用很纯的单色光,只要入射光所包含的波长范围在被测溶液的吸收曲线较平直的部分,也可以得到较好的线性关系。图 7-6 说明了复合光对比尔定律的影响。图 7-6(a)为吸光度与选用谱带关系,图 7-6(b)为工作曲线。若选用吸光度随波长变化不大的谱带 $A$ 的复合光进行测定,由于 $\varepsilon$ 的变化较小,$A$ 与 $c$ 基本呈直线关系,引起的偏离也较小。若选用谱带 $B$ 的复合光进行测定,$A$ 随波长变化较大,$\varepsilon$ 的变化也较大,$A$ 与 $c$ 不成直线关系,因此出现明显的偏离。

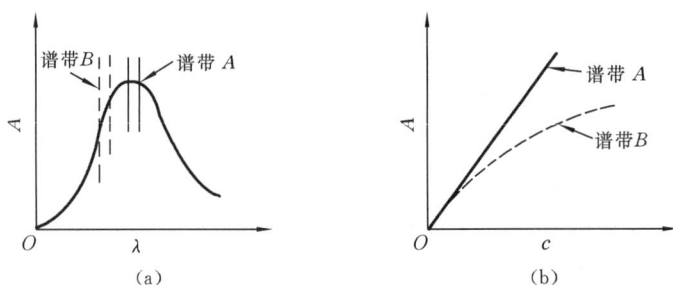

**图 7-6  复合光对比尔定律的影响**

(2) 由于溶液本身的原因引起的偏离

一般认为,朗伯-比尔定律仅适用于稀溶液。这是因为稀溶液是均相的,对光具有吸收作用,而不具有反射和散射作用。如果溶液介质不均匀,以胶体、乳浊、悬浊状态存在,则入射光透过溶液后,除一部分被吸收外,还有一部分被反射和散射,使透光率减少。因而实际测得的吸光度增加,导致偏离朗伯-比尔定律。

此外,溶液中的吸光物质因离解、缔合、互变异构、络合物的逐级形成、溶剂化作用等,都将导致偏离朗伯-比尔定律。例如,$K_2Cr_2O_7$ 在溶液中有下列平衡:

$$\underset{(橙色)}{Cr_2O_7^{2-}} + H_2O \Longrightarrow 2HCrO_4^- \Longrightarrow 2H^+ + \underset{(黄色)}{2CrO_4^{2-}}$$

则 $K_2Cr_2O_7$ 溶液的吸光度

$$A = A_{Cr_2O_7^{2-}} + A_{CrO_4^{2-}}$$

如果 $Cr_2O_7^{2-}$ 和 $CrO_4^{2-}$ 对入射光的吸收程度不同,即 $\varepsilon_{Cr_2O_7^{2-}} \neq \varepsilon_{CrO_4^{2-}}$,此时,测得 $K_2Cr_2O_7$ 溶液的吸光度与浓度的关系就会偏离线性关系。

因此,在比色测定中,必须了解吸光物质的性质,从而严格控制显色反应条件和测定条件,以减少和防止偏离现象的发生。

# 第三节　显色反应及其影响因素

## 一、显色反应和显色剂

在比色分析或光度分析时,首先要利用显色反应把被测组分转变为有色化合物,然后进行比色或光度测定。将被测组分转变为有色化合物的反应叫显色反应。显色反应主要有络合反应和氧化还原反应,而络合反应是最主要的显色反应。与被测组分形成有色物质的试剂称为显色剂。同一组分常可与多种显色剂反应,生成多种不同的有色物质。

**1. 对显色反应的要求**

(1) 选择性好。在一定条件下,显色剂仅与一个组分或少数几个组分发生显色反应,干扰少,或干扰容易消除。

(2) 灵敏度高。对微量组分的测定,一定要选择灵敏度高的显色反应。灵敏度的高低,可从摩尔吸光系数 ε 的大小来判断。ε 值大,则灵敏度高。一般来说,当 ε 值为 $10^4 \sim 10^5$ 时,可认为该反应的灵敏度较高。但灵敏度高的反应不一定选择性好,故应全面加以考虑。对于高含量组分的测定,不一定要选用最灵敏的显色反应。

(3) 有色化合物的组成恒定,符合一定的化学式,其化学性质稳定。这就要求有色化合物不容易受外界条件的影响,如日光照射、空气中的氧和二氧化碳的作用等。同时亦不应受溶液中其他化学因素的影响,以保证在测定过程中吸光度基本上不变。否则将影响吸光度的准确度及再现性。

(4) 有色化合物与显色剂之间的颜色差别要大。此时尽管显色剂有颜色,然而显色反应时颜色变化鲜明,其试剂空白值较小,就可以提高测定的准确度。有色化合物与显色剂之间的颜色差别,常用"对比度"或"反衬度"表示,它是有色化合物 MR 和显色剂 R 的最大吸收波长之差的绝对值 Δλ :

$$\Delta\lambda = \left| \lambda_{MR\cdot 最大} - \lambda_{R\cdot 最大} \right|$$

一般要求 Δλ 在 60 nm 以上。

**2. 显色剂**

在水质分析中,由于无机显色剂的灵敏度和选择性都不太高,所以应用较少。有机显色剂种类繁多,广泛用于水中微量物质的测定。如利用二苯基碳酰二肼显色剂与六价铬发生氧化还原反应测定水中微量铬;利用 4-氨基安替比林显色剂测定水中酚含量。还有许多有机显色剂可与金属离子形成稳定的螯合物,且呈现鲜明的特征颜色。因此,这些有机显色剂的显色反应的选择性和灵敏度都较高。许多螯合物易溶于有机溶剂中,故还可以进行萃取比色,这对进一步提高选择性和灵敏度很有利。

下面仅介绍在水质分析中常用的两种显色剂。

(1) 双硫腙(又称二苯基硫代卡巴腙)

双硫腙是比色分析中应用最广泛的有机显色剂,主要用于测定微量重金属离子,如 $Pb^{2+}$、$Hg^{2+}$、$Zn^{2+}$、$Cd^{2+}$ 等。其结构式为

双硫腙为紫黑色结晶状粉末。难溶于水及无机酸,可溶于氯仿及四氯化碳。在氯仿中的溶解度大于在四氯化碳中的溶解度。溶液都呈绿色。微溶于烃类溶剂。

双硫腙分子中具有可被置换的氢原子,以及能同金属形成配位键的氮原子,因此它可与20 多种金属生成电价键和配位键并存的螯合物。通常只有一个活泼氢原子被金属所取代,其

反应为

$$2S=C\begin{array}{c}NH-NH-C_6H_5\\N=N-C_6H_5\end{array}+M^{2+}\rightleftharpoons\left[\begin{array}{c}C_6H_5\\N-NH\\C-S\\N=N\\C_6H_5\end{array}\right]_2M+2H^+$$

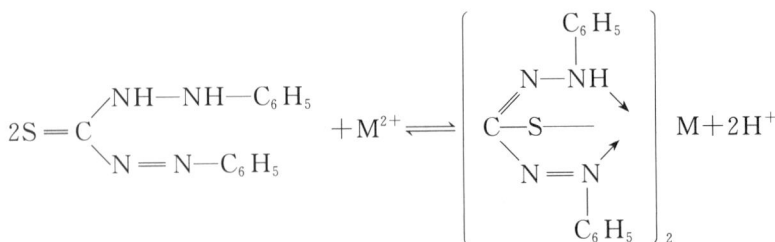

此螯合物易溶于氯仿和四氯化碳,溶液呈橙色或红色,显色反应非常灵敏,如表7-4所示。

表7-4　双硫腙测定金属离子示例

| 被测离子 | 水相pH值 | 萃取溶剂 | 有机相 $\lambda_{最大}$/nm | $\varepsilon$ 值 |
|---|---|---|---|---|
| $Hg^{2+}$ | 6 mol/L $H_2SO_4$ | $CCl_4$ | 485 | $7.12\times10^4$ |
| $Zn^{2+}$ | 6～9.5 | $CCl_4$ | 535 | $9.6\times10^4$ |
| $Pb^{2+}$ | 8～10 | $CCl_4$ | 520 | $6.88\times10^4$ |
| $Cd^{2+}$ | 12～14 | $CCl_4$ | 520 | $8.8\times10^4$ |

在以双硫腙作显色剂进行萃取比色时,从表7-4中可知,用控制溶液的酸度或加入掩蔽剂的办法,可以消除重金属离子之间的干扰,提高反应的选择性。图7-7是用双硫腙萃取几种金属离子的萃取酸度曲线,$E$ 为萃取百分率,表示萃取的完全程度。从图中可以看出,用双硫腙-$CCl_4$ 萃取某金属离子时,都要求在一定的pH值条件下才能萃取完全。

图7-7　双硫腙-$CCl_4$ 萃取酸度曲线

双硫腙易被氧化,当与游离卤素、高价金属、过氧化物、亚硝酸等氧化剂共存时,被氧化为

$$S=C\begin{array}{c}N=N-C_6H_5\\N=N-C_6H_5\end{array}$$

由于双硫腙被氧化后失去了两个氢原子,也就失去了酸的性质,它既不能生成盐,也不能溶于碱性水相中,同时也失去了同重金属螯合的能力。双硫腙的氧化物易溶于有机溶剂,并呈现橙色。测定汞时,常因此产生误差。其上述氧化过程是可逆的,在强还原剂(如亚硫酸等)作用下仍可恢复双硫腙的原型。因此,应严格注意双硫腙的纯化问题。双硫腙配成溶液后要避光、低温保存,使用时防止氧化剂的破坏作用。

（2）邻二氮菲(phen,又称邻菲罗啉)

邻二氮菲是测定微量 $Fe^{2+}$ 的较好试剂。其结构式为

在 pH＝5～6 的条件下,$Fe^{2+}$ 与邻二氮菲作用形成稳定的橙红色络合物,反应的灵敏度高($\varepsilon =$ $1.1\times 10^{4}$,$\lambda_{最大}=508$ nm)。

邻二氮菲也常用于测定水中的微量铁。首先用酸将水中的铁溶解或氧化成离子,然后用盐酸羟胺将 $Fe^{3+}$ 还原为 $Fe^{2+}$,再用邻二氮菲与 $Fe^{2+}$ 进行显色反应测定。

## 二、影响显色反应的因素

显色反应能否完全满足比色分析或光度分析的要求,除了与显色剂本身的性质有主要关系外,控制好显色反应的条件也是十分重要的。如果显色条件不合适,也会影响测定结果的准确度。一般而言,影响显色反应的因素有以下几方面。

### 1. 显色剂的用量

显色反应一般可用下式表示:

$$\underset{(被测组分)}{M} \quad + \quad \underset{(显色剂)}{R} \quad \Longleftrightarrow \quad \underset{(有色化合物)}{MR}$$

从平衡考虑,加入过量显色剂,有利于反应趋向完全。但有时显色剂加入过多,会形成不同配位数的络合物,或是发生其他副反应,对测定反而不利。因此,必须严格控制显色剂的用量。

显色剂的用量通常是根据实验来确定的。实验的方法是固定被测组分的浓度和其他条件,分别加入不同量的显色剂,测定吸光度,绘制吸光度 $A$ 和显色剂浓度 $c_R$ 的关系曲线。

图 7-8 的曲线是比较常见的。开始时,随着显色剂浓度的增加,吸光度增加,当 $c_R$ 达一定值时,吸光度不再增大,曲线出现 $a'b'$ 平坦部分。因此可在 $ab$ 之间选择合适的显色剂用量。

### 2. 溶液的酸度

溶液的酸度对显色反应的影响很大,这是由于溶液的酸度直接影响着金属离子和显色剂的存在形式,以及有色化合物(络合物)的组成和稳定性。其影响关系表示如下:

$$\begin{array}{ccc} (金属离子) & (显色剂) & (有色络合物) \\ M & + \quad R & \Longleftrightarrow MR_1,MR_2,MR_3,\cdots \\ \Big\Updownarrow OH^- & \Big\Updownarrow H^+ & \\ M(OH) & HR & \\ M(OH)_2 & H_2R & \\ \vdots & \vdots & \end{array}$$

当溶液酸度降低时,金属离子 M 易水解,可生成一系列水解中间产物,甚至生成沉淀物,影响了[M]。为防止金属离子 M 的水解,溶液的酸度不能过低。

对显色剂 R 来说,当溶液酸度变化时,由于许多显色剂本身就是有机弱酸、碱,故易发生结构上的改变,影响了[R],也影响了显色剂本身的颜色变化。

当溶液酸度变化时,有色化合物 MR 将形成不同配位数的络合物,或是络合物被 $H^+$ 分解。总之,必须控制合适的酸度,才可获得较好的分析结果。

显色反应的合适酸度范围也是通过实验来确定的。其方法是固定被测组分和显色剂的浓度,改变溶液的酸度,测定溶液的吸光度,作出 A-pH 曲线,如图 7-9 所示。选择曲线平缓部分相对应的 pH 值作为测定条件。

图 7-8  吸光度与显色剂浓度的关系

图 7-9  吸光度与溶液酸度的关系

### 3. 显色温度

在一般情况下,显色反应大多在室温下进行。但是,有些显色反应必须加热至一定温度才能完成,然而有些有色化合物在温度较高时容易分解。因此,对不同的显色反应,最好也要通过实验,作出吸光度-温度关系曲线,找出合适的温度范围。

### 4. 显色时间

由于不同的显色反应,其反应速度不同,溶液颜色及色调趋于稳定的时间也不同,且与温度有关。因此,也应通过实验,作出在一定温度下的吸光度-时间关系曲线,找出合适的显色时间。

### 5. 溶剂

有机溶剂会降低有色化合物的离解度,使颜色加深,提高显色反应的灵敏度。同时,有机溶剂还可能提高显色反应的速度,以及影响有色化合物的组成和溶解度。如用偶氮氯膦Ⅲ测 $Ca^{2+}$,加入乙醇后,吸光度显著增大。有时,由于溶剂不同,生成不同的溶剂化合物而使溶液呈现不同的颜色。如 $Co(SCN)_4^{2-}$ 在水中呈无色,在乙醇溶剂中呈蓝色。因此,在比色分析或光度分析中,标准溶液和被测溶液均应采用同一种溶剂。并通过实验了解溶剂对显色反应影响的特点,从而选择合适的溶剂。

### 6. 干扰离子

在比色分析或光度分析中,干扰离子的影响是多方面的。如果共存离子本身有颜色,如 $Cu^{2+}$、$Co^{2+}$、$Cr^{3+}$ 等,则会引起误差。如果共存离子与显色剂或被测组分反应,生成无色或有色化合物,将降低显色剂或被测组分的浓度,从而影响显色剂与被测组分反应,也会引起误差。这些干扰可用选择合适的光度测定条件(如选择合适的波长、利用参比溶液等),也可用控制溶液的酸度,加入掩蔽剂和分离干扰离子等方面来消除。

控制溶液的酸度。如用双硫腙-$CCl_4$ 萃取比色法测定 $Hg^{2+}$、$Bi^{3+}$、$Pb^{2+}$、$Cd^{2+}$ 等有干扰,从图 7-7 中可以看出,当控制溶液的 pH=1 时,可防止 $Bi^{3+}$、$Pb^{2+}$、$Cd^{2+}$ 等的干扰。

加入掩蔽剂。如用双硫腙-$CCl_4$ 萃取比色法测定 $Hg^{2+}$ 时,即使在 pH=1 的条件下进行萃取,也不能排除 $Ag^+$ 和大量 $Bi^{3+}$ 的干扰。这时,若加入 KSCN 掩蔽 $Ag^+$,EDTA 掩蔽 $Bi^{3+}$,即可排除其干扰。

采用掩蔽剂来消除干扰是一种比较简单、有效的方法。但在很多情况下,单用掩蔽方法还不能解决问题,这就需要将被测组分与干扰组分分离。在比色分析或光度分析中,通常采用溶剂萃取分离法和沉淀分离法排除干扰离子。

# 第四节　比色分析的方法及仪器

## 一、目视比色法

用眼睛观察、比较被测试液同标准溶液颜色的深浅,以测定试液中组分含量的方法,称为目视比色法。

常用的目视比色法是标准系列法。用一套由相同玻璃质料制成的、形状大小相同的比色管(容量有 10,25,50,100 mL 等几种),将一系列不同量的标准溶液依次加入各比色管中,再分别加入等量的显色剂及其他试剂。控制其他实验条件相同,然后稀释至同一刻度,即形成颜色由浅到深的标准色阶。将一定量被测试液置于另一比色管中,在同样条件下进行显色,并稀释至同一刻度。然后从管口垂直向下观察,并与标准色阶比较。若试液与色阶中某一溶液的颜色深度相同,说明两者浓度相等;若试液颜色的深度介于两标准溶液之间,则被测试液浓度约为此两标准溶液浓度的平均值。

目视比色法的原理可根据朗伯-比尔定律推导如下:

设入射光的强度为 $I_0$,透过标准溶液和试液后的光强度分别为 $I_标$ 和 $I_试$,则

$$I_标 = I_0 10^{-\varepsilon_标 l_标 c_标}, \qquad I_试 = I_0 10^{-\varepsilon_试 l_试 c_试}$$

当溶液颜色深度相同时:

$$I_标 = I_试, \qquad \varepsilon_标 l_标 c_标 = \varepsilon_试 l_试 c_试$$

由于在相同条件下显色,且是同一种有色物质,所以 $\varepsilon_标 = \varepsilon_试$;又因液层厚度相等,即 $l_标 = l_试$,故

$$c_标 = c_试$$

标准系列法的优点是:仪器设备简单,操作简便,适宜于大批试样分析;由于比色管液层较厚,使观察颜色的灵敏度较高,适宜于稀溶液中微量组分的测定;可在复合光(日光)下进行测定,某些不完全符合朗伯-比尔定律的显色反应,仍可用目视比色法进行测定。

标准系列法的主要缺点是准确度较差,一般相对误差为 5%～20%。标准系列溶液不能久存,时间过长颜色会发生变化,因此在测定时需同时配制标准溶液,比较费时且费事。

## 二、光电比色法

### 1. 光电比色法的原理

此法是利用光电效应,测量光通过有色溶液透过光的强度,以求出被测组分含量的方法。

由光源发出的白光,经过滤光片,得到一定波长宽度的近似单色光。让单色光通过有色溶液,透过光投射到光电池上,产生光电流,其大小与透过光的强度成正比。光电流的大小用灵敏检流计测量,在检流计上可读出相应的透光率或吸光度。当透过光强度愈弱,则光电流愈小,其吸光度值就愈大。

进行光电比色测定时,测定大批试样常采用工作曲线法,测定少数个别试样则采用比较法。

工作曲线法是配制一系列标准有色溶液,在一定波长下分别测其吸光度。以吸光度为纵坐标,浓度为横坐标作图,得到一条通过原点的直线,称为工作曲线或标准曲线。然后在同一条件下,测量被测试液的吸光度,在工作曲线上即可查到试液的浓度。

比较法是在同一条件下,分别测定标准溶液和被测试液的吸光度,从而计算出被测试液的浓度。根据朗伯-比尔定律,在入射光波长一定和液层厚度相等的条件下,溶液的吸光度与其浓度成正比。即

$$A_{标} = \varepsilon_{标} \, l c_{标}, \qquad A_{试} = \varepsilon_{试} \, l c_{试}$$

由于标准溶液与被测试液的性质一致、温度一致、入射光波长一致,故

$$\varepsilon_{标} = \varepsilon_{试}$$

将两式相比,则得

$$\frac{A_{标}}{A_{试}} = \frac{c_{标}}{c_{试}}, \qquad c_{试} = \frac{A_{试}}{A_{标}} c_{标} \tag{7-8}$$

应当注意,应用比较法进行计算时,只有当 $c_{试}$ 与 $c_{标}$ 相接近时结果才是可靠的,否则将有一定的误差。

与目视比色法相比,光电比色法的优点是:用光电池代替人的眼睛进行测量,提高了准确度;当测定溶液中有某些有色物质共存时,可选用适当的滤光片或适当的参比溶液来消除干扰,因而提高了选择性;由于使用了工作曲线,分析大批试样时快速、简便。

**2. 光电比色计**

进行光电比色测定的仪器叫光电比色计。一般光电比色计是由光源、滤光片、比色皿、光电池和检流计五个部件构成。现简单介绍它们的作用。

(1) 光源

通常用 6~12 V 钨丝灯作光源。为得到准确的测量结果,光源应该稳定。这就要求电源电压保持稳定,可采用磁饱和稳压器作为电源。

为使光源发出的光,成为平行光束通过比色皿,应在光源前附有聚光透镜。

(2) 滤光片

滤光片由有色玻璃片制成,它只允许和它颜色相同的光通过,得到的是近似的单色光。例如图 7-10 是一个标有“470 nm”的蓝色滤光片的透光度曲线。曲线表明通过滤光片可以得到具有较窄波长范围(420~520 nm)的光,其最大透过光波长为 470 nm。滤光片的质量用“半宽度”表示,即最大透光度的一半处曲线的宽度(图中在 AB 线的中点 P 处作水平线,与透光度曲线相交于 C、D 两点,则 C、D 间距离就是透过峰 1/2 高度处的宽度)。上述蓝色滤光片的半宽度约为 60 nm(440~500 nm)。滤光片质量愈好,半宽度愈窄,透过的单色光就愈纯。一般滤光片半宽度大于 30 nm。

选择滤光片的原则是:滤光片最大透过的波长光,应该是有色溶液最大吸收的波长光。即滤光片的颜色和溶液的颜色应互为补色。例如黄色溶液应该选用蓝色滤光片。表7-5可供选择滤光片时参考。

**表 7-5　溶液的颜色及其适用的滤光片**

| 溶液颜色 | 滤　光　片 | |
|---|---|---|
| | 颜　　色 | 波长范围/nm |
| 绿带蓝 | 红 | 630～760 |
| 蓝带绿 | 橙红 | 600～630 |
| 蓝 | 黄 | 570～600 |
| 青紫 | 绿带黄 | 540～560 |
| 红 | 绿带蓝 | 490～530 |
| 橙红 | 蓝带绿 | 450～480 |
| 黄 | 蓝 | 440～450 |
| 绿带黄 | 青紫 | 430～440 |
| 绿 | 紫 | 400～420 |

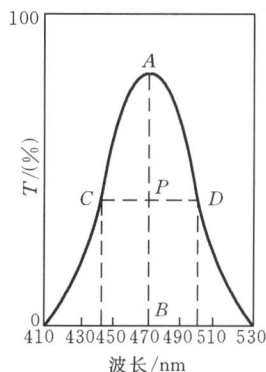

图 7-10　滤光片的透光度曲线和半宽度

（3）比色皿

比色皿是盛比色溶液的器皿,通常是用无色透明、能耐腐蚀的光学玻璃制成。由于比色测定时液层厚度是固定的,所以应选用型号相同、厚度相等的比色皿。检查比色皿厚度是否相等的方法,是把同一浓度的有色溶液置于同种厚度的比色皿内,用光电比色计在相同条件下测量透光率。如果测得的透光率相等,即表示各比色皿的厚度相等。同种厚度的各比色皿间的透光率相差若小于 0.5%,还可使用,否则不能使用。比色皿必须保持十分干净,注意保护其透光面,指纹、油腻或皿壁上其他沉积物都会影响透光率。常用稀 HCl 或有机溶剂浸泡,再用蒸馏水洗净,避免用碱和过强的氧化剂洗涤。

（4）光电池

光电池是一种将光能转换成电能的装置。光电比色计中一般是用硒光电池,如图 7-11 所示。它是由三层物质构成的薄片。上层是导电性能良好的可透光金属（如金、铂等）薄膜,中层是具有光电效应的半导体材料硒,底层是铁片。

当光照射到硒光电池上时,就有电子从半导体硒的表面逸出。由于半导体具有单向导电性,电子只能向金属薄膜流动,因而使金属薄膜带负电,成为光电池的负极。硒层失去电子后带正电,因而使铁片带正电,成为光电池的正极。这样,在金属薄膜和铁片之间就产生了电位差,线路接通后便产生光电流。当照射光的强度不很大,且光电池外电路电阻较小时,光电流与照射光的强度成正比。

光电池受强光照射或长久连续使用时,会产生"疲劳"现象,灵敏度降低。如遇这种情况,应暂停使用,可放置暗处使它复原。同时,光电池应注意防潮。

硒光电池对于各种不同波长的光,其感光灵敏度不同,称为"光谱灵敏度",其光谱灵敏度曲线如图 7-12 所示。硒光电池感光的波长范围为 300～800 nm,以波长为 550 nm 左右的光灵敏度最高。

（5）检流计

通常使用悬镜式光点反射检流计,测量光电池产生的光电流。其灵敏度高达 $10^{-9}$ 安培/格。

图 7-11　硒光电池示意图

图 7-12　光谱灵敏度曲线

检流计上的标尺有两种刻度:一种是百分透光率 $T$,另一种是吸光度 $A$,如图 7-13 所示。由于吸光度与透光率是负对数关系,因此吸光度标尺的刻度是不均匀的。

图 7-13　$A$ 和 $T$ 的关系

例如,当 $T=100\%$ 时,由

$$T=\frac{I_t}{I_0}, \qquad A=\lg\frac{1}{T}=-\lg T$$

有

$$A=-\lg\frac{100}{100}=0$$

当 $T=50\%$ 时,

$$A=-\lg\frac{50}{100}=0.301$$

光电比色计的种类很多,而普遍使用的是国产 581-G 型光电比色计,其结构如图 7-14 所示。由光源发出的光,通过滤光片和比色皿后,照射到光电池上,产生的光电流大小引起检流计的光标移动,在标尺上读取吸光度 $A$ 或透光率 $T$。

图 7-14　581-G 型光电比色计结构示意图

1—光源;2—滤光片;3—比色皿;

4—光电池;5—粗调节器;6—细调节器;

7—检流计

## 三、分光光度法

### 1. 分光光度法的特点

分光光度法的基本原理与光电比色法相同,不同之处仅在于获得单色光的方法不相同。分光光度法是采用棱镜或光栅等分光器进行分光,所获得的单色光的波长范围比滤光片要窄得多,一般半宽度在 5～10 nm。由于单色光纯度高,因而测定的灵敏度、选择性和准确度都较光电比色法高。由于可以任意选取某种波长的单色光,故在一定条件下,利用吸光度的加和性,可以同时测定试液中两种或两种以上的组分。因为入射光的波长范围扩大了,测量范围不局限于可见光区和有色溶液,可扩展到紫外光区、红外光区。所以,许多无色物质只要在紫外光区或红外光区内有吸收峰,都可以用分光光度法进行测定。

根据以上特点,在水质分析中分光光度法较比色法有更加广泛的应用。

**2. 分光光度计**

分光光度法所应用的仪器叫分光光度计。分光光度计种类很多,一般按测定的波长范围分类,如表 7-6 所示。

表 7-6　分光光度计的分类

| 分　类 | 工作波长范围/nm | 光源 | 单色器 | 接受器 | 型　号 |
|---|---|---|---|---|---|
| 可见分光光度计 | 420~700<br>360~700 | 钨灯<br>钨灯 | 玻璃棱镜<br>玻璃棱镜 | 硒光电池<br>光电管 | 72 型<br>721 型 |
| 紫外、可见和近红外分光光度计 | 200~1000 | 氢灯及钨灯 | 石英棱镜或光栅 | 光电管或光电倍增管 | 751 型<br>WFD-8 型 |
| 红外分光光度计 | 760~40000 | 硅碳棒或辉光灯 | 岩盐或荧石棱镜 | 热电堆或测辐射热器 | WFD-3 型<br>WFD-7 型 |

紫外、可见分光光度计主要用于无机物和有机物含量的测定,红外分光光度计主要用于结构分析。

(1) 72 型分光光度计

72 型分光光度计是目前普遍使用的一种简易型可见分光光度计。它由磁饱和稳压器、单色光器和检流计三大件组成,其光学系统如图 7-15 所示。

由光源发出的可见光经过进光狭缝、反射镜和透镜后,成为平行光束进入棱镜。经棱镜色散后,各种波长的光被反射镜反射,再经透镜聚光于出光狭缝上。由于反射镜和透镜与刻有波长的转盘相连,转动转盘即可转动反射镜,使所需要的单色光通过出光狭缝,单色光的波长可以从转盘上的刻度读出。此单色光再通过比色皿和光量调节器,照射到硒光电池上,产生的光电流输入检流计,即得出吸光度读数。

(2) 751 型分光光度计

751 型分光光度计是紫外、可见和近红外分光光度计,其工作波长范围较宽(200~1000 nm),精密度较高。它的光学系统如图 7-16 所示。

从光源发出的光由反射镜反射,使光经狭缝的下半部和准光镜进入单色器内,再经棱镜色散后,由准光镜将光聚焦于狭缝上半部而射出,经过比色皿后再照射到光电管上。由此可知,仪器用同一狭缝作入光和出光的狭缝,它们始终具有相同的宽度。通常,波长在 200~320 nm 范围内用氢灯作光源;波长在 320~1000 nm 范围内用钨丝灯作光源;波长在 200~625 nm 范围内用蓝敏光电管(GD-5)测量透射光强度;波长在 625~1000 nm 范围内用红敏光电管(GD-6)测量透射光强度。

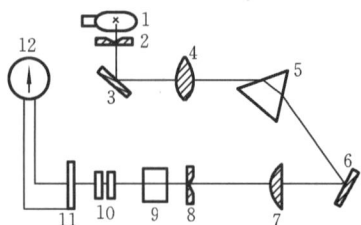

图 7-15　72 型分光光度计光学系统图

1—光源；2—进光狭缝；3,6—反射镜；

4,7—透镜；5—棱镜；8—出光狭缝；

9—比色皿；10—光量调节器；11—硒光电池；

12—检流计

图 7-16　751 型分光光度计光学系统图

H—氢灯；W—钨灯；M₁—凹面反射镜；

M₂—平面反射镜；L—准光镜；P—石英棱镜；

S—狭缝；L₁—透镜；C—比色皿；

Ph₁—蓝敏光电管；Ph₂—红敏光电管

# 第五节　光度测量误差及测量条件的选择

## 一、仪器测量误差

在光度分析法中,除各种化学因素所引入的误差外,仪器测量因素也是误差的主要来源。

任何光度计都有一定的测量误差。如光源不稳定、单色光不纯、比色皿透光率不一致、标尺读数不准等,都能引起误差。对于给定的光度计,透光率或吸光度的读数误差,是衡量测定结果准确度的重要因素,也是衡量仪器精度的主要指标之一,且其透光率读数误差是一个常数,为 0.01～0.02。

由吸光度 $A$ 与透光率 $T$ 的负对数关系可知,同样大小的 $\Delta T$,在不同 $A$ 值时所引起的吸光度误差 $\Delta A$ 是不相同的,这可从图 7-13 所示的 $A$ 和 $T$ 的关系标尺中看出。$A$ 值愈大,$\Delta T$ 引起的 $\Delta A$ 愈大。

但是,$\Delta T$ 或 $\Delta A$ 均为绝对误差,并不能说明测定结果的准确度,故测定结果的准确度常用相对误差 $\dfrac{\Delta c}{c}$ 表示。

根据比尔定律 　　　　　　　　$A = \kappa'' c, \qquad \Delta A = \kappa'' \Delta c$

得 　　　　　　　　　　　　　　$\dfrac{\Delta c}{c} = \dfrac{\Delta A}{A}$

当透光率 $T$ 不同时,同样大小的 $\Delta T$ 所引起的浓度误差 $\Delta c$(或 $\Delta A$)是不同的,这可从透光率和浓度的关系曲线(见图 7-17)上看出。图 7-18 是浓度测量的相对误差和透光率的关系曲线。

从图 7-17 和图 7-18 中可以看出,在浓度很低时,$\Delta T > \Delta c$,显然 $\Delta c$ 很小,但 $c$ 也很小,所以相对误差 $\dfrac{\Delta c}{c}$ 值较大;在浓度较高时,$\Delta T < \Delta c$,虽然 $c$ 较大,但 $\Delta c$ 也比较大,所以相对误差

图 7-17　透光率和浓度的关系

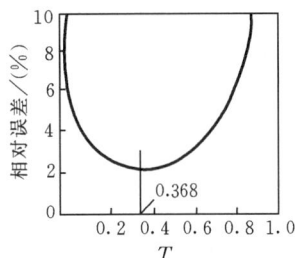

图 7-18　相对误差和透光率的关系

$\dfrac{\Delta c}{c}$ 值也较大;在中间浓度时,$\Delta T \approx \Delta c$,相对误差 $\dfrac{\Delta c}{c}$ 较小。由此不难得出,只有在一定的中间浓度范围内,即一定的吸光度范围内,仪器测量误差所引起的测定结果的相对误差才比较小。当透光率接近 0 或 1.0 时,其相对误差都趋于无限大。

透光率在什么范围内,浓度相对误差才较小,这可通过下面的推导求出:

由
$$A = -\lg T$$

对 $T$ 微分,得

$$\mathrm{d}A = -\mathrm{d}(\lg T) = -0.434\mathrm{d}(\ln T) = -\frac{0.434}{T}\mathrm{d}T$$

用 $A$ 除等式两边,可求得 $A$ 的相对误差:

$$\frac{\mathrm{d}A}{A} = -\left(\frac{0.434}{TA}\right)\mathrm{d}T = \left(\frac{0.434}{T\lg T}\right)\mathrm{d}T \tag{7-9}$$

根据朗伯-比尔定律,浓度的相对误差为

$$\frac{\mathrm{d}A}{A} = \frac{\mathrm{d}\varepsilon Lc}{\varepsilon Lc} = \frac{\varepsilon L\,\mathrm{d}c}{\varepsilon Lc} = \frac{\mathrm{d}c}{c}$$

所以
$$\frac{\mathrm{d}c}{c} = \left(\frac{0.434}{T\lg T}\right)\mathrm{d}T \tag{7-10}$$

从上式可知,浓度测量误差不仅与仪器的绝对误差 $\mathrm{d}T$ 有关,而且也与它本身的透光率 $T$ 有关。当 $\mathrm{d}T$ 为定值时,以不同的 $T$ 值代入上式可得到相应的 $\dfrac{\mathrm{d}c}{c}$ 值,如表 7-7 所示。如果以 $T$ 值为横坐标,$\dfrac{\mathrm{d}c}{c}$ 为纵坐标作图,即得如图 7-18 所示的曲线。

表 7-7　不同 $T$ 值时浓度测量的相对误差

| | $T/(\%)$ | 95 | 90 | 80 | 70 | 60 | 50 | 40 | 30 | 20 | 10 | 5 |
|---|---|---|---|---|---|---|---|---|---|---|---|---|
| $\dfrac{\mathrm{d}c}{c}$ / (%) | $\mathrm{d}T=0.01$ | 20.8 | 10.7 | 5.6 | 4.0 | 3.3 | 2.9 | 2.7 | 2.8 | 3.2 | 4.3 | 6.5 |
| | $\mathrm{d}T=0.005$ | 10.4 | 5.4 | 2.8 | 2.0 | 1.7 | 1.5 | 1.4 | 1.4 | 1.6 | 2.2 | 3.3 |

从表 7-7 和图 7-18 中可以看出,$T$ 很大或很小时,浓度测量的相对误差都较大。当 $T$ 在 $15\% \sim 65\%$(即 $A$ 在 $0.2 \sim 0.8$)的范围内,其相对误差较小。

如果要使浓度测量的相对误差达到最小值,必然对应着一定数值的透光率或吸光度。这就需求极值,为此对式(7-9)求导数:

$$\left(\frac{\mathrm{d}A}{A}\right)' = 0.434\mathrm{d}T\left(\frac{1}{T\lg T}\right)' = -0.434\mathrm{d}T\,\frac{(T\lg T)'}{(T\lg T)^2}$$

$$= -0.434\mathrm{d}T\,\frac{T(\lg T)' + \lg T}{(T\lg T)^2} = -0.434\mathrm{d}T\,\frac{\lg e + \lg T}{(T\lg T)^2}$$

只有当 $\lg e + \lg T = 0$ 时,$\left(\dfrac{\mathrm{d}A}{A}\right)' = 0$,则 $\dfrac{\mathrm{d}A}{A}$ 有极值,测量误差才最小。此时

$$-\lg T = \lg e = 0.434 = A, \qquad T = 0.368$$

由此可知,当 $T = 36.8\%$ 或 $A = 0.434$ 时,浓度测量的相对误差 $\dfrac{\mathrm{d}c}{c}$ 值最小。

## 二、测量条件的选择

为了使测定结果有较高的灵敏度,必须注意选择最合适的测量条件,主要有如下几点。

### 1. 入射光波长的选择

入射光的波长应根据吸收曲线,选择被测溶液有最大吸收的波长。因为在 $\lambda_{最大}$ 处,$\varepsilon$ 值最大,测定的灵敏度较高。同时在 $\lambda_{最大}$ 附近,吸光度随波长变化不大,由非单色光引起的对朗伯-比尔定律的偏离较小,其测定的准确度较高。

如果有干扰时,可选择另一灵敏度稍低,但能避免干扰的入射光,这样就可得到满意的测定结果。例如,用丁二酮肟比色法测定钢中的镍,丁二酮肟镍络合物的 $\lambda_{最大}$ 值在 470 nm 左右(见图 7-19)。试样中的铁用酒石酸钾钠掩蔽后,在同样波长下也有吸收,对测定有干扰。因此,选择波长在 520 nm 处测定镍比较合适。此时虽然灵敏度有所降低,但干扰很小,提高了准确度。

### 2. 吸光度读数范围的选择

从仪器测量误差的讨论中已了解到,为使测量结果得到较高的准确度,一般应控制标准溶液和被测试液的吸光度在 0.2~0.8 范围内。对此,应根据朗伯-比尔定律改变比色皿厚度或被测试液的浓度,使吸光度读数处在适宜的范围内。

### 3. 参比溶液的选择

在光度测量时,利用参比溶液来调节仪器的零点,以消除由于比色皿、溶剂及试剂对入射光的反射和吸收等带来的误差。若参比溶液选择不适当,则对测量读数的准确度影响较大。图 7-20 中(a)曲线为不用参比溶液时,可能得到的工作曲线;(b)曲线表示显色反应不灵敏,或被测物低于某一浓度时不显色(如低于 $c'$ 浓度时,吸光度为 0)的工作曲线。

选择参比溶液的原则是:

(1)当被测试液、显色剂及其他所用试剂均为无色时,可用蒸馏水或纯溶剂作参比溶液。

(2)当显色剂无色,被测试液中其他离子有色时,应采用不加显色剂的被测试液作参比溶液。

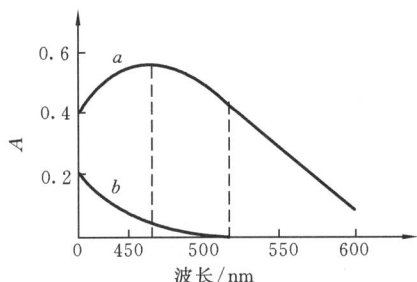

图 7-19　不同物质的吸收曲线

a—丁二酮肟镍吸收曲线

b—酒石酸铁吸收曲线

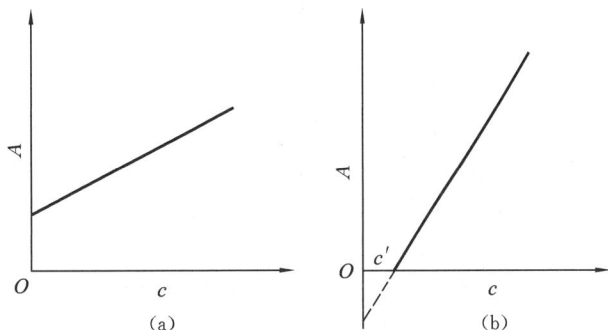

图 7-20　工作曲线不通过原点的两种情况

（3）当显色剂和被测试液均有色时，可在一份试液中加入适当掩蔽剂，将被测组分掩蔽起来，使之不再与显色剂作用。而显色剂及其他试剂均按试液测定方法加入，以此作为参比溶液。这样可以消除显色剂中一些共存组分的干扰。

总之，参比溶液的选择，应尽量使被测试液的吸光度准确地反映被测组分的浓度。

# 第六节　比色分析法在水质分析中的应用

在水质分析中，比色分析法广泛用于单一组分的测定，也可用于多组分的测定。通常各种水中的微量或痕量组分，如 $K^+$、$Mn^{2+}$、$Cu^{2+}$、$Zn^{2+}$、$Fe^{3+}$、$Al^{3+}$、$F^-$、$I^-$、$S^{2-}$、$PO_4^{3-}$ 等都用比色分析法测定。就是水中重要的有害污染物质，如铅、铬、汞、镉、砷、氰化物、酚、有机农药、苯基烷烃类等也常用比色分析法测定。甚至反映水中氮素有机物污染的水质指标，如氨氮、亚硝酸盐氮、硝酸盐氮等，也是利用比色分析法测定的。

下面以水中氮素化合物、汞和余氯的测定为例，简要介绍比色分析法的应用。

## 一、水中氮素化合物及其测定

水中有机物主要是指含碳、氢、氧、氮、磷等元素的化合物，其中以氮素有机物最不稳定。它们最初进入水中时，大多是复杂的有机氮形式，如蛋白质。由于受水中微生物的分解作用，逐渐变成简单的无机物，即由蛋白质分解为氨基酸，最后产生氨，在水中呈游离态 $NH_3$ 和 $NH_4^+$。

由于上述分解过程的不断进行，使水中有机氮素化合物不断减少，而无机氮素化合物不断增加。若无氧存在，氨即为最终产物。若有氧存在，氨继续氧化并被微生物转化成亚硝酸盐（$NO_2^-$）、硝酸盐（$NO_3^-$），此作用称为硝化作用。这时氮素化合物已由复杂的有机物变成无机性硝酸盐，这是最终分解产物。可以说，有机氮素化合物已完成了"无机化"作用。

水中有机氮素化合物经过分解作用后，常以无机物 $NH_3$、$NH_4^+$、$NO_2^-$，$NO_3^-$ 形态存在，各组分含量又常以含氮量计算。故 $NH_3\text{-}NH_4^+$ 称为氨氮，$NO_2^-$ 称为亚硝酸盐氮，$NO_3^-$ 称为硝酸盐氮。测定各类氮素化合物的含量,对探讨水污染和进行水处理(如生物处理法)有很大的实际意义。如果水中氨氮含量很高,说明水在不久前被严重污染过。如果水中硝酸盐氮含量增加的同时,还含有亚硝酸盐氮和氨氮含量,说明水不仅过去被污染,而且现在还继续被污染。如果水中硝酸盐氮含量很高,而亚硝酸盐氮和氨氮的含量极微甚至没有,说明水曾受过污染,但现在已经完全自净。总之,它们在水中的相对含量,在一定程度上可反映出水受到有机氮素化合物污染的程度和污染的时间,进而可以判断水处理的进程和效果。

水中氮素化合物有时也可能来自无机物。如氮素矿物盐溶解于地下水而含有硝酸盐氮;大气中的氮被氧化为亚硝酸盐氮和硝酸盐氮,随雨水落到地面,流入水中。这种情况与氮素有机物污染无关。因此对测定结果应进行具体分析,以便对水质作出正确的评价。

**1. 氨氮的测定(纳氏试剂比色法)**

水中氨氮含量在 2 mg/L 以下时,用直接比色法或蒸馏比色法进行测定。直接比色法适用于无色、透明、含氨氮量较高的清洁水样。对于有色、混浊、含干扰物质较多、氨氮含量较少的水样,可用蒸馏比色法,即将被测试液蒸馏,使氨在弱碱性溶液中呈气态逸出,冷凝后用酸性溶液收集蒸馏液,再用比色法测定。

测定原理为氨与碘化汞钾(或称纳氏试剂)在碱性溶液中作用,生成淡黄色到红棕色的氨基汞络离子的碘衍生物。具体反应如下:

$$2K_2[HgI_4] + NH_3 + 3KOH === [Hg_2O \cdot NH_2]I + 7KI + 2H_2O$$

根据溶液颜色的深浅程度,与氨氮标准溶液色阶进行比色,从而可求得水中氨氮的含量。

氨氮的测定可用目视比色法,或用光电比色计(选用蓝色滤光片)、分光光度计进行。当氨氮含量大于 2 mg/L 时,可将试液稀释,或改用容量法测定。

当水样中含有 $Ca^{2+}$、$Mg^{2+}$、$Fe^{3+}$、酮、醛、醇和 $S^{2-}$ 等物质时,加入纳氏试剂后,会使试液变浑浊而干扰测定。$Ca^{2+}$、$Mg^{2+}$、$Fe^{3+}$ 等离子可用酒石酸钾钠掩蔽,使其形成无色络合物。酮、醛、醇等可在低 pH 值下,用煮沸的方法消除。$S^{2-}$ 可在试液中加入 $PbCO_3$ 后进行蒸馏消除。其他干扰物质可用蒸馏比色法消除。

若水样中含有余氯,则可能与氨反应生成氯胺:

$$NH_3 + HOCl === NH_2Cl + H_2O$$

所以需在水样中加入 $Na_2S_2O_3$,脱氯后,才能进行氨氮的测定。

由于纳氏试剂对氨的反应极为灵敏,所以必须防止外界的氨(如空气和试剂中的氨)进入水样中。一般用无氨蒸馏水来配制各种溶液。

**2. 亚硝酸盐氮的测定($\alpha$-萘胺比色法)**

在酸性条件下,水中的 $NO_2^-$ 与对氨基苯磺酸起重氮化反应,然后再与 $\alpha$-萘胺起偶氮反应,生成紫红色偶氮染料。具体反应如下:

该紫红色染料颜色的深浅与亚硝酸盐含量成正比,可与标准亚硝酸盐溶液在同一条件下制备的标准色阶进行比较,求出水中亚硝酸盐氮的含量。

当水样浑浊或有色时,可加入适量 $Al(OH)_3$ 悬浮液进行处理,然后取上部清液进行比色测定。

水样中含有三氯胺时,在测定中会产生红色干扰物。若将加试剂的次序颠倒,即先加 $\alpha$-萘胺,后加对氨基苯磺酸,则可减少其影响,但三氯胺含量高时,仍然会有干扰。水样中的 $Fe^{3+}$ 在 1 mg/L 以上,$Cu^{2+}$ 在 5 mg/L 以上时,也会产生干扰,此时可用 NaF 或 EDTA 消除其干扰。

**3. 硝酸盐氮的测定(二磺酸酚比色法)**

浓 $H_2SO_4$ 与酚作用生成二磺酸酚:

$$C_6H_5OH + 2H_2SO_4 \longrightarrow C_6H_8(OH)(SO_3H)_2 + 2H_2O$$

在无水情况下二磺酸酚与硝酸盐作用,然后调至碱性,产生分子重排,生成黄色化合物。具体反应如下:

该黄色化合物颜色的深浅与硝酸盐含量成正比。将其与标准硝酸盐溶液在同一条件下制备的标准色阶进行比较,求得水中硝酸盐氮的含量。

水中常见的 $Cl^-$、$NO_2^-$ 和 $NH_4^+$ 均对此测定有干扰。

水中 $Cl^-$ 在强酸性条件下可与 $NO_3^-$ 反应,生成 NO:

$$6Cl^- + 2NO_3^- + 8H^+ \longrightarrow 3Cl_2 + 2NO + 4H_2O$$

因而使 $NO_3^-$ 减少,测定结果偏低。为排除 $Cl^-$ 干扰,可加适量 $Ag_2SO_4$,使 $Cl^-$ 转化为 AgCl 沉淀。

水中 $NO_2^-$ 在强含氧酸($H_2SO_4$)存在下,生成极不稳定的 $HNO_2$,并立即分解为 $HNO_3$ 和 NO:

$$3HNO_2 \longrightarrow HNO_3 + 2NO + H_2O$$

因而使 $NO_3^-$ 增多,测定结果偏高。此时可用适量 $KMnO_4$ 将 $NO_2^-$ 氧化为 $NO_3^-$,然后再从测定结果中减去 $NO_2^-$ 的含量。

水中 $NH_4^+$ 与 $NO_3^-$ 在加热过程中可生成 $N_2O$,特别是在有 $Ag^+$ 存在时更加速了此反应的进行,因而使 $NO_3^-$ 减少,测定结果偏低。其反应如下:

$$NH_4^+ + NO_3^- \longrightarrow N_2O + 2H_2O$$

只要将水样调至碱性后再加热,即可消除此干扰。

在一般清洁水中,$NO_2^-$ 和 $NH_4^+$ 同时存在,当含量都很低时,由此产生的正、负误差,可部分抵消。

## 二、汞及汞的测定(双硫腙比色法)

汞在常温下是唯一的液体金属,俗称水银。汞离子的价态有 +1 和 +2。一价离子是二聚体(—Hg—Hg—),写成 $Hg_2^{2+}$,如 $Hg_2Cl_2$ 俗称甘汞。二价汞化合物常起氧化剂的作用,如 $HgCl_2$ 俗称升汞。升汞有剧毒,略溶于水。

汞和汞化合物都有毒,能够破坏人体的造血功能和神经系统,严重中毒会引起死亡。汞的无机物和汞的苯基化合物的毒性相对来说要小些,而汞的烷基化合物则有剧毒。水中的无机汞在微生物的作用下能转化成剧毒的甲基汞 $[(CH_3)_2Hg]$。水体中的汞和汞化合物常被鱼类等水生物富集,食用这些鱼类易引起汞中毒。

由于汞和汞化合物在工业上用途广泛,故工业废水中往往含有各种汞和汞化合物,对此,必须进行水处理。水中汞的最高容许排放浓度为 0.05 mg/L,生活饮用水水质标准规定不超过 0.001 mg/L。

汞的测定方法有原子吸收分光光度法和双硫腙比色法。下面主要讨论双硫腙比色法。

在酸性条件下,用高锰酸钾将水样中有机汞、一价汞氧化为二价汞,剩余的高锰酸钾用盐酸羟胺还原。二价汞再与双硫腙形成橙色螯合物。然后用有机溶剂萃取,再用碱液洗去过量的双硫腙。螯合物的色度与汞的浓度成正比,将其与标准溶液的色阶进行比色,从而可测定出水样中汞的含量。

铜、银、金、铂、钯等金属离子在酸性溶液中也被双硫腙螯合和有机溶剂萃取。故常用氯仿为溶剂,提高水样酸度和碱性洗液的浓度,同时加入 EDTA 以消除上述微量金属离子的干扰。此外,还可通过蒸馏法将汞与干扰组分分离。其方法是先用氯化亚锡将二价汞还原为金属汞,然后进行蒸馏。此时汞随水蒸气蒸馏到酸性高锰酸钾溶液中,金属汞即被分离,并被高锰酸钾氧化为二价汞。

汞的比色测定方法很灵敏。因此配制溶液时应用重蒸馏水或无离子水,玻璃器皿应十分洁净。

## 三、余氯及余氯的测定

饮用水必须经过消毒,除去水中的病原菌。目前一般常用的是氯消毒法,即加入氯或氯化合物(如漂白粉),利用这些药剂的强氧化能力起杀菌作用。

氯加入水中后,不仅与细菌作用,而且还可与水中的其他物质作用,如与氨作用,可以生成各种氯胺(一氯胺、二氯胺、三氯胺等):

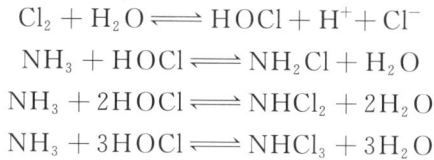

$$Cl_2 + H_2O \rightleftharpoons HOCl + H^+ + Cl^-$$

$$NH_3 + HOCl \rightleftharpoons NH_2Cl + H_2O$$

$$NH_3 + 2HOCl \rightleftharpoons NHCl_2 + 2H_2O$$

$$NH_3 + 3HOCl \rightleftharpoons NHCl_3 + 3H_2O$$

各种氯胺经过水解作用后,仍具有氧化能力,因此也有杀菌作用。但其杀菌能力没有次氯酸强,而且杀菌作用进行缓慢,故杀菌的持续时间较长。为使氯充分与细菌作用,达到除去水中病原菌的目的,所以水经过氯消毒后,还应留有适量剩余的氯,以保证持续的杀菌能力。这种氯称为余氯,或活性氯。

余氯可分为下列三种形式:

(1) 总余氯:包括 $HOCl$、$OCl^-$、$NH_2Cl$、$NHCl_2$ 等。

(2) 化合性余氯:包括 $NH_2Cl$、$NHCl_2$ 及其他氯胺类化合物。

(3) 游离性余氯:包括 $HOCl$、$OCl^-$ 等。

在水处理的消毒过程中,水中加氯量是由水中余氯量和余氯存在的形式决定的。加氯量过少,不能完全达到消毒的目的;加氯量过多,既是浪费,又使水产生异味,影响水质。因此余氯的测定对水处理中的氯消毒有着重要的意义。

**1. 邻联甲苯胺比色法**

此法可以测定水中游离性余氯及总余氯。在酸性溶液中,余氯与邻联甲苯胺反应,生成 3,3′-二甲基-4,4′-联苯二亚胺盐酸盐(醌型,分子式为 $C_{14}H_{12}(NH \cdot HCl)_2$)的黄色化合物,其色度与余氯量成正比。此时可与永久性余氯标准溶液色阶进行比色。由于邻联甲苯胺与游离性余氯作用生成黄色化合物的反应十分迅速,而与氯胺的作用慢得多。因此,可以利用显色反应的时间快慢,采用加入显色剂后立即进行比色和放置 10 分钟后进行比色的方法,分别测得水中游离性余氯和总余氯。

如果水中余氯浓度过高,与邻联甲苯胺显色时生成红色化合物,此时应将水样稀释,以控制其只生成黄色化合物。

**2. 邻联甲苯胺亚砷酸盐比色法**

此法利用邻联甲苯胺和游离性余氯的反应是瞬间完成的,而与化合性余氯的反应是缓慢进行的性质,根据亚砷酸盐及邻联甲苯胺加入的顺序,并控制不同的显色时间,可以测定和计算出游离性余氯、总余氯、化合性余氯的含量。

当在水样中加入邻联甲苯胺后,立刻加入亚砷酸盐溶液。此时游离性余氯已与邻联甲苯胺发生了显色反应,而化合性余氯还未来得及与邻联甲苯胺发生显色反应,就被亚砷酸盐分解并还原成氯化物。因此,这时比色测定的仅是游离性余氯的含量。由邻联甲苯胺比色法测得的总余氯含量减去游离性余氯含量,就得到化合性余氯含量。

## 四、天然水中 $Fe^{2+}$ 的测定

天然水中的铁主要以 $Fe(HCO_3)_2$ 型体存在。天然水中的铁含量极少,对人类健康并无

影响。但饮用水中含铁量太高,会产生苦涩味。根据我国的相关标准规定,生活饮用水中铁的含量小于 0.3 mg/L。工业用水(如印染用水等)对铁还有特殊要求。水中含铁量在 1 mg/L 左右,就易与空气中 $O_2$ 作用产生浑浊现象:

$$4Fe(HCO_3)_2 + O_2 + 2H_2O \longrightarrow 4Fe(OH)_3 + 8CO_2$$

$$2Fe(OH)_3 \longrightarrow Fe_2O_3 \cdot 3H_2O \downarrow$$
$$\text{(黄棕色)}$$

水中铁的测定采用邻二氮菲分光光度法。

1) 方法原理

如前所述,邻二氮菲(phen)是测定 $Fe^{2+}$ 的灵敏显色剂。在 pH=3～9 的溶液中,$Fe^{2+}$ 与 phen 生成稳定的橙红色络合物 $Fe(phen)_3^{2+}$

$$Fe^{2+} + 3phen \longrightarrow Fe(phen)_3^{2+}$$
$$\text{(橙红色)}$$

$$Fe(phen)_3^{2+} \text{ 的 } \lambda_{max} = 508 \text{ nm}, \quad \varepsilon = 1.1 \times 10^4$$

此络合物在避光时可稳定半年($\beta_3 = 2.0 \times 10^{21}$)。用 1 cm 比色皿,在 508 nm 处测定吸光度值,可在标准曲线上查出对应 $Fe^{2+}$ 的含量。

测定水中总铁:用还原剂(如抗坏血酸或盐酸羟胺)将水中 $Fe^{3+}$ 还原为 $Fe^{2+}$,然后测定,得总铁含量。

该方法适用于环境水和废水中铁的测定,最低检出浓度为 0.03 mg/L,测定上限为 5.0 mg/L。

2) 注意事项

(1) 水样中铁浓度>5.0 mg/L 时,水样稀释后测定或选用 3 cm 或 5 cm 比色皿进行测定。

(2) 水样中如有 $CN^-$、$NO_2^-$、焦磷酸盐(如 $Na_4P_2O_7$)、偏磷酸盐(磷酸盐的一种缩聚型体,如 $(NaPO_3)_n$),加酸煮沸除 $CN^-$、$NO_2^-$,并可使多磷酸盐转化为正磷酸盐,以减轻干扰。但含有 $CN^-$ 或 $S^{2-}$ 的水样酸化时,必须小心,以防中毒。

(3) 当水样中 $Cu^{2+}$、$Zn^{2+}$、$Co^{2+}$、$Cr(Ⅵ)$ 的浓度小于 10 倍铁浓度,$Ni^{2+}$ 小于 2 mg/L 时,不干扰测定,当浓度再高时,可加入过量邻二氮菲显色剂予以消除;水样中 $Hg^{2+}$、$Cd^{2+}$、$Ag^+$ 等能与邻二氮菲生成沉淀,浓度高时,可将沉淀过滤除去,浓度低时,可加过量显色剂来消除。

(4) 水样中有强氧化剂时,加入过量还原剂(如盐酸羟胺)消除干扰。

(5) 水中含有大量有机物或颜色较深,可将水样蒸干、灰化后用酸重新溶解再测定,或用不加邻二氮菲的有底色水样作参比进行校正。

## 五、饮用水中二氧化氯的测定

水中常量二氧化氯可采用连续碘量法测定。但对饮用水消毒时 $ClO_2$ 的含量分析,应采用吸收光谱法或分光光度法,除标准法中推荐的以 DPD 为显色剂,在 $\lambda=515$ nm 处测定 $ClO_2$ 及其他氯或氯氧化物外,还有很多显色剂可供选择使用,这些显色剂各有特色。另外,在吸收光谱法测定水中 $ClO_2$ 时,除要求方法准确度、精密度和灵敏度高,检出限低外,还要求方法易于操作、简单快速可行。因此,在实际应用中可根据自己的条件和可能选用(见表 7-8 和表 7-9)。其详细内容请见《二氧化氯分析技术》和《水消毒剂和处理剂——二氧化氯》等参考书。

表 7-8　部分显色剂与 $ClO_2$ 褪色作用或生色作用的光度法①

（测定水中微量 $ClO_2$）

| 方法 | 测定条件 | 回收率/(%) | CV/(%) | 检出限/(μg/L) | 备注 |
|------|----------|-----------|--------|--------------|------|
| 甲酚红示差光度法 | 在 573 nm 处测定 $\Delta A$，反应与测定 pH 分别为 3 和 13 | 96.3 | 5.35 | 4.1 | ①将 $ClO_2$ 吹脱出测量<br>②加 $H_2C_2O_4$ 或二甲亚砜掩蔽 $Cl_2$ |
| 酸性靛蓝法示差光度法 | 在 610 nm 处测定 $\Delta A$，反应与测定 pH＝2 | 100.6 | 2.22 | 5.0 | ①pH＝2 下，$ClO_2^-$ 和 $ClO_3^-$ 不与显色剂反应<br>②$Cl_2$ 干扰测定，加 $H_2C_2O_4$ 掩蔽 |
| 亚甲蓝萃取光度法 | ①无机亚甲蓝为显色剂<br>②pH＝1.0～1.5<br>③二氯乙烷萃取<br>④在 658 nm 处测定亚甲蓝的 $A$ | 97.4～102.8 | 2.7 | 20 | ①$ClO_3^-$≤2.0 mg/L 不干扰测量<br>②大量 $ClO_3^-$ 不干扰测量<br>③$Cl_2$ 和 $OCl^-$ 用掩蔽剂消除 |

表 7-9　部分显色剂与 $ClO_2$ 褪色作用或生色作用的光度法②

（测定水中微量 $ClO_2$）

| 方法 | 测定条件 | 线性范围/(mg/L) | 检出限/(mg/L) | 备注 |
|------|----------|----------------|---------------|------|
| 罗丹明 B 光度法 | pH＝10.0 在 553 nm 处，以蒸馏水为参比，测量 $A$ | 0～1.5 | 0.04 | ①$Cl_2$≤40 mg/L 不干扰测量<br>②$OCl^-$、$ClO_2^-$ 和 $ClO_3^-$ 1000 mg/L 和 $NH_2Cl$ 500 mg/L 时没产生显著干扰 |
| 氯酚红示差光度法 | ①在 574 nm 处测量 $\Delta A$<br>②pH＝7.0<br>③所有试剂和水样直接加入 3 cm 比色皿中测量 | 0.12～1.94 | 0.12 | ①$ClO_2^-$≤$ClO_2$ 浓度时产生的干扰<2%<br>②$ClO_2^-$≤10 mg/L，$NH_2Cl$≤5 mg/L 时，干扰极小，在允许误差内<br>③FAC($Cl_2$)≤1.2 mg/L 时，干扰极小，干扰为 3.7%，且可用掩蔽方法消除 |
| 丽丝胺绿 B 光度法 | 在 616 nm 处测量 $A$，pH＝9.0 | 0～0.5 | 0.03 | 各种氯和其他氯氧化物不干扰测量 |
| 酶催化活性黄示差光度法 | ①在 410 nm 处测量 $\Delta A$<br>②pH＝6.0<br>③所有试剂和水样直接加入比色皿中测量 | 0.2～4.5 | 0.2 | $OCl^-$ 干扰测定，需掩蔽 |

续表

| 方法 | 测定条件 | 线性范围 /(mg/L) | 检出限 /(mg/L) | 备注 |
|------|----------|------------------|----------------|------|
| 丽丝胺绿 B/辣根 过氧化酶 光度法 | 在 633 nm 处测量水样、$N_2$ 吹水样的 $\Delta A$ | 0.2~2.2 | 0.10 | 各种氯和其他氯氧化物不干扰测定,同时 测定 $ClO_2$ 和 $ClO_2^-$ 的含量 |

下面仅就丽丝胺绿 B(LGB)和丽丝胺绿 B/辣根过氧化酶(HRP)光度法做简要介绍。

1) 丽丝胺绿 B 光度法

丽丝胺绿 B 光度法只需丽丝胺绿 B 和 pH=9 的氨缓冲溶液两种试剂,方法简单,选择性好,各种氯和氯氧化物不干扰测定,适用于饮用水中低含量 $ClO_2$ 的测定。

pH=9 氨缓冲溶液:取 100 mL 6mol/L 的氨水和 57.24 g $NH_4Cl$,用去离子水定容至 1 L。

丽丝胺绿 B(LGB,又称酸性绿 B、艳丽华绿 B、酸性绿 5a 和酸性绿 VS 等):染料含量约 60%。取 LGB 0.1922 g 溶于 200 mL 水中,配成浓度约为 0.001 mol/L 的 LGB 水溶液。

(1) 丽丝胺绿 B 光度法测定 $ClO_2$ 的分析流程。

取一定量含 $ClO_2$ 的水样,直接加入到含有足量的 0.001 mol/L LGB 水溶液和 5 mL pH =9.0 氨缓冲溶液的 100 mL 容量瓶中,用水稀释至刻度;以蒸馏水为空白,在 616 nm 处测定吸光度值,然后在标准曲线上查出水样中 $ClO_2$ 的含量。

(2) 丽丝胺绿 B 示差光度法测定水中低浓度 $ClO_2$。

丽丝胺绿 B 光度法测定水中 $ClO_2$ 是采用蒸馏水空白为参比,其标准曲线的回归方程的相关系数 $r$ 为负值,是负相关。因此,可用示差光度法测定,即以丽丝胺绿 B 的试剂空白(不含 $ClO_2$)为拟"测定样",以含 $ClO_2$ 水样为"测定空白或参比",按分析流程在 $\lambda_{max}=616$ nm 处,测定吸光度值 $\Delta A$($\Delta A=A_{LGB}-A_{样}$),然后在按同样方法绘制的标准曲线上查出水中 $ClO_2$ 的含量。

2) 丽丝胺绿 B/辣根过氧化酶光度法同时测定饮用水中 $ClO_2$ 和 $ClO_2^-$

在测定 $ClO_2$ 时,丽丝胺绿 B 光度法有很好的特异性,但发现 LGB 和 $ClO_2$ 反应的化学计量数并不都是 1∶1,而是随 LGB 的浓度变化。于是又发展出丽丝胺绿 B/辣根过氧化酶光度法,并被美国环保局推荐用于给水厂中 $ClO_2$ 和 $ClO_2^-$ 的每日例行检测(EPA 327.0-2005)。

此法与丽丝胺绿 B 光度法比较,只增加了 LGB/HRP 混合溶液和柠檬酸/氨基乙酸缓冲溶液。

(1) LGB/HRP 混合溶液。

① LGB 储备液:将 240 mg LGB 溶于 250 mL 去离子水中,机械搅拌 24 h,然后稀释至吸光度值接近 1.0,在≤6 ℃下可保存两个月;

② 缓冲的 HRP 溶液:将 240 mg HRP 和 12.2 mL 柠檬酸/氨基乙酸缓冲溶液加入到 200 mL 容量瓶中,用去离子水稀释至刻度;

③ 缓冲的 LGB 溶液:取 80 mL LGB 储备液和 12.2 mL 柠檬酸/氨基乙酸缓冲溶液,加入到 200 mL 容量瓶中,用去离子水稀释至刻度;

④ 将②和③两缓冲溶液混合,贮于 500 mL 棕色玻璃瓶中,并用 PTFE 塞拧紧。

（2）柠檬酸/氨基乙酸缓冲溶液(pH＝6)。

将 9 g 柠檬酸三钠、5 g 柠檬酸氢二钠和 1 g 氨基乙酸溶于 127 mL 去离子水中,在≤6 ℃下保存。

分析流程:"无液上空间"法:

① 将饮用水水样、$N_2$ 吹脱除去微量 $ClO_2$ 的水样和空白水样分别充满 3 个 16 mL 棕色玻璃瓶中;

② 分别从上面 3 个瓶中移除 1.0 mL 后,再加入 1.0 mL 柠檬酸/氨基乙酸缓冲溶液,盖紧塞子,轻摇混匀;

③ 然后从上面 3 个瓶中再移除 1.0 mL 液体,加入 1.0 mL 的 LGB/HRP 混合溶液,此时 HRP 催化 $ClO_2^-$ 为 $ClO_2$,$ClO_2$ 迅速氧化 LGB,LGB 在柠檬酸/氨基乙酸缓冲溶液中,其 $\lambda_{max}$ ＝633 nm;

④ 用示差光度法,即以空白水样为拟"测定样",以饮用水水样、$N_2$ 吹脱水样为"测定空白或参比",在 $\lambda_{max}$ ＝633 mm 处分别测定吸光度值 $\Delta A_1$ 和 $\Delta A_2$;

⑤ 计算:由饮用水水样及 $N_2$ 吹脱水样的 $\Delta A$,分别在标准曲线上查得 $\Delta A_1$ 和 $\Delta A_2$ 对应的浓度 $c_1$ 和 $c_2$,$c_2$ 即水样中 $ClO_2^-$ 的浓度,$c_1-c_2$ 即为水样中原有的 $ClO_2$ 浓度。

标准曲线:

① 将 $ClO_2^-$ 标准水样(0,0.2,0.6,1.0,1.4,1.8 和 2.2 mg/L)和空白水样分别充满一系列 16 mL 棕色玻璃瓶中;

② 按分析流程中②～④操作(④中不用 $N_2$ 气吹脱),在 $\lambda_{max}$ ＝633 nm 处分别测得吸光度 $\Delta A$;

③ 以 $\Delta A$ 为纵坐标,$ClO_2^-$ 标样浓度为横坐标绘制标准曲线;

④ 水样中 $ClO_2^-$ 和 $ClO_2$ 浓度按分析流程⑤计算。

方法的准确度、精密度和灵敏度:

用加标试剂水($ClO_2^-$,0.25～1.0 mg/L,$ClO_2$ 0.26～0.95 mg/L)分别进行回收测定。结果表明:$ClO_2^-$ 平均回收率为 107.8%,变异系数 CV 为 2.9%～12%,检出限为 0.09 mg/L;$ClO_2$ 平均回收率为 113.2%,CV 为 6.3%,检出限为 0.10 mg/L。

本方法可同时测定 $ClO_2$ 消毒的饮用水出厂水中 $ClO_2$ 和 $ClO_2^-$ 浓度。

## 六、废水中镉的测定

镉(Cd)的粉尘及其化合物毒性很大。50 年代初日本著名的"痛痛病"(又骨痛病),就是含镉废水污染了稻田,人食用含镉大米而中毒,此病多为腰痛,严重者骨软化,多发生骨折、步态蹒跚。天然铅锌矿中含有 Cd,其矿场废水及附近地下水均有 Cd;冶金、电镀、化学及纺织工业也会产生含 Cd 废水。我国生活饮用水标准规定镉≤0.005 mg/L;渔业水域水质标准和农田灌溉用水水质标准均规定镉≤0.005 mg/L;工业废水最高容许排放浓度为 0.1 mg/L。

废水中镉的测定可采用双硫腙分光光度法。

1) 方法原理

在一定条件下,于强碱性溶液中,$Cd^{2+}$ 与双硫腙($H_2Dz$)生成红色螯合物($Cd(HDz)_2$),用 $CCl_4$ 或 $CHCl_3$ 萃取分离后,于 518 nm 波长处测定吸光度值,用标准曲线法求出水样中镉的含量。

$$Cd^{2+}+2H_2Dz \longrightarrow Cd(HDz)_2+2H^+$$
$$\text{(红色)}$$

$$Cd(HDz)_2 \text{ 的 } \lambda_{max}=518 \text{ nm},\varepsilon \text{ 为 } 8.56 \times 10^4$$

此螯合物的 $K_{稳}=3.4 \times 10^{19}$,在 1 h 内稳定不变。该方法的灵敏度较高,当水样为 100 mL,用 2 cm 比色皿时,$Cd^{2+}$ 的最低检出浓度为 0.001 mg/L,测定上限为 0.06 mg/L。该方法适用于受镉污染的天然水和废水中镉的测定。

2) 注意事项

(1) 显色剂双硫腙($H_2Dz$)对光、热十分敏感,易被氧化,其氧化产物在 $CCl_4$ 中呈黄色或棕色,所以双硫腙必须提纯后再用,具体提纯方法可参考有关书籍。同时,要求测定中使用的容器、试剂、蒸馏水要纯净。

(2) 水样中 $Pb^{2+}$ 20 mg/L、$Zn^{2+}$ 30 mg/L、$Cu^{2+}$ 40 mg/L、$Mn^{2+}$ 4 mg/L、$Fe^{2+}$ 4 mol/L 时在酒石酸钾钠溶液存在下不干扰测定,如 $Mg^{2+}$ 浓度达 20 mg/L,可多加酒石酸钾钠掩蔽。

(3) 水样中含 $Hg^{2+}$、$Ag^+$ 等离子时可预先在 pH=2 下,用双硫腙溶液萃取除去;如有 $Co^{2+}$、$Ni^{2+}$ 时,可在 pH=8~9 时,加丁二酮肟生成 $Co^{2+}$、$Ni^{2+}$—丁二酮肟络合物,用氯仿萃取除去,$Co^{2+}$ 的络合物不被萃取,但不干扰测定。

## 七、水中浊度的测定

水中的浊度是天然水和饮用水的一项重要水质指标,可采用分光光度法和目视比浊法测定。

1) 分光光度法

在适当温度下,用无浊度水(孔径为 0.2 $\mu m$ 滤膜过滤的蒸馏水)配制一系列福尔马肼(硫酸肼$(NH_2)_2SO_4 \cdot H_2SO_4$ 与六次甲基四胺$(CH_2)_6N_4$ 形成的白色高分子聚合物)标准混悬液(0~40 NTU),在 680 nm 波长下测定吸光度,绘制标准曲线。水样在同样条件下测得吸光度值,由标准曲线查出对应的浊度。所测得的浊度为散射浊度单位(NTU)或福尔马肼浊度单位(FTU),规定 1.25 mg 硫酸肼/L 和 12.5 mg 六次甲基四胺/L 水中形成的福尔马肼混悬液所产生的浊度为 1 NTU。

散射光比浊法:在相同条件下,用散射浊度计测定标准参考浊度液的散射光强度和水样的散射光强度,并进行比较,求得水样的浊度。散射浊度计是由照明水样的钨丝灯光源及一个或数个带读数装置的光电检测器组成,读数装置指示与入射光路成 90° 的散射光的强度。检测器及滤光系统将在 400~600 nm 之间有光谱峰值响应。这种在散射浊度计上测得的浊度单位称作散射浊度单位(NTU,Nephelometric Turbidity Units)。标准参考浊度液同样采用福尔马肼,由无浊水(孔径为 0.2 $\mu m$ 薄膜滤片过滤的蒸馏水)配制而成,因此,有些文献又把散射浊度单位称为福尔马肼浊度单位(FTU,Formazan Turbidity Units)。散射光法主要适于浊度小于 25 NTU 尤其小于 5 NTU 以下的水样测定。

2）目视比浊法

将水样与福尔马肼标准混悬液（0～40 NTU）进行比较。选出与水样产生视觉效果相近的标准混悬液，记下其浊度值。测定时，水样必须充分振荡后才能进行比浊测定。

## 八、水中颗粒物粒径和聚集状态的测定

近年来，出现多种检测技术，直接用于测定水中颗粒聚集状态。这些技术多为以流动分散系的光学监测为基础的颗粒计数检测技术；如库尔特（Coulter）计数法、光阻塞原理的 Hiac 计数法以及其他多种光散射计数技术，用来定量检测混凝过程中颗粒粒径分布的变化情况，为水处理提供有价值的数据和信息。

例如，库尔特计数法是让悬浮液流过一个小孔，在小孔两侧设置电极，当一个颗粒流过该小孔时，电极间的电阻发生变化，而产生一个短时的电压脉冲，其大小与颗粒粒径成比例，从而可以确定电导液体中悬浮颗粒的数目和粒径。该方法的影响因素很少，且对结果的影响也小，测定精度不受装置限制。应用此法时，需大幅度稀释样品，以避免重叠效应，还要防止絮体通过库尔特计数器孔口或 Hiac 计数器的检测区域时，被打碎。该方法需测定时间较长，不适于快速在线检测。

在许多水处理中，往往对絮体的形成或状态进行总体测定和评价就能满足要求，而不需要详细的粒径分布和粒径大小的数据。这样，相继发展了一些全新的简单检测方法，如用于水厂投药控制的流动电流检测（SCD）技术以及基于光电检测原理的透光率脉动检测技术等等。

近年来，国外研制出一种光度色散分析仪（Photometric Dispersion Analyser），又称絮凝检测仪。它可以灵敏地反映水处理中投药后杂质颗粒的絮凝程度。当检测水样通过絮凝检测仪光路时，检测仪连续测定透光强度，并分离出直流成分（$V$）和脉动成分（$V_R$），其中 $V$ 和 $V_R$ 均为电压信号，单位为伏（V）。由脉动成分 $V_R$ 与直流成分 $V$ 的比值 $R（R=V_R/V）$ 即可反映原水浊质的絮凝程度。絮凝检测仪原理简单，操作方便，灵敏度较高，可连续在线检测。我国这方面的研究与应用已取得明显成果。有关这方面内容可查阅有关文献或专著。

# 思　考　题

**1.** 简述比色分析法的原理，并说明透光度和吸光度的关系。

**2.** 摩尔吸光系数的物理意义是什么？它对光度分析有何指导意义？

**3.** 朗伯-比尔定律只有在单色光时才成立，为什么目视比色法能在自然光或白炽灯光下进行比色测定？这样测定的结果是否可靠？

**4.** 什么叫吸收曲线和标准曲线？它们有何实际意义？

**5.** 影响显色反应的因素有哪些？如何选择合适的显色剂？

**6.** 分光光度分析中的误差来源主要有哪几方面？测定时应注意哪些问题？

**7.** 氨氮、亚硝酸盐氮、硝酸盐氮的测定有何意义？

**8.** 用双硫腙比色法测定汞时，主要应注意什么问题？

**9.** 何谓余氯？余氯的形式有几种？测定的原理是什么？

# 习　题

**1.** 有一水样含 $Fe^{2+}$ 浓度为 150 $\mu g/50$ mL,与邻二氮菲形成橙色络合物,在 1.0 cm 比色皿中,测得吸光度为 0.610。求摩尔吸光系数 $\varepsilon$。

**2.** 有一高锰酸钾溶液用 2.0 cm 比色皿,在 530 nm 波长下,测得其百分透光率为 60%,如果将其浓度增加一倍,而其他条件不变,求该溶液的吸光度和百分透光率。

**3.** 有两种不同浓度的有色溶液,当液层厚度相同时,对于某一波长的光,$T$ 分别为:(1)65.0%,(2)41.8%。如果已知溶液(1)的浓度为 $6.51 \times 10^{-4}$ mol/L,求两溶液的吸光度及溶液(2)的浓度。

**4.** 某试液用 2.0 cm 比色皿测量时,$T=50\%$,当用 1.0 cm 或 3.0 cm 的比色皿测量时,透光率和吸光度各为多少?

**5.** 用磺基水杨酸法测定某水样中铁的含量时,在相同条件下测得一系列标准溶液和水样试液的吸光度。其数据如下:

| 标准溶液($Fe^{3+}$ $\mu g/mL$) | 2 | 4 | 6 | 8 | 10 | 12 |
|---|---|---|---|---|---|---|
| 吸光度($A$) | 0.097 | 0.200 | 0.304 | 0.408 | 0.510 | 0.613 |

测得水样试液的吸光度为 0.413。

(1) 根据表中数据绘制工作曲线,并作回归方程,求出相关系数。

(2) 求水样试液中铁的含量(mg/L)(采用在工作曲线上查找、利用回归方程计算两种方法)。

**6.** 用蒸馏比色法测得水中氨氮含量如下:1.00 mL 氨氮标准溶液⇨10.0 $\mu g$ 氨氮(N)。取标准溶液 2.00 mL 置于 50 mL 比色管中,加蒸馏水稀释至 50 mL;另取水样 200 mL 进行蒸馏,收集馏液 100 mL。取 50 mL 馏液置于 50 mL 比色管中。显色后,分别测得吸光度为 0.600 和 0.630。求水中氨氮含量(mg/L)。

**7.** 用双硫腙光度法测定水中汞的含量。分别取汞标准溶液(1 $\mu g/mL$)2.0 和 4.0 mL,各加蒸馏水稀释至 250 mL;另取水样 50.0 mL,加蒸馏水稀释至 250 mL。在相同条件下测得吸光度分别为 0.140、0.234 和 0.210。求水样中汞的含量(mg/L)。

**8.** 天然水中砷的测定,可用二乙基二硫代氨基甲酸银分光光度进行。测量吸光度时,发现光度计无法用参比液调至透光率为 100%。为此,只好调参比液的透光率为 95% 作为参比,在此情况下,测得一未知天然水样中砷显色络合物的透光率为 35.2%。那么,此天然水样中砷络合物的实际透光率是多少?

**9.** 试样中微量 Mn 含量的测定常用 $KMnO_4$ 比色法。已知锰的原子量为 55.00。称取含锰合金 0.5000 g,经溶解,$KIO_4$ 氧化为 $MnO_4^-$ 后,稀释至 500.00 mL。在 525 nm 下测得吸光度为 0.400。另取相近含量的锰浓度为 $1.0 \times 10^{-4}$ mol/L 的 $KMnO_4$ 标准溶液,在同样条件下测得吸光度为 0.585。已知它们的测量符合光吸收定律,求合金中 Mn 的质量分数。

**10.** 用一般分光光度法测量 0.00100 mol/L Zn 标准溶液和含锌的试液,分别测得 $A=0.700$ 和 $A=1.000$。两种溶液的 $T$ 相差多少?如果用 0.00100 mol/L 标准溶液作参比,试液的吸光度是多少?示差分光光度法与一般分光光度法相比较,读数标尺放大了多少倍?

**11.** 某显色络合物,测得其吸光度为 $A_1$,经第一次稀释后,测得吸光度为 $A_2$,再稀释一次后,测得吸光度为 $A_3$。已知 $A_1 - A_2 = 0.500$,$A_2 - A_3 = 0.250$,求透光率比值 $T_3 : T_2$,$T_3 : T_1$。

**12.** 试样中微量钴可用亚硝基 R 盐分光光度法测定。今称一定量试样,经溶解、显色后,以纯试剂为参比溶液时,测得透光率为 0.368。已知分光光度计的测量误差为 0.002,求有色络合物钴亚硝基 R 盐浓度测定时的相对误差。

**13.** 稀土离子与二甲酚橙(XO)、溴化十六烷基吡啶(CPB)可形成 1∶2∶2 的三元络合物。在一定波长下,用 2.00 cm 比色皿测量时,测得透光率为 50.0%。那么,若改用 1.00 cm 比色皿测量,求其吸光度。

**14.** 已知磷钼杂多酸络合物的透光率为 10%,而它与硅钼杂多酸络合物的吸光度差为 0.699。求硅钼杂多酸络合物的透光率。

**15.** 某钽的络合物以试剂参比时得 $A=1.301$,测量的吸光度值较大,为此,考虑用差示分光光度法进行测定。若以相当于吸光度为 1.00 的钽浓度为参比溶液,求其浓度测量时的相对误差。已知光度计的测量误差为 $\pm0.5\%$。

# 第八章 两种分离方法简介

在分析化学中,常用的分离方法有沉淀分离法、溶剂萃取分离法、离子交换分离法、色谱分离法、蒸馏和挥发分离法等。下面着重介绍在水质分析中,经常使用的溶剂萃取分离法和沉淀分离法。

## 第一节 溶剂萃取分离法

溶剂萃取分离法又叫液-液萃取分离法,一般简称萃取分离法。该法是利用与水不相溶的有机溶剂同试液一起混合振荡,然后放置分层。这时,一些组分进入有机相中,另一些组分仍留在水相中,从而达到分离的目的。

萃取分离法既可用于常量元素的分离,又可用于痕量元素的分离与富集,且方法简单、快速。如果被萃取组分是有色化合物,则可取有机相直接进行比色测定。这种方法称为萃取比色法。萃取比色法具有较高的灵敏度和选择性。

**1. 分配定律**

设物质 A 在萃取过程中分配在不互溶的水相和有机相中,

$$A_水 \rightleftharpoons A_有$$

在一定温度下,当分配达到平衡时,物质 A 在两相中的活度比保持恒定,即为分配定律。可用下式表示:

$$P_D = \frac{a_{A_有}}{a_{A_水}}$$

如果是稀溶液,可用浓度代替活度,则分配定律为

$$K_D = \frac{[A]_有}{[A]_水} \tag{8-1}$$

式中,$K_D$ 称为分配系数。$K_D$ 与溶质 A 和溶剂的特性及温度等因素有关。分配系数大的物质,绝大部分进入有机相中;分配系数小的物质,仍留在水相中,从而使物质彼此分离。

**2. 分配比**

在实际工作中,由于溶质 A 在一相或两相中,常常会离解、聚合或与其他组分发生化学反应,使溶质 A 在一相或两相中具有多种存在形式,此时分配定律式(8-1)就不适用。通常把溶质 A 在有机相中的各种存在形式的总浓度 $c_有$ 与在水相中的各种存在形式的总浓度 $c_水$ 之比,称为分配比,用 $D$ 表示:

$$D = \frac{c_有}{c_水} \tag{8-2}$$

在萃取比色时,如果要求溶质 A 绝大部分进入有机相时,则 $D$ 值应大于 10。

当溶质 A 在两相中的存在形式相同时,则 $K_D$ 和 $D$ 相等。例如 $CCl_4$ 萃取 $I_2$ 的简单体系:

$$K_D = D = \frac{[I_2]_有}{[I_2]_水}$$

当溶质 A 在两相中存在形式不同时,则 $K_D$ 和 $D$ 不相等。例如用 $CCl_4$ 萃取 $OsO_4$ 时,在水相中 $Os(Ⅷ)$ 以 $OsO_4$、$OsO_5^{2-}$ 和 $HOsO_5^-$ 三种形式存在;在有机相中以 $OsO_4$ 和 $(OsO_4)_4$ 两种形式存在。此时用分配系数 $K_D = \frac{[OsO_4]_有}{[OsO_4]_水}$ 不能说明 $Os(Ⅷ)$ 被萃取的情况,而必须用分配比 $D$ 进行说明。其分配比为

$$D = \frac{[OsO_4]_有 + 4[(OsO_4)_4]_有}{[OsO_4]_水 + [HOsO_5^-]_水 + [OsO_5^{2-}]_水}$$

有时 $D$ 值表示式看起来复杂,但因较易测定溶质 A 在两相中的总浓度,所以可很快算出 $D$ 值。

### 3. 萃取百分率

在实际工作中,萃取百分率 $E$ 是指溶质 A 被萃取到有机相中的百分率,它表示萃取的完全程度。如果已知溶质 A 在有机相和水相中的浓度分别为 $c_有$、$c_水$,有机相和水相的体积分别为 $V_有$、$V_水$,则

$$E = \frac{\text{A 在有机相中的总量}}{\text{A 在两相中的总量}} \times 100\% = \frac{c_有 V_有}{c_有 V_有 + c_水 V_水} \times 100\%$$

将分子分母同时除以 $c_水 V_有$,则

$$E = \frac{D}{D + \frac{V_水}{V_有}} \times 100\% \tag{8-3}$$

式(8-3)说明了 $E$ 与 $D$ 的关系。可见 $E$ 由分配比 $D$ 和体积比 $V_水/V_有$ 决定。$D$ 愈大,萃取效率愈高。如果 $D$ 固定,当增加有机溶剂用量时,也可以提高萃取效率,但效果不明显。而且因为增加了有机溶剂的用量,往往使萃取后溶质 A 在有机相中的浓度降低,不利于进一步分离和测定。所以在实际工作中,当分配比 $D$ 不高,一次萃取不能满足分离和测定的要求时,常常采用分几次加入少量溶剂,进行连续多次萃取的办法,以提高萃取效率。

设 $V_水$(mL)溶液中含有被萃取溶质 A 为 $W_0$(g),用 $V_水$(mL)有机溶剂萃取一次,则水相中未被萃取的溶质 A 为 $W_1$(g),进入有机相的量为 $(W_0 - W_1)$(g),此时分配比为

$$D = \frac{c_有}{c_水} = \frac{(W_0 - W_1)/V_有}{W_1/V_水}$$

故

$$W_1 = W_0 \left( \frac{V_水}{DV_有 + V_水} \right)$$

若用 $V_有$(mL)新鲜溶剂再萃取一次,水相中未被萃取的溶质 A 为 $W_2$(g),则

$$W_2 = W_1 \left( \frac{V_水}{DV_有 + V_水} \right) = W_0 \left( \frac{V_水}{DV_有 + V_水} \right)^2$$

若每次使用 $V_有$(mL)溶剂,萃取 $n$ 次,水相中未被萃取的溶质 A 为 $W_n$(g),则

$$W_n = W_0 \left( \frac{V_水}{DV_有 + V_水} \right)^n \tag{8-4}$$

**【例 8-1】**   某溶质在乙醚与水中的分配比为 10.0,若 100 mL 水中含溶质 1.00 g,按下述两种方式进行萃取:(1)用 100 mL 乙醚一次萃取;(2)每次用乙醚 50 mL,分两次萃取。分别求其萃取效率。

**解**   (1)用 100 mL 乙醚一次萃取,由式(8-3)得

$$E = \frac{10.0}{10.0 + \dfrac{100}{100}} \times 100\% = 90.9\%$$

(2)用 100 mL 乙醚分两次萃取,每次用 50 mL,由式(8-4)得

$$W_2 = 1.00 \times \left(\frac{100}{10.0 \times 50 + 100}\right)^2 \text{g} = 0.0278 \text{ g}$$

$$E = \frac{1.00 - 0.0278}{1.00} \times 100\% = 97.2\%$$

由此可见,使用同量的萃取溶剂,分几次萃取的效率比一次萃取的效率高。但是,增加萃取次数会增加萃取操作的工作量和因操作而引起的误差。所以,应根据实际要求的萃取效率决定萃取的次数。

**4. 分离系数**

在萃取法分离 A、B 两种物质时,其分离程度取决于两者在萃取体系中分配比 $D_A$、$D_B$ 的比值,一般用分离系数 $\beta$ 表示。

$$\beta = \frac{D_A}{D_B} \tag{8-5}$$

如果 $D_A$ 与 $D_B$ 的数值相差愈大,则两种物质之间的分离程度愈好;如果 $D_A$ 与 $D_B$ 的数值很接近,即 $\beta$ 值接近于 1,则两种物质很难完全分离。

**5. 萃取条件的选择**

由于大多数无机物易溶于极性溶剂水中,且以水合离子的形式存在,而萃取过程往往使用非极性或弱极性的有机溶剂,所以,很难从水中将水合离子萃取出来。为此,必须在水中加入某种萃取剂(如螯合物),使被萃取的无机物与萃取剂结合,生成不带电荷的、难溶于水易溶于有机溶剂的分子,从而使无机离子的萃取过程顺利进行。

根据被萃取组分与萃取剂所形成的可被萃取分子的不同性质,可把萃取体系分为螯合物萃取体系、离子缔合物萃取体系、溶剂化合物萃取体系、无机共价化合物萃取体系等。不同的萃取体系,对萃取条件的要求不一样。下面以螯合物萃取体系和离子缔合物萃取体系为例,简述萃取条件的选择原则。

(1)螯合物萃取体系萃取条件的选择

萃取剂 HR 易溶于有机相而难溶于水相。当与金属离子 $M^{n+}$ 作用生成螯合物 $MR_n$ 而被有机溶剂萃取时,其萃取反应可用下式表示:

$$(M^{n+})_水 + n(HR)_有 \Longleftrightarrow (MR_n)_有 + n(H^+)_水$$

这里所用的萃取剂也叫螯合剂,大多是有机弱酸,如 8-羟基喹啉、双硫腙等。

萃取的效率与下列因素有关。

螯合剂的选择:选用的螯合剂与金属离子形成的螯合物愈稳定,则萃取效率愈高。一般要求螯合剂的亲水基团少,疏水基团多,这样形成的螯合物就易萃取到有机相中。亲水基团有

—OH、—NH$_2$、$>$NH、—COOH 和—SO$_3$H 等,疏水基团有烷基(—CH$_3$、—C$_2$H$_5$ 等)、芳香苯基等。

萃取溶剂的选择:被萃取的螯合物在萃取溶剂中的溶解度愈大,则萃取效率愈高。通常根据螯合物的结构,选择结构相似的溶剂。一般采用无毒、无特殊气味、挥发性小的惰性溶剂,以免产生副反应而发生干扰。同时,萃取溶剂的比重与水的比重差别要大,黏度要小,有利于分层。

溶液酸度的选择:溶液的酸度愈低,被萃取的螯合物的分配比 $D$ 值愈大,则萃取效率愈高。但当溶液酸度过低时,金属离子可能发生水解,或发生其他干扰反应,反而对萃取不利。从图 7-7 中可以看出,用双硫腙-CCl$_4$ 萃取 Zn$^{2+}$ 时,最适宜的 pH 范围是 6.5~10。溶液的 pH 值太低,难于形成双硫腙-锌螯合物;pH 值太高,则形成 ZnO$_2^{2-}$,这都将降低萃取效率。

(2) 离子缔合物萃取体系萃取条件的选择

萃取体系是由带不同电荷的两种离子,通过静电引力而缔合成疏水性的离子缔合物,被有机溶剂所萃取。例如,Cu$^+$ 与新亚铜灵的螯合物带正电荷,能与 Cl$^-$ 生成离子缔合物,可用氯仿萃取;TlCl$_4^-$ 与能够形成阳离子的甲基紫生成离子缔合物,可用苯或甲苯萃取。

萃取溶剂的选择:锌盐类型的离子缔合萃取体系,要求使用含氧的有机溶剂。例如醚、醇、酯、酮等,它们的氧原子具有孤对电子,因而能够与 H$^+$ 或其他阳离子结合而形成锌离子。锌离子可以与金属络阴离子作用,形成可被萃取的离子缔合物。例如在盐酸介质中,用乙醚萃取 Fe$^{3+}$ 时,首先形成锌离子和金属络阴离子:

$$\begin{array}{l} C_2H_5 \\ \quad \quad >O + H^+ \Longrightarrow \\ C_2H_5 \end{array} \quad \begin{array}{l} C_2H_5 \\ \quad \quad >OH^+ \\ C_2H_5 \end{array}$$

$$Fe^{3+} + 4Cl^- \Longrightarrow FeCl_4^-$$

然后锌离子与 FeCl$_4^-$ 缔合成中性分子锌盐:

$$\begin{array}{l} C_2H_5 \\ \quad \quad >OH^+ + FeCl_4^- \Longrightarrow \\ C_2H_5 \end{array} \quad \begin{array}{l} C_2H_5 \\ \quad \quad >OH \cdot FeCl_4 \\ C_2H_5 \end{array}$$

锌盐有疏水性,可被有机溶剂乙醚萃取。此时乙醚既是萃取剂又是溶剂。

其他类型的离子缔合物萃取体系,常使用苯、甲苯等惰性溶剂。

溶液酸度的选择:为保证离子缔合物的充分形成,要求的酸度比较高,容许的酸度范围也比较宽。例如,用乙醚萃取 Fe$^{3+}$,溶液中 HCl 的浓度应大于 6 mol/L,才能保证有足够数量的 H$^+$ 和 Cl$^-$,形成 R$_2$OH$^+$ 和 FeCl$_4^-$ 的离子缔合物。

盐析剂的选择:在离子缔合物萃取体系中,如果加入某些与被萃取化合物具有相同阴离子的盐类或酸类,往往可以提高萃取效率。这种作用称为"盐析作用",加入的盐类称为"盐析剂"。例如,用磷酸三丁酯萃取 UO$_2$(NO$_3$)$_2$ 时加入 NH$_4$NO$_3$,可显著提高萃取效率。

盐析剂是电解质,其离子的水化作用可使溶液中水分子的活度减小,从而降低了被萃取物质与水分子的结合能力。同时,也大大降低了水的介电常数,有利于离子缔合物的形成。

常用的盐析剂有铵盐、锂盐、钙盐、镁盐、铝盐、铁盐等。离子的价态愈高,半径愈小,其盐析作用愈强。铝盐和铁盐虽有较强的盐析作用,但仅在不干扰下一步测定时才可使用。

# 第二节　沉淀分离法

沉淀分离法是利用沉淀反应进行分离的方法。

常量组分的分离是在试液中加入适宜的沉淀剂,使被测组分沉淀出来,或将干扰组分沉淀除去,以达到分离的目的。常用的沉淀形式有氢氧化物、硫化物、氟化物、草酸盐、碳酸盐、磷酸盐及有机沉淀等。一般说来,当溶液中残留的组分浓度不大于 $10^{-6}$ mol/L 时,可以认为已经沉淀完全。

对于微量或痕量组分的分离,通常利用共沉淀分离法。共沉淀现象在重量分析中是一种消极因素,因它所获得的沉淀中混有杂质,使测定产生误差,应该设法消除共沉淀现象。但是,在分离方法中,却可以利用共沉淀现象,将一些本来不析出沉淀的微量或痕量组分夹杂在沉淀中析出,再把它们分离或富集。例如测定水中的痕量 $Pb^{2+}$ 时,可先加入少量钙盐,再加入沉淀剂 $Na_2CO_3$,此时 $Ca^{2+}$ 与 $CO_3^{2-}$ 生成 $CaCO_3$ 沉淀。由于沉淀的表面吸附作用,使痕量的 $Pb^{2+}$ 也同时共沉淀下来。沉淀经过滤、洗涤,然后用少量酸溶解,再进行 $Pb^{2+}$ 的测定。这里 $CaCO_3$ 称为共沉淀剂或载体。常用的共沉淀剂有无机共沉淀剂和有机共沉淀剂。

**1. 利用无机共沉淀剂进行共沉淀分离**

无机共沉淀剂的作用主要有两种。一是利用无机共沉淀剂对被测组分进行吸附;二是与被测组分形成混晶。

对于吸附作用,应选择总表面积大的胶状沉淀作为共沉淀剂,有利于增大吸附作用。例如,以 $Fe(OH)_3$ 作载体可以共沉淀微量 $Al^{3+}$、$Sn^{4+}$、$Bi^{3+}$、$Ga^{3+}$、$In^{3+}$、$Tl^{3+}$、$Be^{2+}$ 等;以 $Al(OH)_3$ 作载体可以共沉淀微量 $Fe^{3+}$、$Ti^{4+}$、$U(Ⅵ)$ 等;以 $MnO(OH)_2$ 作载体可以共沉淀痕量 $Sb^{3+}$ 等;以 $CuS$ 作载体可以共沉淀痕量 $Hg^{2+}$ 等。

对于混晶作用,应要求被测组分与共沉淀剂的晶格相同,离子半径接近,有利于形成混晶而共同析出。例如痕量 $Ra^{2+}$,以 $BaSO_4$ 作载体,形成 $BaSO_4$ 和 $RaSO_4$ 的混晶共沉淀而富集。海水中痕量 $Cd^{2+}$,以 $SrCO_3$ 作载体,形成 $SrCO_3$ 和 $CdCO_3$ 的混晶共沉淀而富集。一般来说,混晶共沉淀分离的选择性较好。

**2. 利用有机共沉淀剂进行共沉淀分离**

与无机共沉淀剂相比,有机共沉淀剂有下列优点:有机物在灼烧时易挥发掉,载体不干扰测定;沉淀的表面吸附能力较弱,因而分离的选择性较高;得到的沉淀较纯净,且沉淀易过滤、易洗涤。所以,它的实际应用和发展愈来愈受到重视。

有机共沉淀剂的作用主要是利用有机共沉淀剂所形成的胶体的凝聚作用、离子缔合作用和"固体萃取"作用而进行共沉淀的。

对于凝聚作用,由于加入的有机共沉淀剂能产生异电溶胶,与被测组分的胶体相互凝聚而共沉淀。例如,$H_2WO_4$ 在酸性溶液中常呈带负电荷的胶体,不易凝聚,当加入的有机共沉淀剂辛可宁形成带正电荷的大分子溶胶时,胶体因发生电中和而凝聚,使少量的 $H_2WO_4$ 共沉淀下来。

对于离子缔合作用,由于加入的有机共沉淀剂能形成带正电荷的离子物,与被测组分的络阴离子形成离子缔合物（正盐）而共沉淀。例如，在含有痕量 $Zn^{2+}$ 的酸性溶液中，加入 $NH_4SCN$ 和有机共沉淀剂甲基紫，甲基紫在溶液中离解成带正电荷的 $R^+$，其共沉淀反应为

$$Zn^{2+} + 4SCN^- \Longrightarrow Zn(SCN)_4^{2-}$$

$$2R^+ + Zn(SCN)_4^{2-} \Longrightarrow R_2Zn(SCN)_4$$

$$R^+ + SCN^- \Longrightarrow RSCN\downarrow（载体）$$

形成的离子缔合物 $R_2Zn(SCN)_4$ 与载体 RSCN 共沉淀下来。沉淀经过滤、洗涤、灰化之后，痕量的 $Zn^{2+}$ 富集在残渣中，用酸溶解后，进行 $Zn^{2+}$ 的测定。

　　对于"固体萃取"作用，加入的有机共沉淀剂能直接与被共沉淀物质形成固溶体而沉淀下来。例如痕量 $Ni^{2+}$ 与丁二酮肟不生成沉淀，当加入丁二酮肟烷酯的酒精溶液后，丁二酮肟镍与丁二酮肟烷酯形成固溶体沉淀下来。载体丁二酮肟烷酯与丁二酮肟并不发生反应，只起"固体萃取"作用。这类有机共沉淀剂还有酚酞、$\alpha$-萘酚等。

# 习　　题

　　**1.** 分别说明分配系数和分配比在溶剂萃取分离中的实际意义。

　　**2.** 某溶液含 $Fe^{3+}$ 10 mg，将它萃取入某有机溶剂中，分配比 $D = 99$，问用等体积溶剂萃取一次、两次后，各剩余 $Fe^{3+}$ 多少毫克？萃取百分率各为多少？

# 第九章 几种仪器分析方法简介

由于水体中的污染物质日趋严重、复杂,对水质分析的要求也日趋提高。仅仅依靠化学分析法对水中物质进行常量分析已不能满足要求。为了提高对水中微量、痕量物质分析的灵敏度、准确度和精密度,加快分析的速度,必须广泛采用仪器分析法进行水质分析。

仪器分析法是分析化学中一类非常重要的分析方法。它包括的范围十分广泛,如光学法(本书第七章比色分析法、分光光度法等)、电学法、色谱分离法及其他仪器分析法等。仪器分析法虽然有许多优点,但在应用时通常需要和化学分析法相结合,才能更好地发挥仪器的作用。这是因为仪器分析法中复杂组分的分离、干扰因素的排除等,仍然是依靠化学方法解决的。因此,化学分析法是分析化学的基础,仪器分析法则是分析化学的发展方向。水质常规分析测试方法包括化学分析法和仪器分析法,各类方法适用的测定项目如表 9-1 所示。随着科学技术的发展,水质监测技术和方法逐渐向仪器化、自动化、在线连续监测的方向发展。

表 9-1 各类监测分析方法测定项目

| 分析方法 | 测定项目 |
|---|---|
| 重量法 | 悬浮物、溶解固体物、矿化度、石油类等 |
| 容量法 | 酸度、碱度、溶解氧、$CO_2$、总硬度、$Ca^{2+}$、$Mg^{2+}$、氨氮、$Cl^-$、$CN^-$、$S^{2-}$、COD、BOD、高锰酸盐指数、游离氯和总氯、挥发酚等 |
| 分光光度法 | Ag、As、Be、Ba、Co、Cr、Cu、Hg、Mn、Ni、Pb、Fe、Sb、Zn、氨氮、凯氏氮、总氮、$F^-$、$CN^-$、$SO_4^{2-}$、$S^{2-}$、游离氯和总氯、挥发酚、浊度、甲醛、三氯乙醛、苯胺类、硝基苯类、阴离子表面活性剂、石油类等 |
| 原子吸收光谱法 | K、Na、Ag、Ca、Mg、Be、Ba、Cd、Cu、Zn、Ni、Pb、Sb、Fe、Mn、Al、Cr、Se、Ti、V、$SO_4^{2-}$、$S^{2-}$、Hg、As 等 |
| 电感耦合等离子体原子发射光谱法 | K、Na、Ca、Mg、Be、Ba、Pb、Zn、Ni、Cd、Co、Fe、Cr、Mn、V、Al、As 等 |
| 气相分子吸收光谱法 | $NO_2^-$、$NO_3^-$、氨氮、凯氏氮、总氮、$S^{2-}$ 等 |
| 离子色谱法 | $F^-$、$Cl^-$、$NO_2^-$、$SO_4^{2-}$、$HPO_4^{2-}$、$PO_4^{3-}$ 等 |
| 电化学法 | 电导率、$E_h$、pH、溶解氧、酸度、碱度、$F^-$、$Cl^-$、Pb、Ni、Cu、Cd、Zn、Mo、Zn、V、COD、BOD、可吸附有机卤化物、总有机卤化物等 |
| 气相色谱法 | 苯系物、挥发性卤代烃、挥发性有机物、三氯乙醛、氯苯类、硝基苯类、有机磷农药等 |
| 高效液相色谱 | 多环芳烃、酚类、苯胺类、邻苯二甲酸酯类等 |
| 气相色谱-质谱法 | 挥发性有机物、半挥发性有机物、苯系物、二氯酚和五氯酚、邻苯二甲酸酯和己二酸酯、有机氯农药、多环芳烃、二恶英类、多氯联苯、有机锡化合物等 |
| 非色散红外吸收法 | 总有机碳、石油类等 |

续表

| 分析方法 | 测定项目 |
|---|---|
| 荧光光谱法 | 苯并[a]芘等 |
| 比色法和比浊法 | $I^-$、$F^-$、色度、浊度等 |
| 生物监测法 | 浮游生物、着生生物、底栖动物、鱼类生物调查、初级生产力、细菌总数、总大肠菌群、粪大肠菌群、沙门氏菌属、粪链球菌、生物毒性试验等 |

下面简要介绍几种应用比较广泛的仪器分析方法,即电位分析法、原子吸收分光光度法、气相色谱分析法和液相色谱分析法。

# 第一节　电位分析法

电化学分析法(Electrochemical Analysis)是依据物质的电学及电化学性质而建立起来的分析方法。它通常是建立在电化学学科基础上的,从热力学角度上讲,它是研究化学能和电能之间相互转换的科学;从动力学角度上讲,它是研究电解质离子在溶液中的运动以及在电极表面反应速率的基本规律的学科。电化学分析法采用的方法是将被测物质制成溶液,使其成为化学电池的一个组成部分,然后测定该电池某些物理量,并依照与化学量之间的内在联系进行定性、定量分析。电化学分析法是仪器分析的一个重要分支,是最早的仪器分析技术之一。通常,电化学分析法使用专门仪器进行精密的测量,它具有简便、快速、应用范围广、易于实现自动分析和连续分析的特点,测定的灵敏度和准确度都很高。它包括直接电位法和电位滴定法。直接电位法是通过测量原电池的电动势进行定量分析的方法;电位滴定法是根据滴定过程中指示电极的电极电位变化来确定滴定终点的方法。近十几年来,由于各种离子选择性电极相继出现,使电位分析法,尤其是直接电位法的应用得到了新的发展。

## 一、电位分析法的基本原理

在电位分析法中,构成原电池的两个电极,其中一个电极的电位随被测离子的活度(或浓度)而变化,能指示被测离子的活度(或浓度),称为指示电极;而另一个电极的电位则不受试液组成变化的影响,具有较恒定的数值,称为参比电极。当一指示电极和一参比电极共同浸入试液中构成原电池时,通过测定原电池的电动势,由电极电位基本公式——能斯特方程式,即可求得被测离子的活度(或浓度)。

应当指出,某电极是指示电极还是参比电极,不是绝对的。在一定情况下用作指示电极的,在另一情况下也可用作参比电极。指示电极和参比电极的种类很多,以下将分别进行讨论。

### 1. 指示电极

（1）第一类电极

由金属浸在同种金属离子的溶液中构成。这类电极能反映阳离子浓度的变化。如银丝插

入银盐溶液中组成银电极,其电极反应和电极电位为

$$Ag^+ + e^- \rightleftharpoons Ag$$

$$\varphi = \varphi^{\ominus\prime} + 0.059 \lg[Ag^+] \qquad (9\text{-}1)$$

此银电极不但可用于测定银离子的活度(或浓度),而且还可用于因沉淀或络合等反应而引起银离子浓度变化的电位滴定。

(2)第二类电极

由金属及其难溶盐浸入此难溶盐的阴离子溶液中构成。这类电极能间接反映与金属离子生成难溶盐的阴离子的浓度。如 Ag-AgCl 电极可用于测定 Cl⁻ 的浓度,该电极可表示为 Ag,AgCl(固)|Cl⁻。其电极反应和电极电位如下:

$$AgCl + e^- \rightleftharpoons Ag + Cl^-$$

$$\varphi = \varphi^{\ominus\prime}_{AgCl/Ag} - 0.059 \lg[Cl^-] \qquad (9\text{-}2)$$

(3)惰性金属电极

由一种性质稳定的惰性金属构成,如铂电极。在溶液中,电极本身并不参加反应,仅作为导体,是物质的氧化态和还原态交换电子的场所。通过它可以显示出溶液中氧化还原体系的平衡电位。如铂丝插入含有 $Fe^{3+}$ 和 $Fe^{2+}$ 的溶液中组成惰性铂电极:$Pt|Fe^{3+},Fe^{2+}$。其电极反应和电极电位为

$$Fe^{3+} + e^- \rightleftharpoons Fe^{2+}$$

$$\varphi = \varphi^{\ominus\prime}_{Fe^{3+}/Fe^{2+}} + 0.059 \lg \frac{[Fe^{3+}]}{[Fe^{2+}]} \qquad (9\text{-}3)$$

(4)膜电极

这类电极是以固态或液态膜作为传感器,它能指示溶液中某种离子的浓度。膜电位和离子浓度符合能斯特方程式的关系。但是,膜电位的产生机理不同于上述各类电极,其电极上没有电子的转移,而电极电位的产生是由于离子的交换和扩散的结果。各种离子选择性电极属于这类指示电极,如玻璃电极。

**2. 参比电极**

参比电极是测量电极电位的相对标准。因此要求参比电极的电极电位恒定、再现性好。通常把标准氢电极作为参比电极的一级标准。但因制备和使用不方便,已很少用它作参比电极,取而代之的是易于制备、使用又很方便的甘汞电极。

甘汞电极由金属汞和甘汞 $Hg_2Cl_2$ 及 KCl 溶液等构成,它的结构如图 9-1 所示。电极由两个玻璃套管组成。内玻璃管中封一根铂丝,插入纯汞中,下置一层甘汞和汞混合的糊状物。外玻璃管中装入 KCl 溶液。电极下端与待测溶液接触部位是素烧陶芯或玻璃砂芯等微孔物质,构成使溶液互相连接的通路。

甘汞电极可表示如下:

**图 9-1  甘汞电极**

1—导线;2—绝缘体;3—内部电极;

4—橡皮帽;5—多孔物质;6—饱和 KCl 溶液

$$Hg, Hg_2Cl_2(固) \mid Cl^-(a_{Cl^-})$$

电极反应: $$Hg_2Cl_2 + 2e^- \rightleftharpoons 2Hg + 2Cl^-$$

电极电位: $$\varphi = \varphi_{Hg_2Cl_2/Hg}^{\ominus'} - 0.059 \lg[Cl^-]$$

或 $$\varphi_{甘汞} = \varphi_{甘汞}^{\ominus} - 0.059 \lg a_{Cl^-} \tag{9-4}$$

由上式可以看出,当温度一定时,甘汞电极的电极电位主要取决于 $Cl^-$ 离子的浓度或活度。不同浓度的 KCl 溶液可使它的电位具有不同的恒定值。在 25 ℃时,不同浓度的 KCl 溶液甘汞电极的电位(以标准氢电极作标准)如下:

| KCl 溶液浓度 | 0.1 mol/L | 1 mol/L | 饱和 |
|---|---|---|---|
| 电极电位 $E$/V | +0.3365 | +0.2828 | +0.2888 |

实际工作中最常用的是饱和溶液甘汞电极。

## 二、pH 值的电位测定方法

### 1. 玻璃电极

玻璃电极是 $H^+$ 的指示电极,它通常不受溶液中氧化剂或还原剂的影响。玻璃电极的结构如图 9-2 所示。它的主要部分是一个玻璃泡,泡的下半部是具有特殊成分的玻璃制成的玻璃薄膜,其厚度小于 0.1 mm。玻璃泡内装有 pH 值一定的缓冲溶液,作为内参比溶液。在溶液中插入一支 Ag-AgCl 电极作为内参比电极。

**图 9-2 玻璃电极**

1—绝缘套;2—Ag-AgCl 电极;

3—玻璃膜;4—内部缓冲液

**图 9-3 膜电位示意图**

当玻璃电极浸入被测溶液中时,玻璃膜处于 $H^+$ 活度一定的内参比溶液和试液之间。此时,膜内水化层与内参比溶液间产生相界电位 $\varphi_{内}$;膜外水化层与试液间产生相界电位 $\varphi_{外}$;这种跨越玻璃膜在两个溶液之间产生的电位差,称为膜电位 $\varphi_{膜}$,如图 9-3 所示。$\varphi_{膜}$ 值仅与膜外试液中的 $a_{H^+(试)}$ 有关,并符合能斯特方程:

$$\varphi_{膜} = \varphi_{外} - \varphi_{内} = 0.059 \lg \frac{a_{H^+(试)}}{a_{H^+(内)}} \tag{9-5}$$

由于内参比溶液是缓冲溶液,$a_{H^+(内)}$ 为一常数,则

$$\varphi_{膜} = K + 0.059 \lg a_{H^+(试)} = K - 0.059 pH_{(试)} \qquad (9\text{-}6)$$

式中,$K$ 为常数,它是由玻璃电极本身决定的。上式说明,在一定温度下,玻璃电极的膜电位 $\varphi_{膜}$ 与试液的 pH 值成直线关系。

应该指出,膜电位是由离子(此处是 $H^+$ 离子)在溶液和膜界面间进行扩散和交换的结果。这种特殊玻璃膜是由带负电荷的硅酸盐晶格组成骨架,在晶格中存在体积较小但活动能力较强的 $Na^+$,由于 $Na^+$ 的活动而起导电作用。当玻璃电极长期浸泡于溶液中时,玻璃膜表面就形成很薄的水化层,水化层表面的 $H^+$ 取代了 $Na^+$。当水化层与试液接触时,水化层中的 $H^+$ 与溶液中的 $H^+$ 发生交换,建立下列平衡:

$$H^+_{水化层} \rightleftharpoons H^+_{试液}$$

由于水化层和溶液中的 $H^+$ 离子浓度不同,有额外的 $H^+$ 由溶液进入水化层或由水化层进入溶液,改变了固-液二相界面的电荷分布,从而产生了相界电位 $\varphi_{外}$。同理,也产生相界电位 $\varphi_{内}$。由于膜内溶液的 $a_{H^+(内)}$ 保持恒定,则相界电位 $\varphi_{内}$ 恒定。因此,玻璃电极的 $\varphi_{膜}$ 只与 $\varphi_{外}$ 有关,即仅与 $a_{H^+(试)}$ 有关。

由式(9-5)可知,当 $a_{H^+(试)} = a_{H^+(内)}$ 时,$\varphi_{膜} = 0$。但实际上 $\varphi_{膜}$ 并不等于零,因为此时玻璃膜内外侧仍有一定的电位差。这种膜电位称为不对称电位($\varphi_{不对称}$)。它是由于膜内外两个表面不对称(如组成不均匀、表面张力不同、水化程度不同等)而引起的。不对称电位的数值为 $1 \sim 30$ mV。对于同一个玻璃电极来说,条件一定时,$\varphi_{不对称}$ 也是一个常数。

实践证明,一个玻璃电极的薄膜必须经过水化才对 $H^+$ 有敏感响应,未经水浸泡的玻璃电极并不显示 pH 功能。因此,玻璃电极使用前应置于蒸馏水中浸泡 24 小时以上,使其"活化"。每次测量后应置于清水中保存,使其 $\varphi_{不对称}$ 稳定并达到最小值。

### 2. pH 值的电位测定法

用电位法测量溶液的 pH 值,是以玻璃电极作指示电极,饱和甘汞电极作参比电极,浸入待测溶液中,组成工作原电池的。用酸度计(pH 计)直接测量此原电池的电动势后,与已知 pH 值的标准缓冲溶液进行比较,就能在酸度计上直接读出待测溶液的 pH 值,如图 9-4 所示。

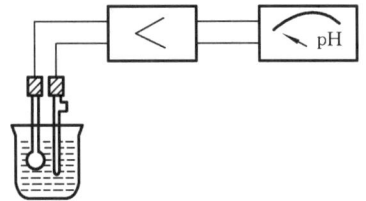

**图 9-4　pH 值测定装置示意图**

上述原电池可表示如下:

(一)Ag,AgCl(固)|内参比溶液|玻璃膜|试液‖KCl(饱和)|$Hg_2Cl_2$,Hg(十)

若试液与饱和 KCl 溶液的液接电位忽略不计,则其原电池电动势为

$$\varphi_{电池} = \varphi_{甘汞} - (\varphi_{AgCl/Ag} + \varphi_{膜}) = \varphi_{甘汞} - \varphi_{AgCl/Ag} - K + 0.059 pH_{(试)} \qquad (9\text{-}7)$$

在一定的实验条件下,$\varphi_{甘汞}$、$\varphi_{AgCl/Ag}$、$K$ 可合并为新常数 $K'$,即式(9-7)变为

$$\varphi_{电池} = K' + 0.059 pH_{(试)} \qquad (9\text{-}8)$$

式(9-8)表示,在一定温度下原电池的电动势与试液的 pH 值呈直线关系。在 25 ℃时,溶液的 pH 值改变 1 个单位,则原电池的电动势随之改变 59 mV。为了使用方便,酸度计的指示标度可以直接以 pH 值来表示。

测量时,先用 pH 标准缓冲溶液来校正仪器上的标度,使指针所指示的标度值恰为标准溶液的 pH 值;然后换上待测溶液,便可直接测得其 pH 值。为了减小误差,选用的 pH 标准缓冲溶液的 pH 值应与待测溶液的 pH 值相接近。这种采用 pH 标准缓冲溶液作基准，来确定待测溶液的 pH 值的方法，称为"两次测量法"。酸度计上附有温度补偿装置。根据试液的实际温度，可用它调整 pH 标度的电位系数。

用玻璃电极测定 pH 值的优点，是它对 $H^+$ 具有高度的选择性，不受溶液中氧化剂或还原剂的影响。且玻璃电极不易因杂质的作用而中毒，能在有色、浑浊或胶体溶液中应用。也可用它作指示电极，进行酸碱电位滴定。它的缺点是本身具有很高的电阻，必须辅以电子放大装置才能进行测定。在酸度过高(pH<1)的溶液中，测定值偏高，这种误差称为"酸差"，产生的原因尚不清楚。在碱度过高(pH>10)的溶液中，因为 $H^+$ 浓度很小，可能由于其他阳离子在溶液和界面间进行交换而使测定值偏低，尤其 $Na^+$ 的干扰较显著，这种误差称为"碱差"或"钠差"。

## 三、离子选择性电极测定法

离子选择性电极亦称薄膜电极。是一种利用选择性薄膜对特定离子产生选择性响应，以测量或指示溶液中离子活度(或浓度)的电极。如 pH 玻璃电极就是使用最早的一种 $H^+$ 离子选择性电极。随着科学技术的发展，各种新型的离子选择性电极相继出现，发展迅速，应用广泛。离子选择性电极常用作指示电极，进行电位分析，具有简便、快速和灵敏的特点，尤其是适用于用某些方法难以测定的离子。

### 1. 离子选择性电极的种类

(1) 固态膜电极

玻璃膜电极：除 pH 玻璃电极外，改变玻璃的组成，可得到 $Na^+$、$K^+$、$Li^+$、$Ag^+$ 等离子有选择性响应的玻璃膜电极。例如，钠电极的玻璃组成为 $11\%Na_2O-18\%Al_2O_3-71\%SiO_2$；钾电极的玻璃组成为 $27\%Na_2O-5\%Al_2O_3-68\%SiO_2$；锂电极的玻璃组成为 $15\%Li_2O-25\%Al_2O_3-60\%SiO_2$ 等。

这类电极结构与 pH 玻璃电极相似。使用时，它们在一定程度上也对 $H^+$ 有响应，故必须在 pH 值足够高时才能应用。

单晶膜电极：用难溶盐单晶体制成固体薄膜的电极。如氟离子选择性电极，是把氟化镧单晶膜封在塑料管的一端，管内装 0.1 mol/L NaF-0.1 mol/L NaCl 溶液，以 Ag-AgCl 电极作内参比电极，其结构如图 9-5 所示。

与 pH 玻璃电极的膜电位相似，氟离子选择性电极的膜电位仅与 $a_{F^-}$ 有关。即

$$\varphi_{膜} = K - 0.059\lg a_{F^-}$$

测定时，当溶液的 pH 值较高或较低时，均对分析结果有影响。为此，必须使用缓冲剂，控制溶液的 pH 值在 5~6 之间。

多晶膜电极：由难溶盐的沉淀粉末(可以是几种晶体)在高温高压下制成固体薄膜的电极。如 $CuS-Ag_2S$ 压片制成 $Cu^{2+}$ 电极，$CdS-Ag_2S$ 压片制成 $Cd^{2+}$ 电极，$PbS-Ag_2S$ 压片制成 $Pb^{2+}$ 电极等。

非均相固态膜电极：把难溶盐的沉淀粉末均匀地分布在惰性材料(如硅橡胶、聚苯乙烯等)中，制成电极膜。高分子材料一般起粘合支持物的作用，用于改善膜的机械性能，此类电极多

用于多价阴离子($S^{2-}$、$SO_4^{2-}$、$NO_3^-$、$PO_4^{3-}$)或阳离子($Cu^{2+}$、$Pb^{2+}$)的分析。但由于电阻高,所以响应速度慢,并且不能在有机溶剂中使用。

(2)液态膜电极

液态膜电极的主要机理是离子交换作用。这类电极的薄膜,是由离子交换剂或络合剂溶解在憎水性的有机溶剂中,再把此种有机溶液渗透到惰性多孔材料的孔隙内而制成的。$Ca^{2+}$选择性电极是这类电极的代表,其结构如图9-6所示。

图 9-5　氟离子选择性电极

1—内部参比电极 Ag-AgCl 电极

2—内部参比溶液 NaF-NaCl 溶液

3—氟化镧单晶膜

图 9-6　$Ca^{2+}$ 选择性电极

1—内参比液;2—Ag-AgCl 内参比电极;

3—多孔薄膜;4—离子交换剂储液;

5—液体离子交换池

电极内装有两种溶液,一种是内参比溶液(0.1 mol/L $CaCl_2$ 水溶液),其中插入 Ag-AgCl 内参比电极;另一种是液体离子交换剂的憎水性有机溶液,即 0.1 mol/L 二癸基磷酸钙的苯基磷酸二辛酯溶液。底部用多孔材料如纤维素渗析管与待测溶液隔开。这种多孔材料也是憎水性的,仅支持离子交换剂液体形成一层液态膜。由于液态膜对 $Ca^{2+}$ 有选择性,在薄膜内外的界面上,被测离子和离子交换剂发生离子交换,从而在膜内外的界面上形成电位差,即产生膜电位:

$$\varphi_{膜} = K + \frac{0.059}{2}\lg a_{Ca^{2+}}$$

**2. 离子选择性电极的测量原理及其选择性的估量**

离子选择性电极有多种,它们的共同点是都有薄膜。电极薄膜中含有与待测离子相同的离子,电极的内参比溶液中又含有与电极薄膜相同的离子。由于离子在薄膜两边的交换平衡而产生膜电位。膜电位与待测离子活度的关系,符合能斯特方程式。一般来说,对阳离子有响应的电极,膜电位应为

$$\varphi_{膜} = K + \frac{0.059}{n}\lg a_{阳离子} \tag{9-9}$$

对阴离子有响应的电极,膜电位应为

$$\varphi_{膜} = K - \frac{0.059}{n}\lg a_{阴离子} \tag{9-10}$$

式中,$K$ 值为常数,它是由电极本身决定的。式(9-9)和式(9-10)说明膜电位与待测离子活度的对数值呈直线关系,其斜率为 $\dfrac{0.059}{n}$,这是应用离子选择性电极测定离子活度的基础。当离子选择性电极与参比电极组成原电池时,原电池的电动势与离子活度的对数值也呈直线关系。

因此,测量电动势即可求得离子的活度(或浓度)。图 9-7 是离子计的组成。

　　离子选择性电极的选择性是相对而言的。离子选择性电极除对待测离子有响应外,共存的其他离子也能与之响应产生膜电位。如 pH 玻璃电极,除对 $H^+$ 有响应外,也对 $Na^+$ 等碱金属离子有响应,只是响应的程度不同而已。当待测的 $H^+$ 浓度很低时,$Na^+$ 的影响就不能忽视。考虑了 $Na^+$ 干扰的 pH 玻璃电极的膜电位方程式如下:

$$\varphi_{膜} = K + 0.059\,\lg(a_{H^+} + K_{H^+ \cdot Na^+} \cdot a_{Na^+}) \quad (9\text{-}11)$$

　　对一般离子选择性电极来说,若待测离子为 $i$,干扰离子为 $j$,则考虑了干扰离子的膜电位方程式如下:

$$\varphi_{膜} = K + 0.059\,\lg(a_i + K_{ij}a_j) \quad (9\text{-}12)$$

图 9-7　离子计的组成
1—离子电极;2—参比电极;
3—铁芯搅拌棒;4—电磁搅拌器;
5—试液容器

式(9-12)中 $K_{ij}$ 称为电位选择系数。$K_{ij}$ 表示在其他条件相同时,产生相同电位的待测离子活度 $a_i$ 和干扰离子活度 $a_j$ 的比值 $a_i/a_j$。例如当 $K_{ij}$ 为 0.01,即 $a_j$ 等于 $a_i$ 的 100 倍时,$j$ 离子所提供的膜电位才等于 $i$ 离子所提供的膜电位。显然,对于任何离子选择性电极,$K_{ij}$ 愈小愈好,最好小于 $10^{-4}$。$K_{ij}$ 愈小,表示选择性愈高,即受干扰离子的影响愈小。

　　式(9-12)适用于一价阳离子。对阳离子响应的电极,若待测离子 $i$ 的电荷为 $n$,干扰离子 $j$ 的电荷为 $m$,则

$$\varphi_{膜} = K + \frac{0.059}{n}\lg[a_i + K_{ij}(a_j)^{n/m}] \quad (9\text{-}13)$$

对阴离子响应的电极:

$$\varphi_{膜} = K - \frac{0.059}{n}\lg[a_i + K_{ij}(a_j)^{n/m}] \quad (9\text{-}14)$$

利用选择系数 $K_{ij}$,可以估量因某种干扰离子存在而引起的测定误差。$K_{ij}$ 通常由实验方法求得。

　　在一些文献中使用选择比描述电极的选择性。选择比是选择系数的倒数,通常大于 1。

### 3. 测量离子活度(浓度)的方法

(1)标准曲线法

　　测量时,将离子选择性电极和参比电极同时插入一系列已知离子活度(浓度)的标准溶液中,测出各标准溶液的电池电动势 $\varphi_{电池}$。然后以测得的 $\varphi_{电池}$ 与相应的 $\lg a_i$(或 $\lg c_i$)值作图,得到一条直线,即标准曲线。在相同条件下测出待测溶液的 $E_{电池}$,便可从标准曲线上查得待测离子的活度或浓度。图 9-8 所示是用氟离子电极测定 $F^-$ 时的标准曲线。

　　标准溶液的活度可以根据所配制的溶液浓度用计算方法确定。某些已知活度的标准溶液的配制方

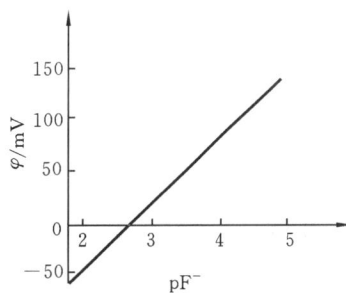

图 9-8　标准曲线

法可以从文献中查到。

应该指出,实际工作中经常使用的是离子的浓度,而离子选择性电极的膜电位所反映的是离子的活度。如对阳离子响应的电极:

$$\varphi_{膜} = K + \frac{0.059}{n} \lg a_i$$

只有当活度系数 $\gamma_i$ 固定不变时,膜电位才与浓度 $c_i$ 的对数值呈直线关系:

$$\varphi_{膜} = K + \frac{0.059}{n} \lg \gamma_i c_i = K' + \frac{0.059}{n} \lg c_i \qquad (9\text{-}15)$$

式中,$K'$ 是在一定离子强度下的新常数。

因此,实际工作中常把离子强度较大的溶液依次加入各标准溶液和待测溶液中,使溶液的离子强度保持固定值,从而使离子的活度系数不变。例如,用氟电极测量 $F^-$ 浓度时,加入"总离子强度调节缓冲液"(简称 TISAB 液),它不仅起固定离子强度的作用,而且还起 pH 缓冲作用和掩蔽干扰离子的作用。

(2) 标准加入法

标准加入法又称"已知增量法"。在待测溶液组成比较复杂的情况下,常用这种方法测量待测离子的总浓度,其准确度较高。

先测出待测溶液(设浓度为 $c_x$)原电池的电动势:

$$\varphi_1 = K \pm \frac{0.059}{n} \lg \gamma_1 c_x \qquad (9\text{-}16)$$

再向待测溶液中加入已知量(约为试液体积的 1/100)的待测离子的标准溶液,使其浓度增加 $\Delta c$。再次测得原电池的电动势:

$$\varphi_2 = K \pm \frac{0.059}{n} \lg (\gamma_1 c_x + \gamma_x \Delta c) \qquad (9\text{-}17)$$

合并上两式,由于 $K$ 值相同,又因介质条件变化极小,即 $\gamma_1 \approx \gamma_2$,可得

$$\Delta\varphi = \varphi_2 - \varphi_1 = \frac{0.059}{n} \lg \frac{c_x + \Delta c}{c_x} \qquad (9\text{-}18)$$

令 $S = \dfrac{0.059}{n}$,则

$$\Delta\varphi = S \lg\left(1 + \frac{\Delta c}{c_x}\right)$$

即

$$c_x = \frac{\Delta c}{10^{\Delta\varphi/S} - 1} \qquad (9\text{-}19)$$

$S$ 值可以由实验求出(画出校正曲线,其斜率为 $S$ 值),也可以用理论值(25 ℃时,一价离子为 0.059,二价离子为 0.029)。

为使用方便起见,在实际工作中常将($10^{\Delta\varphi/S} - 1$)的值列成表格。使用时先测出 $\Delta\varphi$,由 $\Delta\varphi$ 值查表得($10^{\Delta\varphi/S} - 1$)值,再代入式(9-19)计算,即可求得 $c_x$ 值。

此法的优点是仅需一种标准溶液,操作简单、快速。


## 四、电位滴定法


### 1. 电位滴定法的基本原理

电位滴定法与一般容量分析滴定法的区别,仅在于指示终点的方法不同。它是用电极电

位的"突跃"代替一般滴定中指示剂的变色,以指示化学计量点的到来。

电位滴定法的基本装置如图9-9所示。在待测溶液中,插入一支指示电极和一支参比电极,组成工作原电池。随着滴定剂的加入,待测离子的浓度不断发生变化,使指示电极的电位也相应地发生变化。在化学计量点附近,离子浓度发生突变,引起电位的突跃。因此,测量工作原电池的电动势变化,就可确定滴定终点。为了绘制比较精确的滴定曲线,每加入一定量的滴定剂后,就测量一次电动势。在化学计量点附近,滴定剂的加入量应少一些(每次 0.1 mL),以便精确显示滴定过程中电位的突跃。测量电动势的仪器可用电位计或 pH-mV 计。

图 9-9　电位滴定装置示意图

1—滴定管;2—滴定池;
3—指示电极;4—参比电极;
5—搅拌棒;6—电磁搅拌器;
7—电位计

电位滴定法可用于容量分析中的各类滴定反应,尤其适用于浑浊或有色溶液的滴定、没有合适指示剂的滴定以及非水溶液的滴定。但是,不同类型的滴定反应应当选用不同的指示电极和参比电极,详见表9-2。

表 9-2　用于各种滴定法的电极

| 滴定方法 | 参 比 电 极 | 指 示 电 极 |
|---|---|---|
| 酸碱滴定 | 甘汞电极 | 玻璃电极,锑电极 |
| 沉淀滴定 | 甘汞电极,玻璃电极 | 银电极,硫化银薄膜电极,等离子选择性电极 |
| 氧化还原滴定 | 甘汞电极,钨电极,玻璃电极 | 铂电极 |
| 络合滴定 | 甘汞电极 | 铂电极,汞电极,银电极,氟离子、钙离子等离子选择性电极 |

电位滴定法比直接电位法和用指示剂确定终点的滴定方法更准确,但比较费时间。近年来应用自动电位滴定仪,对较复杂的计算使用计算机进行处理,同样可以达到简便、快速的要求。

**2. 电位滴定终点的确定方法**

滴定终点的确定,是以工作原电池电动势对滴定剂作图,从滴定曲线中求解的。确定终点的方法有三种:即 $E\text{-}V$、$\dfrac{\Delta E}{\Delta V}\text{-}V$、$\dfrac{\Delta^2 E}{\Delta V^2}\text{-}V$ 曲线法。表 9-3 的数据,是以银电极作指示电极,饱和甘汞电极作参比电极,以 0.100 mol/L $AgNO_3$ 溶液滴定 2.433 mmol/L $Cl^-$ 时所得电位滴定数据。现以它为例,讨论终点的确定方法。

(1) $E\text{-}V$ 曲线法

以加入滴定剂 $AgNO_3$ 的体积 $V$(mL)为横坐标,测得相对应的电动势 $E$(V)为纵坐标,绘制出如图 9-10 所示的 $E\text{-}V$ 曲线。作两条与滴定曲线相切的 45°倾斜直线,在两切线之间作一垂线,通过垂线中点作一条与切线相平行的直线,它与滴定曲线的交点即为滴定终点。

如果滴定曲线比较平坦,突跃不明显,则可绘制一阶微商曲线$\left(\dfrac{\Delta E}{\Delta V}\text{-}V\right)$求得终点。

表 9-3　以 0.100 mol/L AgNO₃ 溶液滴定 2.433 mmol/L Cl⁻ 时所得电位滴定数据

| $V_{AgNO_3}$ /mL | $E$ | $\Delta E/V$ | $\Delta V$ /mL | $\Delta E/\Delta V$ | $\Delta^2 E/\Delta V^2$ |
|---|---|---|---|---|---|
| 5.0 | 0.062 | 0.023 | 10 | 0.002 | |
| 15.0 | 0.085 | 0.022 | 5 | 0.004 | |
| 20.0 | 0.107 | 0.016 | 2 | 0.008 | |
| 22.0 | 0.123 | 0.015 | 1 | 0.015 | |
| 23.0 | 0.138 | 0.008 | 0.50 | 0.016 | |
| 23.50 | 0.146 | 0.015 | 0.30 | 0.050 | |
| 23.80 | 0.161 | 0.013 | 0.20 | 0.065 | |
| 24.00 | 0.174 | 0.009 | 0.10 | 0.09 | |
| 24.10 | 0.183 | 0.011 | 0.10 | 0.11 | +0.28 |
| 24.20 | 0.194 | 0.039 | 0.10 | 0.39 | +0.44 |
| 24.30 | 0.233 | 0.083 | 0.10 | 0.83 | −0.59 |
| 24.40 | 0.316 | 0.024 | 0.10 | 0.24 | −0.13 |
| 24.50 | 0.340 | 0.011 | 0.10 | 0.11 | −0.04 |
| 24.60 | 0.351 | 0.007 | 0.10 | 0.07 | |
| 24.70 | 0.358 | 0.015 | 0.30 | 0.05 | |
| 25.00 | 0.373 | 0.012 | 0.50 | 0.024 | |
| 25.50 | 0.385 | 0.011 | 0.50 | 0.022 | |
| 26.00 | 0.396 | 0.030 | 2.00 | 0.015 | |
| 28.00 | 0.426 | | | | |

（2）$\dfrac{\Delta E}{\Delta V}$-$V$ 曲线法

$\dfrac{\Delta E}{\Delta V}$ 表示随滴定剂体积变化（$\Delta V$）的电位变化值（$\Delta E$），它是一阶微分 $\dfrac{dE}{dV}$ 的估计值。例如，当加入 AgNO₃ 溶液的体积在 24.10 mL 和 24.20 mL 之间时，

$$\frac{\Delta E}{\Delta V}=\frac{0.194-0.183}{24.20-24.10}=0.11$$

即 $\dfrac{\Delta E}{\Delta V}=0.11$ 时，所对应体积的平均值（$\overline{V}$）为 24.15 mL。以表 9-3 中各 $\dfrac{\Delta E}{\Delta V}$ 值与对应体积的平均值（$\overline{V}$）作图，如图 9-11 所示。曲线的最高点所对应的体积即为滴定终点体积。用此法确定终点较为准确，但手续较麻烦，故也可改用二阶微商法 $\left(\dfrac{\Delta^2 E}{\Delta V^2}\text{-}V\right)$，通过计算求得滴定终点。

（3）$\dfrac{\Delta^2 E}{\Delta V^2}$-$V$ 曲线法

这种方法基于 $\dfrac{\Delta E}{\Delta V}$-$V$ 曲线的最高点正是二阶微商 $\dfrac{\Delta^2 E}{\Delta V^2}$ 等于零处，即 $\dfrac{\Delta^2 E}{\Delta V^2}=0$ 时对应的 $V$

图 9-10　*E-V* 曲线

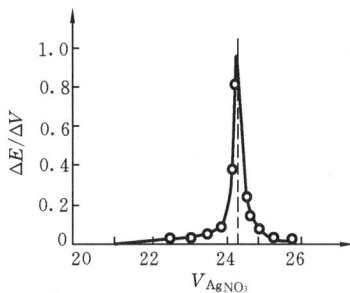

图 9-11　$\dfrac{\Delta E}{\Delta V}$-V 曲线

值为滴定终点。因此,可以通过绘制二阶微商$\left(\dfrac{\Delta^2 E}{\Delta V^2}\text{-}V\right)$曲线或通过计算求得终点。

$\dfrac{\Delta^2 E}{\Delta V^2}$值的计算公式为

$$\frac{\Delta^2 E}{\Delta V^2} = \frac{\left(\dfrac{\Delta E}{\Delta V}\right)_2 - \left(\dfrac{\Delta E}{\Delta V}\right)_1}{V_2 - V_1} \tag{9-20}$$

例如,当加入 $AgNO_3$ 溶液的量为 24.30 mL 时,由式(9-20)得

$$\frac{\Delta^2 E}{\Delta V^2} = \frac{0.83 - 0.39}{24.35 - 24.25} = +4.4$$

当加入 $AgNO_3$ 溶液的量为 24.40 mL 时,由式(9-20)得

$$\frac{\Delta^2 E}{\Delta V^2} = \frac{0.24 - 0.83}{24.45 - 24.35} = -5.9$$

显然,二阶微商值$\dfrac{\Delta^2 E}{\Delta V^2}=0$ 时所对应的终点体积必定在 24.30 mL 和 24.40 mL 之间。

用内插法可以计算$\dfrac{\Delta^2 E}{\Delta V^2}=0$ 时所对应的终点体积 $V_{终点}$:

$$\frac{V_{终点} - 24.30}{24.40 - 24.30} = \frac{+4.4}{+4.4 - (-5.9)}$$
$$V_{终点} = 24.34 \text{ mL}$$

即当加入 $AgNO_3$ 溶液的体积为 24.34 mL 时达到滴定终点。由于二阶微商法无须作图,故实际工作中较为常用。

# 第二节　原子吸收分光光度法

## 一、原子吸收分光光度法的基本原理

原子吸收分光光度法亦称原子吸收光谱法。此法是基于元素所产生的原子蒸气对同种元

素所发射的特征谱线的吸收作用进行定量分析的。

原子吸收光谱的产生与原子发射光谱的产生是互相联系的两种相反的过程。原子发射光谱分析是测量由激发态原子(离子)发射光的强度,而原子吸收光谱分析则是测量被基态原子吸收光的强度。这是因为每一个元素的原子不仅可以发射一系列特征谱线(原子由激发态跃迁到基态或较低能态),而且也可以吸收相同波长的一系列特征谱线(原子由基态跃迁到激发态)。对吸收光谱来说,也常把被基态原子吸收的谱线称为"共振线",即相当于从较低激发态跃迁到基态所产生的共振线。由于各种元素的共振线是元素所有谱线中最灵敏的谱线,且又各具特征性,故把这种共振线称为元素的特征谱线。当光源发射的某一特征波长的光通过原子蒸气时,基态原子将选择性地吸收其同种元素所发射的特征谱线,使入射光减弱。这就是利用处于基态的待测原子蒸气对从光源辐射的共振线的吸收而进行分析的原理。

共振线被基态原子吸收的程度与火焰层的长度及原子蒸气的浓度的关系,同比色分析一样,在一定条件下符合朗伯-比尔定律,即

$$A = \lg \frac{I_0}{I} = K'c'l \tag{9-21}$$

式中,$A$ 为吸光度;$I_0$ 为光源所发射的待测元素的共振线的强度;$I$ 为被火焰中待测元素吸收后的透射光强度;$K'$ 为原子吸收系数;$c'$ 为蒸气中基态原子的浓度;$l$ 为共振线所通过的火焰层长度。

在原子吸收分光光度法中,一般通过火焰使试样蒸发产生原子蒸气。火焰温度常小于 3000 K。火焰中激发态的原子数和离子数很少。可以认为,蒸气中的基态原子数实际上接近于被测元素总的原子数,与试样中待测元素的浓度 $c$ 成正比。由于喷雾速度保持不变,火焰层长度也不变,$l$ 为一定值,故

$$A = Kc \tag{9-22}$$

式(9-22)是原子吸收分光光度法进行定量分析的基本公式,$K$ 在一定条件下是一常数。通过测定吸光度 $A$ 就可以求得待测元素的浓度 $c$。

原子吸收分光光度法有以下特点:灵敏度高,用火焰法可测到 mg/L 数量级,用无焰高温石墨炉法可测到 $\mu$g/L 数量级;选择性高,分析不同元素选用不同的光源,发射出待测元素特有的共振线,且元素吸收谱线又是特征的,很少有两种元素吸收同一波长的谱线,因此,不受其他元素的干扰;操作简单、快速,常常不需分离即可进行测定,它可适用于 70 种痕量元素的测定。

原子吸收分光光度法的缺点是同时进行多元素的分析还较困难,每分析一种元素,必须用该元素的空心阴极灯作光源;对共振线处于远紫外区的卤素、非金属元素、稀有气体以及固体试样的测定,目前尚有一定的困难。

## 二、原子吸收分光光度计

原子吸收分光光度计一般由光源、原子化器、单色器和检测装置四个部分组成,如图 9-12 所示。由光源发射出待测元素的共振线,被试样的原子蒸气吸收后,其透射光进入单色器分光,分离出来的待测元素的共振线再照射到检测器上,产生直流电信号,经放大器放大后,就可从读数器上读出吸光值。

**1. 光源**

光源的作用是发射待测元素的共振线。为了使测定能得到较高的灵敏度和准确度,所使用的光源必须是能发射出比吸收线宽度更窄的高强度而稳定的锐线(最强共振线)光源。获得锐线光源的方法很多,目前多采用空心阴极灯作光源。

普通空心阴极灯是一种低压气体放电管,如图9-13所示。管中有一个阳极(钨棒)和一个空心圆柱形阴极(含有与待测元素相同的金属),两个电极密封于充有低压惰性气体(氖或氩)并带有石英窗的玻璃管中。通电后,电子从阴极高速射向阳极,并使填充的惰性气体电离成正离子。在电场的作用下,带正电荷的惰性气体离子强烈地轰击阴极表面,使阴极表面的原子发生溅射。溅射出来的原子再与电子、惰性气体原子及离子发生碰撞而被激发,发射出金属元素的共振线。如果采用不同待测元素作阴极材料,则可制成各种不同元素的空心阴极灯。

灯电源除了可使用直流、普通交流和方波电源供电外,还可采用短脉冲电源供电,以利于提高光源放电的稳定性及共振线发射的强度,并且延长灯的使用寿命。

图 9-12　原子吸收分光光度计示意图

图 9-13　空心阴极灯

**2. 原子化器**

原子化器的作用是产生原子蒸气,即使试样原子化。原子吸收分光光度法测定元素的灵敏度、准确度和干扰情况,在很大程度上取决于试样原子化的过程。通常要求原子化器尽可能高的原子化效率,性能稳定,不受干扰,装置简单,易于操作。常用的原子化器有火焰原子化器和无火焰原子化器。

火焰原子化器主要包括雾化器、燃烧器、火焰和供气系统。由供气系统送来的助燃气将被测试液吸入雾化器,使其分散成很小的雾滴,并与燃料气(如乙炔、氢等)充分混匀,然后喷入燃烧器上燃烧。细雾被火焰蒸发并发生热分解,产生基态原子蒸气。

火焰是基态原子蒸气吸收光的介质,分析不同的元素,需要不同的火焰温度。表9-4列出了几种常见火焰的温度。火焰温度取决于所用燃料气和助燃气的种类和燃助比。对于大多数元素,可采用空气-乙炔火焰,其燃助比为 $1:4$。这种火焰稳定,温度较高。由于火焰原子化器具有结构简单,易于操作、快速和测量精密度高等特点,因此在原子吸收分光光度法中广泛应用。不足之处是试样被火焰百万倍地稀释,因而降低了测定的灵敏度。

无火焰原子化器主要是使用电能等高温加热的方法,使试样得到足够的能量而原子化。由于原子化效率高和基态原子蒸气停留时间长,因此它的灵敏度可达 $10^{-14}$ g,比火焰原子化器高几个数量级。最常用的无火焰原子化器有两种,即石墨炉和钽舟电热原子化器。前者对保持在热的石墨管中的原子蒸气进行测定;后者在加热的钽片上端对原子蒸气进行测定。无火焰原子化器测量的精密度比火焰原子化器的差,操作不够简便、快速,装置也较复杂,这些不足之处都有待进一步研究解决。

表 9-4　火焰的温度

| 燃烧气体 | 助燃气体 | 最高温度/℃ | 燃烧速度/(cm/s) |
|---|---|---|---|
| 煤气 | 空气 | 1840 | 55 |
| 丙烷 | 空气 | 1925 | 82 |
| 氢气 | 空气 | 2050 | 320 |
| 乙炔 | 空气 | 2300 | 160 |
| 氢气 | 氧气 | 2700 | 900 |
| 乙炔 | 50％氧＋50％氮 | 2815 | 640 |
| 乙炔 | 氧气 | 3060 | 1130 |
| 氰气 | 氧气 | 4640 | 140 |
| 乙炔 | 氧化亚氮 | 2955 | 180 |
| 乙炔 | 氧化氮 | 3095 | 90 |

### 3. 单色器

单色器的作用是将所需的共振线与邻近的其他谱线分开。由空心阴极灯光源发射的谱线,除了有待测元素的共振线之外,还含有该元素的非共振线、阴极材料中杂质的发射谱线及火焰本身的发射谱线等多种谱线。因此,需要用单色器将它们一一分开。单色器一般由色散元件(棱镜或光栅)、凹面镜和狭缝组成。由于原子吸收的共振线大部分集中在 200～400 nm 的波长范围,故对一般元素的测定常采用石英材料制成的棱镜单色器,狭缝的宽度可在 0.05～0.5 mm 范围。

### 4. 检测装置

检测装置主要由检测器、放大器、对数变换器和读数指示器组成。

检测器的作用是将单色器分出的微弱光信号进行光电转换。应用光电池、光电管或光敏晶体管都可以实现光电转换。原子吸收分光光度计常采用灵敏度很高的光电倍增管作为检测器。

放大器的作用是将光电倍增管输出的电信号进行放大,然后经过对数变换器,使放大的信号与含量之间呈直线关系,再由读数指示器指示测定值。

## 三、定量分析方法

原子吸收分光光度法定量分析的常用方法有标准曲线法、标准加入法和内标准法。其基本原理都是利用试样的吸光度和待测元素浓度之间的线性关系,由已知标准溶液的浓度求试样中待测元素的浓度。

原子吸收分光光度法所用的标准曲线法与比色分析法或可见光分光光度法一样,这里不再重述。现仅介绍标准加入法和内标准法。

### 1. 标准加入法

在前面已讨论过用此法测量离子的活度(浓度)。在原子吸收分光光度法中,标准加入法还可以利用标准曲线外推来求得试样溶液中待测元素的浓度。

测定时,取若干份(例如四份)体积相同的试样溶液,从第二份开始分别加入已知不同量的待测元素的标准溶液,然后用溶剂稀释至一定体积。设试样中待测元素的浓度为 $c_x$,加入标准溶液后的各试样浓度分别为 $c_x + c_1$、$c_x + c_2$、$c_x + c_3$,分别测得其吸光度为 $A_0$、$A_1$、$A_2$ 及 $A_3$,以 $A$ 对 $c$ 作图,将所得的标准曲线外推至吸光度为零处,所得横坐标的截距即为试样溶液中待测元素的浓度 $c_x$,如图 9-14 所示。

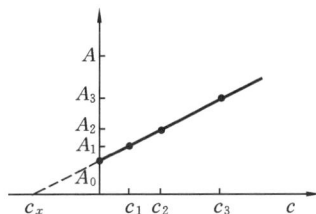

图 9-14  标准加入法

必须注意,标准溶液的加入量应适中,加入量过高易落入标准曲线的弯曲范围内,加入量过低则外推的误差大。所以,待测元素的浓度与其对应的吸光度应呈线性关系,通常至少采用四个点(包括试样溶液)来作外推曲线。

### 2. 内标准法

内标准法是在标准溶液和待测试样溶液中,分别加入一定量的试样中不存在的内标元素,同时分别测定各溶液中待测元素和内标元素的吸光度。以标准溶液中待测元素和内标元素的吸光度比值($A_{待测}/A_{内标}$)对标准溶液中待测元素的浓度 $c_{待测}$ 作曲线,即($A_{待测}/A_{内标}$)-$c_{待测}$ 标准曲线。再由测得的待测试样溶液中待测元素和内标元素的吸光度比值,从标准曲线上求得待测元素的浓度。

内标准法可补偿仪器工作条件的波动及基体的干扰,提高测量分析的精密度。但只有当所选用的内标元素在与基体、火焰有关的理化性质上与待测元素相近时,才能获得良好的补偿效果。因此,内标准法选择内标元素是十分重要的。表 9-5 所列内标元素的选择实例,可供参考。应用时,随着试样的组成不同、测定条件不同,所选择的内标元素也可能不同。

表 9-5  内标元素选择实例

| 待测元素 | 内标元素 | 待测元素 | 内标元素 |
|---|---|---|---|
| Al | Cr | Mg | Cd |
| Au | Mn | Mn | Cd |
| Ca | Sr | Mo | Sn |
| Cd | Mn | Na | Li |
| Co | Cd | Ni | Cd |
| Cr | Mn | Pb | Zn |
| Cu | Cd、Zn、Mn | Si | V、Cr |
| Fe | Au、Mn | V | Cr |
| K | Li | Zn | Mn、Cd |

# 第三节  气相色谱法

色谱法又名色层法或层析法。它是一种用以分离、分析微量多组分混合试样的极有效的物理及物理化学方法。

色谱法中起分离作用的柱称为色谱柱,固定在柱内的填充物(如活性炭、分子筛等)称为固定相,沿固定相流动的流体(如含氯化合物的水)称为流动相。用液体作为流动相的称为液相色谱,用气体作为流动相的称为气相色谱。

气相色谱法可分为气-液色谱和气-固色谱两种。前者是以气体为流动相(亦称载气),以液体为固定相;后者是以气体为流动相,而以固体为固定相。其中以气-液色谱应用较为普遍。下面仅对气-液色谱的装置、原理和分析方法进行叙述。

## 一、气-液色谱法的基本原理

在气-液色谱中,固定相是在化学惰性的固体微粒(此固体是用来支持固定液的,称为担体)表面涂上一层高沸点有机化合物的液膜,这种高沸点有机化合物称为固定液。在色谱柱内,被测物质各组分的分离是基于各组分在固定液中溶解度的不同。当载气携带被测组分进入色谱柱同固定液接触时,气相中的被测组分就溶解到固定液中去,载气连续流经色谱柱时,溶解在固定液中的被测组分会从固定液中挥发出来。随着载气的流动,已挥发到气相中的被测组分又会溶解在前面的固定液中。经过这样反复多次地溶解、挥发、再溶解、再挥发,溶解度大的组分停留在柱中的时间较长,往前移动得较慢;溶解度小的组分停留在柱中的时间较短,往前移动得较快。

物质在固定相和流动相之间发生溶解、挥发的过程,叫做分配过程。在一定温度下,组分在两相之间分配达到平衡时的浓度比称为分配系数 $K$,即

$$K = \frac{\text{组分在固定相中的浓度}}{\text{组分在流动相中的浓度}}$$

显然,分配系数小的组分,每次分配后,在流动相中的浓度较大,因此可较早地流出色谱柱;而分配系数大的组分,每次分配后,在固定相中的浓度较大,因而流出色谱柱的时间较迟。当分配次数足够多时,就能将不同的组分分离出来。图 9-15 是试样在色谱柱中的分离过程。

分配系数小的组分 $A$,被载气先带出,当 $A$ 流入检测器时,色谱流出曲线(组分浓度流出时间关系曲线)突起,形成 $A$ 峰;$A$ 组分完全通过检测器后,流出曲线恢复平直(基线),继而分配系数大的组分 $B$ 流出,形成 $B$ 峰,如图 9-16 所示。

图 9-15  试样在色谱柱中的分离过程

图 9-16  色谱流出曲线图

1—注入样品;2—空气峰;
3—标准物质峰;4—分析物质峰

色谱法是一种分离技术。两组分能否分开,应满足两个条件:一是两组分的色谱峰之间的距离必须足够大;二是两峰必须足够窄,否则彼此会重叠。为描述相邻两峰的分离程度,引入综合指标分离度(也称分辨率)$R$,定义为相邻两组分色谱峰保留值之差与两个组分色谱峰峰底宽度总和之半的比值。

$$R = \frac{t_{R_2} - t_{R_1}}{\frac{1}{2}(W_1 + W_2)} = \frac{2(t_{R_2} - t_{R_1})}{(W_1 + W_2)} \tag{9-23}$$

或

$$R = \frac{t'_{R_2} - t'_{R_1}}{\frac{1}{2}(W_1 + W_2)} = \frac{2(t'_{R_2} - t'_{R_1})}{(W_1 + W_2)} \tag{9-24}$$

$R$ 值越大,意味着相邻两组分分离得越好。当 $R=1$ 时,两峰分离程度可达 98%;当 $R<1$ 时,两峰有部分重叠;当 $R=1.5$ 时,分离程度可达 99.7%。常用 $R=1.5$ 作为相邻两组分完全分开的标志。

分离度概括了色谱过程动力学和热力学特性,它综合考虑了保留值的差值和峰宽对色谱分离的影响。因此,常用分离度作为衡量色谱柱效能的总指标。如前所述,评价衡量柱效能的指标是 $n_{有效}$ 或 $H_{有效}$。$n_{有效}$ 越大,说明组分在柱中进行分配平衡次数越多,越有利于分离。但各组分能否分离并不完全取决于分配平衡次数的多少,而主要取决于组分在两相中分配系数的差异。因此不能将 $n_{有效}$ 视为能否实现分离的依据,而应以选择性作为能否实现分离的依据。所谓选择性就是难分离物质对的相对保留值 $r_{21}$。它表示固定相对难分离物质对的选择性保留作用,$r_{21}$ 越大,两组分分离得越好,但 $r_{21}$ 反映不出柱效能的高低;而分离度 $R$ 作为色谱柱的总分离效能指标,可以判断难分离物质在色谱柱中的分离情况,能够反映柱效能和选择性影响的总和。因此可将分离度($R$)、柱效能($n_{有效}$)和选择性($r_{21}$)三者联系起来。对于相邻两物质对,由于它们的分配系数差别不大,可合理假设

$$k_1 = k_2 = k, \quad W_1 = W_2 = W$$

所以

$$R = \frac{t'_{R_2} - t'_{R_1}}{W}, \quad W = \frac{t'_{R_2} - t'_{R_1}}{R}$$

将其代入式(9-25)和式(9-26)

$$n_{有效} = 5.54 (\frac{t'_R}{W_{\frac{1}{2}}})^2 = 16 (\frac{t'_R}{W})^2 \tag{9-25}$$

$$H_{有效} = \frac{L}{n_{有效}} \tag{9-26}$$

有

$$n_{有效} = 16 (\frac{t'_{R_2}}{W}) = 16 (\frac{t'_{R_2} R}{t'_{R_2} - t'_{R_1}}) = 16 R^2 (\frac{r_{21}}{r_{21} - 1})^2 \tag{9-27}$$

$$L = 16 R^2 (\frac{r_{21}}{r_{21} - 1})^2 H_{有效} \tag{9-28}$$

## 二、气相色谱分析的装置及流程

气相色谱分析的装置及流程如图 9-17 所示。

载气(用来载送试样的惰性气体,如 $N_2$、$H_2$、He、Ar 等)由高压钢瓶(1)供给,经减压阀(2)减压后,进入净化干燥管(3)干燥、净化。由针形阀(4)控制载气的压力和流量,在流量计(5)和压力表(6)上显示出流量的大小及压力值。载气再经过预热管(7)进入进样器和气化室(9)。试样就在进样器注入(如试样为液体,经气化室气化为气体),由载气携带进入色谱柱(10)进行分离。分离后的单个组分随载气先后进入检测器(8),然后放空。检测器通过测量电桥(12)将各组分的变化转变成电信号,由记录仪(13)记录下来,就可得到如图 9-18 所示的色谱图。图中峰 1、2、3、4 分别代表试样中的四个组分,以此作为定性、定量分析的依据。

图 9-17　气相色谱流程示意图

1—载气钢瓶;2—减压阀;3—净化干燥管;4—针形阀;
5—流量计;6—压力表;7—预热管;8—检测器;
9—进样器和气化室;10—色谱柱;11—恒温箱;
12—测量电桥;13—记录仪

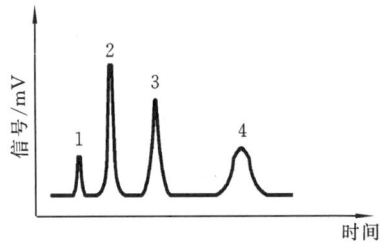

图 9-18　色谱图

气相色谱法的主要优点是:能分析组分复杂的混合物及性质相似的化合物,例如对水中污染物多氯联苯、有机汞等的分析,以及对同位素、异构体的分离都能获得良好的效果;灵敏度高,可检测出低至 $10^{-12} \sim 10^{-14}$ g 的物质;分析速度快,一般几分钟或几十分钟可完成一个试样的分析;应用范围广,分析的对象可以是无机的或有机的气态、液态、固态试样。缺点是:没有待测物纯品或相应的色谱定性数据作对照时,不能从色谱峰给出定性结果;分析高沸点、热稳定性差的物质还有困难。

近年来,色谱-质谱、色谱-红外光谱的联用,使气相色谱的强分离能力和质谱、红外光谱的强定性能力得到完美的结合,为气相色谱的应用开辟了新的途径,使气相色谱法已成为水质分析、环境监测中不可缺少的有力分析手段。

## 三、气相色谱法的定性分析

根据色谱图,可以进行定性分析,即确定每个色谱峰所代表的物质。在实际工作中,常以保留时间或保留体积作为不同组分的定性指标。所谓保留时间,是指某一组分从进样到出现色谱峰的最高点为止所需要的时间。如在图 9-16 中,从注入样品 A 开始,至空气峰 B 出现的时间为止,称为死时间,以 $t_R^0$ 表示。$t_R^0$ 是由仪器的进样器、色谱柱和检测器的空隙所决定的。从注入样品开始,到被分离的物质出现的时间(物质峰最高点所对应的时间),即为各物质的保留时间,以 $t_R$ 表示。将保留时间扣除死时间,称为某一物质的校正保留时间,以 $t_R'$ 表示。图中 BC 和 BD 即相当于各物质的校正保留时间。在恒定流量的情况下,相当于校正保留时间的载气体积称为校正保留体积 $V_R'$。$V_R'$ 为保留时间和载气流速的乘积。$t_R'$ 及 $V_R'$ 均是物质的特征函数,以此进行定性分析。

利用保留值进行定性分析时,必须严格控制操作条件,否则重复性较差。若采用相对保留值作定性指标,则可以消除某些因操作条件而产生的影响。相对保留值是表示某一组分的校正保留值和另一基准物质(如正丁烷、正戊烷等)的校正保留值之比,即

$$\gamma_{1,2} = \frac{t_{R_1}'}{t_{R_2}'} = \frac{V_{R_1}'}{V_{R_2}'}$$

式中,$t_{R_1}'$ 为试样中某一组分的校正保留时间;$t_{R_2}'$ 为基准物质的校正保留时间;$V_{R_1}'$ 为试样中某一组分的校正保留体积;$V_{R_2}'$ 为基准物质的校正保留体积。

各种物质的 $\gamma_{1,2}$ 值可从文献中查到,将测定值与文献值对照,就可以确定被测组分是何种物质。

## 四、气相色谱法的定量分析

### 1. 定量校正因子($f_i$)

某被测组分 $i$ 的量与该组分色谱峰的面积成正比:

$$W_i = f_i A_i \tag{9-29}$$

式中,$W_i$ 为 $i$ 组分的重量;$A_i$ 为 $i$ 组分的峰面积;$f_i$ 为定量校正因子。因此,要测定 $i$ 组分的重量,必须准确测量峰面积和求出定量校正因子 $f_i$。

峰面积的计算方法有多种,常用的简便方法是峰高乘半峰宽法。如图 9-19 中,$h_i$ 为 $i$ 组分的色谱峰峰高,$2\Delta x_{1/2}$ 为峰高一半处该色谱峰的宽度,其峰面积为

$$A_i = h_i \times 2\Delta x_{1/2}$$

$h_i$ 及 $2\Delta x_{1/2}$ 通常用 mm 表示。

$f_i$ 可由 $i$ 组分单位峰面积所相当的物质重量求得。

$$f_i = \frac{W_i}{A_i} \tag{9-30}$$

图 9-19　单一组分色谱图

式中,$f_i$ 称为绝对校正因子。它随色谱条件的变化而变化。既不易准确测定,也无法直接应用。在定量分析中常用的是相对校正因子,即 $i$ 组分的与标准物质 $S$ 的绝对校正因子之比:

$$f_i' = \frac{f_i}{f_S} = \frac{A_S}{A_i} \times \frac{W_i}{W_S} \tag{9-31}$$

测定 $f_i'$ 时,一般将纯的 $i$ 组分与标准物质 $S$ 按一定的比例混合,进行色谱分析,求得两者相应的峰面积,即可计算出 $f_i'$。

### 2. 定量分析方法

气相色谱的定量分析方法很多,常用的有下列三种。

(1)归一化法

若试样中的所有组分都能产生相应的色谱峰,并且已知各组分的相对校正因子,则可用归

一化法求出各组分的含量。所谓归一化,就是各组分的相对含量之和为 1(即 100%)。

设试样中有 $n$ 个组分,各组分的重量分别为 $W_1$、$W_2$、$\cdots$、$W_i$、$\cdots$、$W_n$,其中 $i$ 组分的百分含量 $P_i$ 为

$$P_i = \frac{W_i}{W_1 + W_2 + \cdots + W_i + \cdots + W_n} \times 100\% = \frac{f_i' A_i}{\sum\limits_{i=1}^{n} f_i' A_i} \times 100\% \tag{9-32}$$

若试样中各组分的 $f_i'$ 值很接近,就可直接按峰面积计算各组分的百分含量,则式(9-32)可简化为

$$P_i = \frac{A_i}{\sum\limits_{i=1}^{n} A_i} \times 100\% \tag{9-33}$$

式中,$\sum\limits_{i=1}^{n} A_i$ 为各组分的峰面积的总和。

此法简便、准确,即使进样量不准确,对结果也没有影响。但若试样中所有组分不能全出峰时,就不能应用此法。

(2) 内标准法

当试样中所有组分不能全出峰,或只要求测定试样中某一个或某几个组分时,可用此法。这时在一定量试样($W$)中,加入一定量选定的标准物质($W_s'$)作内标物。加入的内标物应该是试样中不存在的,且不与试样作用,并能与试样中各组分分离的物质。

设 $i$ 组分的含量为 $P_i$,则

$$P_i = \frac{W_i}{W} \times 100\% \tag{9-34}$$

当往试样中加入内标物时,设 $P_s'$ 为内标物和试样的重量之比,即

$$P_s' = \frac{W_s'}{W} \times 100\% \tag{9-35}$$

由以上两式得到

$$\frac{P_i}{P_s'} = \frac{W_i}{W_s'}$$

$$P_i = \frac{W_i}{W_s'} \times P_s' \tag{9-36}$$

如果 $i$ 组分和内标物 $S'$ 的峰面积分别为 $A_i$ 和 $A_s'$,它们对标准物 $S$ 的相对校正因子分别为 $f_i'$ 和 $f_s'$,则

$$P_i = \frac{f_i' A_i}{f_s' A_s'} \times P_s' \tag{9-37}$$

若内标物 $S'$ 和测定相对校正因子的标准物 $S$ 是同一物,则

$$f_s' = 1$$

$$P_i = \frac{f_i' A_i}{A_s'} \times P_s' \tag{9-38}$$

式(9-37)和式(9-38)是用内标准法进行定量计算的基本公式。

内标准法的准确度高,但因每次分析都需要称样、配制内标,所以操作比较麻烦。

若固定试样的称取量,加入恒定量的内标物,则式(9-38)可简化为

$$P_i = \frac{A_i}{A_{S'}} \times 常数 \tag{9-39}$$

以 $P_i$ 对 $\frac{A_i}{A_S}$ 作图,可得一条通过原点的直线,即内标准曲线。利用此曲线确定待测组分含量,可免去计算和每次称量试样与内标物的麻烦。

（3）外标准法

又称为已知样校正法。设被测试样中 $i$ 组分的含量为 $P_i$,用纯的 $i$ 组分配制一个已知含量为 $P_S$ 的标准样。在相同的色谱条件下准确而定量地进样,得到相应的峰面积 $A_i$ 和 $A_S$,则

$$P_i = \frac{A_i}{A_S} \times P_S \tag{9-40}$$

外标准法的操作和计算都很简便,不需用校正因子。但要求操作条件稳定,准确进样,否则对分析结果影响较大。此法较适用于具有固定组分的定量分析。

# 第四节　液相色谱法

高效液相色谱法（HPLC,High Performance Liquid Chromatography）是一种高效、快速的分离技术。它具有高压、高速、高效、高灵敏度的特点。

高效液相色谱是在气相色谱和经典液相色谱的基础上发展起来的。气相色谱法虽然具有分离能力好、灵敏度高、分析速度快、操作方便等优点,但是受技术条件的限制,沸点太高的物质或热稳定性差的物质都难于应用气相色谱法进行分析。而高效液相色谱法只要求试样能制成溶液,不需要气化,因此不受试样挥发性的限制,对于高沸点、热稳定性差、相对分子量大的有机物,原则上都可以用高效液相色谱法来进行分离、分析。所以它非常适用于分离与生物、医学有关的大分子和离子型化合物、不稳定的天然产物以及很多高分子化合物。气相色谱和高效液相色谱的区别如表 9-6 所示。

表 9-6　气相色谱和高效液相色谱的区别

| 气 相 色 谱 | 高效液相色谱 |
| --- | --- |
| 只能分析挥发性的物质,适用于 20% 的化合物 | 几乎可以分析各种物质 |
| 对热不稳定物质不能使用 | 可以用于热不稳定物质 |
| 用毛细管柱色谱可得到很高的柱效 | 色谱柱不能很长,柱效不会太高 |
| 有很灵敏的检测器(如 ECD)和较灵敏的通用检测器(如 FID 和 TCD) | 没有较高灵敏度的通用检测器,但有特殊检测器(如电化学、示差检测器等) |
| 运行和操作容易 | 运行和操作难一些 |
| 仪器制造难度小一些 | 仪器制造难度大一些 |
| 样品不易回收 | 可定量回收样品 |

## 一、液相色谱法的基本原理

### 1. 液相色谱的速率方程

速率理论虽然是在研究气液色谱时提出的,但作适当修改后,也适用于液相色谱,其板高方程可写成如下形式:

$$H = (\frac{1}{C_e d_p} + \frac{D_M}{C_m d_p^2 u})^{-1} + \frac{C_d + D_M}{u} + (\frac{C_s \cdot d_f^2}{D_s} + \frac{C_{sm} \cdot d_p^2}{D_M}) \cdot \bar{u} \tag{9-41}$$

$$\text{（Ⅰ）} \qquad \text{（Ⅱ）} \qquad \text{（Ⅲ）} \qquad \text{（Ⅳ）} \qquad \text{（Ⅴ）}$$

式中,$C_e$、$C_m$、$C_d$、$C_s$、$C_{sm}$ 为有关项的板高系数,当填料一定时均为定值;$D_M$ 和 $D_s$ 分别是组分在流动相和固定相中的扩散系数;$d_f$ 为固定相层的厚度;其余符号同式(9-41)。

在(9-41)式中的各项意义如下:

Ⅰ和Ⅲ项分别表示涡流扩散项和分子扩散项。在液相色谱中,由于组分在液体中的扩散系数比在气相中的小 4～5 个数量级,因此在液相色谱中,分子扩散项(Ⅲ)通常可以忽略不计。

Ⅳ项为固定相传质阻力。该项与气液色谱中固定相传质阻力项相应。

Ⅱ项是在流动区域内流动相的传质阻力。它指出流动相通过同一流路时,在接近固定相表面的流速比在流动中间的要慢一些。

Ⅴ项是在流动相停滞区域内的传质阻力。固定相孔穴中的流动相,一般是不移动的。流动相中的溶质分子与固定相进行交换时,必须首先扩散进入滞留区。若固定相的微孔小且深,就会大大减慢传质速率。

以上各种传质阻力都将导致谱峰展宽。

从(9-41)式可以看出,在液相色谱法中,可采用减小填料的孔穴深度、粒径,采用低粘度及低流速流动相,适当提高柱温等方法来降低板高提高柱效。

### 2. 峰展宽的柱外效应

峰展宽的柱外效应是发生在色谱柱本身以外区域的谱带展宽。柱外包括流动相携带溶质通过管柱的进样系统、检测区域和体系的各种组件的连接管道。由于流动相在管壁邻近处的流速明显地快于管中心区域的流速,从而导致柱外谱带展宽。在气相色谱中,柱外展宽很大程度上取决于纵向扩散。而在液相色谱中,纵向扩散明显减慢,常常不被人们注意。

当使用小内径柱时,柱外效应变得十分严重。因此在实际工作中,一般柱外管道的半径降至 2～3 mm,或更小。

## 二、高效液相色谱分析的装置及流程

根据分离机制的不同,高效液相色谱法可分为液液分配色谱、液固吸附色谱、离子交换色谱、离子对色谱、空间排阻色谱等几种主要类型。

以液体为流动相,采用高压输液泵、高效固定相和高灵敏度检测器等装置的液相色谱仪称为高效液相色谱仪(HPLC)。高效液相色谱仪的种类很多,根据其功能不同,可分为分析型、制备型和专用型。不论何种类型的高效液相色谱仪,其基本组成是类似的,都是由高压输液系统、进样系统、分离系统、检测系统和数据处理系统 5 个部分构成。其工作过程为:高压泵将贮液瓶中的溶剂经进样器送入色谱柱中,然后从检测器的出口流出。当待测样品从注射器注入时,流经进样器的流动相将其带入色谱柱中进行分离,然后依次进入检测器,由记录仪将检测器送出的信号记录下来得到色谱图。如图 9-20 所示。

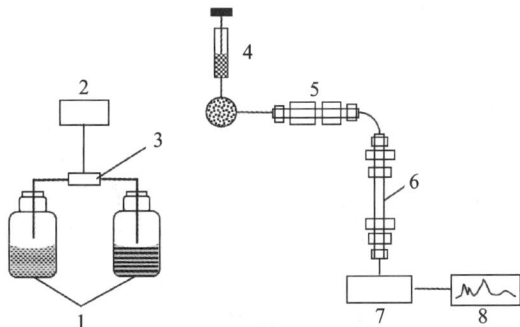

**图 9-20　高效液相色谱仪流程图**

1—流动相;2—高压泵;3—混合室;4—注射器;5—预柱;6—色谱柱;7—检测器;8—数据记录与数据系统

## 三、高效液相色谱的主要类型及分离原理

根据分离机制的不同,高效液相色谱法可分为液液分配色谱、液固吸附色谱、离子交换色谱、离子对色谱、尺寸排阻色谱等几种主要类型。

### 1. 液液分配色谱

液液分配色谱的流动相和固定相均为液体,作为固定相的液体是涂在很细的惰性载体上。它能适用于各种类型样品的分离和分析。

液液分配色谱是根据各组分在两种互不相溶解的液体(固定相和流动相)中溶解度不同而实现分离的方法。在液液色谱中,固定相是通过化学键合的方式固定在基质(惰性载体)上。从理论上说,流动相和固定相之间应互不相溶,两者之间有一个明显的分界,即固定液对流动相和样品组分具有不同的作用效果。样品溶于流动相,并在其携带下通过色谱柱,样品组分分子穿过两相界面进入固定液中,进而很快达到分配平衡,由于各组分在两相中溶解度(分配系数)的不同,使各组分获得分离,分配系数大的组分保留值大,最后流出色谱柱。不同组分的分配系数不同是液液分配色谱中组分之所以能被分离的根本原因。

液液分配色谱根据固定相和流动相的相对极性,可分为正相分配色谱和反相分配色谱两类。在正相分配色谱中,固定相的极性大于流动相的极性,组分在柱内的洗脱顺序按极性从小到大流出。在反相分配色谱中,固定相是非极性的,流动相是极性的。组分的洗脱顺序和正相色谱相反,极性大的组分先流出,极性小的组分后流出。

液液分配色谱可用于极性、非极性、水溶性、油溶性、离子型和非离子型等各种类型样品的分离和分析。在色谱分离过程中由于固定液在流动相中有微量溶解,以及流动相通过色谱柱时的机械冲击,固定液会不断流失而导致保留行为变化、柱效和分离选择性变坏等不良后果。为了更好地解决固定液从载体上流失的问题,将各种不同有机基团通过化学反应共价键合到硅胶(载体)表面的游离羟基上,代替机械涂液的液体固定相,从而产生了化学键合固定相,为色谱分离开辟了广阔的前景,现已成为高效液相色谱法中应用最广泛的一个分支(化学键合相色谱法)。

**2. 液固吸附色谱**

液固吸附色谱是指流动相为液体,固定相为固体的色谱方法。吸附剂通常是多孔性的固体颗粒物质,它们的表面存在吸附中心。分离实质是利用组分在吸附剂(固定相)上的吸附能力的不同而获得分离,因此称为吸附色谱法。

当流动相通过吸附剂时,在吸附剂表面发生了吸附作用,即溶质分子取代了吸附剂上的溶剂分子。样品各组分的分离取决于组分分子和吸附剂之间作用力的强弱,也取决于组分分子与流动相分子之间作用力的强弱。组分中的基团对吸附剂表面亲和力的大小,决定了它的保留时间的长短。

吸附剂表面与溶质之间的相互作用,包括氢键、静电力和色散力等。硅胶和氧化铝的保留作用主要受与溶质极性功能基团的相互作用控制。因此,溶质分子官能团性质决定了它在液固吸附色谱中的保留顺序,对结构为 RX(X 为官能团)的混合物有:烷基<卤素(F<Cl<Br<I)<醚<硝基化合物<腈<叔胺<酯<酮<醛<醇<酚<伯胺<酰胺<羧酸<碳酸。但同系物的出峰将非常接近,表现为很小的分离选择性,甚至出峰重叠,如碳原子数超过 4～6 的脂肪族同系物。

液固吸附色谱法是适用于溶于有机溶剂的非离子型化合物间的分离,尤其是异构体间的分离,以及具有不同极性取代基的化合物间的分离。一般来说,溶质在浓度低时被吸附剂吸附得较牢固,浓度高时吸附作用相对减弱。因此,高浓度组分色谱峰的中心部分出现较早,而谱峰后面部分由于吸附较牢固而延迟流出,形成拖尾峰。为了得到较好的峰形,应选择较小的进样量。

**3. 离子交换色谱**

离子交换色谱法(IEC)是各种液相色谱法中最先得到广泛应用的现代液相色谱法,是在 20 世纪 60 年代初期随着氨基酸分析的出现而发展起来的。

离子交换色谱以离子交换树脂作为固定相,树脂上具有固定离子基团和可电离的离子基团。其中,能离解出阳离子的树脂称为阳离子交换树脂,能离解出阴离子的树脂称为阴离子交换树脂。当流动相携带组分离子通过固定相时,离子交换树脂上可电离的离子基团与流动相中具有相同电荷的溶质离子进行可逆交换,依据这些离子对交换剂具有不同的亲和力而将它们分离。其离子交换平衡可表示如下:

$$M^+ + (Na^{+-}O_3S\text{-树脂}) \Longrightarrow (M^{+-}O_3S\text{-树脂}) + Na^+ \tag{9-42}$$

$$X^- + (Cl^{-+}R_4N\text{-树脂}) \Longrightarrow (X^{-+}R_4N\text{-树脂}) + Cl^- \tag{9-43}$$

从式(9-42)可以看到,溶剂中的阳离子 $M^+$ 与树脂中的 $Na^+$ 交换以后,溶剂中的 $M^+$ 进入树脂,而 $Na^+$ 进入溶剂里,最终达到平衡。同样,在式(9-43)中,溶剂中的阴离子 $X^-$ 与树脂中的 $Cl^-$ 进行交换,达平衡后,服从下式:

$$K = \frac{[-NR_4^+ X^-][Cl^-]}{[-NR_4^+ Cl^-][X^-]} \tag{9-44}$$

分配系数 $K$ 表示了离子交换过程达到平衡后的组分离子和洗脱液中离子在两相中的分

配情况。$K$ 值越大,组分离子与交换剂的作用越强,组分的保留时间也越长。因此,在离子交换色谱中可以通过改变洗脱液中离子种类、浓度以及 pH 值来改变离子交换的选择性和交换能力。

离子交换色谱法可用于分离测定离子型化合物,原则上凡是在溶剂中能够电离的物质通常都可以用离子交换色谱法来进行分离。它不仅应用于无机离子的分离,如碳、盐类、金属离子混合物和稀土化合物及各种裂变产物;还可用于有机物的分离,如有机酸、同位素、水溶性药物及代谢物。20 世纪 60 年代前后,它已成功地分离了氨基酸、核酸、蛋白质等,在生物化学领域得到了广泛的应用。制备型离子交换色谱已广泛地应用于分离药物与生化物质、合成超细化合物等。

### 4. 离子对色谱

离子对色谱法是将一种(或多种)与溶质分子电荷相反的离子(称为对离子或反离子)加到流动相或固定相中,使其与溶质离子结合形成离子对化合物,从而控制溶质离子的保留行为。在色谱分离过程中,流动相中待分离的有机离子 $X^+$(也可以是带负电荷的离子)与固定相或流动相中带相反电荷的对离子 $Y^-$ 结合,形成离子对化合物 $X^+Y^-$,然后在两相间进行分配:

$$X^+_{水相} + Y^-_{水相} \Longleftrightarrow X^+Y^-_{有机相} \tag{9-45}$$

$K_{XY}$ 是其平衡常数:

$$K_{XY} = [X^+Y^-]_{有机相} / ([X^+]_{水相}[Y^-]_{水相}) \tag{9-46}$$

根据定义,溶质的分配系数 $D_X$ 为

$$D_X = [X^+Y^-]_{有机相} / [X^+]_{水相} = K_{XY}[Y^-]_{水相} \tag{9-47}$$

这表明,分配系数与水相中对离子 $Y^-$ 的浓度 $K_{XY}$ 有关。

离子对色谱法,根据流动相和固定相的性质可分为正相离子对色谱法和反相离子对色谱法。在反相离子对色谱法中(这是一种更为常用的离子对色谱法),采用非极性的疏水固定相(如十八烷基键合相),含有对离子 $Y^-$ 的甲醇-水(或乙腈-水)溶液作为极性流动相。试样离子 $X^+$ 进入柱内以后,与对离子 $Y^-$ 生成疏水性离子对 $X^+Y^-$,后者在疏水性固定相表面分配或吸附。此时待分离组分 $X^+$ 在两相中的分配系数符合式(9-47),其容量因子 $k$ 为

$$k = D_X V_S / V_M = K_{XY}[Y^-]_{水相} / \beta \tag{9-48}$$

式中,$\beta$ 为相比,可见保留值随 $K_{XY}$ 和 $[Y^-]_{水相}$ 的增大而增大。平衡常数 $K_{XY}$ 取决于对离子和有机相的性质。对离子的浓度是控制反相离子对色谱溶质保留值的主要因素,可在较大范围内改变分离的选择性。

离子对色谱法,特别是反相离子对色谱法解决了以往难分离混合物的分离问题,诸如酸、碱和离子、非离子的混合物,特别是对一些生化样品如核酸、核苷、儿茶酚胺、生物碱以及药物等的分离。另外,还可借助离子对的生成给样品引入紫外吸收或发荧光的基团,以提高检测的灵敏度。

### 5. 尺寸排阻色谱

溶质分子在多孔填料表面上受到的排斥作用称为排阻(Exclusion)。尺寸排阻色谱法(SEC, Size Exclusion Chromatography)固定相是化学惰性的多孔性物质(凝胶)。根据所用流动相的不同,凝胶色谱可分为两类:用水溶液作流动相的称为凝胶过滤色谱;用有机溶剂流动相的称为凝胶渗透色谱。

尺寸排阻色谱法的分离机理与其他色谱法完全不同。它类似于分子筛的作用,但凝胶的孔径比分子筛要大得多,一般为数纳米到数百纳米。在排阻色谱中,组分和流动相、固定相之间没有力的作用,分离只与凝胶的孔径分布和溶质的流体力学体积或分子大小有关。当被分离混合物随流动相通过凝胶色谱柱时,大于凝胶孔径的组分大分子,因不能渗入孔内而被流动相携带着沿凝胶颗粒间隙最先淋洗出色谱柱;组分的中等体积分子能渗透到某些孔隙,但不能进入另一些更小的孔隙,它们以中等速度淋洗出色谱柱;小体积的组分分子可以进入所有孔隙,因而被最后淋洗出色谱柱,由此实现分子大小不同的组分的分离。分子大小不同,渗透到固定相凝胶颗粒内部的程度和比例不同,被滞留在柱中的程度不同,保留值不同。洗脱次序将取决于相对分子质量的大小,相对分子质量大的先洗脱。分子的形状也同相对分子质量一样,对保留值有重要的作用。例如,利血平(一种药物)的实际相对分子质量为608,而实验校正曲线上所表示的却是相应于相对分子质量410的洗脱体积,这是由于它有紧密的结构,在溶剂中分子显得小了。

在排阻色谱中,组分和流动相、固定相之间没有力的作用,完全根据组分分子流体力学体积的大小进行分离。

尺寸排阻色谱法被广泛用于测定高聚物的相对分子质量及相对分子质量分布。它具有保留时间短,谱峰窄,易检测,可采用灵敏度较低的检测器、柱寿命长等优点。其缺点是不能分辨分子大小相近的化合物,相对分子质量差别必须大于 10% 才能得以分离。

### 6. 高效液相色谱分离类型的选择

高效液相色谱每种分离类型都有其自身的特点和适用范围,没有一种类型可以通用于所有领域,它们往往互相补充。一般情况,选择最有效的分离类型,应考虑样品来源、样品的性质(相对分子质量、化学结构、极性、化学稳定性、溶解度参数等化学性质和物理性质)、分析目的的要求、液相色谱分离类型的特点及应用范围、实验室条件(仪器、色谱柱等)等一系列因素。

相对分子质量低、挥发性较高的样品,适用于气相色谱法。标准的液相色谱类型(液固、液液、离子交换、离子对色谱、离子色谱等)适用于分离相对分子质量为 200~2000 的样品,而大于 2000 的则宜用尺寸排阻色谱法,此时可判定样品中具有高相对分子质量的聚合物、蛋白质等化合物,以及做出相对分子质量的分布情况。因此在选择时应了解、熟悉各种液相色谱类型的特点。

了解样品在多种溶剂中的溶解情况,可有利于分离类型的选用,例如对能溶解于水的样品可采用反相色谱法。若溶于酸性或碱性水溶液,则表示样品为离子型化合物,以采用离子交换色谱法、离子对色谱法或离子色谱法为佳。

对非水溶性样品(很多有机物属此类),弄清它们在烃类(戊烷、己烷、异辛烷等)、芳烃(苯、甲苯等)、二氯甲烷或氯仿、甲醇中的溶解度是很有用的。如可溶于烃类(如苯或异辛烷),可选用液固吸附色谱;如溶于二氯甲烷或氯仿,则多用正相色谱和吸附色谱;如溶于甲醇等,则可用反相色谱。一般用吸附色谱来分离异构体,用液液分配色谱来分离同系物,尺寸排阻色谱可适用于溶于水或非水溶剂、分子大小有差别的样品,选择方法可参考图 9-21。

图 9-21　高效液相色谱分离类型的选择

# 思　考　题

**1.** 单独一个电极的电极电位能否直接测定？为什么？

**2.** 指示电极和参比电极的主要作用是什么？

**3.** 为什么用直接电位法测定溶液的 pH 值时，必须使用标准缓冲溶液？试述酸度计的基本原理。

**4.** 为什么离子选择性电极对待测离子具有选择性？如何估量这种选择性？

**5.** 试述电位滴定法的特点。

**6.** 何谓原子吸收分光光度法？它有什么特点？

**7.** 原子吸收分光光度计主要由哪几部分组成？各部分的作用是什么？

**8.** 可见光分光光度计的分光系统放在吸收池前面，而原子吸收分光光度计的分光系统放在原子化器的后面，为什么？

**9.** 简述气相色谱法的分离原理和特点。

**10.** 气相色谱定量方法主要有哪些？试比较它们的优缺点和适用情况。

**11.** 液相色谱分析过程中，是如何通过分离度来判断分峰效果的。

# 习　　题

**1.** 用玻璃电极测定溶液的 pH 值。在 pH＝4.0 的溶液中插入玻璃电极与另一参比电极，测得的电动势是－0.14 V。在同样的电池中放入未知 pH 值的溶液，测得的电动势是 0.020 V，计算未知溶液的 pH 值。

**2.** 在 0.001 mol/L 的 $F^-$ 溶液中，放入 $F^-$ 选择性电极与另一参比电极，测得的电动势为 0.158 V。在同样的电池中，放入未知浓度的 $F^-$ 溶液，测得的电动势为 0.217 V。两份溶液离子强度一致。计算未知溶液中 $F^-$ 的浓度。

**3.** 在干烧杯中准确放入 100.0 mL 水,将甘汞电极与 $Ca^{2+}$ 选择性电极插入溶液中,$Ca^{2+}$ 电极的电位为 $-0.0619$ V。将 10.00 mL 0.00731 mol/L $Ca(NO_3)_2$ 溶液加入杯中后,与水样彻底混匀,此时 $Ca^{2+}$ 电极的电位为 $-0.0483$ V。计算原水样中 $Ca^{2+}$ 的摩尔浓度。

**4.** 用标准加入法测定一无机试液中镉的浓度。各试液在加入镉标准溶液后,用水稀释至 50 mL,测得其吸光度如下表。试求镉的浓度(mg/L)。

| 序　号 | 试液/mL | 加入镉标准溶液(10 μg/mL)的毫升数 | 吸光度 |
|---|---|---|---|
| 1 | 20 | 0 | 0.042 |
| 2 | 20 | 1 | 0.080 |
| 3 | 20 | 2 | 0.116 |
| 4 | 20 | 4 | 0.190 |

**5.** 用原子吸收分光光度法测定自来水中镁的含量(mg/L)。取一系列镁标准溶液(μg/mL)及自来水水样于 50 mL 容量瓶中,分别加入 5% 的锶盐溶液 2 mL,再用蒸馏水稀释至刻度。然后与蒸馏水交替喷雾,测定其吸光度,其数据如下表所示。计算自来水中镁的含量(mg/L)。

| 编　号 | 1 | 2 | 3 | 4 | 5 | 6 | 7 |
|---|---|---|---|---|---|---|---|
| 镁标准溶液的毫升数 | 0.00 | 1.00 | 2.00 | 3.00 | 4.00 | 5.00 | (自来水水样)20 |
| 吸光度 | 0.043 | 0.092 | 0.140 | 0.187 | 0.234 | 0.286 | 0.135 |

实 验 部 分

# 第十章　水质分析化学实验的一般知识

## 第一节　实验室规则

实验室规则如下。

（1）实验前要弄懂有关原理和方法，熟悉实验步骤及操作方法。

（2）实验前要检查仪器是否完整无损，装置是否正确、稳妥。

（3）实验时要保持肃静，集中思想，认真操作，仔细观察现象，如实记录结果，积极思考问题。

（4）实验过程中应保持实验室和桌面的整洁。废纸、废屑应投入废纸篓内；废液应小心地倒入废液缸内。

（5）实验过程中要爱护仪器和实验设备，并严格按照操作规程进行实验。要节约水、电、药品，注意安全。实验结束时，必须检查电插头或闸刀是否拉开，水、煤气阀门是否关闭。药品应按规定量取用，自瓶中取出的药品，不应再倒回原瓶中，以免带入杂质；取用药品后，应立即盖上瓶塞，并随即将瓶子放回原处。

（6）使用有毒药品（如氰化物、氯化汞等）时，应绝对防止进入口中或皮肤的伤口处，操作时应戴口罩；实验完毕后应立即洗手。取用有毒药品，所用移液管绝对禁止用口吸取，一定要用洗耳球吸取。使用有毒液体、气体或在反应中生成这些物质时，其操作应在通风橱内进行，剩余物质不可乱丢，要妥善进行处理。

（7）使用易燃、易爆的试剂，如乙醚、酒精、二硫化碳、丙酮等，应远离火源，并禁止用火直接加热。用于回流、蒸馏这类药品的仪器绝对不能漏气，室内空气要流通。

## 第二节　几种常用的玻璃仪器及其使用

### 一、冷凝管

冷凝管供蒸馏实验中的冷凝用，其形状有直形、球形、蛇形三种，如图10-1所示。

冷凝水的走向要从低处流向高处，千万不要把进水口和出水口装颠倒，否则管子受热不均，易造成内外管脱落或炸裂现象。长期使用时，夹层里贮存的铁锈可用10%的盐酸洗去。

蛇形冷凝管的冷凝面积大，适于将沸点较低的物质由蒸气冷凝成液体。直形冷凝管适于将沸点较高的物质由蒸气冷凝成液体。球形冷凝管对上述两种情况都适用,且常用于加热回流的实验。空气冷凝管是一单层的长玻璃管,它借助空气进行冷却,适于冷凝沸点在 150 ℃以上的液体蒸气。

图 10-1　冷凝管

（左起：直形　球形　蛇形　空气冷凝管）

图 10-2　滴定管

（酸式　碱式）

图 10-3　滴定管读数

读数偏低 22.20
正确读数 22.32
读数偏高 22.49

## 二、滴定管

滴定管有两种形式,如图 10-2 所示。一种是下端具有玻璃活塞的酸式滴定管,可盛放酸液及氧化剂溶液,不能盛放碱液,因为碱液会腐蚀玻璃,使活塞难于转动;另一种是下端具有乳胶管(内放有一粒玻璃珠)的碱式滴定管,可盛放碱液,但不能盛放酸或氧化剂等腐蚀乳胶管的溶液。

为防止滴定管漏水,在使用滴定管之前,要将已洗净的滴定管活塞拔出,用纸擦干活塞及其小孔,把少许凡士林涂在活塞的两头,切忌堵住小孔,使凡士林在活塞的两头呈极薄的一层,致活塞插进活塞孔时,从外面观察全部透明且使用时不漏水为止。

在使用滴定管前,为保持滴定管中溶液浓度与原来浓度相同,应用 5~10 mL 溶液洗涤滴定管 2~3 次。且在向滴定管中倒入滴液时,宜直接倒入,不宜借用任何别的容器。

在滴定管加入溶液后,将滴定管垂直地夹在滴定管夹上,检查活塞下端是否存在气泡。如有气泡,对酸式滴定管可转动活塞,使溶液急速下流,以除去气泡;对碱式滴定管则可将乳胶管向上弯曲,并在稍高于玻璃珠所在处用两指挤压,使溶液从尖嘴口喷出,气泡即可除尽。

滴定管的读数:使用前,为便于读数的计算,宜把液面调在"0"。由于溶液在滴定管的液面呈弯月形,故读数时,眼睛视线与溶液弯月面下缘最低点应在同一水平上,否则将引起误差,如图 10-3 所示。读数应精确到 0.01 mL。

滴定操作:滴定前,先将管下端悬挂的液滴除去,读起始读数,再开始滴定,如图 10-4 所示。用左手操纵滴定管的活塞(或玻璃珠),控制溶液的流量,右手握住锥形瓶颈,并向同一方向作圆周运动,使滴下的溶液能较快地与锥形瓶中的待测溶液进行化学反应。注意不要使瓶内溶液溅出。在接近终点时,滴定速度要尽量放慢,以防滴定过量;每次加入一滴或半滴溶液,并不断摇动,直至到达终点。准确读出滴定管上的终点读数。每次实验结束后,倒出滴定管中剩余溶液,用自来水与蒸馏水将滴定管冲洗数次,保持洁净状态,以备用。

图 10-4　滴定操作　　　　　图 10-5　容量瓶　　　　　图 10-6　溶液转移入容量瓶

## 三、容量瓶

它是用来配制一定体积溶液用的容器,如图 10-5 所示。在细长颈的中部有一标线,表示在所指温度下,当液体充满到标线时,液体体积恰好与瓶上所注明的体积相等。在观察液面是否达到刻度时,必须使液面的弯月面与标线相切。

使用容量瓶前,先要检查其是否漏水。方法是放入自来水至标线附近。盖好瓶塞,左手按住瓶塞,右手拿住瓶底,倒置容量瓶,观察是否有水渗出。如不漏水,将瓶直立,把瓶塞转动约 180°后,再倒过来试一次,不漏水,即可使用。

如需用固体物质配制溶液,应先将固体物质在烧杯中溶解后,再将溶液转移至容量瓶中。溶液的转移操作如图 10-6 所示。粘附在烧杯中的试剂,应用蒸馏水洗涤 2～3 次,每次洗出液都转入容量瓶中,最后加蒸馏水至标线。接近标线时,要慢慢滴加,直至溶液的弯月面与标线相切为止。为使容量瓶中的溶液混合均匀,需用手按住瓶塞,将容量瓶倒过来缓慢地摇动,直至溶液混匀为止。

容量瓶不能久贮溶液,尤其是碱性溶液,会腐蚀瓶塞,使其无法打开,所以,应将配制好的溶液倒入洁净干燥的试剂瓶中贮存。

容量瓶不能用火直接加热。

## 四、移液管

移液管用于准确移取一定体积的溶液。通常有两种形式。一种移液管中间有膨大部分,称为胖肚移液管;另一种为直形,管上有分刻度,称为刻度移液管,如图 10-7 所示。

使用时,洗干净的移液管要用被吸取的溶液洗涤三次。洗涤时可用小烧杯盛少量被吸取溶液,用移液管吸取后,将管横置并转动,使液体接触移液管内壁。

　　吸取溶液时,一般用左手拿洗耳球,右手把移液管插入溶液中吸取。当溶液吸至标线以上时,立即用右手食指按住管口,然后稍松食指,使液面平稳下降,直至液体的弯月面与标线相切。此时按紧食指,取出移液管,移入准备接受溶液的容器中。将移液管的尖端与容器的内壁接触,放开食指让溶液流出,待管内溶液放尽后,稍停片刻,才把移液管取出。因移液管的容量只计算自由流出的液体,故留在管内的最后一滴溶液,不可用嘴吹出。移液管的使用方法如图10-8 所示。

图 10-7　移液管

(a)调节液面　　　(b)放出液体　　　(c)遗留液滴

图 10-8　移液管的使用

## 五、干燥器

　　干燥器如图 10-9 所示,干燥器内盛干燥剂,使物品不受外界水分的影响,常用于放置坩埚或称量瓶。干燥器内有一带孔的白磁板,干燥剂放在白磁板的下面。干燥剂的种类很多,有无水氯化钙、有色硅胶、无水硫酸钙等。干燥器盖边的磨砂部分应涂上一薄层凡士林,这样可以使盖子密合不漏气。开启干燥器时,应将盖子慢慢平移。

## 六、称量瓶

　　为防止称量物在称量过程中,吸收空气中的水分和二氧化碳而改变其组分,故将称量物放在称量瓶中称量。

　　称量瓶(见图 10-10)使用前要洗净、烘干,然后再放称量物。

图 10-9　干燥器

图 10-10　称量瓶

拿取称量瓶时,不能直接用手接触。因为手上的汗及脏物会沾污称量瓶而使称量产生误差。常用干净的纸条夹住称量瓶拿取。

# 第三节　水质分析用纯水

在一般测定项目中,配制试剂和稀释水样均使用普通蒸馏水。若对蒸馏水有特殊要求,则另作具体说明,如重蒸馏水,去离子水,不含氨、酚、碘或氟的蒸馏水等。制备这些纯水的方法如下。

**1. 重蒸馏水**

制取重蒸馏水时,必须使用全玻璃蒸馏器。应用时应防止与橡皮塞、胶皮导管接触而造成的污染。

**2. 去离子水**

常将普通蒸馏水通过阴阳离子交换柱而制备。十分纯净的去离子水其电导率为 $10^{-5}$ $\Omega^{-1} \cdot m^{-1}$ 左右。

**3. 无氨蒸馏水**

如水中有氨存在,可加入硫酸与高锰酸钾,进行蒸馏。水中的氨与硫酸生成硫酸铵被固定下来,高锰酸钾则可氧化水中的还原性物质及有机杂质。

**4. 无酚、无碘的蒸馏水**

于水中加入氢氧化钠调至 pH 在 12 以上,进行蒸馏。在碱性溶液中,碘可生成碘化物,酚则成为酚盐,而不再被蒸出。

**5. 无氟蒸馏水**

于水中加入三氯化铝及氢氧化钠,与氟生成难溶性复盐,蒸馏后即可除去。

# 第十一章　水质分析实验

## 实验一　分析天平的称量练习

实验一

### 一、实验原理

分析天平是水质分析中常用的仪器之一。目前普遍采用的是电子天平,通常它的最大载重量为 110 g,可以精确称量到 0.1 mg,即 0.0001 g,属于三、四级天平。

电子天平是最新一代的天平,是根据电磁力平衡原理,直接称量,全量程不需砝码,放上被称物后,在几秒钟内即达到平衡,具有称量速度快、精度高、使用寿命长、性能稳定、操作简便和灵敏度高的特点,其应用越来越广泛并逐步取代机械天平。

#### 1. 电子天平的构造

电子天平的构造如图 11-1 所示。

图 11-1　电子天平的构造

**2. 电子天平的使用方法**

（1）检查并调整天平至水平位置。水平调节：调整水平调节脚，使水平仪内气泡位于圆环中央。

（2）事先检查电源电压是否匹配（必要时配置稳压器），按仪器要求接通电源开机，轻按"on/off"键，当显示器显示"0.0000 g"时，电子称量系统自检过程结束。天平长时间断电之后再使用时，至少需预热 30 min。

（3）称量时将洁净称量瓶或称量纸置于称盘中央，关上侧门，轻按一下去皮键（TAR），天平将自动校对零点，然后加入待称物质，待显示器显示稳定的数值，此数值即为被称物的质量值。

（4）称量结束应及时除去称量瓶（纸），关上侧门，按"on/off"键，关闭显示器，此时天平处于待机状态，若当天不再使用，应拔下电源插头。

**3. 称量方法**

（1）直接称量法：直接称取物重。

（2）指定重量法：按指定的重量，调整物重，使物重正好等于指定重量。适用于称量不易吸潮，在空气中能稳定存在的粉末状或小颗粒样品。

打开仪器预热。按"on"键，显示"0.0000 g"后，放入干燥的称量瓶或称量纸待读数稳定，不需记录称量数据，按清零键（TAR），用药匙向称量瓶或称量纸中加入待称量物，直到天平读数与所需样品的质量要求基本一致（误差范围≤0.2 mg）。关闭天平侧窗，待显示数值稳定后读数，即为称得样品的实际质量。

（3）减量法：适用于称量易吸水、易氧化或易与 $CO_2$ 反应的物质。方法基本与指定重量法相同。通常试样盛在称量瓶内，称量瓶有扁形和高形之分，将适量试样置于称量瓶中，盖上瓶盖。注意：称量瓶不应用手直接触及称瓶和瓶盖，使用时应用纸带夹住称瓶和瓶盖（见图 11-2）。

试样瓶与试样的总重量记为 $w_1$，再按要求倒出试样，称量瓶与剩余试样总重量记为 $w_2$，两次重量差 $w_1 - w_2$，即为倒出样品重。

**图 11-2　称量瓶拿法**

减量法操作步骤：第一步，按"on"键，显示"0.0000 g"后，放入干净、干燥、内装待称量物的称量瓶，要放在秤盘的中央，按清零键（TAR）显示"0.0000 g"。

第二步，用纸带包夹住称量瓶和瓶盖，取出，用其瓶盖轻轻敲打瓶口上方，使待称量物落到容器中，然后将称量瓶放回天平托盘中央，此时显负值（假设显示−0.3206 g），即 0.3206 g 为第一份样品的质量。如果显示的负值没达到要求，应再次取出称量瓶敲取直到满足要求。

**4. 电子天平使用注意事项**

（1）称量前，天平处于关闭的情况下用软毛刷清扫天平，然后检查天平是否水平，并检查和调整天平的零点。

（2）化学试剂和试样不能直接放在天平盘上，必须使用称量纸或者盛放在干净的容器中称量。不能把热的或冷的物体放入天平内称量，如称量物太冷或太热，则必须先在干燥器内放置一定时间,使其温度达到室温后才可称量。

(3)称量物体时,必须先在粗天平上粗称,然后再在分析天平上准确称量。超过天平最大载重的物品不能称量。

(4)称量过程中,倒出试样时,应少勿多以防倒出过多重做;已倒出的试样不能放回称量瓶或原来的试剂瓶里,这是必须严格遵守的规定。倒试样时切勿撒在锥形瓶和称量瓶外,否则要重做。

(5)尽可能不用手直接接触称量瓶,以免沾上手汗油脂及受手温度影响引起误差(25 mL称量瓶,温度升高 1 ℃重量减小约 0.1 mg)。

(6)减量法适于称取易吸水,吸 $CO_2$ 及挥发、易氧化的物品。

## 二、实验内容

1. 指定重量法称量 0.3280 g、0.5425 g 固体样品各一份。
2. 减量法称取烘干后的固体试样 0.5 g 三份(要求 0.48 g～0.52 g 之间)。

## 三、思考题

1. 指定重量法和减量法各有何优缺点？在什么情况下选用这两种方法？在实验中记录称量数据应准至几位？为什么？
2. 称量时,每次均应将砝码和物体放在天平盘的中央,为什么？
3. 使用称量瓶时,如何操作才能保证试样不致缺失？

# 实验二　滴定分析基本操作练习

实验二

## 一、实验原理

滴定分析是将一种已知准确浓度的标准溶液滴加到被测试样的溶液中,直到化学反应完全为止,然后根据标准溶液的浓度和体积求得被测试样中组分含量的一种方法。在进行滴定分析时,一方面要会配制滴定剂溶液并能准确测定其浓度;另一方面要准确测量滴定过程中所消耗滴定剂的体积。为此,安排了此基本操作实验。

滴定分析包括酸碱滴定法、氧化还原滴定法、沉淀滴定法和络合滴定法。本实验主要是以酸碱滴定法中酸碱滴定剂标准溶液的配制和测量滴定剂体积消耗为例,来练习滴定分析的基本操作。

酸碱滴定中常用盐酸和氢氧化钠溶液作为滴定剂,由于浓盐酸易挥发,氢氧化钠易吸收空气中的水分和二氧化碳,故此滴定剂无法直接配制准确,只能先配制近似浓度的溶液,然后用基准物质标定其浓度。

强酸 HCl 与强碱 NaOH 溶液的滴定反应,突跃范围 pH 为 4～10,在这一范围中可采用甲基橙(变色范围 pH3.1～pH4.4)、甲基红(变色范围 pH4.4～pH6.2)、酚酞(变色范围 pH8.0～pH9.6)、百里酚蓝和甲酚红钠盐水溶液(变色点的 pH 为 8.3)等指示剂来指示终点。为了严格训练学生的滴定分析基本操作,选用甲基橙、酚酞、百里酚蓝－甲酚红三种指示剂,通过盐酸与氢氧化钠溶液体积比的测定,学会配制酸碱滴定剂溶液的方法与检测滴定终点的方法。

## 二、实验试剂

(1) NaOH 固体。

(2) 原装盐酸,密度 1.19 g/cm³,A.R 级。

(3) 酚酞,0.2%水溶液。

(4) 甲基橙,0.2%水溶液。

## 三、酸碱溶液的配制

(1) 0.1 mol/L 盐酸溶液:用洁净量杯(或量筒)取浓盐酸约 4.5 mL,倒入试剂瓶中,加水稀释至 500 mL,盖好玻璃塞,摇匀。注意浓盐酸易挥发,应在通风橱中操作。

(2) 0.1 mol/L 氢氧化钠溶液:称取固体 NaOH 2 g,置于 250 mL 烧杯中,马上加入蒸馏水使之溶解,稍冷却后转入试剂瓶中,加水稀释至 500 mL,用橡皮塞塞好瓶口,充分摇匀。

## 四、酸碱溶液的互相滴定

(1) 用 0.1 mol/L 氢氧化钠溶液润洗碱式滴定管 2～3 次,每次用 5～10 mL 溶液润洗,然后将滴定剂倒入碱式滴定管中,滴定管液面调节至 0.00 刻度。

(2) 用 0.1 mol/L 盐酸溶液润洗碱式滴定管 2～3 次,每次用 5～10 mL 溶液润洗,然后将盐酸溶液倒入酸式滴定管中,滴定管液面调节至 0.00 刻度。

(3) 酸碱滴定管的操作:由碱式滴定管中放氢氧化钠溶液 20～25 mL 于 250 mL 锥瓶中,放出时以每分钟约 10 mL 的速度,即每秒钟滴入 3～4 滴溶液,再加 1～2 滴甲基橙指示剂,用 0.1 mol/L 盐酸溶液滴定至溶液由黄色转变为橙色。记下读数。由碱式滴定管中再滴入少量氢氧化钠溶液,此时锥瓶中溶液由橙色又转变为黄色,再由酸式滴定管中滴入盐酸溶液,直至被滴定溶液由黄色又转变为橙色,即为终点。如此反复练习。用盐酸溶液、氢氧化钠溶液数次,直到所测 $V_{HCl}/V_{NaOH}$ 体积的相对偏差在 ±0.1%～±0.2% 范围内,才算合格。

(4) 由碱式滴定管准确放出氢氧化钠溶液 20～25 mL 于 250 mL 锥瓶中,加入 1～2 滴甲基橙指示剂,用 0.1 mol/L 盐酸溶液滴定溶液由黄色恰变为橙色。平行测定三份,数据按表记录。

(5) 用移液管吸取 25.00 mL 0.1 mol/L 盐酸溶液于 250 mL 锥瓶中,加 2～3 滴酚酞指示剂,用 0.1 mol/L 氢氧化钠溶液滴定溶液呈微红色,此红色保持 30 秒钟不褪色即为终点。如此平行测定三份,要求三次之间所消耗氢氧化钠溶液的体积的最大差值不超过 ±0.02 mL。

## 五、滴定记录表格

(1) 盐酸溶液滴定氢氧化钠溶液(实验步骤为 4,指示剂为甲基橙)

| 记录项目＼滴定编号 | I | II | III | IV | V |
|---|---|---|---|---|---|
| NaOH 溶液(mL) | | | | | |
| HCl 溶液(mL) | | | | | |
| $V_{HCl}/V_{NaOH}$ | | | | | |
| 平均值 $V_{HCl}/V_{NaOH}$ | | | | | |
| 单次测定结果偏差 | | | | | |
| 相对平均偏差值 | | | | | |

(2) 氢氧化钠溶液滴定盐酸溶液(实验步骤为 5,指示剂为酚酞)

| 记录项目＼滴定编号 | I | II | III | IV | V |
|---|---|---|---|---|---|
| HCl 溶液(mL) | 25.00 | 25.00 | 25.00 | | |
| NaOH 溶液(mL) | | | | | |
| $n$ 次间 $V_{NaOH}$ 极差(mL) | | | | | |

## 六、思考题

1. 配制氢氧化钠溶液时,应选用何种天平称取试剂? 为什么?

2. 盐酸和氢氧化钠溶液能否直接配制准确呢? 为什么?

3. 在滴定分析实验中,滴定管、移液管为何需要用滴定剂和要移取的溶液润洗几次? 滴定中使用的锥瓶是否也要用滴定剂润洗呢? 为什么?

4. 盐酸溶液与氢氧化钠溶液定量反应完全后,生成氯化钠和水,为什么用盐酸滴定氢氧化钠时采用甲基橙作为指示剂,而用氢氧化钠滴定盐酸溶液时却使用酚酞,为什么?

5. 滴定管、移液管、容量瓶是滴定分析中量取溶液体积的三种准确量器、记录时应准几位有效数字?

6. 滴定管读数的起点为何每次要调到 0.00 刻度处,其道理何在?

7. 配制盐酸和氢氧化钠溶液时,需加蒸馏水,是否要准确量度其体积? 为什么?

# 实验三 盐酸标准溶液的配制和标定，混合碱的测定

实验三

## 一、实验原理

### 1. HCl 溶液的标定

首先配制约 0.1 mol/L 的盐酸溶液，然后以甲基橙作指标剂，用已知准确浓度的 $Na_2CO_3$ 标准溶液来标定盐酸的准确浓度。

$$Na_2CO_3 + 2HCl \rightleftharpoons H_2O + CO_2 \uparrow + 2NaCl$$

$$c_{Na_2CO_3} = \frac{m \times 1000}{MV} \ (mol/L)$$

式中，$m$ 为 $Na_2CO_3$ 的质量(g)；$M$ 为 $Na_2CO_3$ 的摩尔质量(g/mol)；$V$ 为 $Na_2CO_3$ 的溶液的体积，即容量瓶的体积(mL)。

### 2. 水中碱度的测定

碱度是指水中含有能与强酸发生中和作用的物质的总量，是衡量水体变化的重要指标，是水的综合性特征指标。天然水中的碱度主要包含碳酸盐、重碳酸盐及氢氧化物。

（1）酚酞碱度：以酚酞为指示剂，用 HCl 标准溶液滴定至溶液由红色变为无色为止，盐酸消耗的体积为 $V_1$(mL)。计量点 pH 约为 8.31。反应式如下：

$$OH^- + H^+ \rightleftharpoons H_2O; \quad CO_3^{2-} + H^+ \rightleftharpoons HCO_3^-$$

$$酚酞碱度(mol/L) = \frac{c_{HCl}V_1}{V_{水样}}$$

（2）总碱度（甲基橙碱度）：上述溶液中加入甲基橙指示剂，用 HCl 标准溶液滴定至溶液由黄色变为橙色为止，盐酸消耗的体积为 $V_2$(mL)，计量点 pH 约为 3.89。反应式如下：

$$HCO_3^- + H^+ \rightleftharpoons H_2O + CO_2$$

$$总碱度(mol/L) = \frac{c_{HCl}(V_1 + V_2)}{V_{水样}}$$

（3）由 $V_1$ 及 $V_2$ 的大小，可以判断水中碱度的组成，并计算出氢氧化物、碳酸盐和重碳酸盐的含量（见下表）。

| 滴定结果 | 氢氧化物($OH^-$) | 碳酸盐($CO_3^{2-}$) | 重碳酸盐($HCO_3^-$) |
|---|---|---|---|
| $V_2 = 0$ | $V_1$ | 0 | 0 |
| $V_1 > V_2$ | $V_1 - V_2$ | $2V_2$ | 0 |
| $V_1 = V_2$ | 0 | $2V_2$ | 0 |
| $V_1 < V_2$ | 0 | $2V_1$ | $V_2 - V_1$ |
| $V_1 = 0$ | 0 | 0 | $V_2$ |

## 二、实验试剂

$Na_2CO_3$ 基准物：分析纯；浓盐酸(比重 1.19)：分析纯；0.1％甲基橙指示剂；0.1％酚酞指示剂。

## 三、测定步骤

1. $Na_2CO_3$ 标准溶液的配制——直接法

在分析天平上，用差减法称取 $Na_2CO_3$ 1.2～1.4 g(准确至 0.0001 g)于 250 mL 小烧杯中，加入约 50 mL 蒸馏水，用玻璃棒搅拌，使其完全溶解，然后全部转移到 250 mL 容量瓶中，用水稀释到刻度。盖好瓶塞，摇匀。

2. 0.1 mol/L HCl 溶液的配制及标定——间接法

(1) HCl 溶液的配制：用小量筒量取浓盐酸约 4.5 mL 于 500 mL 清洁的试剂瓶，加蒸馏水至 500 mL。

(2) HCl 溶液浓度的标定：用移液管准确吸取 25.00 mL 已知准确浓度的 $Na_2CO_3$ 溶液于 250 mL 锥形瓶中，加入甲基橙指示剂两滴，用 HCl 溶液滴定至溶液颜色由黄色变为橙红色且摇动不消失即为滴定终点，记录滴定所用 HCl 溶液的体积。至少平行做三份，滴定的相对平均偏差不应超过 0.2％。

3. 混合碱的测定

(1) 取 25.00 mL 试液置于 250 mL 锥形瓶中，加入 1～2 滴酚酞指示剂，混匀，用 HCl 标准溶液滴定至红色变为无色即为终点，记录盐酸消耗体积 $V_1$(mL)。

(2) 再滴加 2～3 滴甲基橙指示剂，混匀，用 HCl 标准溶液滴定至黄色变为橙色且摇动不消失即为终点，记录盐酸消耗体积 $V_2$(mL)。

## 四、原始数据及数据处理

(1) HCl 溶液浓度的计算：

| 编号<br>项目 | 1 | 2 | 3 | 4 |
|---|---|---|---|---|
| $m_1 =$ 称量瓶＋基准物重量(g) | | | | |
| $m_2 =$ 倾出基准物后的重量(g) | | | | |
| $m_{\text{基}} = m_1 - m_2$(g) | | | | |
| $c_{Na_2CO_3} = \dfrac{m \times 1000}{MV}$ (mol/L) | | | | |
| $V_{Na_2CO_3}$(mL) | 25.00 | 25.00 | 25.00 | 25.00 |
| $V_{HCl}$(mL) | | | | |

| 项目 编号 | 1 | 2 | 3 | 4 |
|---|---|---|---|---|
| $c_{HCl}=\dfrac{2c_{Na_2CO_3}\times V_{Na_2CO_3}}{V_{HCl}}(mol/L)$ | | | | |
| $\bar{c}_{HCl}(mol/L)$ | | | | |
| 相对偏差 | | | | |
| 相对平均偏差 | | | | |

（2）碱度的测定：

| | 1 | 2 | 3 | 4 |
|---|---|---|---|---|
| $V_{水样}(mL)$ | 25.00 | 25.00 | 25.00 | 25.00 |
| $V_1(mL)$ | | | | |
| $V_2(mL)$ | | | | |
| 酚酞碱度（mol/L） | | | | |
| 酚酞碱度平均值（mol/L） | | | | |
| 相对平均偏差 | | | | |
| 全碱度（mol/L） | | | | |
| 全碱度平均值（mol/L） | | | | |
| 相对平均偏差（mol/L） | | | | |

（3）根据 $V_1$ 及 $V_2$ 的大小，判断水中碱度的组成，并计算其含量。

# 实验四　色度和浑浊度的测定

色度的测定：通常用铂钴标准比色法测定水的色度。如无氯铂酸钾时，可改用铬钴标准比色法。

实验四

# 铂钴标准比色法

## 一、实验原理

用氯铂酸钾和氯化钴溶液配制成标准色列，与水样进行比较。规定相当于 1 mg 铂在 1 L 水中所具有的颜色称为 1 度，作为色度的单位。

## 二、实验试剂

铂钴标准溶液：称取 1.246 g 化学纯氯铂酸钾（$K_2PtCl_6$）及 1.000 g 化学纯氯化钴

(CoCl₂·6H₂O),溶于 100 mL 蒸馏水中,加入 100 mL 化学纯浓盐酸,然后用蒸馏水稀释至 1000 mL。此标准溶液的色度为 500 度。

### 三、实验步骤

(1) 将 50 mL 透明水样,置于 50 mL 具塞比色管中。如水样色度过大,可少取水样,用蒸馏水稀释后比色。

(2) 如水样浑浊,可将水样放置澄清或离心沉淀后,取上部清液进行比色。

(3) 另取 50 mL 具塞比色管 11 支,分别加入铂钴标准溶液 0,0.5,1.0,1.5,2.0,2.5,3.0,3.5,4.0,4.5 及 5.0 mL,加蒸馏水至刻度,混合均匀,配制成 0,5,10,15,20,25,30,35,40,45 及 50 度的标准色列,可长期使用。

(4) 将水样与铂钴标准色列进行比较。若与标准色调不一致,则为异色,可用文字描述。

### 四、计算

$$色度(度) = \frac{相当于铂钴标准溶液用量(mL) \times 500}{V_{水样}{}^{*}}$$

### 五、注意事项

(1) 水样色度超过 70 度时,可取适量水样用水稀释后比色,直至颜色在标准色列之内,记录色度。

(2) 所用比色管的规格要相同。为便于观察,可在比色管底部衬一张白纸或白色瓷板,自上而下地进行观察、比色,记录色度。

## 铬钴标准比色法

### 一、实验原理

用重铬酸钾和硫酸钴溶液配制成标准色列,与水样进行比较。色度单位同铂钴标准比色法。

### 二、实验试剂

(1) 铬钴标准溶液:称取 0.0438 g 分析纯重铬酸钾及 1.000 g 分析纯硫酸钴 (CoSO₄·7H₂O)溶于少量蒸馏水中,加入 0.5 mL 浓硫酸,用蒸馏水稀释至 500 mL。此溶液色度为 500 度。

---

　* 在以下的实验中,水样的体积单位均为 mL。

（2）稀盐酸溶液：取 1 mL 化学纯浓盐酸，加蒸馏水稀释至 1 L。

## 三、实验步骤

（1）铬钴标准色列的配制：取 50 mL 具塞比色管 11 支，分别加入铬钴标准溶液 0，0.5，1.0，1.5，2.0，2.5，3.0，3.5，4.0，4.5 及 5.0 mL，加稀盐酸溶液至刻度，混合均匀，配制成色度为 0，5，10，15，20，25，30，35，40，45 及 50 度的标准色列。

（2）其他测定步骤同铂钴标准比色法。

## 四、计算

$$色度（度）=\frac{相当于铬钴标准溶液用量（mL）\times 500}{V_{水样}}$$

# 浑浊度的测定（硅藻土标准比浊法）

## 一、实验原理

把相当于 1 mg 一定粒度的硅藻土，在 1 L 水中所产生的浑浊度作为一个浑浊度单位，用"度"表示。将水样与浑浊度标准溶液进行比较。

## 二、实验试剂

浑浊度标准溶液：将通过 0.1 mm 筛孔的试剂级硅藻土，放入 105～110 ℃ 烘箱中烘两小时。冷却后称取 10 g，置于研钵中，加少许蒸馏水调成糊状并研细，然后移入 1 L 的量筒中，加蒸馏水至刻度。充分搅拌后，在室温下（最好放在 20 ℃ 恒温箱中）静置一天。用虹吸法小心地将上层 800 mL 悬浮液吸至另一个 1 L 的量筒中，并加蒸馏水至刻度，充分搅拌后，再静置一天，吸出上层 800 mL 悬浮液，弃去。底部沉积物加蒸馏水至 1 L，充分搅拌后贮于具塞玻璃瓶中，作为浑浊度原液。

原液的浑浊度测定：取此悬浊液 50 mL，置于已恒重的蒸发皿中，在水浴上蒸干，放入 105 ℃ 烘箱内烘两小时，在干燥器内冷却半小时，称重。同上述方法，再烘一小时，称重。直至烘到恒重。求出每毫升悬浊液中含有硅藻土的重量（mg）。

吸取含 250 mg 硅藻土的悬浊液，置于 1 L 容量瓶中，加蒸馏水至刻度，摇匀，即得浑浊度为 250 度的标准溶液。

吸取浑浊度为 250 度的标准溶液 100 mL，置于 250 mL 容量瓶中，加蒸馏水稀释至刻度，摇匀，即得浑浊度为 100 度的标准溶液。

在各标准溶液中加入 1 g 氯化汞，以防菌类生长。将瓶塞塞紧，以免水分蒸发。

### 三、实验步骤

**1. 浑浊度为 1～10 度的水样**

(1) 取 100 mL 具塞比色管 11 支,分别加入浑浊度为 100 度的标准溶液 0,1.0,2.0,3.0,4.0,5.0,6.0,7.0,8.0,9.0 及 10.0 mL,各加蒸馏水至 100 mL,摇匀,即得浑浊度为 0,1,2,3,4,5,6,7,8,9 及 10 度的标准溶液。

(2) 取 100 mL 水样,置于同样规格的比色管中,与浑浊度标准溶液同时摇匀,并进行比较。比较时应由上往下垂直地进行观察。

**2. 浑浊度为 10～100 度的水样**

(1) 取浑浊度为 250 度的标准溶液 0,10.0,20.0,30.0,40.0,50.0,60.0,70.0,80.0,90.0 及 100.0 mL,分别置于 250 mL 容量瓶中,加蒸馏水稀释至刻度,摇匀,即得浑浊度为 0,10,20,30,40,50,60,70,80,90 及 100 度的标准溶液。然后将其分别转入成套的 250 mL 具塞玻璃瓶中。

(2) 取 250 mL 水样,置于成套的 250 mL 具塞玻璃瓶中,与浑浊度标准溶液同时摇匀,并进行比较。比较时,在瓶后放一画有黑线的白纸作为判别标记,眼睛从瓶侧前向后观察。根据目标的清晰程度,确定出与水样所产生的视觉效果相近的标准溶液,读得水样的浑浊度。

### 四、计算

浑浊度结果可于测定时直接读取,不同浑浊度范围的读数精度要求如下:

| 浑浊度(度) | 1～10 | 10～100 | 100～400 | 400～700 | 700 以上 |
|---|---|---|---|---|---|
| 精确度(度) | 1 | 5 | 10 | 50 | 100 |

### 五、注意事项

(1) 水样浑浊度超过 100 度时,需用蒸馏水稀释后再测定。

(2) 选择好标准物的粒度大小对配制浑浊度标准溶液极为重要。用本法配制的硅藻土浑浊度标准溶液,其硅藻土的颗粒直径约为 400 $\mu m$ 左右。

(3) 称至恒重,即两次称重相差不超过 0.0004 g 为止。

# 实验五　水中固体物质的测定

## 总　固　体

实验五

### 一、实验原理

总固体系指水样中悬浮固体与溶解固体之和。用已知重量的蒸发皿,放在水浴上,将水样蒸发至干,然后在 103～105 ℃下烘至恒重,蒸发皿增加的重量,即为总固体重量。

### 二、实验步骤

(1) 将洗净的蒸发皿置于 105 ℃烘箱内,烘干半小时,再置于干燥器中冷却半小时,取出后放在分析天平上准确称其重量。重复烘干、冷却、称重,直至恒重。

(2) 移取振荡摇匀的水样 100.0 mL,放在蒸发皿内。当水样的总固体极少时,可增加水样体积。

(3) 将蒸发皿置于水浴上蒸发近干后,移入 105 ℃烘箱内。一小时后取出,置于干燥器内冷却半小时,称重。

(4) 将已称重的蒸发皿再放入 105 ℃烘箱内烘烤,半小时后取出,再冷却、称重,直至恒重。

### 三、计算

$$总固体 = \frac{(W_2 - W_1) \times 1000 \times 1000}{V_{水样}} \text{ mg/L}$$

式中,$W_1$ 为蒸发皿净重(g);$W_2$ 为蒸发皿和总固体重(g)。

### 四、注意事项

(1) 控制好烘烤温度和时间,并在测定结果报告中加以注明。

(2) 称至恒重,即两次称重相差不超过 0.0004 g 为止。

## 总固体灼烧减重及总固体固定残渣

### 一、实验原理

水样经测定总固体后,可以进一步将蒸发皿用高温加热灼烧。此时总固体中所含有机物全部分解而挥发,其中碳酸盐、硝酸盐及铵盐也将分解,即蒸发皿中的总固体灼烧后重量的减少为总固体灼烧减重。总固体减去灼烧减重为总固体固定残渣。

## 二、实验步骤

(1) 将测定总固体后的蒸发皿,放入 600 ℃的高温电炉内灼烧半小时。

(2) 取出蒸发皿,置于干燥器内,冷却后,加入 2 mL 蒸馏水使残渣润湿。

(3) 将蒸发皿放在 105 ℃烘箱内烘烤。一小时后取出,放入干燥器内冷却。称其重量至恒重。

## 三、计算

$$总固体灼烧减重 = \frac{(W_2 - W_3) \times 1000 \times 1000}{V_{水样}} \ mg/L$$

式中,$W_3$ 为蒸发皿和总固体灼烧后重(g);$W_2$ 和 $V_{水样}$ 同前。

$$总固体固定残渣 = (总固体 - 总固体灼烧减重) \ mg/L$$

# 悬浮性固体

## 一、实验原理

悬浮性固体是指水中不能通过过滤器的固体物。可用两种方法测定。一种是用总固体减去溶解性固体,得到悬浮性固体;另一种是直接测定法,即将水样通过过滤器(如古氏坩埚等),烘干滤渣,称重并减去滤器重量,得到悬浮性固体重量。本实验采用后一种方法。

## 二、实验试剂

石棉悬浮液:称取 3 g 上等石棉,使其纤维长约 0.5 cm 左右。加入 60~70 mL 浓盐酸,搅拌后放置两天。然后加入少量自来水,用古氏坩埚过滤,用自来水继续洗涤数次,尽量除去盐酸。再用蒸馏水冲洗多次,洗至无氯离子为止(用数滴硝酸银检验)。最后将石棉取出,加蒸馏水稀释至 1 L,经充分振荡混匀即成。

## 三、实验步骤

(1) 将古氏坩埚安装于抽滤瓶上,倒入约 25 mL 的石棉悬浮液,并慢慢用抽气泵或自来水抽气玻泵抽气,使石棉在古氏坩埚内铺成薄层,其厚约 1 mm 左右。

(2) 用蒸馏水冲洗古氏坩埚数次,直至滤出的水液不再含有微小的石棉颗粒为止。

(3) 将古氏坩埚放在 105 ℃烘箱内烘烤。一小时后取出,放在干燥器内冷却半小时,称其重量至恒重。

（4）取摇匀的水样 100 mL，徐徐倾入古氏坩埚过滤。

（5）将古氏坩埚再次放在 105 ℃ 烘箱内，重复烘干、冷却、称至恒重。

## 四、计算

$$悬浮性固体 = \frac{(W_2 - W_1) \times 1000 \times 1000}{V_{水样}} \text{ mg/L}$$

式中，$W_1$ 为铺过石棉的古氏坩埚重（g）；$W_2$ 为铺过石棉的古氏坩埚和悬浮性固体重（g）。

## 五、注意事项

（1）若采用总固体减去溶解性固体的方法，滤器可用玻璃砂芯坩埚或滤纸。但水样中有腐蚀性物质时，不宜用滤纸过滤。

（2）如果水样浑浊度很低，可多取水样。最好使坩埚内沉积的悬浮性固体量在 50～100 mg。

# 实验六　碱度的测定（酸碱滴定法）

实验六

## 一、实验原理

以酚酞和甲基橙作指示剂，用盐酸标准溶液滴定水样中形成碱度的 $OH^-$、$CO_3^{2-}$、$HCO_3^-$ 离子：

$$OH^- + H^+ \Longleftrightarrow H_2O$$
$$CO_3^{2-} + H^+ \Longleftrightarrow HCO_3^-$$
$$HCO_3^- + H^+ \Longleftrightarrow H_2CO_3 \quad (H_2O + CO_2)$$

根据滴定达到终点时所消耗的盐酸量，判断和计算水中各种碱度。

水中总碱度的测定可使用甲基橙单一指示剂或溴甲酚绿-甲基红混合指示剂。

## 二、实验试剂

（1）0.1000 mol/L 盐酸标准溶液。

（2）0.1％酚酞指示剂：称取 0.1 g 酚酞，溶于 50 mL 95％的乙醇中，再加入 50 mL 蒸馏水，滴加 0.01 mol/L NaOH 至溶液呈现极微红色。

（3）0.1％甲基橙指示剂：称取 0.1 g 甲基橙，溶于 100 mL 蒸馏水中。

### 三、实验步骤

（1）用移液管取 100 mL 水样于 250 mL 锥形瓶中，用同法另取 100 mL 水样注入另一锥形瓶中。于每瓶中加入酚酞指示剂三滴，如呈现红色，以标准盐酸溶液滴定至颜色刚好消失为止。记下盐酸消耗量为 $A$。

（2）在上述每瓶溶液中各加入甲基橙指示剂三滴，如产生橙黄色，用标准盐酸溶液继续滴定至溶液刚呈橙红色为止。记下盐酸消耗量为 $B$。

标准盐酸溶液的总用量为 $A+B$。

### 四、计算

$$总碱度 = \frac{(A+B) \times c_{HCl} \times 1000}{V_{水样}} \text{ mmol/L}$$

如果要求出水样中氢氧化物碱度、碳酸盐碱度及重碳酸盐碱度各为多少，可根据 $A$、$B$ 值进行计算。计算原理见水中碱度的类型及测定。

### 五、注意事项

（1）浑浊的水样可以通过离心或过滤后，取清水样进行测定。

（2）水样有颜色时，可用除去二氧化碳的蒸馏水稀释水样。

（3）水样中的余氯能使指示剂褪色，可加入 0.1 mol/L 硫代硫酸钠溶液以除去干扰。

（4）溴甲酚绿-甲基红混合指示剂的配制：称取 0.10 g 溴甲酚绿及 0.02 g 甲基红，溶解于 100 mL 95% 的乙醇中。

# 实验七　硬度的测定(络合滴定法)

实验七

### 一、实验原理

本法测定的硬度是钙、镁离子的总量，并换算成氧化钙计算。

乙二胺四乙酸二钠(简称 EDTA)可与水中钙、镁离子形成无色可溶性络合物，指示剂铬黑 T 则能与钙、镁离子形成紫红色络合物。用 EDTA 滴定钙、镁到达终点时，钙、镁离子全部与 EDTA 络合而使铬黑 T 游离，溶液由紫红色变为蓝色。

水样的 pH 对滴定结果影响很大。碱性增大可使滴定终点明显，但析出碳酸钙和氢氧化镁沉淀的可能，故将溶液的 pH 控制在 10 为宜。

水样中含有较多量的有机物时，对滴定终点的观察有影响。某些普通金属离子的干扰作用，可用硫化钠或盐酸羟胺消除。

在缓冲溶液中加入足量的镁盐,可使滴定终点明显。

## 二、实验试剂

(1) 缓冲溶液(pH=10):

① 称取 16.9 g 分析纯氯化铵,溶于 143 mL 浓氨水中。

② 称取 0.8 g 分析纯硫酸镁(MgSO₄・7H₂O)及 1.1 g 分析纯乙二胺四乙酸二钠,溶于 50 mL 蒸馏水中,加入 2 mL 上述氯化铵-氨水溶液、五滴铬黑 T 指示剂,用 EDTA 滴定至溶液由紫红色变为蓝色。

合并①、②液,并用蒸馏水稀释至 250 mL。

(2) 铬黑 T 指示剂:称取 0.5 g 铬黑 T,溶于 10 mL 缓冲溶液中,用 95% 的乙醇稀释至 100 mL,放在冰箱中保存,此指示剂可稳定一个月。

用下法配制的固体指示剂可较长期保存:称取 0.5 g 铬黑 T,加 100 g 分析纯氯化钠,研磨均匀,贮于棕色瓶内,密塞备用。

(3) 0.010 mol/L 乙二胺四乙酸二钠标准溶液:称取 3.72 g 分析纯乙二胺四乙酸二钠 (Na₂H₂C₁₀H₁₂O₈N₂・2H₂O)溶于蒸馏水中,并稀释至 1 L。按下述方法标定准确浓度:

① 锌标准溶液:准确称取 0.6～0.8 g 分析纯锌粒,溶于 1:1 的盐酸中,置于水浴上温热,溶解后用蒸馏水稀释至 1000 mL。

$$c_{Zn} = \frac{m_{Zn}}{M_{Zn} \times V_{Zn}} = \frac{m_{Zn}}{65.37 \times 1} \text{ mol/L}$$

② 吸取 25.00 mL 锌标准溶液于 150 mL 三角瓶中,加入 25 mL 蒸馏水,加氨水调节溶液至近中性,再加 2 mL 缓冲溶液及五滴铬黑 T 指示剂,用 EDTA 溶液滴定至溶液由紫红色变为蓝色。

$$c_{EDTA} = \frac{c_{Zn} \times V_{Zn}}{V_{EDTA}} \text{ mol/L}$$

(4) 5% 硫化钠溶液:称取 5.0 g 化学纯硫化钠(Na₂S・9H₂O),溶于 100 mL 蒸馏水中。

(5) 1% 盐酸羟胺溶液:称取 1 g 化学纯盐酸羟胺(NH₂OH・HCl),溶于 100 mL 蒸馏水中。

## 三、实验步骤

(1) 吸取 50 mL 水样(若硬度过大,可少取水样,用蒸馏水稀释至 50 mL),置于 150 mL 三角瓶中。

(2) 若水样中有其他金属离子干扰,滴定时终点拖长或颜色发暗,可加入 1 mL 5% 硫化钠溶液及五滴 1% 盐酸羟胺溶液。

(3) 加入 2 mL 缓冲溶液及五滴铬黑 T 指示剂(或一小勺固体指示剂),立即用 EDTA 标准溶液滴定,充分振摇,至溶液呈蓝色时,即为终点。

## 四、计算

$$总硬度(CaO) = \frac{V_{EDTA} \times c_{EDTA} \times M_{CaO} \times 1000}{V_{水样}} \text{ mg/L}$$

## 五、注意事项

(1) 因 EDTA 络合滴定较酸碱反应慢得多,故滴定时速度不可过快。接近终点时,每加一滴 EDTA 溶液都应充分振荡,否则会使终点过早出现,测定结果偏低。

(2) 水样中加缓冲溶液后,为防止 $Ca^{2+}$、$Mg^{2+}$ 产生沉淀,必须立即进行滴定,并在五分钟内完成滴定过程。

(3) 如滴定至蓝色终点时,稍放置一会又重新出现紫红色,这可能是由于微小颗粒状的钙、镁盐的存在而引起的。遇此情况,应另取水样,滴加盐酸使其呈酸性,加热至沸,然后加氨水至呈中性,再按测定步骤进行。

# 实验八  溶解氧的测定(碘量法)

实验八

## 一、实验原理

在碱性溶液中,水样中的溶解氧可与氢氧化锰生成碱性氧化锰($MnO(OH)_2$)棕色沉淀。在酸性溶液中,$MnO(OH)_2$ 可将 KI 氧化,析出与溶解氧当量数相等的碘。用硫代硫酸钠标准溶液滴定析出的碘。根据硫代硫酸钠的用量,计算出水样中溶解氧的含量。

## 二、实验试剂

(1) 硫酸锰:称取 480 g $MnSO_4 \cdot 4H_2O$ 或 400 g $MnSO_4 \cdot 2H_2O$,溶于蒸馏水中,过滤后稀释成 1 L。

(2) 碱性碘化钾溶液:称取 500 g 分析纯氢氧化钠,溶于 300~400 mL 蒸馏水中,再称取 150 g 分析纯碘化钾,溶于 200 mL 蒸馏水中。将以上两溶液合并,加蒸馏水稀释至 1 L。静置一天,使碳酸钠沉淀,倾出上层澄清液备用。

(3) 0.025 mol/L 硫代硫酸钠标准溶液:用台秤称取 6.2 g 分析纯硫代硫酸钠($Na_2S_2O_3 \cdot 5H_2O$),溶于煮沸放冷的蒸馏水中,稀释至 1 L。加入 0.2 g 无水碳酸钠,或数小粒碘化汞,摇匀,贮存于棕色瓶内以防止分解。使用前按下法标定其准确浓度。

① $c_{\frac{1}{6}K_2Cr_2O_7} = 0.02500$ mol/L 重铬酸钾标准溶液:精确称取在 105~110 ℃烘箱中干燥的分析纯 $K_2Cr_2O_7$ 1.2257 g,溶于蒸馏水中,稀释至 1 L。

② 用上述 0.02500 mol/L $K_2Cr_2O_7$ 标准溶液,标定硫代硫酸钠标准溶液的物质的量浓度。在 250 mL 三角瓶内,加入 1 g 左右固体碘化钾及 50 mL 蒸馏水,用移液管加入 15.00 mL 0.02500 mol/L 的 $K_2Cr_2O_7$ 标准溶液及 5 mL 3 mol/L 的 $H_2SO_4$。此时有下列反应:

$$K_2Cr_2O_7 + 6KI + 7H_2SO_4 =\!=\!= 4K_2SO_4 + Cr_2(SO_4)_3 + 7H_2O + 3I_2$$

静置五分钟,自滴定管加入硫代硫酸钠溶液,至溶液变成淡黄色时,加入 1 mL 淀粉溶液,继续滴定至蓝色刚褪去为止,记录用量(到达终点时应带淡绿色,因为含有三价铬离子)。然后再重复滴定一次。求出硫代硫酸钠溶液的准确浓度。

(4) 浓硫酸:分析纯,相对密度 1.84。

(5) 淀粉指示剂:称取 2 g 可溶性淀粉,溶于少量蒸馏水内,用玻璃棒调成糊状,再加煮沸的蒸馏水至 200 mL。冷却后加入 0.25 g 水杨酸或 0.8 g 氯化锌($ZnCl_2$)以防止分解变质。

## 三、实验步骤

(1) 收集水样于溶解氧测定瓶内,盖上瓶塞。采集水样时,不要让水与空气接触。

从自来水龙头取样时,需用一根橡皮管与水龙头相接,橡皮管的另一端放到水样瓶的底部。将水样注满水样瓶,并使之溢流数分钟,不得使水样瓶中留有气泡。然后取出橡皮管,迅速盖上玻璃塞。

当取河水或塘水水样时,将如图 11-3 所示的取样装置投入水体中,待到达所需要的深度时停止下沉。此时水样进入水样瓶并赶出空气至大瓶中,水继而进入大瓶并赶出大瓶中的空气,直至大瓶中不再存有空气为止(即水面不再冒气泡)。取出取样装置,将水样取下,迅速用玻璃塞盖紧。

(2) 取下瓶塞,立即依次加入 1 mL 硫酸锰和 1 mL 碱性碘化钾溶液。加液时,移液管端应恰在水面之下。

(3) 立即盖紧瓶塞,把水样瓶颠倒混合五次左右。

(4) 静置溶液,待沉淀沉降至瓶的一半深度时,再次将瓶颠倒混匀。

(5) 再次静置溶液,待沉淀降至瓶的一半深度时,加 2 mL 浓硫酸。盖紧瓶塞,颠倒混匀至棕色沉淀全部反应完为止。

(6) 将此溶液静置五分钟。

图 11-3 溶解氧取样装置

(7) 量取 100 mL 此溶液,放入 250 mL 锥形瓶中,自滴定管加入硫代硫酸钠标准溶液,至溶液颜色变为淡黄时,加入 1 mL 淀粉溶液,继续滴定至蓝色消失为止。记录用量。

## 四、计算

$$溶解氧(O_2) = \frac{c_{Na_2S_2O_3} V_{Na_2S_2O_3} \times 8 \times 1000}{100} \ mg/L$$

### 五、注意事项

(1) 对于含有 $Fe^{2+}$、$S^{2-}$、$SO_3^{2-}$、$NO_2^-$ 和有机物等还原性物质污染的水样,在测定溶解氧之前,需先用高锰酸钾在酸性溶液中将这些还原性物质氧化。过量的高锰酸钾用草酸还原。

(2) 对于含有 $NO_2^-$ 的水样,也可用叠氮化钠($NaN_3$)来消除 $NO_2^-$ 的干扰。可在用浓硫酸溶解沉淀物之前,在水样瓶中加入数滴 5% 的叠氮化钠溶液。

(3) 如水样中含有的游离氯大于 $0.1\ mg/L$,则应预先加硫代硫酸钠去除。

# 实验九　生化需氧量的测定

### 一、实验原理

测定水样培养前的溶解氧和在 20 ℃下培养五天后的溶解氧,二者之差即为五天的生化需氧量。为使水样中含有足够的溶解氧,能满足五天生化需氧量的要求,需用含有一定养分和饱和溶解氧的水(称为稀释水)将水样适当稀释,使培养后减少的溶解氧占培养前溶解氧的 40%～70% 为宜。

如果水样含有苛性碱或酸,应以盐酸或稀碳酸钠溶液进行中和,调节 pH 至 7.0 左右,再进行稀释和培养。

### 二、实验试剂

除测定溶解氧所需的试剂之外,还需下列试剂:

(1) 氯化钙溶液:称取 27.5 g 化学纯无水氯化钙($CaCl_2$)溶于蒸馏水中,稀释至 1 L。

(2) 三氯化铁溶液:称取 0.25 g 化学纯 $FeCl_3 \cdot 6H_2O$ 溶于蒸馏水中,稀释至 1 L。

(3) 硫酸镁溶液:称取 22.5 g 化学纯 $MgSO_4 \cdot 7H_2O$ 溶于蒸馏水中,稀释至 1 L。

(4) 磷酸盐缓冲溶液:称取 8.5 g 化学纯磷酸二氢钾($KH_2PO_4$)、21.75 g 化学纯磷酸氢二钾($K_2HPO_4$)、33.4 g 化学纯磷酸氢二钠($Na_2HPO_4 \cdot 7H_2O$)和 1.7 g 化学纯氯化铵($NH_4Cl$)溶于蒸馏水中,稀释至 1 L。此缓冲溶液的 pH 为 7.2。

(5) 稀释水:在 20 L 的大玻璃瓶中装入蒸馏水,每升蒸馏水中加入上述四种试剂各 1 mL。按图 11-4 装置,曝气 1～2 天。然后取出水样,测定其溶解氧

空气进入　　自来水龙头

吸气管

稀释水

**图 11-4　稀释水曝气装置**

含量。当溶解氧含量达到 8 mg/L 以上，或接近饱和时，即停止曝气，盖严瓶口，静置一天后使用。稀释水的 BOD$_5$ 应小于 0.2 mg/L。

假如水样中含有有毒物质，缺少微生物时，稀释水内应加入适量的经沉淀后的生活污水，作为微生物的接种液（通常每升稀释水加沉淀污水 2 mL）。

### 三、实验步骤

（1）用虹吸法吸取稀释水，注满两个溶解氧测定瓶，加塞，将其中一瓶用水封口，置于 20 ℃培养箱内，培养五天。另一瓶则立即进行溶解氧的测定。这两瓶是空白实验。

（2）稀释水样：根据污水的浓淡情况，确定 3～4 个稀释倍数，将水样用稀释水稀释成 3～4个稀释水样。用 1000 mL 量筒配制每个稀释水样。稀释方法如下：先用虹吸法将每个量筒中装入 500 mL 左右的稀释水，然后用移液管准确加入经过计算的一定量水样，再用稀释水稀释至刻度线。为使水样稀释均匀，可用特制的搅拌板（用一根粗玻璃棒，底端套上一块比量筒口径略小的、约 1 mm 厚的橡皮板）在水面以下小心搅匀。最后再用虹吸法将每种稀释水样各注满两个溶解氧测定瓶，塞紧瓶塞，瓶内不应留有气泡。

（3）将每种稀释水样中的一瓶加水封口，贴上标签，注明稀释比，放于 20 ℃ 的培养箱中培养五天。另一瓶立即测定溶解氧。

（4）每天检查培养箱的温度，温度误差不应超过 ±1 ℃。并应注意水封口处经常保持有水。

（5）培养五天后，将瓶取出，测定溶解氧。选用溶解氧减少量在 40%～70% 的水样数据，计算五天生化需氧量。

### 四、计算

$$BOD_5(O_2) = \frac{(D_1 - D_2) - (B_1 - B_2) \times f_1}{f_2} \ mg/L$$

式中，$D_1$ 为稀释水样在培养前的溶解氧；$D_2$ 为稀释水样在培养后的溶解氧；$B_1$ 为稀释水在培养前的溶解氧；$B_2$ 为稀释水在培养后的溶解氧；$f_1$ 为稀释水在稀释水样中所占的比例；$f_2$ 为水样在稀释水样中所占的比例。

### 五、注意事项

（1）BOD$_5$ 的测定一般应取混合均匀的水样，且采样后应尽快测定。

（2）应先除去水样中干扰溶解氧测定的物质，然后再进行 BOD$_5$ 的测定。

（3）为检验 BOD$_5$ 测定技术和结果的正确性，可用含葡萄糖 150 mg/L 及谷氨酸 150 mg/L的混合液作为水样，按前述操作方法测其 BOD$_5$。此混合液的 BOD$_5$ 值应是（220±10）mg/L。如所得数值与此值相差甚大，则表明水样的 BOD$_5$ 测定值误差较大。此时应从接种液、稀释水以及操作方法等方面检查产生误差的原因。

# 实验十　高锰酸盐指数的测定

实验十

## 一、实验原理

高锰酸盐指数是指 1 L 水中的还原性物质,在规定的条件下被高锰酸钾氧化时,所消耗氧的质量(mg)。

当水样中氯化物含量超过 300 mg/L 时,在硫酸酸性条件下,氯化物被高锰酸钾氧化,这样就多消耗了高锰酸钾而使结果偏高。遇此情况,可加蒸馏水稀释水样,使氯化物浓度降低后再进行测定。

## 二、实验试剂

(1) 1∶3 硫酸溶液:将一份化学纯浓硫酸加至三份蒸馏水中,煮沸,滴加高锰酸钾溶液至硫酸溶液保持微红色。

(2) $c_{\frac{1}{2}H_2C_2O_4 \cdot 2H_2O} = 0.1000$ mol/L 草酸溶液:称取 6.3032 g 分析纯草酸($H_2C_2O_4 \cdot 2H_2O$),溶于少量蒸馏水中,并稀释至 1000 mL,置暗处保存。

(3) $c_{\frac{1}{2}H_2C_2O_4 \cdot 2H_2O} = 0.0100$ mol/L 草酸溶液:将 0.1000 mol/L 草酸溶液准确稀释 10 倍,置冰箱中保存。

(4) $c_{\frac{1}{5}KMnO_4} = 0.1$ mol/L 高锰酸钾溶液:称取 3.3 g 分析纯高锰酸钾,溶于少量蒸馏水中,并稀释至 1 L,煮沸 15 分钟,静置两天以上。然后用玻璃砂芯漏斗过滤,滤液置于棕色瓶内(或用虹吸管将上部清液移入棕色瓶内),再置暗处保存。

(5) $c_{\frac{1}{5}KMnO_4} = 0.01$ mol/L 高锰酸钾溶液:将 0.1 mol/L 高锰酸钾溶液准确稀释 10 倍。

## 三、实验步骤

(1) 测定前先向 250 mL 三角瓶内加入 50 mL 清水,再加入 1 mL 1∶3 硫酸及少量高锰酸钾溶液,加热煮沸数分钟,溶液应保持微红色。将溶液倾出,并用少量蒸馏水将三角瓶冲洗一次。

(2) 取 100 mL 混匀的水样(或根据其中有机物含量取适量水样,以蒸馏水稀释至 100 mL),置于处理过的三角瓶中,加入 5 mL 1∶3 硫酸溶液,用滴定管加入 10.0 mL 0.01 mol/L 高锰酸钾溶液,并加入数粒玻璃珠。

(3) 将三角瓶放在均匀的火力下加热,从开始沸腾时计时,准确煮沸 10 分钟。如加热过程中红色明显减退,需将水样稀释重做。

(4) 取下三角瓶,趁热(80 ℃左右)自滴定管加入 10.0 mL 0.0100 mol/L 草酸溶液,充分振摇,使红色褪尽。

（5）再于白色背景上，自滴定管加入 0.01 mol/L 高锰酸钾溶液，至溶液呈微红色，即为终点。记录用量（$V_1$ mL）。$V_1$ 超过 5 mL 时，应另取少量水样用蒸馏水稀释重做。

（6）在滴定至终点的水样中，趁热（70～80 ℃）加入 10.0 mL 0.0100 mol/L 草酸溶液，立即用 0.01 mol/L 高锰酸钾溶液滴定至微红色，记录用量（$V_2$ mL）。如高锰酸钾溶液浓度是准确的 0.01000 mol/L，则滴定时用量应为 10.0 mL。否则，可求一校正系数（$K$）：

$$K = \frac{10}{V_2}$$

（7）如水样用蒸馏水稀释，则应另取 100 mL 蒸馏水，同上述步骤滴定，记录高锰酸钾溶液消耗量（$V_0$ mL）。

## 四、计算

$$耗氧量（O_2） = \frac{[(10+V_1)K-10] \times 0.01000 \times 8 \times 1000}{100}$$

$$= [(10+V_1)K-10] \times 0.8 \text{ mg/L}$$

如果水样用蒸馏水稀释，则采用下列公式计算：

$$耗氧量（O_2） = \frac{\{[(10+V_1)K-10]-[(10+V_0)K-10]R\} \times 0.08 \times 1000}{V_{水样}} \text{ mg/L}$$

式中，$R$ 为稀释水样时，所用蒸馏水在 100 mL 体积内所占的比例。

## 五、注意事项

（1）此法较适用于清洁或轻度污染的水样。

（2）高锰酸钾溶液的准确浓度只能等于或略小于草酸溶液的准确浓度。

（3）必须严格控制测定的条件，若采用在沸腾水浴锅中加热的方法，其时间应为半小时。

# 实验十一　化学需氧量的测定（重铬酸钾法）

实验十一

## 一、实验原理

根据重铬酸钾法的氧化还原反应，用重铬酸钾作氧化剂。

在强酸性条件下，一定量的重铬酸钾将水样中还原性物质（有机的和无机的）氧化，过量的重铬酸钾以试亚铁灵作指示剂，用硫酸亚铁铵回滴。由消耗的重铬酸钾量，即可计算出水样中还原性物质被氧化所消耗的氧的量（mg/L）。

本法可将大部分有机物氧化，但直链烃、芳香烃（如苯）等化合物仍不能氧化。若加硫酸银作催化剂，直链烃类可被氧化，但芳香烃类仍不能被氧化。

氯化物在此条件下也能被重铬酸钾氧化生成氯气，消耗一定量的重铬酸钾，而干扰测定。

因此,水样中氯化物高于 30 mg/L 时,需加硫酸汞以消除干扰。

## 二、实验试剂

(1) $c_{\frac{1}{6}K_2Cr_2O_7} = 0.2500$ mol/L 重铬酸钾标准溶液:称取 12.2579 g 分析纯 $K_2Cr_2O_7$(先在 105～110 ℃烘箱内烘两小时,于干燥器内冷却),溶于蒸馏水中,稀释至 1 L。

(2) 硫酸亚铁铵标准溶液(约 0.25 mol/L):称取 98 g 分析纯 $Fe(NH_4)_2(SO_4)_2 \cdot 6H_2O$,溶于蒸馏水中,加入 20 mL 浓硫酸,冷却后用蒸馏水稀释至 1 L。使用时用 $K_2Cr_2O_7$ 标准溶液标定。

标定法:吸取 25.0 mL $K_2Cr_2O_7$ 标准溶液,用蒸馏水稀释至 250 mL,加 20 mL 浓硫酸,冷却后加 2～3 滴试亚铁灵指示剂,用硫酸亚铁铵溶液滴定。使溶液由橙黄色变蓝绿色至刚变到红褐色为止。记录消耗的硫酸亚铁铵标准溶液体积($V$),计算其浓度。

$$c_{Fe(NH_4)_2(SO_4)_2} = \frac{c_{(\frac{1}{6}K_2Cr_2O_7)} \cdot V_{K_2Cr_2O_7}}{V_{Fe(NH_4)_2(SO_4)_2}} = \frac{0.2500 \times 25.00}{V_{Fe(NH_4)_2(SO_4)_2}} \text{ mol/L}$$

(3) 试亚铁灵指示剂:称取 1.485 g 化学纯邻二氮菲($C_{12}H_8N_2 \cdot H_2O$)与 0.695 g 化学纯硫酸亚铁($FeSO_4 \cdot 7H_2O$)溶于蒸馏水中,稀释至 100 mL。

(4) 浓硫酸。

(5) 硫酸银($Ag_2SO_4$),固体,化学纯。

(6) 硫酸汞($HgSO_4$),固体,化学纯。

## 三、实验步骤

(1) 吸取 50 mL 均匀水样于 500 mL 磨口三角(或圆底)烧瓶中,加入 25.0 mL 重铬酸钾标准溶液,再慢慢加入 75 mL 浓硫酸,边加边摇动。若用硫酸银作催化剂,此时再加 1 g 硫酸银,加数粒玻璃珠,装上回流冷凝器,加热回流两小时。

(2) 若水样中含较多氯化物,则取 50 mL 水样,加硫酸汞 1 g、浓硫酸 5 mL。待硫酸汞溶解后,再加重铬酸钾溶液 25.0 mL、浓硫酸 70 mL、硫酸银 1 g,加热回流两小时。

(3) 冷却后,先用少量蒸馏水从冷凝管口冲洗冷凝管壁,再用蒸馏水稀释磨口三角(或圆底)烧瓶中溶液至约 350 mL。溶液体积不得少于 350 mL,因酸度太高,终点不明显。

(4) 取下烧瓶,冷却后加入 2～3 滴试亚铁灵指示剂,用硫酸亚铁铵标准溶液滴定至溶液由橙黄色到蓝绿色,最后变成红褐色为止。记录水样消耗的硫酸亚铁铵标准溶液的体积($V_1$)。

(5) 同时要做空白实验,即以 50 mL 蒸馏水代替水样,操作步骤与对水样的测定相同。记录空白实验所消耗的硫酸亚铁铵标准溶液的体积($V_0$)。

## 四、计算

$$\text{化学需氧量}(O_2) = \frac{(V_0 - V_1) \times c_{Fe(NH_4)_2(SO_4)_2} \times 8 \times 1000}{V_{水样}} \text{ mg/L}$$

## 五、注意事项

（1）回流时，若溶液颜色变绿，说明水样中还原性物质含量过高，应取少量水样稀释后再重新测定。

（2）若取用 20 mL 水样加热回流时，其他试剂所加入的体积或质量都应按比例减少。

（3）水样中的亚硝酸盐氮含量多时，对测定有影响。每毫克亚硝酸盐氮相当于 1.14 mg 的化学需氧量，故可按每毫克亚硝酸盐氮加入 10 mg 氨基磺酸的比例，加入氨基磺酸，以消除干扰。蒸馏水空白中也应加入等量的氨基磺酸。

（4）检验测定的准确度，可用邻苯二甲酸氢钾或葡萄糖标准溶液做实验。1 g 邻苯二甲酸氢钾产生的理论 COD 是 1.176 g，1 L 溶有 425.1 mg 纯邻苯二甲酸氢钾溶液的 COD 是 500 mg/L；1 g 葡萄糖产生的理论 COD 是 1.067 g，1 L 溶有 468.6 mg 纯葡萄糖溶液的 COD 是 500 mg/L。葡萄糖易被生物氧化，稳定性不及邻苯二甲酸氢钾。

# 实验十二　水中总有机碳（TOC）的测定
## ——非分散红外吸收法

实验十二

## 一、实验原理

燃烧氧化-非分散红外吸收法按照测定方式不同可分为差减法和直接法。

（1）差减法测定总有机碳

将一定量的水样连同净化气体（干燥且除去二氧化碳）分别导入高温燃烧管（680 ℃或900 ℃，各厂商燃烧管催化剂不同，采用的温度也不同）和低温反应管（150 ℃）中，经高温燃烧管的水样在催化剂（铂和二氧化钴或三氧化二铬）的作用下，有机化合物转化成为二氧化碳，无机碳高温下分解成二氧化碳，该模式下水中所有的有机碳和无机碳转化成二氧化碳，即总碳（TC）。经低温反应管的水样受酸化后，其中的无机碳（IC）分解成二氧化碳。两个反应管中生成的二氧化碳分别被导入非分散红外检测器。由于特定波长的红外线被二氧化碳选择吸收，并在一定浓度范围内，二氧化碳对红外线吸收的强度与二氧化碳的浓度成正比。因此，总碳（TC）与无机碳（IC）的差值，即为 TOC。TOC 可由公式 TOC＝TC－IC 计算得到。

（2）直接法测定总有机碳

将水样加酸酸化至 pH≤2，通入氮气曝气，使无机碳酸盐转化为二氧化碳并被吹脱去除。再将水样注入高温燃烧管中，可直接测定 TOC。由于酸化曝气的同时会使挥发性有机物有所损失（这部分可称为可吹扫有机物，其余部分可称为不可吹扫有机碳），从而影响测定结果。所以，当水中挥发性有机物含量较少而无机碳酸盐含量相对较高时，宜用直接法。由于天然水、公共用水和纯净水中只有少量的可吹扫有机物，故可以用直接法测定。

本方法的检出限为 0.1 mg/L，测定下限为 0.5 mg/L。

## 二、实验试剂

(1) 氢氧化钠溶液(10 g/L):称取氢氧化钠 10 g 放入 1000 mL 烧杯中,加 300 mL 蒸馏水溶解,并用蒸馏水进一步稀释至 1000 mL,移入聚乙烯瓶密闭保存。

(2) TC 标准储备液(400 mg/L,以 C 计):准确称取 0.8502 g 邻苯二甲酸氢钾(预先在 110~120 ℃下干燥至恒重),置于烧杯中,加无二氧化碳水溶解后,转移至 1000 mL 容量瓶中,用无二氧化碳水稀释至标线,混匀。在 4 ℃条件下可保存两个月。

(3) TC 标准使用液(200 mg/L,以 C 计):用单标线吸量管移取 100.00 mL 的 TC 标准储备液于 200 mL 容量瓶中,用无二氧化碳水稀释至标线,混匀。在 4 ℃条件下贮存可稳定保存一周。

(4) IC 标准储备液(400 mg/L,以 C 计):准确称取 1.7634 g 无水碳酸钠(预先在 105 ℃下干燥至恒重)和 1.4000 g 碳酸氢钠(预先在干燥器内干燥),置于烧杯中,加无二氧化碳水溶解后,转移至 1000 mL 容量瓶中,用无二氧化碳水稀释至标线,混匀。在 4 ℃条件下可保存两周。

(5) IC 标准使用液(100 mg/L,以 C 计):用单标线吸量管移取 50.00 mL 的 IC 标准储备液于 200 mL 容量瓶中,用无二氧化碳水稀释至标线,混匀。在 4 ℃条件下贮存可稳定保存一周。

## 三、主要仪器

(1) 非分散红外吸收 TOC 分析仪;

(2) 电子天平:量程 0~220 g,感量 0.0001 g。

## 四、实验步骤

### (一) 水样的采集与保存

水样应采集在棕色玻璃瓶中并应充满采样瓶,不留顶空。不同水体类型(污水、地表水、湖泊水和地下水等)的采集方法参照《水和废水监测分析方法(第四版)》。水样采集后应在 24 h 内测定,否则应加入硫酸将水样酸化至 pH≤2,在 4 ℃条件下可保存 7 天。

### (二) 分析测试

(1) 开机,按 TOC 分析仪说明书设定条件参数,进行调试。

(2) 校准曲线的绘制。

① 差减法校准曲线的绘制:在一组七个 100 mL 容量瓶中,分别加入 0.00、2.00、5.00、10.00、20.00、40.00 和 100.00 mL 的 TC 和 IC 标准使用液,用无二氧化碳水稀释至标线,混匀。配制成 TC 质量浓度为 0.0、4.0、10.0、20.0、40.0、80.0 和 200.0 mg/L,IC 质量浓度为 0.0、2.0、5.0、10.0、20.0、40.0 和 100.0 mg/L 的标准系列溶液,测定其响应值。以标准系列溶液质量浓度对应仪器响应值,分别绘制 TC 和 IC 校准曲线。

② 直接法校准曲线的绘制：在一组七个 100 mL 容量瓶中，分别加入 0.00、2.00、5.00、10.00、20.00、40.00 和 100.00 mL 的 TC 标准使用液，用无二氧化碳水稀释至标线，混匀，配制成有机碳质量浓度为 0.0、2.0、5.0、10.0、20.0、40.0 和 100.0 mg/L 的标准系列溶液，测定其响应值。以标准系列溶液质量浓度对应仪器响应值，绘制有机碳校准曲线。

上述校准曲线浓度范围可根据仪器和测定样品种类的不同进行调整。

（3）样品测定。

① 差减法：经酸化的水样，在测定前应用氢氧化钠溶液中和至中性。取一定体积水样注入 TOC 分析仪进行测定，记录相应的响应值。

② 直接法：取一定体积水样酸化至 pH≤2，注入 TOC 分析仪。经曝气除去 IC 后导入高温燃烧管，记录相应的响应值。

## 五、实验结果分析

（1）差减法

根据所测水样响应值，由校准曲线计算出 TC 和 IC 质量浓度。试样中 TOC 质量浓度为

$$c(\text{TOC}) = c(\text{TC}) - c(\text{IC})$$

式中，$c(\text{TOC})$ 为试样总有机碳质量浓度，mg/L；$c(\text{TC})$ 为试样总碳质量浓度，mg/L；$c(\text{IC})$ 为试样无机碳质量浓度，mg/L。

（2）直接法

根据所测试样响应值，由校准曲线计算出 TOC 的质量浓度 $c(\text{TOC})$。

（3）结果表示

当测定结果小于 100 mg/L 时，保留到小数点后一位；大于等于 100 mg/L 时，保留三位有效数字。

## 六、注意事项

（1）当样品具有强酸、强碱或者高盐度时，不可以进行测定；

（2）样品有浑浊时，必须进行过滤；

（3）水中常见共存离子超过下列质量浓度时：$SO_4^{2-}$（400 mg/L）、$Cl^-$（400 mg/L）、$NO_3^-$（100 mg/L）、$PO_4^{3-}$（100 mg/L）、$S^{2-}$（100 mg/L），可用无二氧化碳水稀释水样，至上述共存离子质量浓度低于其干扰允许质量浓度后，再进行测定；

（4）每次试验前应检测无二氧化碳水的 TOC 含量，不应超过 0.5 mg/L；

（5）每次试验应带一个标准曲线中间点进行校核，校核点测定值和校准曲线相应点浓度的相对误差应不超过 10%。

# 实验十三　氨氮的测定

## 直接纳氏比色法

### 一、实验原理

水中氨与碘化汞钾在碱性条件下生成黄至棕色的化合物,其色度与氨氮含量成正比。

钙、镁、铁等离子能使溶液产生浑浊,可加入酒石酸钾钠掩蔽。

硫化物、酮、醛等亦可引起溶液浑浊。脂肪胺、芳香胺、亚铁等可与碘化汞钾产生颜色。本身带有颜色的物质,亦能发生干扰。遇此情况,可采用蒸馏比色法测定。

水样中含有余氯时,可与氨结合生成氯胺,再用硫代硫酸钠脱氯。

本法最低检出量为 1 $\mu$g 氨氮。若取 50 mL 水样测定,则最低检出浓度为 0.02 mg/L。

### 二、实验试剂

所有试剂均需用不含氨的蒸馏水配制。

(1) 50％酒石酸钾钠溶液:称取 50 g 分析纯酒石酸钾钠($KNaC_4H_4O_6 \cdot 4H_2O$),溶于 10 mL 蒸馏水中,加热煮沸至不含氨为止,冷却后再用蒸馏水补充至 100 mL。

(2) 碘化汞钾溶液:将 100 g 分析纯碘化汞及 70 g 分析纯碘化钾溶于少量蒸馏水中,将此溶液缓缓倾入已冷却的 500 mL 32％的氢氧化钠溶液中,并不停地搅拌,然后再用蒸馏水稀释至 1 L。贮于棕色瓶中,用橡皮塞塞紧,避光保存。

(3) 氨氮标准溶液:将分析纯氯化铵置于烘箱内,在 105 ℃下烘烤一小时,冷却后称取 3.8190 g,溶于蒸馏水中,并稀释至 1000 mL。吸取该溶液 10.0 mL,再用蒸馏水稀释至 1000 mL,则此溶液 1.00 mL 含有 10.0 $\mu$g 氨氮(N)。

(4) 10％硫酸锌溶液:称取 10 g 化学纯硫酸锌($ZnSO_4 \cdot 7H_2O$),溶于少量蒸馏水中,并稀释到 100 mL。

(5) 6 mol/L 氢氧化钠溶液:称取 24 g 化学纯氢氧化钠,溶于蒸馏水中,并稀释到 100 mL。

### 三、实验步骤

(1) 取 50 mL 水样(如氨氮含量大于 0.1 mg,则取适量水样加蒸馏水稀释至 50 mL),置于 50 mL 比色管中。

(2) 如水样浑浊,则取 100 mL 水样,加入 1 mL 硫酸锌溶液,摇匀。再加入 0.4～0.5 mL 6 mol/L 氢氧化钠溶液,使水样的 pH 为 10.5。静置数分钟后,用移液管吸取上部清液 50 mL,置于 50 mL 比色管中。或将水样用滤纸过滤,弃去初滤液 25 mL 后,用移液管吸取 50

mL 滤液,置于 50 mL 比色管中。

（3）另取 50 mL 比色管 10 支,分别加入氨氮标准溶液 0、0.20、0.40、0.60、0.80、1.0、2.0、4.0、6.0 及 10.0 mL,用蒸馏水稀释至 50 mL。

（4）向水样及标准溶液管内分别加入 1 mL 50％的酒石酸钾钠溶液,混匀;再加 1.0 mL 碘化汞钾溶液,混匀后放置 10 分钟,进行比色。

（5）如采用分光光度计,则用 420 nm 波长,1 cm 比色皿;如水样中氨氮含量低于 30 $\mu$g,改用 3 cm 比色皿。光电比色计用紫色滤光片。

## 四、计算

$$氨氮(N) = \frac{相当于氨氮标准溶液用量(mL) \times 10}{V_{水样}} \ mg/L$$

## 五、注意事项

（1）水样中钙、镁等金属离子的干扰,还可用加入 1 mL 5％的 EDTA 溶液来消除。此时,碘化汞钾溶液要加入 2 mL。

（2）此法一般用于测定无色、澄清的水样。色度、浑浊度较高和干扰物较多的水样,可用蒸馏纳氏比色法测定。

# 蒸馏纳氏比色法

## 一、实验原理

调节水样的 pH 为 7.4,加热蒸馏,使氨随水蒸气逸出,收集蒸馏液,按直接纳氏比色法测定。

## 二、实验试剂

（1）磷酸盐缓冲溶液:称取 7.15 g 化学纯无水磷酸二氢钾（$KH_2PO_4$）及 34.4 g 化学纯磷酸氢二钾（$K_2HPO_4$）或 45.075 g $K_2HPO_4 \cdot 3H_2O$,溶于蒸馏水中,并稀释至 500 mL。

（2）碘化汞钾溶液,同直接纳氏比色法。

（3）氨氮标准溶液,同直接纳氏比色法。

（4）吸收液:2％的硼酸或 0.01 mol/L 硫酸。

① 2％硼酸溶液:称取 20 g 硼酸,溶于少量蒸馏水中,并稀释至 1 L。

② 0.01 mol/L 硫酸。

## 三、实验步骤

（1）取 200 mL 混匀的水样（或取适量水样加蒸馏水稀释至 200 mL）,置于全玻璃蒸馏器中,用 1 mol/L NaOH 或 1 mol/L $H_2SO_4$ 调节至中性。

（2）加入 5 mL 磷酸盐缓冲溶液及数粒玻璃珠,加热蒸馏。

（3）将蒸馏液收集于 100 mL 容量瓶中(内装 10 mL 2‰的硼酸溶液作为吸收液)。待蒸出 80 mL 左右时,用一支小试管接取数滴蒸馏液,加入一滴碘化汞钾溶液,如无颜色,表示氨已全部蒸出,即可停止加热。用蒸馏水将蒸馏液稀释至 100 mL。

（4）取 50 mL 混匀的蒸馏液,置于 50 mL 比色管中。以下步骤同直接纳氏比色法。

## 四、计算

$$氨氮(N) = \frac{相当于氨氮标准溶液用量(mL) \times 10}{V_{初水样} \times (50/100)}$$

$$= \frac{相当于氨氮标准溶液用量(mL) \times 20}{V_{初水样}} \text{ mg/L}$$

## 五、注意事项

（1）水样中若含有余氯,可加入适量 0.35％的硫代硫酸钠溶液消除。每 0.5 mL 硫代硫酸钠溶液可除去 0.25 mg 余氯。

（2）水样中含钙、镁量高时,钙、镁将与磷酸盐缓冲溶液反应,生成磷酸钙、磷酸镁沉淀,并释放出氢离子,使溶液的 pH 低于 7.4,影响氨的蒸馏。因此,硬度高的水样应增加磷酸盐缓冲溶液的用量。

# 实验十四　总磷的测定

实验十四

富营养化(eutrophication)是指在人类活动的影响下,生物所需的氮、磷等营养物质大量进入湖泊、河口、海湾等缓流水体,引起藻类及其他浮游生物迅速繁殖,水体溶解氧量下降,水质恶化,鱼类及其他生物大量死亡的现象。水体富营养化后,即使切断外界营养物质的来源,也很难自净和恢复到正常水平。

许多参数可作为水体富营养化的指标,常用的是总磷、总氮、叶绿素-a 含量和初级生产率等。本实验通过测定天然水体中的总磷,来判断水体的富营养化程度(见下表)。

**总磷与水体富营养化程度的关系**

| 富营养化程度 | 极贫 | 贫—中 | 中 | 中—富 | 富 |
|---|---|---|---|---|---|
| 总磷/(mg/L) | <0.005 | 0.005～0.010 | 0.010～0.030 | 0.030～0.100 | >0.100 |

# Ⅰ——钼酸铵分光光度法(GB 11893—89)

## 一、实验原理

在中性条件下用过硫酸钾(或硝酸-高氯酸)使试样消解,将所含磷全部氧化为正磷酸盐。在酸性介质中,正磷酸盐与钼酸铵反应,在锑盐存在下生成磷钼杂多酸后,立即被抗坏血酸还原,生成蓝色的络合物。

本标准规定了用过硫酸钾(或硝酸-高氯酸)为氧化剂,将未经过滤的水样消解,用钼酸铵分光光度法测定总磷的方法。

总磷包括溶解的、颗粒的、有机的和无机的磷。

本标准适用于地面水、污水和工业废水。

取 25 mL 水样,本标准的最低检出浓度为 0.01 mg/L,测定上限为 0.6 mg/L。

在酸性条件下,砷、铬、硫干扰测定。

## 二、实验试剂

(1) 硫酸,密度为 1.84 g/mL。

(2) 硝酸,密度为 1.4 g/mL。

(3) 高氯酸,优级纯,密度为 1.68 g/mL。

(4) 硫酸(V/V),1+1。

(5) 硫酸,约 0.5 mol/L,将 27 mL 密度为 1.84 g/mL 的硫酸(见试剂(1))加入到 973 mL 水中。

(6) 氢氧化钠溶液,1 mol/L,将 40 g 氢氧化钠溶于水并稀释至 1000 mL。

(7) 氢氧化钠溶液,6 mol/L,将 240 g 氢氧化钠溶于水并稀释至 1000 mL。

(8) 过硫酸钾溶液,50 g/L,将 5 g 过硫酸钾($K_2S_2O_8$)溶于水,并稀释至 100 mL。

(9) 抗坏血酸溶液,100 g/L,将 10 g 抗坏血酸溶于水中,并稀释至 100 mL。此溶液贮于棕色的试剂瓶中,在冷处可稳定几周,如不变色可长时间使用。

(10) 钼酸盐溶液:将 13 g 钼酸铵(($NH_4)_6Mo_7O_{24} \cdot 4H_2O$)溶于 100 mL 水中,将 0.35 g 酒石酸锑钾($KSbC_4H_4O_7 \cdot 0.5H_2O$)溶于 100 mL 水中。在不断搅拌下分别把上述钼酸铵溶液、酒石酸锑钾溶液徐徐加到 300 mL 硫酸(V/V,1+1,见试剂(4))中,混合均匀。此溶液贮存于棕色瓶中,在冷处可保存三个月。

(11) 浊度-色度补偿液,混合二体积硫酸(V/V,1+1,见试剂(4))和一体积抗坏血酸(见试剂(9))。使用当天配制。

(12) 磷标准储备溶液,称取 0.2197 g 于 110 ℃ 干燥 2 h 且在干燥器中放冷的磷酸二氢钾($KH_2PO_4$),用水溶解后转移到 1000 mL 容量瓶中,加入大约 800 mL 水,加 5 mL 硫酸(见试剂(4)),然后用水稀释至标线,混匀。1.00 mL 此标准溶液含 50.0 $\mu$g 磷。本溶液在玻璃瓶中可贮存至少六个月。

(13) 磷标准使用溶液,将 10.00 mL 磷标准储备溶液(见试剂(12))转移至 250 mL 容量瓶中,用水稀释至标线并混匀。1.00 mL 此标准溶液含 2.0 μg 磷。使用当天配制。

(14) 酚酞溶液,10 g/L,将 0.5 g 酚酞溶于 50 mL 95％的乙醇中。

## 三、仪器

(1) 医用手提式蒸汽消毒器或一般压力锅(1.1～1.4 kg/cm²)。

(2) 50 mL 比色管。

(3) 分光光度计。

注:所有玻璃器皿均应用稀盐酸或稀硝酸浸泡。

## 四、采样和样品

(1) 采取 500 mL 水样后加入 1 mL 硫酸(见试剂(1))调节样品的 pH 值,使之低于或等于 1,或不加任何试剂于冷处保存。

注:含磷量较少的水样,不要用塑料瓶采样,因磷酸盐易吸附在塑料瓶壁上。

(2) 试样的制备:取 25 mL 样品于比色管中。取时应仔细摇匀,以得到溶解部分和悬浮部分均具有代表性的试样。如样品中含磷浓度较高,试样体积可以减少。

## 五、测定步骤

1. 空白试样

按如下测定的规定进行空白实验,用蒸馏水代替试样,并加入与测定时相同体积的试剂。

2. 测定

(1) 消解

① 过硫酸钾消解:向试样(见采样和样品(2))中加 4 mL 过硫酸钾,将比色管的盖塞紧后,用一小块布和线将玻璃塞扎紧(或用其他方法固定),放在大烧杯中置于高压蒸汽消毒器中加热,待压力达 1.1 kg/cm²,相应温度为 120 ℃时,保持 30 min 后停止加热。待压力表读数降至零后,取出放冷。然后用水稀释至标线。

注:如用硫酸保存水样。当用过硫酸钾消解时,需先将试样调至中性。若用过硫酸钾消解不完全,则用硝酸-高氯酸消解。

② 硝酸-高氯酸消解:取 25 mL 试样(见采样和样品(1))于锥形瓶中,加数粒玻璃珠,加 2 mL 硝酸(见试剂(2))在电热板上加热浓缩至 10 mL。冷后加 5 mL 硝酸(见试剂(2)),再加热浓缩至 10 mL,冷却。然后加 3 mL 高氯酸(见试剂(3)),加热至高氯酸冒白烟,此时可在锥形瓶上加小漏斗或调节电热板温度,使消解液在瓶内壁保持回流状态,直至剩下 3～4 mL,冷却。

加水 10 mL,加 1 滴酚酞指示剂(见试剂(14)),滴加氢氧化钠溶液(见试剂(6)、(7))至刚好呈微红色,再滴加硫酸溶液(见试剂(5))使微红刚好退去,充分混匀,移至具塞刻度管(见仪器(2))中,用水稀释至标线。

注:①用硝酸-高氯酸消解需要在通风橱中进行。高氯酸和有机物的混合物经加热易发生危险,需将试样先用硝酸消解,然后再加入高氯酸消解。

②绝不可把消解的试样蒸干。

③如消解后有残渣,则用滤纸过滤于具塞比色管中。

④水样中的有机物用过硫酸钾氧化不能完全破坏时,可用此法消解。

(2)发色

分别向各份消解液中加入 1 mL 抗坏血酸溶液混匀,30 s 后加 2 mL 钼酸盐溶液充分混匀。

注:①当试样中含有浊度或色度时,需配制一个空白试样(消解后用水稀释至标线),然后向试样中加入 3 mL 浊度-色度补偿液(见试剂(11)),但不加抗坏血酸溶液和钼酸盐溶液。然后从试样的吸光度中扣除空白试样的吸光度。

②砷大于 2 mg/L 干扰测定,用硫代硫酸钠去除。硫化物大于 2 mg/L 干扰测定,通氮气去除。铬大于 50 mg/L 干扰测定,用亚硫酸钠去除。

(3)分光光度测量

室温下放置 15 min 后,使用光程为 30 mm 比色皿,在 700 nm 波长下,以水做参比,测定吸光度。扣除空白实验的吸光度后,从工作曲线上查得磷的含量。

注:如显色时室温低于 13 ℃,可在 20～30 ℃水浴上显色 15 min 即可。

(4)工作曲线的绘制

取 7 支具塞比色管分别加入 0.0,0.50,1.00,3.00,5.00,10.0,15.0 mL 磷酸盐标准使用溶液。加水至 25 mL。然后按测定步骤(见步骤 2)进行处理。以水做参比,测定吸光度。扣除空白试验的吸光度后,和对应的磷的含量绘制工作曲线。

## 六、结果的表示

总磷含量以 $c$(mg/L)表示,按下式计算:

$$c = \frac{m}{V}$$

式中,$m$ 为试样测得含磷量,μg;$V$ 为测定用试样体积,mL。

# Ⅱ——水中总磷的测定(快速消解光度法)

## 一、实验原理

一般地面水在硫酸的酸性条件下,加入一定量的过硫酸铵为氧化剂,加热或高温高压消解,将各种形态的磷转化成磷酸根离子($PO_4^{3-}$),随后用钼酸铵和酒石酸锑钾与之反应,生成磷钼锑杂多酸,再用抗坏血酸把它还原为深色钼蓝。

砷酸盐与磷酸盐一样也能生成钼蓝,0.1 μg/mL 的砷就会干扰测定。此外,六价铬、二价铜和亚硝酸盐能氧化钼蓝,使测定结果偏低。

## 二、主要仪器

(1)分光光度计。

（2）电子天平。

（3）快速消解仪。

## 三、实验试剂

（1）过硫酸钾 $K_2S_2O_8$（固体）（分析纯）。

（2）钼酸盐混合试剂：分别称取 0.21 g 固体酒石酸锑氧钾（$K(SbO)C_4H_4O_6 \cdot \frac{1}{2}H_2O$）和 7.8 g 钼酸铵（$(NH_4)_6Mo_7O_{24} \cdot 4H_2O$）全部溶解于 100 mL 1：1（体积比）硫酸溶液中。如混合试剂有浑浊，须摇动混合试剂，并放置几分钟，至澄清为止。若在 4 ℃下保存，可维持一个星期不变。

（3）抗坏血酸固体（分析纯）。

（4）磷酸盐储备液：1000 mg/L，准确称取 1.098 g $KH_2PO_4$，溶解后转入 250 mL 容量瓶中，稀释至刻度。

## 四、实验步骤

（1）样品预处理：打开消解仪电源，调节温度至 165 ℃，开始预热。取 1 支干净的消解瓶，加入 10.0 mL 水样，再加入过硫酸钾固体粉末 60 mg，拧紧瓶盖，摇匀。当消解仪加热到指定温度时（165 ℃），将装好样品的消解瓶摇匀后放入消解仪中，开始计时，消解 30 min。另取 1 支干净的消解瓶，加入 10.0 mL 蒸馏水，按水样的预处理完全相同的操作进行消解。

（2）30 min 消解完成后，马上取出所有消解瓶，放置于通风处，冷却至室温。

（3）打开分光光度计的电源开关，选择测量波长至 700 nm，用零浓度溶液作参比溶液，采用 10 mm 比色皿，进行吸光度校零。

（4）标准曲线的绘制：采用逐级稀释法，配制浓度分别为 0.00，0.05，0.10，0.20，0.30，0.40 mg/L 磷的标准溶液 10 mL，分别加入 35 mg 抗坏血酸，用力摇振，使固体完全溶解；约 30 s 后，再滴加 5 滴钼酸盐混合显色剂，摇匀，显色 10～15 min 后，于 700 nm 处测定吸光度值。根据吸光度与标准溶液浓度的关系，绘制标准曲线。

（5）样品的测量：待消解后的水样及蒸馏水空白样冷却后，分别加入 35 mg 抗坏血酸，用力摇振，使固体完全溶解；约 30 s 后，再滴加 5 滴钼酸盐混合显色剂，摇匀，显色 10～15 min 后，于 700 nm 处测定吸光度值。将扣除试剂空白吸光度值后的差值代入标准曲线计算待测水样的浓度。

## 五、结果处理

由标准曲线计算磷的含量，按下式计算水中总磷的含量：

$$总磷(P, mg/L) = \frac{测得的磷量(mg)}{水样的体积(L)}$$

## Ⅲ——思考题

1. 水体中氮、磷的主要来源有哪些?

2. 被测水体的富营养化状况如何?

3. 总磷测定时,有哪些影响因素?

# 实验十五　氯化物的测定(莫尔法)

实验十五

## 一、实验原理

在中性或弱碱性溶液中,以铬酸钾作指示剂,用硝酸银滴定氯化物。氯化物先沉淀,到达终点时,有砖红色铬酸银沉淀生成。

$$Ag^+ + Cl^- \Longleftrightarrow AgCl \downarrow (白色)$$

$$2Ag^+ + CrO_4^{2-} \Longleftrightarrow Ag_2CrO_4 \downarrow (砖红色)$$

水样中含有亚硫酸盐及硫化氢,耗氧量超过 15 mg/L 时,会干扰氯化物的测定。

## 二、实验试剂

(1) 氯化钠标准溶液:将分析纯氯化钠置于坩埚内,加热至 $500 \sim 600$ ℃,冷却后称取 8.2423 g,溶于蒸馏水中,并稀释至 1000 mL。吸取 10.0 mL,用蒸馏水准确稀释至 100 mL。此溶液 1.00 mL 含有 0.500 mg 氯化物($Cl^-$)。

(2) 铬酸钾溶液:称取 5 g 分析纯铬酸钾,溶于少量蒸馏水中,加入硝酸银溶液至砖红色(沉淀)不褪,搅拌均匀。放置过夜后,进行过滤。将滤液用蒸馏水稀释至 100 mL。

(3) 硝酸银标准溶液:称取 2.4 g 分析纯硝酸银,溶于蒸馏水中,并稀释至 1 L,用氯化钠标准溶液进行标定:

吸取 25.0 mL 氯化钠标准溶液,置于瓷蒸发皿内,加蒸馏水 25 mL。另取一瓷蒸发皿,加 50 mL 蒸馏水作为空白。分别加入 1 mL 铬酸钾溶液,用硝酸银标准溶液滴定,同时用玻璃棒不停地搅拌,直至产生淡橘黄色为止。每毫升硝酸银溶液相当于氯化物($Cl^-$)的质量(mg)为

$$T_{AgNO_3/Cl^-} = \frac{25 \times 0.5}{V_2 - V_1}$$

式中,$V_1$ 为蒸馏水空白消耗硝酸银标准溶液的体积(mL);$V_2$ 为氯化钠标准溶液消耗硝酸银标准溶液的体积(mL)。

(4) 氢氧化铝悬浮液:称取 125 g 化学纯硫酸铝钾[$KAl(SO_4)_2 \cdot 12H_2O$],溶于 1 L 蒸馏水中,加热至 60 ℃后,缓慢加入 55 mL 浓氨水,生成氢氧化铝沉淀,充分搅拌后静置。弃去上部清液,反复用蒸馏水洗涤沉淀,至倾出液无氯离子(用硝酸银检验)为止。最后加入 300 mL 蒸馏水,使之呈悬浮液。使用前应振荡均匀。

(5) 酚酞指示剂:称取 0.5 g 酚酞,溶于 50 mL 95%的乙醇中,加入 50 mL 蒸馏水,再滴加氢氧化钠溶液,使溶液呈微红色。

(6) 0.05 mol/L 硫酸溶液。

(7) 0.05 mol/L 氢氧化钠溶液:称取 0.2 g 化学纯氢氧化钠,溶于蒸馏水中,并稀释至

100 mL。

(8) 30％的过氧化氢。

## 三、实验步骤

(1) 水样的处理：

① 如水样带有颜色,则取 150 mL 水样,置于 250 mL 三角瓶内,加入 2 mL 氢氧化铝悬浮液,振荡均匀后过滤,弃去最初滤下的 20 mL。

② 如水样含有亚硫酸盐和硫化物,应加氢氧化钠溶液将水样调节至中性或弱碱性,再加入 1 mL 30％的过氧化氢,搅拌均匀。

③ 如水样的耗氧量超过 15 mg/L,可加入少许高锰酸钾晶体,煮沸后加入数滴乙醇,以除去多余的高锰酸钾,再进行过滤。

(2) 取 50 mL 原水样或经过处理的水样(若氯化物含量高,可改取适量水样,用蒸馏水稀释至 50 mL),置于蒸发皿内;另取一蒸发皿加入 50 mL 蒸馏水。

(3) 分别加入两滴酚酞指示剂,用 0.05 mol/L 硫酸溶液或 0.05 mol/L 氢氧化钠溶液调节至红色刚刚变为无色,再各加入 1 mL 铬酸钾溶液,用硝酸银标准溶液进行滴定,同时用玻璃棒不停地搅拌,直至产生淡橘黄色为止。

## 四、计算

$$氯化物(Cl^-) = \frac{(V_2 - V_1) \times T_{AgNO_3/Cl^-} \times 1000}{V_{水样}} \ mg/L$$

式中,$V_1$ 为蒸馏水空白消耗硝酸银标准溶液体积(mL);$V_2$ 为水样消耗硝酸银标准溶液体积(mL);$T_{AgNO_3/Cl^-}$ 为 1 mL 硝酸银溶液相当于氯化物($Cl^-$)的质量(mg)。

## 五、注意事项

(1) 溴化物、碘化物能起相同反应,但天然水中一般含量不高,故可忽略不计。

(2) 当水样中有 $NH_4^+$ 存在时,pH 宜控制在 6.5～7.2 的范围内。

# 实验十六　余氯的测定

## 邻联甲苯胺比色法

实验十六

## 一、实验原理

余氯与邻联甲苯胺生成黄色化合物,根据颜色的深度进行比色。本法测定的是游离性余氯及总余氯。

水中所含悬浮性物质应用离心法去除。干扰物质最高允许含量如下:高铁,0.2 mg/L;四价锰,0.01 mg/L;亚硝酸盐,0.2 mg/L。

本法余氯的最低检出浓度为 0.01 mg/L。

## 二、实验试剂

### 1. 永久性余氯标准比色溶液的配制

(1) 磷酸盐缓冲储备溶液:将无水磷酸氢二钠($Na_2HPO_4$)和无水磷酸二氢钾($KH_2PO_4$)置于 105 ℃烘箱内烘两小时,冷却后,分别称取 22.86 g 和 46.14 g。将这两种试剂一起溶于蒸馏水中,并稀释至 1000 mL。至少静置四天,使其中胶状杂质凝聚沉淀,然后过滤。

(2) 磷酸盐缓冲使用溶液:吸取 200.0 mL 磷酸盐缓冲储备溶液,加蒸馏水稀释至 1000 mL,此溶液的 pH 为 6.45。

(3) 重铬酸钾-铬酸钾溶液:称取干燥的分析纯重铬酸钾 0.1550 g 及分析纯铬酸钾 0.4650 g,溶于磷酸盐缓冲使用溶液中,并稀释至 1000 mL。此溶液所产生的颜色相当于 1 mg/L 余氯与邻联甲苯胺所产生的颜色。

(4) 0.01~1.0 mg/L 永久性余氯标准比色溶液的配制方法,如下表所示。吸取重铬酸钾-铬酸钾溶液,分别注入 50 mL 具塞比色管中,用磷酸盐缓冲使用溶液稀释至刻度。避免日光照射,可保存六个月。

永久性余氯标准比色溶液的配制

| 余氯/(mg/L) | 重铬酸钾-铬酸钾溶液/mL | 余氯/(mg/L) | 重铬酸钾-铬酸钾溶液/mL |
| --- | --- | --- | --- |
| 0.01 | 0.5 | 0.50 | 25.0 |
| 0.03 | 1.5 | 0.60 | 30.0 |
| 0.05 | 2.5 | 0.70 | 35.0 |
| 0.10 | 5.0 | 0.80 | 40.0 |
| 0.20 | 10.0 | 0.90 | 45.0 |
| 0.30 | 15.0 | 1.00 | 50.0 |
| 0.40 | 20.0 | | |

### 2. 邻联甲苯胺溶液

称取 1.35 g 化学纯二盐酸邻联甲苯胺(($C_6H_3CH_3NH_2$)$_2$ · $2HCl$),溶于 500 mL 蒸馏水中,在不停的搅拌下将此溶液加入 150 mL 浓盐酸与 350 mL 蒸馏水的混合液中,盛于棕色瓶内。在室温下可保存六个月。当温度低于 0 ℃时,邻联甲苯胺将析出,不易再溶解。

## 三、实验步骤

(1) 取与配制永久性余氯标准比色管用的同型 50 mL 具塞比色管,先加入 2.5 mL 邻联甲苯胺溶液,再加入澄清水样 50.0 mL,混合均匀。水样的温度最好为 15～20 ℃,如低于此温度,应先将水样放在温水浴中,使温度升高到 15～20 ℃。

(2) 水样与邻联甲苯胺溶液接触后,若立即进行比色,所得结果为游离性余氯;若放置 10 min,使之产生最高色度后再进行比色,则所得结果为水样的总余氯。用总余氯减去游离性余氯,就等于化合性余氯。

### 四、注意事项

(1) 如余氯浓度很高,会变成橘黄色。若水样碱度过高而余氯浓度较低,则溶液将变成淡绿色或淡蓝色。此时可多加 1 mL 邻联甲苯胺溶液,即产生正常的淡黄色。

(2) 如水样浑浊或色度较高,比色时应减除由水样浑浊或色度而引起的误差。

## 邻联甲苯胺-亚砷酸盐比色法

### 一、实验原理

水样中余氯与邻联甲苯胺作用,生成黄色化合物后再加入亚砷酸盐时,颜色不再发生变化。若先加亚砷酸盐,则亚砷酸盐将余氯还原为氯化物,不能再与邻联甲苯胺作用,此时呈现的颜色是干扰物的假色。

根据亚砷酸盐及邻联甲苯胺的加入次序,并控制不同的显色时间,可以分别测出游离性余氯、化合性余氯和总余氯的含量,并能去除干扰物的假色。

此法的灵敏度与水温成反比,故测定时水温不宜超过 20 ℃。

### 二、实验试剂

(1) 0.5%的亚砷酸钠溶液:称取 5 g 亚砷酸钠($NaAsO_2$)溶于蒸馏水中,并稀释至 1 L。

(2) 邻联甲苯胺溶液:同邻联甲苯胺比色法中试剂 2。

### 三、实验步骤

(1) 取 50 mL 比色管三支,标明甲、乙、丙。

(2) 向甲管中加入 2.5 mL 邻联甲苯胺溶液和 50.0 mL 水样,迅速混匀,立即加入 2.5 mL 亚砷酸钠溶液,混匀,与标准管比色,记录结果(记为 $A$),$A$ 包括游离性余氯及干扰物所显示的颜色。

(3) 向乙管中加入 2.5 mL 亚砷酸钠溶液和 50.0 mL 水样,迅速混匀,再加入 2.5 mL 邻联甲苯胺溶液,混匀,与标准管比色,记录结果(记为 $B_1$)。准确放置 10 min 后,再将乙管与标准管比色,记录结果(记为 $B_2$)。$B_1$ 为干扰物迅速混匀后所产生的假色;$B_2$ 为干扰物混匀 10 min 后所产生的假色。

（4）向丙管中加入 2.5 mL 邻联甲苯胺溶液和 50.0 mL 水样,迅速混匀,准确放置 10 min 后,再与标准管比色,记录结果(记为 $C$),$C$ 为总余氯及干扰物混匀 10 min 后显示的颜色。

## 四、计算

$$总余氯 D(Cl_2,mg/L)=C-B_2$$
$$游离性余氯 E(Cl_2,mg/L)=A-B_1$$
$$化合性余氯(Cl_2,mg/L)=D-E$$

# 实验十七　氟化物的测定(电极法)

实验十七

## 一、实验原理

以氟离子选择性电极为指示电极,饱和甘汞电极为参比电极,当控制水中总离子强度为定值时,电池的电动势随氟离子浓度变化而改变,利用 $E$ 与 $\lg c_{F^-}$ 成直线的关系,可直接求出待测水样中氟离子的浓度。

与氟离子能形成络合物的多价阳离子(如 $Al^{3+}$ 等)干扰测定。测定溶液的 pH 应为 5～6。可用总离子强度调节缓冲液消除干扰离子和酸度的影响。

本法中氟离子的最低检出浓度为 0.05 mg/L。

## 二、实验仪器

（1）离子计或精密酸度计。
（2）氟离子选择性电极和甘汞电极。
（3）电磁搅拌器。

## 三、实验试剂

（1）氟标准储备溶液:将氟化钠于 105 ℃下烘两小时,冷却后称取 2.2105 g,溶于蒸馏水中,并稀释至 1000 mL,贮于聚乙烯瓶中备用。此溶液 1.00 mL 含有 1.00 mg 氟化物。

（2）氟标准溶液:将氟标准储备溶液用蒸馏水稀释成 1.00 mL 相当于 10.0 μg 氟化物的标准溶液。

（3）总离子强度调节缓冲液:称取 58.8 g 二水合柠檬酸钠和 85 g 硝酸钠,加水溶解,以 1∶1 的盐酸调节 pH 至 5.5～6.0(用 pH 试纸检验),再用蒸馏水稀释至 1 L。此溶液浓度为 0.2 mol/L 柠檬酸钠-1 mol/L 硝酸钠。

## 四、实验步骤

（1）按仪器说明书进行仪器校准。

（2）标准曲线的绘制。

① 在一系列 50 mL 容量瓶中分别加入 10,25,50,100,250,500 $\mu g$ F$^-$ 和 10 mL 总离子强度调节缓冲液,用蒸馏水稀释至刻度。其氟离子浓度分别为 0.20,0.50,1.00,2.00,5.00,10.0 mg/L。摇匀后,转入 100 mL 烧杯中。

② 将电极插入溶液中,用电磁搅拌器搅拌 1～3 分钟,待电位稳定后开始读数(在放入电极之前,不要搅拌,以免晶体周围进入空气而引起读数误差或指针晃动)。每次测定之前,都要将电极洗净,并用滤纸吸干。

③ 在半对数坐标纸上,绘制 $E\text{-}\lg c_F$ 曲线。

（3）吸取一定量的待测水样(少于 40 mL),放入 50 mL 容量瓶中,加入 10 mL 总离子强度调节缓冲液,然后稀释至刻度。摇匀后,转入 100 mL 烧杯中。按前述操作,读取 mV 数值。

## 五、计算

$$\text{氟化物(F}^-) = \frac{\text{测得的氟量}(\mu g)}{V_{\text{水样}}} \text{ mg/L}$$

## 六、注意事项

（1）测定标准溶液和待测水样应在同一温度下进行,这样可消除温差所造成的影响。

（2）测定时用聚乙烯杯盛溶液为宜。

（3）水样的取量决定于水样中氟的含量。若水样中含氟量高,可少取水样量。

# 实验十八　亚硝酸盐氮的测定（α-萘胺比色法）

实验十八

## 一、实验原理

在 pH 为 2～2.5 的水样中,亚硝酸盐与对氨基苯磺酸起重氮化作用,再与盐酸 α-萘胺起偶氮反应,生成紫红色的偶氮染料。

如水样中含有三氯胺时,产生的红色将引起误差。此时可先加盐酸 α-萘胺,后加对氨基苯磺酸,以减少此种影响。高铁、汞、银、铋、锑、铅等在测定过程中会产生沉淀,对此法均有干扰。

本法最低检出量为 0.025 $\mu g$ 亚硝酸盐氮。若取 50 mL 水样测定,最低检出浓度为 0.0005 mg/L。

## 二、实验试剂

（1）无亚硝酸盐氮蒸馏水:普通蒸馏水中加入少许高锰酸钾晶体,使之呈红色;再加入少许氢氧化钠,使之呈碱性。重蒸馏,收集蒸馏液(弃去初馏液约 50 mL)。

(2) 对氨基苯磺酸溶液:称取 0.6 g 分析纯对氨基苯磺酸($NH_2C_6H_4SO_3H$),溶于 70 mL 热蒸馏水中,冷却后加入 20 mL 浓盐酸,用蒸馏水稀释至 100 mL,贮于棕色瓶中,放入冰箱内保存。

(3) 盐酸 $\alpha$-萘胺溶液:称取 0.6 g 分析纯盐酸 $\alpha$-萘胺($C_{10}H_7NH_2 \cdot HCl$),加入 1 mL 浓盐酸,再加入约 70 mL 蒸馏水,加热至溶解,用蒸馏水稀释至 100 mL,贮于棕色瓶中,放入冰箱内保存。

(4) 醋酸钠缓冲溶液:称取 16.4 g 分析纯醋酸钠($CH_3COONa$),或 27.2 g $CH_3COONa \cdot 3H_2O$,溶于蒸馏水中,并稀释至 100 mL。

(5) 亚硝酸盐氮标准溶液:称取 0.2463 g 干燥的分析纯亚硝酸钠,溶于少量蒸馏水中,加入 1 mL 氯仿,并用蒸馏水稀释至 1000 mL。临用时取此溶液 10.0 mL,稀释至 500 mL。再从中取出 10.0 mL,用蒸馏水稀释至 100 mL,则此溶液 1.00 mL 含有 0.10 $\mu$g 亚硝酸盐氮。

(6) 氢氧化铝悬浮液:见实验八中试剂(4)。

### 三、实验步骤

(1) 若水样浑浊或色度较深,可先取 100 mL 水样,加入 2 mL 氢氧化铝悬浮液,搅拌后静置数分钟,过滤,弃去最初滤液 25 mL。

(2) 取 50 mL 调节至中性的水样(或经处理后的水样),置于 50 mL 比色管中。

(3) 另取 50 mL 比色管九支,分别加入亚硝酸盐氮标准溶液 0,0.20,0.50,0.80,1.0,1.5,2.0,2.5 及 3.0 mL,用蒸馏水稀释至 50 mL。

(4) 向水样及标准色列管中,分别加入 1 mL 对氨基苯磺酸溶液,3 min 后再各加入 1 mL 醋酸钠缓冲溶液及 1 mL 盐酸 $\alpha$-萘胺溶液,摇匀后放置 10 min,然后进行比色。

(5) 如采用分光光度计,则用 520 nm 波长,1 cm 比色皿。如亚硝酸盐氮含量低于 0.2 $\mu$g,改用 3 cm 比色皿。光电比色计用绿色滤光片。

### 四、计算

$$亚硝酸盐氮(N) = \frac{相当于亚硝酸盐氮标准溶液用量(mL) \times 0.1}{V_{水样}} \; mg/L$$

### 五、注意事项

(1) 因亚硝酸盐在空气中易被氧化,所以在亚硝酸盐氮标准溶液中应加入少量氯仿,以便保存。必要时对其标准溶液的浓度进行标定。标定方法参阅《环境监测分析方法》(1983 年版)第 123 面。

(2) 采样后,水样应尽快分析。

# 实验十九　硝酸盐氮的测定
# （二磺酸酚比色法）

## 一、实验原理

水样中的硝酸盐与二磺酸酚作用,在碱性条件下,呈现显著的黄色,据此进行比色分析。

10 mg/L 以上的氯化物即能引起硝酸盐的损失,而使测定结果偏低,此干扰可用硫酸银除去。

亚硝酸盐氮含量超过 0.2 mg/L 时,将使测定结果偏高,可用高锰酸钾将亚硝酸盐氧化成硝酸盐,再从测定结果中减去亚硝酸盐的含量。

本法最低检出量为 1 μg 硝酸盐氮。如取水样 25 mL 测定,最低检出浓度为 0.04 mg/L。

## 二、实验试剂

(1) 二磺酸酚试剂:称取 15 g 精制酚,置于 250 mL 三角瓶中,加入 105 mL 化学纯浓硫酸,瓶上放一小漏斗,置沸水浴内加热六小时,试剂应为浅棕色稠液,保存于棕色瓶内。

酚的精制:将盛普通酚的容器隔水加热,融化后倾出适量于蒸馏瓶中,加热蒸馏(用空气冷凝管冷凝),收集 182~184 ℃的蒸出液。精制酚冷却后应为无色纯净的结晶,贮于暗处。

(2) 浓氨水:分析纯。

(3) 硝酸盐氮标准溶液:称取 0.7218 g 干燥的分析纯硝酸钾,溶于蒸馏水中,加 2 mL 氯仿,并用蒸馏水稀释至 1000 mL。取此溶液 50.0 mL,置于瓷蒸发皿内,在水浴锅上加热蒸干,然后加入 2 mL 二磺酸酚,用玻璃棒磨擦蒸发皿内壁,使之与全部二磺酸酚接触。静置半小时。加入少量蒸馏水,倒入 500 mL 容量瓶内,并用蒸馏水冲洗蒸发皿,亦倒入容量瓶内,最后用蒸馏水稀释至 500 mL。此溶液 1.00 mL 含有 10.0 μg 硝酸盐氮(N)。

(4) 硫酸银溶液:称取 4.397 g 分析纯 $Ag_2SO_4$,溶于蒸馏水中,并稀释至 1000 mL。此溶液 1.0 mL 可作用 1.0 mg 氯化物($Cl^-$)。

(5) 氢氧化铝悬浮液:见实验八中试剂(4)。

(6) 0.5 mol/L 硫酸溶液。

(7) 1 mol/L 氢氧化钠溶液。

(8) $c_{\frac{1}{5}KMnO_4}$ =0.1 mol/L 高锰酸钾溶液:称取 0.316 g 分析纯高锰酸钾,溶于蒸馏水中,并稀释至 100 mL。

(9) EDTA 溶液:称取 50 g 分析纯乙二胺四乙酸二钠,用 20 mL 蒸馏水调成糊状,然后加入 60 mL 浓氨水,充分搅拌,使之溶解。

### 三、实验步骤

（1）水样的初步处理：

① 去除颜色：如水样的色度超过 10 度，可于 100 mL 水样中加入 2 mL 氢氧化铝悬浮液，充分摇匀，澄清后过滤，弃去最初滤出液约 10 mL。

② 去除氯化物：将 100 mL 水样置于 250 mL 三角瓶中，根据已测出的氯化物含量，加入相当量的硫酸银溶液（为了防止硫酸银用量过多，可保留 1 mg/L 氯化物）。将三角瓶放入 80 ℃ 左右的热水中，用力振摇，使氯化银沉淀凝聚。冷却后用慢速滤纸过滤或用离心法使水样澄清。

③ 扣除亚硝酸盐氮的影响：如水样中亚硝酸盐氮含量超过 0.2 mg/L，则需先向 100 mL 水样中加入 1.0 mL 0.5 mol/L 硫酸，混匀后滴加 0.1 mol/L 高锰酸钾溶液，至淡红色保持 15 min 不褪为止。这样就可将亚硝酸盐转变为硝酸盐，最后从测定结果中减去这一部分亚硝酸盐氮。

在计算水样体积时，应将初步处理时所加各种溶液的体积扣除。

（2）吸取 25 mL（或适量）原水样或经过初步处理的澄清水样置于蒸发皿内，用石蕊试纸指示，调节溶液至中性，置于水浴上蒸干。

（3）取下蒸发皿，加入 1.0 mL 二磺酸酚试剂，用玻璃棒研磨，使试剂与蒸发皿内残渣充分接触，静置 10 min。

（4）向蒸发皿内加入 10 mL 蒸馏水，在搅拌下加入 3～4 mL 浓氨水，使溶液显出最深的颜色。如有沉淀产生，可过滤；或者滴加 EDTA 溶液至沉淀溶解。将溶液移入 50 mL 比色管中，用蒸馏水稀释至刻度，混匀。

（5）另取 50 mL 比色管 12 支，分别加入硝酸盐氮标准溶液 0，0.10，0.30，0.50，0.70，1.0，3.0，5.0，7.0，10.0，15.0 及 20.0 mL，再各加入 1.0 mL 二磺酸酚试剂，并加入与处理水样时所用数量相同的浓氨水。显色后用蒸馏水稀释至刻度，可保存数星期不致褪色。将水样管与标准管进行比色。

（6）如采用分光光度计，则用 410 nm 波长，1 cm 比色皿。硝酸盐氮含量低于 20 $\mu$g 时，改用 3 cm 比色皿。光电比色计用紫色滤光片。

### 四、计算

$$硝酸盐氮(N) = \frac{相当于硝酸盐氮标准溶液用量(mL) \times 10}{V_{水样}} \; mg/L$$

### 五、注意事项

（1）黄色化合物的最大吸收波长为 410 nm，浓度超过 2 mg/L 时，用 480 nm 波长较合适。

（2）因 $NO_3^-$ 的含量随放置时间而变化，如用酸保存水样，则需在测定前调节 pH 为 7～8。

# 实验二十　硫化物的测定(碘量法)

实验二十

## 一、实验原理

水中硫化物与乙酸锌生成硫化锌沉淀,将其溶于酸中与过量碘作用,然后用硫代硫酸钠滴定剩余碘,以求水中硫化物的含量。有关反应式如下:

$$Zn(C_2H_3O_2)_2 + S^{2-} \longrightarrow ZnS\downarrow + 2C_2H_3O_2^-$$

$$ZnS + 2HCl \longrightarrow ZnCl_2 + H_2S$$

$$H_2S + I_2 \longrightarrow 2HI + S\downarrow$$

$$I_2 + 2Na_2S_2O_3 \longrightarrow 2NaI + Na_2S_4O_6$$

## 二、实验试剂

(1) 浓盐酸,分析纯。

(2) 0.025 mol/L 硫代硫酸钠标准溶液:配制和标定方法见实验八中试剂(3)。

(3) 淀粉指示剂:同实验十八中试剂(5)。

(4) $c_{\frac{1}{2}I_2} = 0.025$ mol/L 碘溶液:称取 10 g 分析纯碘化钾,溶于 50 mL 蒸馏水中,再加 3.18 g 单质碘,待碘完全溶解后,用蒸馏水稀释至 1 L。

(5) 1 mol/L 乙酸锌:先用少量蒸馏水溶解 22 g 分析纯乙酸锌($Zn(C_2H_3O_2)_2 \cdot 2H_2O$),再加蒸馏水稀释至 100 mL。

(6) 1 mol/L 氢氧化钠。

## 三、实验步骤

(1) 取一定体积的水样,加 1 mL 1 mol/L 乙酸锌溶液和 1 mL 1 mol/L 氢氧化钠溶液,摇匀,使沉淀凝聚,待上层液澄清后,用滤纸过滤,以蒸馏水冲洗沉淀数次。

(2) 将沉淀及滤纸放至 250 mL 碘量瓶中,用玻璃棒将滤纸捣碎,加 50 mL 蒸馏水,10.0 mL 上述 0.025 mol/L 碘溶液及 5 mL 浓盐酸,放置五分钟。然后用硫代硫酸钠标准溶液滴定过量的碘。当溶液呈淡黄色时,加入 1 mL 淀粉指示剂,继续滴定至溶液的蓝色消失为止,记录用量为 $V$(mL)。

(3) 在滴定水样的同时,作一空白滴定,即取与水样相同体积的蒸馏水,按照与水样相同的操作步骤进行滴定,记录用量为 $V_0$(mL)。

## 四、计算

$$硫化物(S^{2-}) = \frac{(V_0 - V) \times c_{Na_2S_2O_3} \times M_{\frac{1}{2}S} \times 1000}{V_{水样}} \text{ mg/L}$$

$$= \frac{(V_0 - V) \times c_{Na_2S_2O_3} \times 16.03 \times 1000}{V_{水样}} \text{ mg/L}$$

## 五、注意事项

（1）碘量法适于测定浓度为 1 mg/L 以上的硫化物，用在对硫黄泉水和废水的测定中，其测定的准确度较高。

（2）当水样有色、浑浊或含有干扰物质时，应对水样进行预处理。常采用吹气法使硫化物分离后，再进行测定。

（3）取水样时应尽量少与空气接触，以避免空气中的氧通过化学反应破坏硫化物，或避免硫化物挥发。取水样后，若不能及时（三分钟内）进行测定，需在现场对水样中的硫化物进行固定，即在采样时，可向 1 L 水样瓶中加入 2 mL 1 mol/L 乙酸锌溶液，再将水样瓶装满水样。

# 实验二十一　铁的测定（邻二氮菲比色法）

实验二十一

## 一、实验原理

在 pH 为 3～9 的溶液中，亚铁离子可与邻二氮菲形成橙红色络合物，以此进行比色测定。当 pH 为 2.9～3.5 且有过量试剂存在时，显色最快。生成的颜色可保持六个月。

本法直接测定的是亚铁离子，若需测定总铁，则可将高铁用盐酸羟胺还原后再测定。

强氧化剂、氰化物、亚硝酸盐、磷酸盐对测定有干扰。但经加酸煮沸，可将氰化物及亚硝酸盐除去，并使多磷酸盐转变成正磷酸盐以减轻干扰。加入盐酸羟胺则可消除强氧化剂的影响。钴及铜超过 5 mg/L、镍超过 2 mg/L、锌超过铁含量的 10 倍时，对此法均有干扰。铋、镉、汞、钼、银可与试剂产生浑浊。

此法最低检出量为 2.5 μg 铁。若取 50 mL 水样，则最低检出浓度为 0.05 mg/L。

## 二、实验试剂

（1）亚铁标准溶液：称取 0.7020 g 分析纯硫酸亚铁铵（Fe(NH$_4$)$_2$(SO$_4$)$_2$·6H$_2$O），溶于 50 mL 蒸馏水中，加入 20 mL 浓硫酸，用蒸馏水稀释至 1000 mL，此溶液 1.00 mL 含有 0.100 mg 亚铁。取此溶液 10.0 mL，加蒸馏水至 100 mL，此溶液 1.00 mL 含有 10.0 μg 亚铁。

（2）邻二氮菲溶液：称取 100 mg 邻二氮菲($C_{12}H_8N_2 \cdot H_2O$)，溶于加有两滴浓盐酸的 100 mL 蒸馏水中，贮存于棕色瓶内。

（3）10％盐酸羟胺溶液：称取 10 g 分析纯盐酸羟胺，溶于蒸馏水中，并稀释至 100 mL。

（4）3 mol/L 盐酸。

（5）6 mol/L 氨水。

（6）醋酸缓冲溶液：取 28.8 mL 分析纯冰醋酸及 68 g 分析纯醋酸钠($CH_3COONa \cdot 3H_2O$)，溶于蒸馏水中，并稀释至 1 L。

### 三、实验步骤

总铁：

（1）吸取 50 mL 混匀的水样（含铁量不超过 0.05 mg），置于三角瓶中，加入 1.5 mL 3 mol/L 盐酸，煮沸至水样体积约为 40 mL，冷却后移入 50 mL 比色管中。

（2）另取 50 mL 比色管八支，分别加入亚铁标准溶液 0,0.25,0.5,1.0,2.0,3.0,4.0 及 5.0 mL，加蒸馏水至约 40 mL。

（3）向水样管及标准管中各加入 1 mL 10％盐酸羟胺溶液，用 6 mol/L 氨水调节至中性，再各加入 2.5 mL 醋酸缓冲溶液，2 mL 邻二氮菲溶液，加蒸馏水至 50 mL 刻度，混匀，10～15 分钟后进行比色。

（4）如采用分光光度计，则用 510 nm 波长，1 cm 比色杯。如含铁量低于 10 $\mu$g，则改用 3 cm 比色杯。光电比色计用绿色滤光片。

亚铁：

亚铁必须在采样时当场测定。操作步骤与测定总铁相同，但不加酸煮沸，也不加盐酸羟胺溶液。

### 四、计算

$$铁(总铁或亚铁) = \frac{相当于亚铁标准溶液用量(mL) \times 10}{V_{水样}} \ mg/L$$

### 五、注意事项

（1）总铁包括水体中的悬浮铁和生物体中的铁，因此应取充分摇匀的水样进行测定。

（2）水样中若有难溶性铁盐，经煮沸后还未完全溶解时，可继续煮沸至水样体积达 15～20 mL。

# 实验二十二　水中挥发性有机物的测定——吹扫捕集气相色谱法

实验二十二

## 一、实验原理

样品中的挥发性有机物经高纯氮气吹扫后吸附于捕集管中，将捕集管加热并以高纯氮气反吹，被热脱附出来的组分经气相色谱分离后，用电子捕获检测器（ECD）或氢火焰离子化检测器（FID）进行检测，根据保留时间定性，外标法定量。

## 二、实验试剂

（1）甲醇：使用前需确认无目标化合物或目标化合物浓度低于方法检出限。

（2）盐酸溶液（1∶1）：在 150 mL 烧杯中加入 50 mL 超纯水，量取 50 mL 盐酸缓慢倒入烧杯中，并不断搅拌至混合均匀，待溶液冷却后，转入细口瓶中待用。

（3）标准储备液（100 μg/mL）：可直接购买市售有证标准溶液，或用高浓度标准溶液配制；挥发性有机物混合标准储备液应避光保存，开封后应尽快使用完。如开封后的储备液需保存，应在 −10～−20 ℃冷冻密封保存。需保存储备液在使用前应进行检测，如发现化合物响应值或种类出现异常，则弃去不用，使用时恢复室温。

（4）标准中间液（20 μg/mL）：移取 10 mL 标准储备液（100 μg/mL）放入 50 mL 棕色容量瓶，用甲醇稀释到刻度，转入样品瓶中贮存，保存时间不超过一个月。

## 三、主要仪器和设备

（1）气相色谱：气相色谱部分具分流/不分流进样口，可程序升温，且保证脱附气流与气相色谱柱型匹配，配置电子捕获检测器（ECD）或氢火焰检测器（FID）。

（2）色谱柱：

① 测定苯系物：石英毛细管色谱柱，30 m（长）×320 μm（内径）×0.50 μm（膜厚），固定相为聚乙二醇，也可使用其他等效毛细管柱；

② 测定卤代烃：石英毛细管色谱柱，30 m（长）×320 μm（内径）×1.80 μm（膜厚），固定相为 6%氰丙基苯-94%二甲基聚硅氧烷，也可使用其他等效毛细管柱。

（3）吹扫捕集装置：此装置主要包括吹扫装置、捕集管及脱附装置，其中吹扫装置能直接连接到气相色谱部分，并能自动启动气相色谱，能容纳 25 mL 水样且带有 5 mL 的吹扫管；捕集管内径为 25 cm×3 mm，内部填有 1/3 聚 2,6-二苯基对苯醚（Tenax）、1/3 硅胶、1/3 活性炭混合吸附剂，也可使用其他等效吸附剂，但必须满足相关的质量控制要求。

### 四、实验步骤

(1) 水样的采集和保存。

水样采集应使用玻璃瓶采集平行双样,且每批样品应带一个全程序空白和一个运输空白。采集样品时,应使水样在样品瓶中溢流而不留空间。取样时应尽量避免或减少样品在空气中暴露。

对于不含余氯的样品和现场空白,每个样品瓶需加入 0.5 mL 盐酸溶液(1∶1)。对于含余氯的样品和现场空白,需要向每个样品瓶中先加入抗坏血酸,每 40 mL 样品加入 25 mg 的抗坏血酸。如果水样中总余氯的量超 5 mg/L,应先测定总余氯后,再确定抗坏血酸的加入量。在 40 mL 样品瓶中,总余氯每超过 5 mg·L,需多加 25 mg 的抗坏血酸。然后加入水样至充满样品瓶,再加入适量盐酸溶液使水样 pH≤2。

样品采集后冷藏运输,运回实验室后应立即放入冰箱中,在 4 ℃ 以下保存,14 天内分析完毕。

(2) 仪器参考条件。

① 吹扫捕集参考条件:

吹扫温度:30 ℃;吹扫流速:40 mL/min;吹扫时间:11 min;干吹温度:35 ℃;干吹时间:1 min;预脱附温度:180 ℃;脱附温度:190 ℃;脱附时间:2 min;脱附流速:30 mL/min;烘烤温度:200 ℃;烘烤时间:6 min;传输线温度:220 ℃;除湿阱:就绪 50 ℃;烘烤温度:200 ℃;阀箱温度:260 ℃。其余参数设定为仪器默认参数。

② 气相色谱参考条件:

进样口温度:200 ℃;检测器温度:280 ℃;载气:氮气;载气流量:2.5 mL/min;进样方式:分流进样;分流比:10∶1 或根据仪器条件;程序升温:40 ℃(保持 6 min)$\xrightarrow{5\ ℃/min}$100 ℃(保持 2 min)$\xrightarrow{5\ ℃/min}$200 ℃。

(3) 标准系列的制备。

本方法的线性范围为 0.05~200 μg/L

根据仪器的灵敏度和线性要求以及实际样品的浓度,取适量标准中间液(20 μg/mL)用超纯水配制相应的标准浓度序列。

苯系物:低浓度标准系列为 0.50、1.00、2.00、5.00、10.00 和 20.00 μg/L,高浓度标准系列为 5.00、10.00、20.00、50.00、100.00 和 200.00 μg/L(均为参考浓度序列),现配现用。

卤代烃:低浓度标准系列为 0.05、0.20、0.50、2.00、5.00 和 10.00 μg/L,高浓度标准系列为 0.50、2.00、10.00、20.00、50.00 和 200.00 μg/L(均为参考浓度序列),现配现用。

(4) 校准曲线的绘制。

分别移取一定量的标准中间液(20 μg/mL)快速加入装有超纯水的容量瓶中,定容至刻度线,混合均匀。

取 5.0 mL 标准曲线系列溶液于吹扫管中,经吹扫捕集浓缩后进入气相色谱进行分析,得到对应不同浓度的气相色谱图。以峰面积为纵坐标,浓度为横坐标,绘制校准曲线。

(5) 水样的测定及分析。

① 水样的测定:将样品瓶恢复至室温后,用气密性注射器吸取 5.0 mL 样品,按标准样品

完全相同的分析条件进行分析,记录各组分色谱峰的保留时间和峰面积。有自动进样器的吹扫捕集仪可参照仪器说明进行操作。

② 定性分析:根据标准物质各组分的保留时间进行定性分析。

③ 定量分析:采用外标法定量,单位为 $\mu g/L$。计算结果当测定值小于 $100\ \mu g/L$ 时,保留小数点后 1 位;当大于等于 $100\ \mu g/L$ 时,保留 3 位有效数字。

④ 空白实验:用气密性注射器吸取 $5.0\ mL$ 超纯水,然后将超纯水快速注入吹扫管中,按照标准样品相同的测定步骤进行测定。有自动进样器的吹扫捕集仪可参照仪器说明进行操作。

### 五、实验结果分析

(1) 计算公式。

$$\rho_i = \rho_{ri} \times \frac{A_i}{A_{ri}}$$

式中,$\rho_i$ 为样品中目标化合物 $i$ 的浓度,$\mu g/L$;$\rho_{ri}$ 为标准品中目标化合物 $i$ 的浓度,$\mu g/L$;$A_i$ 为样品中目标化合物 $i$ 在色谱图中的峰面积;$A_{ri}$ 为标准品中目标化合物 $i$ 在色谱图中的峰面积。

### 六、注意事项

(1) 样品瓶应在采样前用甲醇清洗,采样时无需用样品进行润洗;

(2) 用超纯水配制的标准溶液不稳定,因此需现用现配;

(3) 对于极易挥发的目标化合物(如氯乙烯等)应使用气密性注射器进行溶液配制,分别移取一定量的标准中间液直接加入装有 $5\ mL$ 蒸馏水的气密性注射器中配成所需的浓度;

(4) 吹扫装置在每次开机后和关机前应进行烘烤,以确保系统无污染;

(5) 若样品中的待测物浓度超过曲线最高点时,则需取适量样品在容量瓶中进行稀释后立即测定;

(6) 苯系物测定的干扰主要来源于甲醇峰的拖尾,影响苯的测定,因此样品分析过程中应尽量少引入甲醇。

# 实验二十三　水中半挥发性有机物的测定
## ——气相色谱-质谱法

实验二十三

半挥发性有机物(SVOCs)一般指挥发性较弱,不溶于水,易溶于有机溶剂中,沸点在 170 ～350 ℃、蒸气压在 $10^{-7}$～0.1 mmHg 之间的一大类化合物。相比挥发性有机物(VOCs),半挥发性有机污染物(SVOCs)更难降解,存在时间更长。这类化合物大多数呈油状液体,易持久存在于空气、水、土壤等环境中,能远距离传输,具有一定的毒性和生物蓄积作用。SVOCs种类繁多,主要包括二噁英类、多环芳烃、有机农药类、氯代苯类、多氯联苯类、吡啶类、喹啉类、硝基苯类、邻苯二甲酸酯类、亚硝基胺类、苯胺类、苯酚类、多氯萘类和多溴联苯类等化合物。

　　SVOCs 的测定方法主要有气相色谱法(GC)、气相色谱-质谱法(GC/MS)、高效液相色谱法(HPLC)等。GC/MS 法因其相对标准偏差较小,操作条件稳定,简便易行,分离效率高,检测灵敏度高,可适用于各种环境中 SVOCs 的测定,是目前最常使用的方法。不过,GC/MS 法虽应用广泛,但不适用于氨基甲酸酯类农药等热不稳定的 SVOCs。HPLC 则不受样品热稳定性的限制,适用于热稳定性差的物质。本实验采取 GC/MS 法定性定量分析水中的半挥发性有机物。

## 一、实验原理

　　本实验采取液液萃取的方法富集提取水体中的半挥发性有机物:用二氯甲烷分别在 pH>11 和 pH<2 的条件下,萃取样品中的半挥发性有机物。萃取液经脱水、浓缩和定容后,经气相色谱-质谱法(GC/MS)分离检测,根据保留时间和目标化合物的特征离子定性,内标法定量。

　　样品由载气携带进入色谱柱,由于样品中各组分在色谱柱流动相(气相)和固定相(液相或固相)间分配系数的差异,使得在载气的冲洗下各组分在两相间作反复多次分配最终分离,然后由接在柱后的检测器根据组分的物理化学特性,将各组分按顺序检测出来,可通过检测结果的保留时间定性样品种类,峰高(峰面积)定量样品含量。

## 二、实验试剂

　　(1) 实验药品。

　　注:以下样品有机溶剂均为色谱纯级别,无机试剂和药品均为分析纯级别。

　　二氯甲烷($CH_2Cl_2$)、硫酸($H_2SO_4$,$\rho = 1.84$ g/mL)、氢氧化钠(NaOH)、蒸馏水、无水硫酸钠($Na_2SO_4$)(在 400 ℃下灼烧或烘烤 4 h,冷却后装入具塞磨口玻璃瓶中密封,于干燥器中保存)。

　　半挥发性有机物混合标准储备液(1000 $\mu$g/mL)(市售)、内标化合物标准储备液(2000 $\mu$g/mL)(市售)、酸性替代物储备液(10000 $\mu$g/mL)(市售)、碱性替代物储备液(5000 $\mu$g/mL)(市售)。

　　上述储备液均为市售有证标准溶液,需按照说明书要求保存。

　　(2) 器皿。

　　① 5 mL 容量瓶 5 个;

　　② 10 mL 容量瓶 2 个;

　　③ 10、50、100 $\mu$L 微量注射器各 1 支;

　　④ 0.45 $\mu$m 滤膜若干;

　　⑤ 150 mL 烧杯 1 个;

　　⑥ 100 mL 细口瓶、聚乙烯瓶各 1 个;

　　⑦ 采样瓶:1 L 具聚四氟乙烯内衬盖或铝箔包裹瓶盖的玻璃磨口棕色瓶若干个(根据采样点个数确定);

⑧ 10、50 mL 量筒各 1 个;

⑨ 普通漏斗 1 个;

⑩ 2000 mL 分液漏斗 1 个(聚四氟乙烯旋塞);

⑪ 250 mL 具塞锥形瓶。

(3)试剂。

① 硫酸溶液(1:1):在 150 mL 烧杯中加入 50 mL 蒸馏水,量取 50 mL 浓硫酸缓慢倒入烧杯中,并不断搅拌至混合均匀,待溶液冷却后,转入细口瓶中备用;

② 氢氧化钠溶液(10.0 mol/L):取适量蒸馏水(约 50 mL)置于 150 mL 烧杯中,称取 40 g 氢氧化钠少量多次逐渐加入水中溶解。将溶液用蒸馏水定容至 100 mL,转入聚乙烯瓶中备用;

③ 酸性替代物使用液(1000 $\mu$g/mL):移取 1 mL 酸性替代物储备液至 10 mL 容量瓶中,用二氯甲烷定容至标线,混匀备用;

④ 碱性替代物使用液(500 $\mu$g/mL):量取 1 mL 碱性替代物储备液至 10 mL 容量瓶中,用二氯甲烷定容至标线,混匀备用。

(4)实验装置及材料。

① 气相色谱-质谱仪:具有电子轰击(EI)离子源;

② 色谱柱:30 m×0.25 mm 的熔融石英毛细柱,膜厚 0.25 $\mu$m(5%苯基-95%二甲基聚硅氧烷固定液),或其他等效毛细管色谱柱;

③ 浓缩装置:配有带 1.00 mL 刻度线浓缩管的氮吹仪,或其他同等性能的设备;

④ 电子天平:量程 100 g,感量 0.0001 g;

⑤ pH 计;

⑥ 微量注射器:10、50、100、250、500 $\mu$L。

### 三、实验步骤

(1)样品采集。

按照 HJ/T 91、HJ 91.1 和 HJ 164 的相关规定进行样品的采集,将样品采集到采样瓶中,每批样品应至少采集 1 个全程序空白样品,用同批次实验用水在现场装满采样瓶,采样结束后与样品一起带回实验室。

(2)样品保存。

样品到达实验室后放于冰箱中 4 ℃保存。如果样品有浑浊或沉淀,必须先用 0.45 $\mu$m 的滤膜进行过滤。所有样品必须在采集后 7 天内进行萃取,萃取液装于密闭玻璃瓶,要避光并贮存于 4 ℃以下,并在萃取后 40 天内完成分析。

(3)试样的制备。

取 1000 mL 均匀样品于分液漏斗中,加 20 $\mu$L 酸性替代物使用液和 40 $\mu$L 碱性替代物使用液,使最终试样中替代物的浓度均为 20 $\mu$g/mL,混合均匀。用氢氧化钠溶液(10.0 mol/L)调节样品 pH>11,加入 30 mL 二氯甲烷,振摇萃取 10 min(萃取时注意周期性放气释放压力),静置分层,收集有机相,再重复以上萃取步骤两次,合并 3 次萃取液于 250 mL 具塞锥形瓶中待用。用硫酸溶液(1:1)调节水相 pH<2,分别用 30 mL 二氯甲烷萃取 3 次,有机相全

部收集合并于锥形瓶中。

将锥形瓶中的萃取液通过装有无水硫酸钠的漏斗,脱水后转移至浓缩装置的浓缩管中。用少量二氯甲烷多次淋洗无水硫酸钠,淋洗液合并于同一根浓缩管中。将浓缩管置于氮吹仪中,在 40 ℃下用高纯氮气将其浓缩至 0.5~1 mL 之间。用二氯甲烷定容至 1 mL,加 5 μL 内标化合物标准储备液,使试样中内标化合物的浓度为 10 μg/mL,混匀待测。(设置 A、B 两组双平行样,同时用蒸馏水代替样品,按照和试样的制备相同的步骤制备空白试样。)

(4)色谱条件选择。

色谱柱:DB-5 MS 型毛细色谱柱,30 m×250 μm×0.25 μm;进样口温度:280 ℃;不分流进样;载气:高纯氦气(纯度≥99.999%);进样量:1.0 μL;柱流量:1 mL/min;初始温度:40 ℃,保持 4 min,以 8 ℃/min 的速率升温至 300 ℃。

(5)标准曲线的建立。

取 5 个 5 mL 容量瓶,预先加入 2 mL 二氯甲烷,分别取适量的半挥发性有机物混合标准储备液、酸性替代物使用液、碱性替代物使用液和内标化合物标准储备液,用二氯甲烷定容后混匀,配制成半挥发性有机物和替代物,其系列质量浓度分别为 5.0、20.0、50.0、80.0、100 μg/mL,内标化合物的质量浓度均为 10.0 μg/mL 的系列标准溶液。也可根据仪器灵敏度或样品中目标化合物浓度配制成其他气相色谱-质谱仪合适的浓度水平校准系列。按照气相色谱条件,从低浓度到高浓度依次进样分析,测定标样中各半挥发性有机物的保留时间及峰高(或峰面积),以浓度为横坐标,峰高(或峰面积)为纵坐标,绘制标准曲线。

(6)样品测定

在同一气相色谱条件下,将试样 A、B 和空白试样进样,得到色谱图。将色谱图中各物质的保留时间与标准谱图半挥发性化合物的保留时间比较,可定性水中的半挥发性化合物。在对目标化合物定性的基础上,根据化合物的峰高(或峰面积),采用内标法定量。

## 四、实验结果分析

(1)标准系列数据记录。

绘制各半挥发性有机物(SVOCs)的标准曲线。

(2)水体中半挥发性有机物(SVOCs)结果记录。

(3)样品浓度计算。

计算公式

$$\rho_x = C_x \times V_1 / V_2$$

式中,$\rho_x$ 为水中被测组分含量,μg/L;$C_x$ 为试样中被测组分浓度,μg/mL;$V_1$ 为试样体积,mL;$V_2$ 为取样体积,L。

## 五、注意事项

(1)试样制备时,如遇成分复杂的样品在萃取时发生乳化现象,可采取机械手段完成两相分离,包括搅动、离心、用玻璃棉过滤等方法破乳,也可采用冷冻方法破乳。

(2)当分析高浓度样品或连续分析浓度样品时可能由于过载引起污染。因此,分析样品时应考虑到高浓度样品的干扰,对后续样品中出现的相似分析组分进行重新分析,以确保不是污染引入的。

# 实验二十四　挥发酚的测定（4-氨基安替比林比色法）

实验二十四

## 一、实验原理

在 pH 为 $10.0\pm0.2$ 和有氧化剂铁氰化钾存在的情况下,4-氨基安替比林可与挥发酚类生成安替比林染料。酚的浓度在 $0.1\sim2$ mg/L 时,溶液的红色只能在半小时内保持稳定;酚的浓度低于 0.1 mg/L 时,需用氯仿萃取,所得到的橙黄色或黄色萃取液在三小时内稳定。

将水样进行蒸馏,大部分干扰物质均可消除。

本法最低检出量为 0.5 μg 酚。若取 250 mL 水样测定,最低检出浓度为 0.002 mg/L。

挥发酚应在取样后四小时内进行测定,否则须于每升水样中加 5 mL 40％的氢氧化钠溶液或 2 g 固体氢氧化钠,这样可保存一天。

## 二、实验试剂

本法所用蒸馏水均不得含酚和游离氯。

(1) 磷酸溶液:将 10 mL 85％的化学纯磷酸用蒸馏水稀释至 100 mL。

(2) 10％硫酸铜溶液:称取 20 g 化学纯 $CuSO_4\cdot5H_2O$,溶于蒸馏水中,并稀释至 100 mL。

(3) 缓冲溶液(pH＝9.8):称取 20 g 化学纯氯化铵,溶于 100 mL 化学纯浓氨水中。

(4) 氯仿:化学纯。

(5) 2％ 4-氨基安替比林溶液:称取 2.0 g 化学纯 4-氨基安替比林($C_{11}H_{13}ON_3$),溶于蒸馏水中,并稀释至 100 mL。此溶液可保存一周。

(6) 8％铁氰化钾溶液:称取 8.0 g 化学纯 $K_3[Fe(CN)_6]$,溶于蒸馏水中,并稀释至 100 mL。此溶液一般可保存一周,颜色较深时则应重新配制。

(7) $c_{\frac{1}{6}KBrO_3}$＝0.1 mol/L 溴酸钾-溴化钾溶液:称取 2.7840 g 干燥的分析纯 $KBrO_3$,溶于蒸馏水中,加入 10 g KBr,并稀释至 1000 mL。

(8) 0.5％淀粉溶液:称取 0.5 g 可溶性淀粉,以少量水调成糊状,加入刚煮沸的蒸馏水至 100 mL,冷却后加入 0.1 g 水杨酸或 0.4 g 氯化锌保存。

(9) 0.025 mol/L 硫代硫酸钠标准溶液:称取 25 g 分析纯 $Na_2S_2O_3\cdot5H_2O$,溶于 1 L 煮沸放冷的蒸馏水中,此溶液浓度约为 0.1 mol/L。加入 0.4 g 氢氧化钠或 0.2 g 无水碳酸钠,以防分解,贮于棕色瓶内,可保存数月。使用时用碘酸钾进行标定。

标定方法:取分析纯碘酸钾($KIO_3$),在 105 ℃下烘干半小时。冷却后,准确称取两份约 0.1500 g 碘酸钾,分别放入 250 mL 碘量瓶中,于每瓶中各加入 100 mL 蒸馏水,使碘酸钾溶解。再加入 3 g 碘化钾及 10 mL 冰醋酸,静置 5 min。用待标定的硫代硫酸钠溶液滴定至溶液呈淡黄色时,加入 1 mL 0.5%的淀粉溶液,继续滴定至刚变无色时为止。记录用量。则

$$c_{Na_2S_2O_3} = \frac{M_{KIO_3}(g) \times 1000}{V_{Na_2S_2O_3}(mL) \times M_{\frac{1}{6}KIO_3}(g/mol)} = \frac{M_{KIO_3} \times 1000}{V_{Na_2S_2O_3} \times 35.667} \ mol/L$$

以两次的平均值表示结果,将此标准溶液稀释成 0.02500 mol/L 硫代硫酸钠溶液备用。

(10) 酚标准储备溶液:溶解 1 g 精制酚(精制方法见实验十九中试剂(1))于 1 L 蒸馏水中,按下述方法标定,然后保存于冰箱内。

吸取 10.0 mL 待标定的酚储备溶液,注入 250 mL 碘量瓶中,加入 50 mL 蒸馏水,然后准确加入 10.0 mL 溴酸钾-溴化钾溶液,并立即加入 5 mL 浓盐酸,将瓶塞盖紧,缓缓旋转。静置 10 min 后,加入 1 g 碘化钾,摇匀。另外用 10 mL 蒸馏水代替酚储备溶液,按照上述方法配制一空白溶液。

用 0.02500 mol/L 硫代硫酸钠溶液滴定空白溶液和酚储备溶液,以 0.5%的淀粉溶液作指示剂。

计算酚储备溶液浓度的公式如下:

$$酚的浓度 = \frac{(A-B) \times c_{Na_2S_2O_3} \times M_{\frac{1}{6}C_6H_6O} \times 1000}{V_{酚}} = \frac{(A-B) \times c_{Na_2S_2O_3} \times \frac{94.1}{6} \times 1000}{10} \ mg/L$$

式中,$C$ 为硫代硫酸钠标准溶液的摩尔浓度(mol/L);$A$ 为空白溶液消耗硫代硫酸钠标准溶液的用量(mL);$B$ 为酚储备溶液消耗硫代硫酸钠标准溶液的用量(mL)。

(11) 酚标准使用溶液:临用时将酚标准储备溶液用蒸馏水稀释至 1.00 mL,相当于 10.0 μg 酚。再取此溶液 10.0 mL,用蒸馏水稀释至 100 mL,则 1.00 mL 相当于 1.00 μg 酚。

### 三、实验步骤

(1) 取 250 mL 水样于蒸馏器中,加入 2.5 mL 硫酸铜溶液,用磷酸溶液将 pH 调节到 4.0 以下(以甲基橙作指示剂,使水样由橘黄色变为橙红色),蒸出总体积的 90%左右,停止蒸馏。稍冷,往蒸馏器内加入 25 mL 蒸馏水,继续蒸馏,直到收集 250 mL 蒸馏液为止。

(2) 比色测定:将水样蒸馏液全部转入 500 mL 分液漏斗中。

另取酚标准溶液 0,0.50,1.0,2.0,4.0,6.0,8.0 及 10.0 mL,分别置于预先盛有 100 mL 蒸馏水的 500 mL 分液漏斗中,再补加蒸馏水至 250 mL。

向各分液漏斗中加入 2.0 mL 缓冲溶液,混匀。再各加入 1.5 mL 2%的 4-氨基安替比林溶液,再混匀。最后加入 1.5 mL 8%的铁氰化钾溶液,充分混匀。静置 10 min。加入 13.0 mL 氯仿,振摇 2 min。静置分层后,接取氯仿萃取液于干燥的 10 mL 比色管至刻度。

将水样管与标准管进行比色。如萃取液浑浊,可加少许无水硫酸钠脱水。

如采用分光光度计,则用 460 nm 波长,3 cm 比色皿。光电比色计用蓝色滤光片。

### 四、计算

$$挥发酚类(以苯酚计) = \frac{相当于酚标准使用溶液(mL)}{V_{水样}} \ mg/L$$

### 五、注意事项

（1）因水样中的氧化剂（如游离氯）能氧化 4-氨基安替比林和一部分酚类化合物，故采样后应立即加入过量的硫酸亚铁或亚砷酸钠。

（2）若水样含有挥发性酸，经蒸馏后，馏出液仍带酸性，此时，宜先加 5 mL 5％的氯化铵溶液，再用浓氨水把 pH 调节至 10.0±0.2。

（3）在水样和标准溶液中加入缓冲溶液与 4-氨基安替比林溶液以后，一定要充分混匀，然后才能加入铁氰化钾溶液，否则测定结果严重偏低。

# 实验二十五　废水中油的测定——紫外分光光度法

实验二十五

### 一、实验原理

石油及其产品在紫外光区有特征吸收，带有苯环的芳香族化合物主要吸收波长为 250～260 nm；带有共轭双键的化合物主要吸收波长为 215～230 nm。一般原油的两个主要吸收波长为 225 nm 及 254 nm。石油产品中，如燃料油、润滑油等的吸收峰与原油相近。因此，波长的选择应视实际情况而定，原油和重质油可选 254 nm，而轻质油及炼油厂的油品可选 225 nm。

标准油采用受污染地点水样中的石油醚萃取物。如有困难可采用 15 号机油、20 号重柴油或环保部门批准的标准油。

### 二、实验试剂

（1）脱芳烃石油醚：将 60～100 目粗孔微球硅胶和 70～120 目中性层析氧化铝（在 150～160 ℃活化 4 h）在未完全冷却前装入内径 25 mm（其他规格亦可）、高 750 mm 的玻璃柱中。下层硅胶高 600 mm，上面覆盖 50 mm 厚的氧化铝（约可处理 420 mL 石油醚），将 60～90 ℃馏分的石油醚通过此柱以脱除芳烃。收集石油醚于细口瓶中，以水为参比，在 225 nm 处测定处理过的石油醚，其透光率应不小于 80％。

（2）标准油：用经脱芳烃并重蒸馏过的 60～90 ℃沸程的石油醚，从待测水样中萃取油品，经无水硫酸钠脱水后过滤。将滤液置于（65±5）℃水浴上蒸出石油醚，然后置于（65±5）℃恒温箱内赶尽残留的石油醚，即得到标准油。

（3）标准油储备液：准确称取 0.100 g 标准油溶于脱芳烃 60～90 ℃沸程的石油醚中，移入 100 mL 容量瓶内，稀释至标线，储于冰箱中。每毫升标准油储备液含有 1.00 mg 油。

（4）标准油使用液：使用前把上述标准油储备液用脱芳烃石油醚稀释 10 倍，即每毫升标准油使用液含 0.10 mg 油。

（5）硫酸（1∶1）：用 100 mL 量筒量取 50 mL 蒸馏水，倒入 250 mL 烧杯中，再用量筒量取

50 mL 浓硫酸,将其沿杯壁缓慢倒入烧杯中,并用玻璃棒不断搅拌均匀。

(6) 无水硫酸钠($Na_2SO_4$):在 300 ℃下烘干 1 h,冷却后装瓶备用。

(7) 氯化钠。

## 三、主要仪器和设备

(1) 分光光度计。

(2) 电子天平。

## 四、实验步骤

(1) 标准曲线的绘制。

向 7 个 50 mL 容量瓶中分别加入 0、2.00、4.00、8.00、12.00、20.00 和 25.00 mL 标准油使用液,用脱芳烃石油醚(60~90 ℃馏分)稀释至标线。在选定波长处,用 10 mm 石英比色皿,以脱芳烃石油醚为参比测定其吸光度。经空白校正后,绘制标准曲线。

(2) 油类的萃取。

① 将已测量体积的水样仔细移入 1000 mL 分液漏斗中,加入 5 mL 硫酸(1∶1)酸化,若采样时已酸化,则不需再次加酸。加入氯化钠,其量约为水量的 2%。用 20 mL 脱芳烃石油醚(60~90 ℃馏分)清洗采样瓶后,移入分液漏斗中。充分振摇 3 min,静置使之分层,将水层移入采样瓶内;

② 将石油醚萃取液通过内铺约 5 mm 厚无水硫酸钠层的玻璃砂芯漏斗滤入 50 mL 容量瓶内;

③ 用 10 mL 脱芳烃石油醚洗涤玻璃砂芯漏斗,其洗涤液均收集于同一容量瓶内,并用脱芳烃石油醚稀释至标线。

(3) 吸光度测定。

在选定的波长处,用 10 mm 石英比色皿,以脱芳烃石油醚为参比,测定其吸光度。

(4) 空白值测定。

取与水样相同体积的纯水,按照水样操作步骤制备空白试验溶液,进行空白试验。

## 五、实验结果分析

实验结果计算由水样测得的吸光度,减去空白试验的吸光度后,从标准曲线上查出相应的油含量。通过下式计算出废水中油的浓度。

$$c = \frac{m \times 1000}{V}$$

式中,$\rho$ 为废水中油的浓度,mg/L;$m$ 为从标准曲线上查出相应油的质量,mg;$V$ 为水样体积,mL。

## 六、注意事项

(1) 实验中所使用的玻璃容器需先用自来水清洗干净,再用去离子水清洗,然后置于电热鼓风干燥箱中烘干,需要注意容量瓶不能够用干燥箱烘干。使用的器皿应避免有机物污染。

（2）不同油品的特征吸收峰不同,如难以确定测定的波长,则可向 50 mL 容量瓶中移入标准油使用液 20~25 mL,用脱芳烃石油醚稀释至标线,在波长 215~300 nm 间,用 10 mm 石英比色皿测得吸收光谱（以吸光度为纵坐标,波长为横坐标的吸光度曲线）,得到最大吸收峰的位置,一般为 220~225 nm。

（3）水样及空白测定所使用的石油醚应为同一批号,否则会由于空白值不同而产生误差。

（4）如石油醚纯度较低,或缺乏脱芳烃条件,亦可采用己烷作萃取剂。把己烷进行重蒸馏后使用,或用水洗涤 3 次,以除去水溶性杂质。以水作参比,于波长 225 nm 处测定,其透光率应大于 80%。

（5）用塑料桶采集或保存水样,会引起测定结果偏低。

# 实验二十六　汞的测定（双硫腙比色法）

实验二十六

## 一、实验原理

在酸性溶液中,汞与双硫腙形成橙色螯合物,用有机溶剂萃取,再用碱液洗去过量的双硫腙,进行比色。

于水样中加入高锰酸钾和硫酸,并加热,可将水中有机汞和低价汞氧化成高价汞,且能消除有机物的干扰。

铜、银、金、铂、钯等金属离子在酸性溶液中同样可被双硫腙溶液萃取。在提高溶液酸度和碱性洗液浓度,并在碱性洗液中加入 EDTA 后,则 1000 $\mu g$ 铜、20 $\mu g$ 银、10 $\mu g$ 金和 5 $\mu g$ 铂对汞的测定均无干扰。而钯在一般水中很少存在。

此法最低检出量为 0.25 $\mu g$ 汞。若取 250 mL 水样测定,最低检出浓度为 0.001 mg/L。

## 二、实验试剂

本法所使用的蒸馏水必须不含汞、铜等离子。

（1）5% 高锰酸钾溶液:称取 5 g 优级纯高锰酸钾,溶于蒸馏水中,并稀释至 100 mL。

（2）浓硫酸,优级纯。

（3）20% 盐酸羟胺溶液:称取 20 g 盐酸羟胺,溶于蒸馏水中,并稀释至 100 mL。每次用 5 mL 0.01% 的双硫腙氯仿溶液萃取,到双硫腙溶液不再变色为止,最后用氯仿洗两次。

（4）20% 亚硫酸钠溶液:称取 20 g $Na_2SO_3 \cdot 7H_2O$,溶于蒸馏水中,并稀释至 100 mL。

（5）碱性洗脱液:将 500 mL 0.5 mol/L 的氢氧化钠溶液与 500 mL 浓氨水混合,加入 10 g EDTA,混匀。

（6）0.1% 双硫腙氯仿溶液:称取 100 mg 纯净的双硫腙,溶于 100 mL 氯仿中。贮于棕色瓶中,保存于冰箱内。

如双硫腙不纯,可用下述方法纯化:称取 0.5 g 双硫腙,溶于 100 mL 氯仿中,滤去不溶物,置于分液漏斗中。每次用 20 mL 1∶100 的稀氨水连续萃取数次,此时双硫腙进入氨水层中。合并氨水层,用稀硫酸中和并调节至弱酸性。加入 100 mL 的纯净氯仿萃取,此时双硫腙转入氯仿层。将此双硫腙溶液放入棕色瓶中,保存于冰箱内。也可使氯仿全部挥发,将双硫腙粉末保存于棕色瓶内。

(7) 40％透光率的双硫腙氯仿溶液:临用前将 0.1％的双硫腙氯仿溶液用氯仿稀释至透光率为 40％(500 nm 波长,1 cm 比色杯)。

(8) 汞标准溶液:称取 0.1354 g 氯化汞,溶于 5∶95 的硝酸中,并稀释至 1000 mL。1.00 mL 此溶液含有 100.0 μg 汞。临用前再用 5∶95 的硝酸稀释 100 倍,使之成为 1.00 mL 含有 1.00 μg 汞的标准溶液。

### 三、实验步骤

(1) 于 500 mL 具塞三角瓶中放入 10 mL 5％的高锰酸钾溶液(如水样中有机物过多,可多加 5～10 mL),然后加入 250 mL 水样。

(2) 另取同样三角瓶九个,各先加 10 mL 5％的高锰酸钾溶液,然后分别加入汞标准溶液 0,0.20,0.50,1.0,2.0,4.0,6.0,8.0 及 10.0 mL,再各加蒸馏水至 250 mL。

(3) 在水样瓶及标准液瓶中各加入 20 mL 浓硫酸,混匀,置电炉上加热至沸腾。

(4) 将溶液冷却至室温,滴加 20％的盐酸羟胺溶液,使高锰酸钾褪色,剧烈振荡,开塞放置半小时后,各倾入 500 mL 分液漏斗中。

(5) 向分液漏斗中各加入 1 mL 20％亚硫酸钠溶液及 10.0 mL 40％透光率的双硫腙溶液,剧烈振摇一分钟,静置分层。

(6) 将双硫腙溶液放入另一套已盛有 20 mL 碱性洗脱液的 125 mL 分液漏斗中,剧烈振摇半分钟,静置分层。分出氯仿层后,再用 20 mL 碱性洗脱液如上法洗涤一次,静置分层。

(7) 在分液漏斗颈部塞入少许脱脂棉,用以滤除水珠,然后将氯仿层放入 10 mL 比色管中,进行比色。

(8) 如采用分光光度计,则用 485 nm 波长,2 cm 比色杯测定吸光度。

### 四、计算

$$汞(Hg) = \frac{相当于标准的微克数(\mu g)}{V_{水样}} \ mg/L$$

### 五、注意事项

(1) 盐酸羟胺还原高锰酸钾的过程中可产生大量氯气,为防止氧化双硫腙,必须开塞静置半小时,使氯气逸散。

(2) 加亚硫酸钠的作用,是还原溶液中剩余的氯气和少量可能存在的四价锰,以保护双硫腙不被氧化。

(3) 双硫腙汞络合物对光及温度很敏感,最适宜的条件是将待比色的溶液放置在无直射光和 20 ℃以下的环境中。在此条件下,双硫腙汞约可稳定两小时。

# 实验二十七　六价铬的测定
## （二苯碳酰二肼比色法）

## 一、实验原理

在酸性条件下,六价铬离子可与二苯碳酰二肼作用,生成紫红色络合物,进行比色。

亚汞和高汞离子可与二苯碳酰二肼产生蓝色或紫蓝色化合物,干扰测定,但在所控制的酸度下,其反应不灵敏。铁超过 1 mg/L 时,可与试剂生成黄色化合物,而干扰测定。

此法最低检出量为 0.2 $\mu$g 六价铬,若水样体积为 50 mL,则最低检出浓度为 0.004 mg/L。

## 二、实验试剂

(1) 二苯碳酰二肼溶液:称取 0.1 g 分析纯二苯碳酰二肼,溶于 50 mL 95％的乙醇中,加入 200 mL 1∶9 的硫酸溶液,混匀。此试剂应为无色液体。

(2) 铬标准储备溶液:将分析纯重铬酸钾放入 105～110 ℃烘箱内烘烤两小时,冷却后称取 0.1414 g,溶于蒸馏水中,并稀释至 500 mL。此溶液 1.00 mL 含有 0.100 mg 六价铬。

(3) 铬标准使用溶液:吸取铬标准储备溶液 10.0 mL,准确稀释至 1000 mL。此溶液 1.00 mL 含有 1.00 $\mu$g 六价铬。

## 三、实验步骤

(1) 取 50 mL 澄清的中性水样(或取适量水样加蒸馏水至 50 mL),置于 50 mL 比色管中。

(2) 另取 50 mL 比色管九支,分别加入铬标准使用溶液 0,0.20,0.50,1.0,2.0,4.0,6.0,8.0 及 10.0 mL,加蒸馏水至刻度。

(3) 向水样管及标准管中各加 2.5 mL 二苯碳酰二肼溶液,混匀。放置 10 min 后,进行比色。

(4) 如采用分光光度计,则用 540 nm 波长,3 cm 比色杯。光电比色计用绿色滤光片。

## 四、计算

$$六价铬(Cr^{6+}) = \frac{相当于铬标准使用溶液用量(mL)}{V_{水样}} \text{ mg/L}$$

### 五、注意事项

(1) 二苯碳酰二肼又名二苯氨基脲,配成溶液后不稳定,应于冰箱中保存,颜色变深则不能再用。

(2) 显色反应在 15 ℃时最稳定,显色 2~3 min 后,颜色可变最深,且于 5~15 min 内保持不变。

## 实验二十八　水中钾、钠、钙、镁、铜、铁的测定
## ——原子吸收分光光度法

实验二十八

### 一、实验原理

火焰原子吸收分光光度法所用的仪器称为火焰原子吸收分光光度计,主要由光源(空心阴极灯)、火焰原子化器、分光系统、检测器等部分组成。

光源辐射出待测元素特征谱线的光,经过试样蒸气时被蒸气中待测元素基态原子吸收。根据特征谱线光被减弱的程度来检测试样中待测元素的含量。原子吸收分光光度法遵循朗伯-比尔定律,通过比较样品溶液和标准溶液的吸光度,求出样品中待测元素的含量。

### 二、实验试剂

(1) 硝酸溶液(1∶1):分别量取 500 mL 的硝酸和水,混合均匀。

(2) 硝酸溶液(0.2%(V/V)):量取 2 mL 硝酸加入 998 mL 水中混合均匀。

(3) 盐酸溶液(1∶99):量取 10 mL 盐酸加入 990 mL 水中混合均匀。

(4) 盐酸溶液(1∶1):分别量取 500 mL 的盐酸和水,混合均匀。

(5) 硝酸铯溶液(10.0 g/L):称取 1.0 g 硝酸铯溶于 100 mL 水中。

(6) 钾标准储备液(1000.00 mg/L):准确称取 1.9067 g 氯化钾,以水溶解并移至 1000 mL 容量瓶中,稀释至标线,摇匀。将此溶液及时转入聚乙烯瓶中保存。也可以购买市售有证标准溶液。

(7) 钾标准使用液(100.00 mg/L):移取钾标准储备液 10.00 mL 于 100 mL 容量瓶中,加 2 mL 硝酸溶液(1∶1),以水稀释至标线,摇匀备用。此溶液可保存 3 个月。

(8) 钠标准储备液(1000.00 mg/L):准确称取 2.5421 g 氯化钠,以水溶解,并移至 100 mL 容量瓶中,稀释至标线,摇匀。及时转入聚乙烯瓶中保存。也可以购买市售有证标准溶液。

(9) 钠标准使用液 I(100.00 mg/L):移取钠标准储备液 10.00 mL 于 100 mL 容量瓶中,加 2 mL 硝酸溶液(1∶1),以水稀释至标线,摇匀。此溶液可保存 3 个月。

(10) 钠标准使用液 II(10.00 mg/L):移取 10.00 mL 的钠标准使用液 I 于 100 mL 容量

瓶中,加 2 mL 硝酸溶液(1∶1),以水稀释至标线,摇匀。此溶液可保存一个月。

(11) 钙标准储备液(1000.00 mg/L):准确称取 105～110 ℃烘干过的碳酸钙 2.4973 g 于 100 mL 烧杯中,加入 20 mL 水,小心滴加硝酸溶液(1∶1)至溶解,再加 10 mL 硝酸溶液(1∶1),加热煮沸,冷却后用水定容至 1000 mL。也可以购买市售有证标准溶液。

(12) 钙标准使用液(50.00 mg/L):吸取钙标准储备液 5.0 mL 于 100 mL 容量瓶中,加入 1 mL 硝酸溶液(1∶1),用水稀释至标线。

(13) 镁标准储备液(100.00 mg/L):准确称取 800 ℃灼烧至恒重的氧化镁 0.1658 g 于 100 mL 烧杯中,加 20 mL 水,滴加硝酸溶液(1∶1)至完全溶解,再加 10 mL 硝酸溶液(1∶1),加热煮沸,冷却后用水定容至 1000 mL。也可以购买市售有证标准溶液。

(14) 镁标准使用液(5.00 mg/L):移取镁标准储备液 5.0 mL 于 100 mL 容量瓶中,加入 1 mL 硝酸溶液(1∶1),用水稀释至标线。

(15) 铜标准储备液(100.00 mg/L):准确称取 1.000 g 光谱纯铜,用硝酸($\rho = 1.42$ g/mL 优级纯)溶解,必要时加热,直至溶解完全,然后用水稀释定容至 1000 mL。也可以购买市售有证标准溶液。

(16) 铜标准使用液(50.00 mg/L):移取铜标准储备液 5.0 mL 于 100 mL 容量瓶中,用硝酸溶液(0.2%(V/V))稀释至标线。

(17) 铁标准储备液(1000.00 mg/L):准确称取光谱纯金属铁 1.0000 g,用 60 mL 盐酸溶液(1∶1)溶解,用去离子水准确稀释至 1000 mL。也可以购买市售有证标准溶液。

(18) 铁标准使用液(50.00 mg/L):移取铁标准储备液 50.00 mL 于 1000 mL 容量瓶中,用盐酸溶液(1∶99)稀释至标线,摇匀。

(19) 钙溶液(10 g/L):称取无水氯化钙 2.7750 g 溶于水并稀释至 100 mL。

(20) 镧溶液(0.1 g/mL):称取氧化镧 23.5 g,用少量硝酸溶液(1∶1)溶解,蒸至近干,加 10 mL 硝酸溶液(1∶1)及适量水,微热溶解,冷却后用水定容至 200 mL。

(21) 硝酸铯溶液(10.0 g/L):称取 1.0 g 硝酸铯溶于 100 mL 水中。

## 三、主要仪器和设备

(1) 原子吸收分光光度计。

(2) 空心阴极灯。

(3) 乙炔的供气装置:乙炔钢瓶。

(4) 空气压缩机:均应附有过滤装置,由此得到无油无水净化空气。

(5) 温控电热板:具温控功能(温度稳定±5 ℃),可控温度大于 180 ℃。

(6) 微波消解仪:功率 600～1500 W,温度精度±2.5 ℃,配备微波消解罐。

(7) 电子天平:量程 0～220 g,感量 0.0001 g。

## 四、实验步骤

(1) 样品保存与试样制备

用聚乙烯塑料瓶采集样品。采样瓶先用洗涤剂洗净,再在硝酸溶液(1∶1)中浸泡,使用前用水冲洗干净。

① 钾和钠

水样在采集后,应立即以 0.45 $\mu$m 滤膜过滤,滤液用硝酸(1∶1)调至 pH 为 1～2,于聚乙烯瓶中保存。

如果对样品中钾、钠浓度大体已知,则可直接取样,或者采用次灵敏线测定先求得其浓度范围。然后再分取一定量(一般为 2～10 mL)的实验室样品于 50 mL 容量瓶中,加 3.0 mL 硝酸铯溶液,用水稀释至标线,摇匀。此溶液应在当天完成测定。

② 钙和镁

分析溶解态钙和镁时,如水样有大量的泥沙、悬浮物,样品采集后应及时澄清,澄清液通过 0.45 $\mu$m 有机微孔滤膜过滤,滤液加硝酸酸化至 pH 为 1～2。

分析钙和镁总量时,采集后立即加硝酸酸化至 pH 为 1～2。如果样品需要消解,则校准溶液、空白溶液也要消解。消解步骤如下:移取 100 mL 待处理样品,置于 200 mL 烧杯中,加入 5 mL 硝酸,在电热板上加热消解,蒸至 10 mL 左右,加入 5 mL 硝酸和 2 mL 高氯酸,继续消解,蒸至 1 mL 左右,取下冷却,加水溶解残渣,通过中速滤纸,滤入 50 mL 容量瓶中,用水稀释至标线。(消解中使用的高氯酸易爆炸,要求在通风柜中进行。)

③ 铜

分析溶解的铜时,样品采集后立即通过 0.45 $\mu$m 滤膜过滤,得到的滤液再加硝酸酸化至 pH 为 1～2。

测定金属总量时,如果样品需要消解,则混匀后移取 100.0 mL 实验室样品置于 200 mL 烧杯中,加入 5 ml 硝酸,在电热板上加热消解,确保样品不沸腾,蒸至 10 mL 左右,加入 5 mL 硝酸和 2 mL 高氯酸,继续消解,蒸至 1 mL 左右。如果消解不完全,再加入 5 mL 硝酸和 2 mL 高氯酸,再蒸至 1 mL 左右。取下冷却,加水溶解残渣,通过中速滤纸(预先用酸洗)滤入 100 mL 容量瓶中,用水稀释至标线。(消解中使用的高氯酸易爆炸,要求在通风柜中进行)。

④ 铁

分析溶解的铁时,样品采集后立即通过 0.45 $\mu$m 滤膜过滤,得到的滤液再加硝酸酸化至 pH 为 1～2。

测定金属总量时,如果样品需要消解,则混匀后取 100.0 mL 实验室样品置于 200 mL 烧杯中,加入 5 mL 硝酸,在电热板上加热消解,确保样品不沸腾,蒸至 10 mL 左右,加入 5 mL 硝酸和 2 mL 高氯酸,继续消解,蒸至 1 mL 左右。如果消解不完全,再加入 5 mL 硝酸和 2 mL 高氯酸,再蒸至 1 mL 左右。取下冷却,加盐酸溶液(1∶99)溶解残渣,若有沉淀,用定量滤纸滤入 50 mL 容量瓶中,加钙溶液 1 mL,以盐酸溶液(1∶99)稀释至标线。(消解中使用的高氯酸易爆炸,要求在通风柜中进行。)

(2) 标准溶液的制备

① 钾标准溶液:

取 6 只 50 mL 容量瓶,分别加入钾标准使用液 0、0.50、1.00、1.50、2.00 和 2.50 mL,加 3.00 mL 硝酸铯溶液,加 1.00 mL 硝酸溶液(1∶1),用水稀释至标线,摇匀。其各点的浓度分别为 0、1.00、2.00、3.00、4.00 和 5.00 mg/L。本校准溶液应在当天使用。

② 钠标准溶液:

取 6 只 50 mL 容量瓶,分别加入钠标准使用液(10.00 mg/L)0、1.00、3.00、5.00、7.50 和

10.00 mL,加 3.00 mL 硝酸铯溶液,加 1 mL 硝酸溶液(1∶1),用水稀释至标线,摇匀。其各点的浓度分别为 0、0.20、0.60、1.00、1.50 和 2.00 mg/L。本校准溶液应在当天使用。

③ 钙标准溶液:

取 6 只 50 mL 容量瓶,分别加入钙标准使用液 0、0.50、1.00、3.00、5.00 和 6.00 mL,加 1 mL 硝酸(1∶1)和 1 mL 镧溶液,用水稀释至标线,摇匀。其各点的浓度分别为 0、0.50、1.00、3.00、5.00 和 6.00 mg/L。本校准溶液应在当天使用。

④ 镁标准溶液:

取 6 只 50 mL 容量瓶,分别加入镁标准使用液 0、0.50、1.00、3.00、5.00 和 6.00 mL,加 1 mL 硝酸(1∶1)和 1 mL 镧溶液,用水稀释至标线,摇匀。其各点的浓度分别为 0、0.050、0.10、0.30、0.50 和 0.60 mg/L。本校准溶液应在当天使用。

⑤ 铜标准溶液:

取 6 只 100 mL 容量瓶,分别加入铜标准使用液 0、0.50、1.00、3.00、5.00 和 10.00 mL,用硝酸溶液(0.2%(V/V))稀释至标线,摇匀。其各点的浓度分别为 0、0.25、0.50、1.50、2.50 和 5.00 mg/L。本校准溶液应在当天使用。

⑥ 铁标准溶液:

取 6 只 50 mL 容量瓶,分别加入铁标准使用液 0、0.50、1.00、3.00、5.00 和 10.00 mL,用盐酸溶液(1∶99)稀释至标线,摇匀。其各点的浓度分别为 0、0.50、1.00、3.00、5.00 和 10.00 mg/L。本校准溶液应在当天使用。

(3)仪器的准备

将待测元素空心阴极灯装在灯架上,经预热稳定后,按下表选择波长和调节火焰至最佳工作条件。

各元素灵敏线

|   | 特征谱线(nm) | 次灵敏线(nm) |
|---|---|---|
| 钾 | 766.5 | 404.4 |
| 钠 | 589.0 | 330.2 |
| 钙 | 422.7 | |
| 镁 | 285.2 | |
| 铜 | 324.7 | |
| 铁 | 248.3 | |

注意:在打开气路时,必须先开空气压缩机,再开乙炔;当关闭气路时,必须先关乙炔,后关空气压缩机,以免回火爆炸。点火后,在测量前,先以硝酸溶液(0.2%(V/V))喷雾 5 min,以清洗雾化系统。

(4)测量标准溶液和试样

测量前,先以水调仪器零点,再进样品。依次从低浓度到高浓度测定标准溶液,记录吸光度。以标准溶液吸光度为纵坐标,对应的标准溶液的浓度为横坐标绘制标准曲线。

按照标准溶液的步骤测定试样吸光度,依据标准曲线得到浓度。

(5)空白试验

在测定的同时应进行空白试验。空白试验时用 50 mL 水取代试样。所用试剂及其用量,步骤与试样测定完全相同。

## 五、实验结果分析

（1）计算公式

水样中金属含量按如下公式计算：

$$X = f(c - c')$$

式中，$X$ 为金属元素含量，以金属计，mg/L；$c$ 为试样的金属浓度，mg/L；$c'$ 为空白溶液的金属浓度，mg/L；$f$ 为稀释或浓缩倍数。

（2）标准系列数据记录

标准系列记录如下表所示。根据数据绘制标准曲线。

| 钾 | 浓度（mg/L）吸光度 | 0.00 | 1.00 | 2.00 | 3.00 | 4.00 | 5.00 |
|---|---|---|---|---|---|---|---|
| 钠 | 浓度（mg/L）吸光度 | 0.00 | 0.20 | 0.60 | 1.00 | 1.50 | 2.00 |
| 钙 | 浓度（mg/L）吸光度 | 0.00 | 0.50 | 1.00 | 3.00 | 5.00 | 6.00 |
| 镁 | 浓度（mg/L）吸光度 | 0.00 | 0.050 | 0.10 | 0.30 | 0.50 | 0.60 |
| 铜 | 浓度（mg/L）吸光度 | 0.00 | 0.25 | 0.50 | 1.50 | 2.50 | 5.00 |
| 铁 | 浓度（mg/L）吸光度 | 0.00 | 0.50 | 1.00 | 3.00 | 5.00 | 10.00 |

（3）水样数据记录及结果整理

## 六、注意事项

（1）钾和钠均为溶解度很大的常量元素，原子吸收分光光度法又是灵敏度很高的方法。为了取得精密度好、准确度高的分析结果，对所用玻璃器皿必须认真清洗。试剂及蒸馏水在同一批测定中必须使用同一规格同一瓶，而且应避免汗水、洗涤剂及尘埃等带来污染。

（2）样品及标准溶液不能保存在软质玻璃瓶中，应保存在聚乙烯塑料瓶。

（3）对于钾和钠浓度较高的样品，在使用本标准时会因稀释倍数过大，降低测定的准确度，同时也给操作带来麻烦。因一般的地表水中钾和钠的浓度都比较高，可使用次灵敏线钾 440.4 nm、钠 330.2 nm 测定，浓度范围可扩大到钾为 200 mg/L 以内，钠为 100 mg/L 以内。

（4）原子吸收法测定钙、镁的主要干扰有铝、硫酸盐、磷酸盐、硅酸盐等，它们能抑制钙、镁的原子化，产生干扰，可加入锶、镧或其他释放剂来消除干扰，火焰条件直接影响着测定灵敏度，必须选择合适的乙炔量和火焰观测高度。试样需检查是否有背景吸收，如有背景吸收应予以校正。

（5）影响铁原子吸收法准确度的主要干扰是化学干扰。当硅的浓度大于 20 mg/L 时,对铁的测定产生负干扰;这些干扰的程度随着硅的浓度增加而增加。如试样中存在 200 mg/L 钙时,上述干扰可以消除。一般来说,铁的火焰原子吸收法的基体干扰不严重,由分子吸收或光散射造成的背景吸收也可忽略,但遇到高矿化度水样,有背景吸收时,应采用背景校正措施,或将水样适当稀释后再测定。

（6）铁的光谱线较复杂,为克服光谱干扰,应选择小的光谱通带。

# 实验二十九　水中铬、镉、铅、锰、铜、镍的测定
## ——电感耦合等离子体发射光谱法

实验二十九

## 一、实验原理

经过滤或消解的水样注入电感耦合等离子体发射光谱仪后,目标元素在等离子体火炬中被气化、电离、激发并辐射出特征谱线。在一定浓度范围内,其特征谱线的强度与元素的浓度成正比。

## 二、实验试剂

（1）硝酸溶液（1∶1）:分别量取 500 mL 的硝酸和水,混合均匀。

（2）硝酸溶液（2∶98）:量取 200 mL 硝酸加入 9800 mL 水中混合均匀。

（3）盐酸溶液（1∶1）:分别量取 500 mL 的盐酸和水,混合均匀。

（4）镉标准储备液（1000.00 mg/L）:称取 1.0000 g 金属镉,用 30 mL 硝酸溶解,转移至 1000 mL 容量瓶,用实验用水定容至 1 L,摇匀。或购买市售有证标准溶液。

（5）铬标准储备液（1000.00 mg/L）:准确称取 1.0000 g 金属铬,用 30 mL 盐酸溶液（1∶1）加热溶解,冷却后用实验用水定容至 1 L,摇匀。

（6）铜标准储备液（1000.00 mg/L）:准确称取 1.0000 g 金属铜,用 30 mL 硝酸溶液（1∶1）加热溶解,冷却后用实验用水定容至 1 L,摇匀。

（7）锰标准储备液（1000.00 mg/L）:准确称取 1.0000 g 金属锰,用 30 mL 盐酸溶液（1∶1）加热溶解,冷却后用实验用水定容至 1 L,摇匀。

（8）铅标准储备液（1000.00 mg/L）:准确称取 1.0000 g 金属铅,用 30 mL 硝酸溶液（1∶1）加热溶解,冷却后用实验用水定容至 1 L,摇匀。

（9）镍标准储备液（1000.00 mg/L）:准确称取 1.0000 g 金属镍,用 30 mL 硝酸溶液（1∶1）加热溶解,冷却后用实验用水定容至 1 L,摇匀。

（10）铬标准使用液（100 mg/L）:准确移取铬标准储备液 100.0 mL 于 1000 mL 容量瓶中,用硝酸溶液（2∶98）稀释至标线,摇匀。

（11）镉标准使用液（100 mg/L）:准确移取镉标准储备液 100.0 mL 于 1000 mL 容量瓶

中,用硝酸溶液(2∶98)稀释至标线,摇匀。

(12)铅标准使用液(100 mg/L):准确移取铅标准储备液 100.0 mL 于 1000 mL 容量瓶中,用硝酸溶液(2∶98)稀释至标线,摇匀。

(13)锰标准使用液(100 mg/L):准确移取锰标准储备液 100.0 mL 于 1000 mL 容量瓶中,用硝酸溶液(2∶98)稀释至标线,摇匀。

(14)铜标准使用液(100 mg/L):准确移取铜标准储备液 100.0 mL 于 1000 mL 容量瓶中,用硝酸溶液(2∶98)稀释至标线,摇匀。

(15)镍标准使用液(100 mg/L):准确移取镍标准储备液 100.0 mL 于 1000 mL 容量瓶中,用硝酸溶液(2∶98)稀释至标线,摇匀。

(16)铬、镉、铅、锰、铜和镍的混合标准使用液:分别准确移取 100.0 mL 铬、铅、锰、铜和镍标准使用液和 5.0 mL 镉标准使用液于 1000 mL 容量瓶中,用硝酸溶液(2∶98)稀释至标线,此时铬、铅、锰、铜和镍的浓度均为 10 mg/L,镉的浓度为 0.5 mg/L。

## 三、主要仪器和设备

(1)电感耦合等离子体发射光谱仪:具背景校正发射光谱计算机控制系统。

(2)控温电热板:具温控功能(温度稳定±5 ℃),可控温度大于 180 ℃。

(3)离心机:带 25～50 mL 离心管,转速可达 3000 r/min。

(4)电子天平:量程 0～220 g,感量 0.0001 g。

## 四、实验步骤

(1)样品的采集和保存

按照 HJ/T 91-2019 和 HJ/T 164-2020 的相关规定进行水样的采集。采样前,用洗涤剂和水依次洗净聚乙烯瓶,再置于硝酸溶液(1∶1)浸泡 24 h 以上,用实验用水彻底洗净。若测定可溶性元素,则样品采集后立即通过水系微孔滤膜过滤,弃去初始的 50～100 mL 滤液,收集所需体积的滤液,加入适量硝酸,使硝酸含量达到 1%。若测定元素总量,则样品采集后立即加入适量硝酸,使硝酸含量达到 1%。

(2)试样的制备

① 测定可溶性元素:

样品处理方法见上。

② 测定元素总量:

按比例在一定体积的均匀样品中加入硝酸,通常 100 mL 样品加入 5.0 mL 硝酸(1∶1)。置于电热板上加热消解,在不沸腾的情况下,缓慢加热至近干。取下冷却,反复进行这一过程,直至试样溶液颜色变浅或稳定不变。冷却后,加入 5.0 mL 硝酸,再加入少量水,置电热板上继续加热使残渣溶解。冷却后,用实验用水定容至原取样体积,使溶液保持 1%(V/V)的硝酸酸度。当目标元素含量较高时,应取适量消解液用 1%硝酸溶液稀释。

对于某些基体复杂的废水,消解时可加入 2～5 mL 高氯酸消解。若消解液中存在一些不溶物,可静置或在 2000～3000 r/min 转速下离心分离 10 min 以获得澄清液。(若离心或静置过夜后仍有悬浮物,则可过滤去除,但应避免过滤过程中可能的污染。)

注:如有条件,水样消解也可按照 HJ 678-2014 采用微波消解法。

③ 空白试样的制备:

以水代替样品,按与试样制备相同的步骤进行空白试样的制备。

(3)仪器参考测试条件

不同型号的仪器最佳测试条件不同,根据仪器说明书要求优化测试条件。

(4)校准曲线的绘制

① 校准曲线绘制:

取 5 个 100 mL 的容量瓶,分别加入铬、镉、铅、锰、铜和镍混合标准使用液 0、1.00、3.00、5.00 和 10.00 mL,用硝酸溶液(2∶98)稀释至标线,混匀。配制成 5 个不同浓度的混合标准系列(见下表)。

**金属元素标准系列质量浓度(mg/L)**

| 元素名称 | 移取混合标准使用液(mL) | | | | |
| --- | --- | --- | --- | --- | --- |
| | 0.00 | 1.00 | 3.00 | 5.00 | 10.0 |
| 铬 | 0.00 | 0.10 | 0.30 | 0.50 | 1.00 |
| 镉 | 0.00 | 0.005 | 0.015 | 0.025 | 0.05 |
| 铅 | 0.00 | 0.10 | 0.30 | 0.50 | 1.00 |
| 锰 | 0.00 | 0.10 | 0.30 | 0.50 | 1.00 |
| 铜 | 0.00 | 0.10 | 0.30 | 0.50 | 1.00 |
| 镍 | 0.00 | 0.10 | 0.30 | 0.50 | 1.00 |

注:元素浓度范围根据所使用仪器适当调整;测定废水时需提高标准曲线浓度范围。

由低浓度到高浓度依次进样,按照仪器参考测试条件测量发射强度。以发射强度值为纵坐标,各元素系列质量浓度为横坐标,建立各元素的校准曲线。

(5)样品测定

在与建立标准曲线相同的条件下,测定试样的发射强度。由发射强度值在标准曲线上查得元素含量。样品测量过程中,若样品中待测元素浓度超出校准曲线范围,样品需稀释后重新测定。

(6)空白样品的测定

按照与试样测定的相同条件测定空白试样。

## 五、实验结果分析

(1)计算公式

样品中元素含量按照下面公式计算。测定结果小数位数与方法检出限一致,最多保留 3 位有效数字。

$$C = (C_1 - C_2) \times f$$

式中,$C$ 为实际样品中目标元素的质量浓度,mg/L;$C_1$ 为样品测定时目标元素的质量浓度,mg/L;$C_2$ 为空白试样中目标元素的质量浓度,mg/L;$f$ 为稀释倍数。

（2）标准系列数据记录

标准系列记录如下表所示。根据数据绘制标准曲线。

| 铬 | 浓度(mg/L) | 0.00 | 0.10 | 0.30 | 0.50 | 1.00 |
| | 发射强度 | | | | | |
| 镉 | 浓度(mg/L) | 0.00 | 0.005 | 0.015 | 0.025 | 0.05 |
| | 发射强度 | | | | | |
| 铅 | 浓度(mg/L) | 0.00 | 0.10 | 0.30 | 0.50 | 1.00 |
| | 发射强度 | | | | | |
| 锰 | 浓度(mg/L) | 0.00 | 0.10 | 0.30 | 0.50 | 1.00 |
| | 发射强度 | | | | | |
| 铜 | 浓度(mg/L) | 0.00 | 0.10 | 0.30 | 0.50 | 1.00 |
| | 发射强度 | | | | | |
| 镍 | 浓度(mg/L) | 0.00 | 0.10 | 0.30 | 0.50 | 1.00 |
| | 发射强度 | | | | | |

（3）水样数据记录及结果整理

## 六、注意事项

（1）每批样品分析均需绘制标准曲线，标准曲线的相关系数应大于或等于 0.995。

（2）每分析 10 个样品需用一个标准曲线的中间点浓度标准溶液进行校准核查，其测定结果与最近一次标准曲线该点浓度的相对偏差应≤10%，否则应重新绘制校准曲线。

（3）每半年至少应做一次仪器谱线的校对以及元素间干扰校正系数的测定。

（4）每批样品至少做 2 个实验室空白，空白值应低于方法测定下限。否则应检查实验用水质量、试剂纯度、器皿洁净度及仪器性能等。

（5）全程序空白：每批样品至少做 1 个全程序空白，空白值应低于方法测定下限。否则应查明原因，重新分析直至合格之后才能测定样品。

（6）精密度控制：每批样品至少测定 10% 的平行双样，样品数量少于 10 个时，应至少测定一个平行双样，两次平行测定结果的相对偏差应≤25%。

（7）准确度控制：每批样品应至少测定 10% 的加标样品，样品数量少于 10 个时，应至少测定一个加标样品，加标回收率应在 70%～120% 之间。

# 附　　录

## 附录1　生活饮用水卫生标准 GB 5749-2022

附录 1.1　水质常规指标及限值

| 序号 | 指标 | 限值 |
|------|------|------|
| 一、微生物指标 | | |
| 1 | 总大肠菌群/(MPN/100 mL 或 CFU/100 mL)ᵃ | 不应检出 |
| 2 | 大肠埃希氏菌/(MPN/100 mL 或 CFU/100 mL)ᵃ | 不应检出 |
| 3 | 菌落总数/(MPN/mL 或 CFU/mL)ᵇ | 100 |
| 二、毒理指标 | | |
| 4 | 砷/(mg/L) | 0.01 |
| 5 | 镉/(mg/L) | 0.005 |
| 6 | 铬(六价)/(mg/L) | 0.05 |
| 7 | 铅/(mg/L) | 0.01 |
| 8 | 汞/(mg/L) | 0.001 |
| 9 | 氰化物/(mg/L) | 0.05 |
| 10 | 氟化物/(mg/L)ᵇ | 1.0 |
| 11 | 硝酸盐(以 N 计)/(mg/L)ᵇ | 10 |
| 12 | 三氯甲烷/(mg/L)ᶜ | 0.06 |
| 13 | 一氯二溴甲烷/(mg/L)ᶜ | 0.1 |
| 14 | 二氯一溴甲烷/(mg/L)ᶜ | 0.06 |
| 15 | 三溴甲烷/(mg/L)ᶜ | 0.1 |
| 16 | 三卤甲烷(三氯甲烷、一氯二溴甲烷、二氯一溴甲烷、三溴甲烷的总和)ᶜ | 该类化合物中各种化合物的实测浓度与其各自限值的比值之和不超过 1 |
| 17 | 二氯乙酸/(mg/L)ᶜ | 0.05 |
| 18 | 三氯乙酸/(mg/L)ᶜ | 0.1 |
| 19 | 溴酸盐/(mg/L)ᶜ | 0.01 |
| 20 | 亚氯酸盐/(mg/L)ᶜ | 0.7 |
| 21 | 氯酸盐/(mg/L)ᶜ | 0.7 |

续表

| 序号 | 指标 | 限值 |
|---|---|---|
| 三、感官性状和一般化学指标[d] | | |
| 22 | 色度(铂钴色度单位)/度 | 15 |
| 23 | 浑浊度(散射浑浊度单位)/NTU[b] | 1 |
| 24 | 臭和味 | 无异臭、异味 |
| 25 | 肉眼可见物 | 无 |
| 26 | pH | 不小于 6.5 且不大于 8.5 |
| 27 | 铝/(mg/L) | 0.2 |
| 28 | 铁/(mg/L) | 0.3 |
| 29 | 锰/(mg/L) | 0.1 |
| 30 | 铜/(mg/L) | 1.0 |
| 31 | 锌/(mg/L) | 1.0 |
| 32 | 氯化物/(mg/L) | 250 |
| 33 | 硫酸盐/(mg/L) | 250 |
| 34 | 溶解性总固体/(mg/L) | 1000 |
| 35 | 总硬度(以 $CaCO_3$ 计)/(mg/L) | 450 |
| 36 | 高锰酸盐指数(以 $O_2$ 计)/(mg/L) | 3 |
| 37 | 氨(以 N 计)/(mg/L) | 0.5 |
| 四、放射性指标[e] | | |
| 38 | 总 $\alpha$ 放射性/(Bg/L) | 0.5(指导值) |
| 39 | 总 $\beta$ 放射性/(Bq/L) | 1(指导值) |

注:a　MPN 表示最可能数;CFU 表示菌落形成单位。当水样检出总大肠菌群时,应进一步检验大肠埃希氏菌;当水样未检出总大肠菌群时,不必检验大肠埃希氏菌。

　　b　小型集中式供水和分散式供水因水源与净水技术受限时,菌落总数指标限值按 500 MPN/mL 或 500 CFU/mL 执行,氟化物指标限值按 1.2 mg/L 执行,硝酸盐(以 N 计)指标限值按 20 mg/L 执行,浑浊度指标限值按 3 NTU 执行。

　　c　水处理工艺流程中预氧化或消毒方式:

　　——采用液氯、次氯酸钙及氯胺时,应测定三氯甲烷、一氯二溴甲烷、二氯一溴甲烷、三溴甲烷、三卤甲烷、二氯乙酸、三氯乙酸;

　　——采用次氯酸钠时,应测定三氯甲烷、一氯二溴甲烷、二氯一溴甲烷、三溴甲烷、三卤甲烷、二氯乙酸、三氯乙酸、氯酸盐;

　　——采用臭氧时,应测定溴酸盐;

　　——采用二氧化氯时,应测定亚氯酸盐;

　　——采用二氧化氯与氯混合消毒剂发生器时,应测定亚氯酸盐、氯酸盐、三氯甲烷、一氯二溴甲烷、二氯一溴甲烷、三溴甲烷、三卤甲烷、二氯乙酸、三氯乙酸;

　　——当原水中含有上述污染物,可能导致出厂水和末梢水的超标风险时,无论采用何种预氧化或消毒方式,都应对其进行测定。

　　d　当发生影响水质的突发公共事件时,经风险评估,感官性状和一般化学指标可暂时适当放宽。

　　e　放射性指标超过指导值(总 $\beta$ 放射性扣除 $^{40}$K 后仍然大于 1 Bq/L),应进行核素分析和评价,判定能否饮用。

附录 1.2 生活饮用水中消毒剂常规指标及要求

| 序号 | 指标 | 与水接触时间/min | 出厂水和末梢水限值/(mg/L) | 出厂水余量/(mg/L) | 末梢水余量/(mg/L) |
|------|------|------------------|---------------------------|-------------------|-------------------|
| 1 | 游离氯[a,d] | ≥30 | ≤2 | ≥0.3 | ≥0.05 |
| 2 | 总氯[b] | ≥120 | ≤3 | ≥0.5 | ≥0.05 |
| 3 | 臭氧[c] | ≥12 | ≤0.3 | — | ≥0.02 如采用其他协同消毒方式,消毒剂限值及余量应满足相应要求 |
| 4 | 二氧化氯[d] | ≥30 | ≤0.8 | ≥0.1 | ≥0.02 |

注:a 采用液氯、次氯酸钠、次氯酸钙消毒方式时,应测定游离氯。

　　b 采用氯胺消毒方式时,应测定总氯。

　　c 采用臭氧消毒方式时,应测定臭氧。

　　d 采用二氧化氯消毒方式时,应测定二氧化氯;采用二氧化氯与氯混合消毒剂发生器消毒方式时,应测定二氧化氯和游离氯。两项指标均应满足限值要求,至少一项指标应满足余量要求。

附录 1.3 生活饮用水水质扩展指标及限值

| 序号 | 指标 | 限值 |
|------|------|------|
| 一、微生物指标 | | |
| 1 | 贾第鞭毛虫/(个/10 L) | <1 |
| 2 | 隐孢子虫/(个/10 L) | <1 |
| 二、毒理指标 | | |
| 3 | 锑/(mg/L) | 0.005 |
| 4 | 钡/(mg/L) | 0.7 |
| 5 | 铍/(mg/L) | 0.002 |
| 6 | 硼/(mg/L) | 1.0 |
| 7 | 钼/(mg/L) | 0.07 |
| 8 | 镍/(mg/L) | 0.02 |
| 9 | 银/(mg/L) | 0.05 |
| 10 | 铊/(mg/L) | 0.0001 |
| 11 | 硒/(mg/L) | 0.01 |
| 12 | 高氯酸盐/(mg/L) | 0.07 |
| 13 | 二氯甲烷/(mg/L) | 0.02 |
| 14 | 1,2-二氯乙烷/(mg/L) | 0.03 |
| 15 | 四氯化碳/(mg/L) | 0.002 |
| 16 | 氯乙烯/(mg/L) | 0.001 |
| 17 | 1,1-二氯乙烯/(mg/L) | 0.03 |
| 18 | 1,2-二氯乙烯(总量)/(mg/L) | 0.05 |

| 序号 | 指标 | 限值 |
|---|---|---|
| 19 | 三氯乙烯/(mg/L) | 0.02 |
| 20 | 四氯乙烯/(mg/L) | 0.04 |
| 21 | 六氯丁二烯/(mg/L) | 0.0006 |
| 22 | 苯/(mg/L) | 0.01 |
| 23 | 甲苯/(mg/L) | 0.7 |
| 24 | 二甲苯(总量)/(mg/L) | 0.5 |
| 25 | 苯乙烯/(mg/L) | 0.02 |
| 26 | 氯苯/(mg/L) | 0.3 |
| 27 | 1,4-二氯苯/(mg/L) | 0.3 |
| 28 | 三氯苯(总量)/(mg/L) | 0.02 |
| 29 | 六氯苯/(mg/L) | 0.001 |
| 30 | 七氯/(mg/L) | 0.0004 |
| 31 | 马拉硫磷/(mg/L) | 0.25 |
| 32 | 乐果/(mg/L) | 0.006 |
| 33 | 灭草松/(mg/L) | 0.3 |
| 34 | 百菌清/(mg/L) | 0.01 |
| 35 | 呋喃丹/(mg/L) | 0.007 |
| 36 | 毒死蜱/(mg/L) | 0.03 |
| 37 | 草甘膦/(mg/L) | 0.7 |
| 38 | 敌敌畏/(mg/L) | 0.001 |
| 39 | 莠去津/(mg/L) | 0.002 |
| 40 | 溴氰菊酯/(mg/L) | 0.02 |
| 41 | 2,4-滴/(mg/L) | 0.03 |
| 42 | 乙草胺/(mg/L) | 0.02 |
| 43 | 五氯酚/(mg/L) | 0.009 |
| 44 | 2,4,6-三氯酚/(mg/L) | 0.2 |
| 45 | 苯并(a)芘/(mg/L) | 0.00001 |
| 46 | 邻苯二甲酸二(2-乙基己基)酯/(mg/L) | 0.008 |
| 47 | 丙烯酰胺/(mg/L) | 0.0005 |
| 48 | 环氧氯丙烷/(mg/L) | 0.0004 |
| 49 | 微囊藻毒素-LR(藻类暴发情况发生时)/(mg/L) | 0.001 |
| 三、感官性状和一般化学指标[a] | | |
| 50 | 钠/(mg/L) | 200 |
| 51 | 挥发酚类(以苯酚计)/(mg/L) | 0.002 |

| 序号 | 指标 | 限值 |
|---|---|---|
| 52 | 阴离子合成洗涤剂/(mg/L) | 0.3 |
| 53 | 2-甲基异莰醇/(mg/L) | 0.00001 |
| 54 | 土臭素/(mg/L) | 0.00001 |

注:a 当发生影响水质的突发公共事件时,经风险评估,感官性状和一般化学指标可暂时适当放宽。

### 附录1.4 生活饮用水水质参考指标及限值

| 序号 | 指标 | 限值 |
|---|---|---|
| 1 | 肠球菌/(CFU/100 mL 或 MPN/100 mL) | 不应检出 |
| 2 | 产气荚膜梭状芽孢杆菌/(CFU/100 mL) | 不应检出 |
| 3 | 钒/(mg/L) | 0.01 |
| 4 | 氯化乙基汞/(mg/L) | 0.0001 |
| 5 | 四乙基铅/(mg/L) | 0.0001 |
| 6 | 六六六(总量)/(mg/L) | 0.005 |
| 7 | 对硫磷/(mg/L) | 0.003 |
| 8 | 甲基对硫磷/(mg/L) | 0.009 |
| 9 | 林丹/(mg/L) | 0.002 |
| 10 | 滴滴涕/(mg/L) | 0.001 |
| 11 | 敌百虫/(mg/L) | 0.05 |
| 12 | 甲基硫菌灵/(mg/L) | 0.3 |
| 13 | 稻瘟灵/(mg/L) | 0.3 |
| 14 | 氟乐灵/(mg/L) | 0.02 |
| 15 | 甲霜灵/(mg/L) | 0.05 |
| 16 | 西草净/(mg/L) | 0.03 |
| 17 | 乙酰甲胺磷/(mg/L) | 0.08 |
| 18 | 甲醛/(mg/L) | 0.9 |
| 19 | 三氯乙醛/(mg/L) | 0.1 |
| 20 | 氯化氰(以 $CN^-$ 计)/(mg/L) | 0.07 |
| 21 | 亚硝基二甲胺/(mg/L) | 0.0001 |
| 22 | 碘乙酸/(mg/L) | 0.02 |
| 23 | 1,1,1-三氯乙烷/(mg/L) | 2 |
| 24 | 1,2-二溴乙烷/(mg/L) | 0.00005 |
| 25 | 五氯丙烷/(mg/L) | 0.03 |
| 26 | 乙苯/(mg/L) | 0.3 |
| 27 | 1,2-二氯苯/(mg/L) | 1 |
| 28 | 硝基苯/(mg/L) | 0.017 |
| 29 | 双酚 A/(mg/L) | 0.01 |

续表

| 序号 | 指标 | 限值 |
|---|---|---|
| 30 | 丙烯腈/(mg/L) | 0.1 |
| 31 | 丙烯醛/(mg/L) | 0.1 |
| 32 | 戊二醛/(mg/L) | 0.07 |
| 33 | 二(2-乙基己基)己二酸酯/(mg/L) | 0.4 |
| 34 | 邻苯二甲酸二乙酯/(mg/L) | 0.3 |
| 35 | 邻苯二甲酸二丁酯/(mg/L) | 0.003 |
| 36 | 多环芳烃(总量)/(mg/L) | 0.002 |
| 37 | 多氯联苯(总量)/(mg/L) | 0.0005 |
| 38 | 二噁英(2,3,7,8-四氯二苯并对二噁英)/(mg/L) | 0.00000003 |
| 39 | 全氟辛酸/(mg/L) | 0.00008 |
| 40 | 全氟辛烷磺酸/(mg/L) | 0.00004 |
| 41 | 丙烯酸/(mg/L) | 0.5 |
| 42 | 环烷酸/(mg/L) | 1.0 |
| 43 | 丁基黄原酸/(mg/L) | 0.001 |
| 44 | $\beta$-萘酚/(mg/L) | 0.4 |
| 45 | 二甲基二硫醚/(mg/L) | 0.00003 |
| 46 | 二甲基三硫醚/(mg/L) | 0.00003 |
| 47 | 苯甲醚/(mg/L) | 0.05 |
| 48 | 石油类(总量)/(mg/L) | 0.05 |
| 49 | 总有机碳/(mg/L) | 5 |
| 50 | 碘化物/(mg/L) | 0.1 |
| 51 | 硫化物/(mg/L) | 0.02 |
| 52 | 亚硝酸盐(以 N 计)/(mg/L) | 1 |
| 53 | 石棉(纤维＞10$\mu$m)/(万个/L) | 700 |
| 54 | 铀/(mg/L) | 0.03 |
| 55 | 镭-226/(Bq/L) | 1 |

# 附录 2　欧盟饮用水水质指令(2020/2184)

附录 2.1　微生物学参数

| 指标 | 指标值(个/mL) |
|---|---|
| 埃希氏大肠杆菌 | 0 |
| 肠道球菌 | 0 |

附录 2.2　化学物质参数

| 序号 | 指标 | 指标值 | 单位 | 备注 |
|---|---|---|---|---|
| 1 | 丙烯酰胺 | 0.10 | $\mu$g/L | 参数值 0.10 $\mu$g/L 是指根据与水接触的相应聚合物的最大释放规范计算出的水中残留单体浓度 |
| 2 | 锑 | 10 | $\mu$g/L | |
| 3 | 砷 | 10 | $\mu$g/L | |
| 4 | 苯 | 1.0 | $\mu$g/L | |
| 5 | 苯并(a)芘 | 0.010 | $\mu$g/L | |
| 6 | 双酚 A | 2.5 | $\mu$g/L | |
| 7 | 硼 | 1.5 | mg/L | 当淡化水是供水系统的主要水源或地质条件可能导致地下水硼含量高的地区时,应采用 2.4 mg/L 的参数值 |
| 8 | 溴酸盐 | 10 | $\mu$g/L | |
| 9 | 镉 | 5.0 | $\mu$g/L | |
| 10 | 氯酸盐 | 0.25 | mg/L | 当使用产生氯酸盐(特别是二氧化氯)的消毒方法对饮用水进行消毒时,应采用 0.70 mg/L 的参数值。在不影响消毒效果的前提下,成员国应努力采用较低的参数值。只有在使用此类消毒方法时,才应测量该参数 |
| 11 | 铜 | 2.0 | mg/L | |
| 12 | 氰化物 | 50 | $\mu$g/L | |
| 13 | 铬 | 25 | $\mu$g/L | 最迟应于 2036 年 1 月 12 日达到 25 $\mu$g/L 的参数值,在此之前铬的参数值应为 50 pg/L |
| 14 | 亚氯酸盐 | 0.25 | mg/L | 如果使用产生亚氯酸盐,特别是二氧化氯的消毒方法来消毒供人类饮用的水,则参数值应为 0.70 mg/L。在不影响消毒的情况下,成员国应争取降低值。只有在使用这种消毒方法时,才应测量该参数 |
| 15 | 1,2-二氯乙烷 | 3.0 | $\mu$g/L | |
| 16 | 环氧氯烷 | 0.10 | $\mu$g/L | 参数值 0.10$\mu$g/L 是根据与水接触的相应聚合物的最大释放规格计算出的水中残留单体浓度 |
| 17 | 氟化物 | 1.5 | mg/L | |
| 18 | 卤代乙酸(HAAs) | 60 | $\mu$g/L | 只有当使用能够产生 HAAs 的消毒方法对饮用水进行消毒时,才应测量此参数。它是下列五种代表性物质的总量:一氯、二氯和三氯乙酸以及一溴和二溴乙酸 |
| 19 | 铅 | 5 | $\mu$g/L | 最迟应在 2036 年 1 月 12 日之前达到 5 $\mu$g/L 的参数值。在此之前铅的参数值应为 10 $\mu$g/L |
| 20 | 汞 | 1.0 | $\mu$g/L | |

续表

| 序号 | 指标 | 指标值 | 单位 | 备注 |
|---|---|---|---|---|
| 21 | 微囊藻毒素-LR | 1.0 | $\mu g/L$ | 只有在源水中可能发生水华(增加蓝藻细胞密度或形成水华的潜能)时,才能测量该参数 |
| 22 | 镍 | 20 | $\mu g/L$ | |
| 23 | 硝酸盐 | 50 | mg/L | 成员国应确保符合以下条件[硝酸盐]/50+[亚硝酸盐]/3≤1,其中方括号表示硝酸盐和亚硝酸盐的浓度为 mg/L,并在水处理厂遵守亚硝酸盐的参数值为 0.10 mg/L |
| 24 | 亚硝酸盐 | 0.50 | mg/L | 同硝酸盐 |
| 25 | 农药 | 0.10 | $\mu g/L$ | 农药包括有机杀虫剂、有机除草剂、有机杀菌剂、有机杀虫剂、有机杀螨剂、有机杀藻剂、有机杀鼠剂、有机杀蝇剂、相关产品及其代谢物。每种农药的参数值应为 0.10 $\mu g/L$,艾氏剂、狄氏剂、七氯和环氧七氯的参数值为 0.30 $\mu g/L$ |
| 26 | 农药总量 | 0.50 | $\mu g/L$ | "农药总量"是指在监测程序中检测到并量化的所有农药的总和,如上一行所定义 |
| 27 | PFAS 总计 | 0.50 | $\mu g/L$ | "PFAS 总计"指全氟和多氟烷基物质的总和 |
| 29 | 多环芳香烃 | 0.10 | $\mu g/L$ | 下列指定化合物的浓度总和:苯并(b)氟蒽、苯并(k)氟蒽,苯并(ghi)聚乙烯和(1,2,3-cd)吡啶 |
| 30 | 硒 | 20 | $\mu g/L$ | 对于地质条件可能导致地下水中硒含量高的地区,应采用 $30\mu g/L$ 的参数值 |
| 31 | 四氯乙烯和三氯乙烯 | 10 | $\mu g/L$ | 这两个参数浓度的总和 |
| 32 | 三卤甲烷总量 | 100 | mg/L | 指氯仿、溴仿、二溴氯甲烷和溴二氯甲烷化合物的浓度总和 |
| 33 | 铀 | 30 | mg/L | |
| 34 | 氯乙烯 | 0.50 | $\mu g/L$ | 参数值 0.50 $\mu g/L$ 是指根据相应聚合物与水接触的最大释放量计算的水中残留单体浓度 |

附录 2.3  指示参数

| 序号 | 参数 | 参数值 | 单位 | 注释 |
|---|---|---|---|---|
| 1 | 颜色 | 用户可以接受且无异常 | | |
| 2 | 气味 | 用户可以接受且无异常 | | |
| 3 | 味道 | 用户可以接受且无异常 | | |
| 4 | 浊度 | 用户可以接受且无异常 | | |
| 5 | 铝 | 200 | $\mu g/L$ | |
| 6 | 铵 | 0.50 | mg/L | |
| 7 | 氯化物 | 250 | mg/L | 水不应该有腐蚀性 |

| 序号 | 参数 | 参数值 | 单位 | 注释 |
|---|---|---|---|---|
| 8 | 产气英膜梭菌,包括孢子 | 0 | 个数/100 mL | 如果风险评估表明有必要测量这一参数,则应测量这一参数 |
| 9 | 电导率 | 2500 | μS/cm(20℃) | 水不应该有腐蚀性 |
| 10 | 铁 | 200 | μg/L | |
| 11 | 锰 | 50 | μg/L | |
| 12 | 钠 | 200 | mg/L | |
| 13 | 耗氧量 | 5.0 | mg/L O₂ | 如果对参数 TOC 进行分析,则无需测量此参数 |
| 14 | pH | 6.5～9.5 | | 水不应具有侵略性。对于装在瓶子或容器中的静水,pH 最小值可以降低到 4.5。至于装进瓶子或容器内的水,如天然富含或人为加进二氧化碳,其最小值可能会较低 |
| 15 | 细菌总数 | 无异常变化 | | |
| 16 | 大肠杆菌 | 0 | 个数/100 mL | 对于装在瓶子或容器中的水,单位是个数/250 mL |
| 17 | 总有机碳(TOC) | 无异常变化 | | 每天的供应量不到 10000 米,无需测量此参数 |

# 附录 3　世界卫生组织《饮用水水质准则》(第四版)

附录 3.1　用于饮用水的微生物质量验证准则值[①]

| 微生物 | 准则值 |
|---|---|
| 各种直接饮用水 | |
| 埃希氏大肠杆菌或耐热性大肠菌群[②、③] | 100 mL 水样中不得检出 |
| 即将进入供水系统的已处理过的水 | |
| 埃希氏大肠杆菌或耐热性大肠菌群[②] | 100 mL 水样中不得检出 |
| 供水系统中已处理过的水 | |
| 埃希氏大肠杆菌或耐热性大肠菌群[②] | 100 mL 水样中不得检出 |

注:① 如果检出埃希氏大肠杆菌,应立即进行调查。

② 虽然埃希氏大肠杆菌是一种表示粪便污染的较准确的指示菌,但耐热性大肠菌群计数是一种比较理想的替代方法,必要时应进行适当的确认试验。大肠菌群总数不适宜作为供水卫生质量的指标,特别是在热带地区,几乎所有未经处理的供水中均存在大量无卫生学意义的细菌。

③ 在大多数农村地区,特别是在发展中国家的农村,供水被粪便污染的现象非常普遍,在这种情况下,应该设定渐进性提高供水质量的中期目标。

附录 3.2　饮用水中有健康意义的化合物准则值

| 序号 | 污染物 | 准则值(mg/L) | 说明 |
|---|---|---|---|
| 1 | 丙烯酰胺 | 0.0005ª | |
| 2 | 甲草胺,草不绿 | 0.02ª | |
| 3 | 涕灭威 | 0.01 | 用于砜与亚砜化合物 |
| 4 | 艾氏剂和异艾氏剂 | 0.00003 | 联合使用 |
| 5 | 锑 | 0.02 | |
| 6 | 砷 | 0.01(A,T) | |
| 7 | 莠去津 | 0.002 | |
| 8 | 钡 | 0.7 | |
| 9 | 苯 | 0.01ª | |
| 10 | 苯并(a)芘 | 0.0007ª | |
| 11 | 硼 | 2.4 | |
| 12 | 溴酸盐 | 0.01ª(A,T) | |
| 13 | 一溴二氯甲烷 | 0.06ª | |
| 14 | 溴仿 | 0.1 | |
| 15 | 镉 | 0.003 | |
| 16 | 呋喃丹,卡巴呋喃,克百威 | 0.007 | |
| 17 | 四氯化碳 | 0.004 | |
| 18 | 氯酸盐 | 0.7(D) | |
| 19 | 氯丹 | 0.0002 | |
| 20 | 氯 | 5(C) | 用于有效消毒,在 pH<8.0 时,至少接触 30 min,游离氯>0.5 mg/L |
| 21 | 亚氯酸盐 | 0.7(D) | |
| 22 | 氯仿 | 0.3 | |
| 23 | 绿麦隆 | 0.03 | |
| 24 | 毒死蜱 | 0.03 | |
| 25 | 铬 | 0.05(P) | 总铬 |
| 26 | 铜 | 2 | 低于此值时所洗衣物和卫生洁具有可能着色 |
| 27 | 氰乙酰肼 | 0.0006 | |
| 28 | 氰化物 | 0.07 | |
| 29 | 氯化氰 | 0.07 | 总氰化物(以游离氰根计) |
| 30 | 2,4-二氯酚羟基醋酸 | 0.03 | 用于游离酸 |
| 31 | 丁基-2,4-二氯酚羟基醋酸 | 0.09 | |
| 32 | 滴滴涕和代谢物 | 0.001 | |

| 序号 | 污染物 | 准则值（mg/L） | 说明 |
|---|---|---|---|
| 33 | 二(2-乙基己基)邻苯二甲酸盐(或酯) | 0.008 | |
| 34 | 二溴乙腈 | 0.07 | |
| 35 | 二溴氯甲烷 | 0.1 | |
| 36 | 1,2-二溴-3-氯丙烷 | 0.001ᵃ | |
| 37 | 1,2-二溴乙烷 | 0.0004ᵃ(P) | |
| 38 | 二氯乙酸 | 0.05ᵃ(T,D) | |
| 39 | 二氯乙腈 | 0.02(P) | |
| 40 | 1,2-二氯苯 | 1(C) | |
| 41 | 1,4-二氯苯 | 0.3(C) | |
| 42 | 1,2-二氯乙烷 | 0.03ᵃ | |
| 43 | 1,2-二氯乙烯 | 0.05 | |
| 44 | 二氯甲烷 | 0.02 | |
| 45 | 1,2-二氯丙烷 | 0.04(P) | |
| 46 | 1,3-二氯丙烯 | 0.02ᵃ | |
| 47 | 2,4-滴丙酸 | 0.1 | |
| 48 | 乐果 | 0.006 | |
| 49 | 1,4-二恶烷,1,4-二氧杂环己烷 | 0.05ᵃ | |
| 50 | EDTA,乙二胺四乙酸 | 0.6 | 用于游离酸 |
| 51 | 异狄氏剂 | 0.0006 | |
| 52 | 环氧氯丙烷,表氯醇 | 0.0004(P) | |
| 53 | 乙苯 | 0.3(C) | |
| 54 | 2,4,5-涕丙酸 | 0.009 | |
| 55 | 氟化物 | 1.5 | 设定国家标准时应考虑饮水量和其他来源的摄入量 |
| 56 | 六氯丁二烯 | 0.0006 | |
| 57 | 异丙隆 | 0.009 | |
| 58 | 铅 | 0.01(A,T) | |
| 59 | 林旦,林丹,高丙体 666 | 0.002 | |
| 60 | 锰 | 0.4(C) | |
| 61 | 2-甲基-4-氯苯氧基乙酸 | 0.002 | |
| 62 | 2-甲基-4-氯丙酸 | 0.01 | |
| 63 | 汞 | 0.006 | 无机汞 |
| 64 | 甲氧滴滴涕 | 0.02 | |
| 65 | 甲氧毒草安 | 0.01 | |

| 序号 | 污染物 | 准则值(mg/L) | 说明 |
|---|---|---|---|
| 66 | 微囊藻毒素-LR | 0.001(P) | 总量(游离和细胞结合的) |
| 67 | 禾草特,环草丹,草达灭 | 0.006 | |
| 68 | 钼 | 0.07 | |
| 69 | 一氯胺 | 3 | |
| 70 | 一氯醋酸盐 | 0.02 | |
| 71 | 镍 | 0.07 | |
| 72 | 硝酸盐(以 $NO_3^-$ 计) | 50 | 短期暴露 |
| 73 | 次氨基三乙酸(NTA) | 0.2 | |
| 74 | 亚硝酸盐(以 $NO_2^-$ 计) | 3 | 短期暴露<br>长期暴露 |
| 75 | 二甲戊乐灵 | 0.02 | |
| 76 | 五氯酚 | 0.009[a](P) | |
| 77 | 氯菊酯 | 0.3 | 仅作为杀幼虫剂用于公共卫生目的 |
| 78 | 吡丙醚 | 0.3 | |
| 79 | 硒 | 0.01 | |
| 80 | 西玛津,西玛三嗪 | 0.002 | |
| 81 | 苯乙烯 | 0.02(C) | |
| 82 | 2,4,5-涕 | 0.009 | |
| 83 | 特丁津 | 0.007 | |
| 84 | 四氯乙烯 | 0.04 | |
| 85 | 甲苯 | 0.7(C) | |
| 86 | 三氯乙酸盐 | 0.2 | |
| 87 | 三氯乙烯 | 0.02(P) | |
| 88 | 2,4,6-三氯酚 | 0.2[a](C) | |
| 89 | 氟乐灵 | 0.02 | |
| 90 | 三卤甲烷 | | 各组分浓度与各自准则值的比值之总和<1 |
| 91 | 铀 | 0.015(P,T) | 只涉及铀的化学性质 |
| 92 | 氯乙烯 | 0.0003[a] | |
| 93 | 二甲苯(类) | 0.5(C) | |

注:P=暂定准则值。已证明对健康有害,但资料有限;T=暂定准则值。因为计算所得准则值低于实际处理方法或水
源保护等所能达到的浓度;A=暂定准则值。因为计算所得准则值低于所能达到的定量水平;D=暂定准则值。因
为消毒结果可能超过准则值;C=该物质浓度相当或低于基于健康意义的准则值时已能使水的外观、味道或气味改
变,引起消费者抱怨。

a  考虑作为致癌物,其准则值是指在一般寿命的上限值期间发生癌症危险为 $10^{-5}$ 时饮水中致癌物(每 100000 人
口饮用准则值浓度的水在 70 年间增加 1 例癌症)的浓度。危险为 $10^{-4}$ 或 $10^{-6}$ 时的浓度值可通过将该准则值乘以
10 或除以 10 计算获得。

附录 3.3 水处理用的化学物和各种接触饮用水材料产生的化学物(未制定准则)

| 序号 | 化学物 | 未制定准则的理由 |
|---|---|---|
| 消毒剂 ||| 
| 1 | 二氧化氯 | 二氧化氯迅速分解,而且亚氯酸盐的暂行准则值对预防二氧化氯的可能毒性有保护作用 |
| 2 | 二氯胺 | 用已有资料不足以得到基于健康的准则值 |
| 3 | 碘 | 用已有资料不足以得到基于健康的准则值,而且因水消毒而终身接触碘也不可能 |
| 4 | 银 | 用已有的资料不足以得到基于健康的准则值 |
| 5 | 三氯胺 | 用已有的资料不足以得到基于健康的准则值 |
| 消毒副产物 ||| 
| 6 | 溴氯乙酸 | 用已有的资料不足以得到基于健康的准则值 |
| 7 | 溴氯乙腈 | 用已有的资料不足以得到基于健康的准则值 |
| 8 | 水合氯醛(三氯乙醛) | 饮水中存在的浓度远低于产生毒性作用的浓度 |
| 9 | 氯丙酮类 | 对于任何一种氯丙酮来说,已有资料都不适于得到基于健康的准则值 |
| 10 | 2-氯酚 | 用已有的资料不足以得到基于健康的准则值 |
| 11 | 氯化苦 | 用已有的资料不足以得到基于健康的准则值 |
| 12 | 二溴醋酸 | 用已有的资料不足以得到基于健康的准则值 |
| 13 | 2,4-二氯酚 | 用已有的资料不足以得到基于健康的准则值 |
| 14 | 甲醛 | 饮水中可能存在浓度远低于会产生毒性作用的浓度 |
| 15 | 溴醋酸 | 用已有的资料不足以得到基于健康的准则值 |
| 16 | MX | 出现在饮用水中的浓度大大低于可能出现毒性作用的浓度 |
| 17 | 三氯乙腈 | 用已有的资料不足以得到基于健康的准则值 |
| 水处理用化学物中所含的污染物 ||| 
| 18 | 铝 | 由于缺乏作为人模型的动物资料和有关人群资料的不确定性,不能得到基于健康的准则值;但却推导出了实际应用浓度,这是在使用含铝凝聚剂的饮用水设备中以达到最佳凝聚效应为基础的:大型水处理设备 0.1 mg/L 或更少;小型设备 0.2 mg/L 或更少 |
| 19 | 铁 | 饮用水中常见的浓度对健康并无影响,但即使浓度低于基于健康的数值时仍可影响水的口感和外观 |
| 水管和零配件带来的污染物 ||| 
| 20 | 石棉 | 没有始终一致的证据表明摄入石棉能危害健康 |
| 21 | 二烃基锡类 | 对任何一种二烃基锡来说,已有的资料都不足以得到基于健康的准则值 |
| 22 | 荧蒽 | 出现在饮用水中的浓度大大低于可能出现毒性反应的浓度 |
| 23 | 无机锡 | 出现在饮用水中的浓度大大低于可能出现毒性反应的浓度 |
| 24 | 锌 | 饮用水中常见的浓度对健康并无影响,但可影响饮用水质量的接受程度 |

# 附录 4　美国饮用水水质标准(2009 年)

国家一级饮用水规程(NPDWRs 或一级标准)是应用于公用给水系统的法定强制标准。一级标准对饮用水中有害公众健康的污染物做出了限值。

附录 4.1　国家一级饮用水规程

| 序号 | 污染物 | MCLG① (mg/L)② | MCLorTT① (mg/L)② | 长期摄入超出 MCL 浓度对健康造成的潜在影响 (除非特殊说明为短期摄入) | 饮用水中污染物的来源 |
|---|---|---|---|---|---|
| | | | 微生物 | | |
| 1 | 隐孢子虫 | 0 | TT③ | 肠胃疾病(如腹泻、呕吐、痉挛等) | 人和动物粪便 |
| 2 | 贾第虫 | 0 | TT③ | 肠胃疾病(如腹泻、呕吐、痉挛等) | 人和动物粪便 |
| 3 | 异养菌总数 | 未定 | TT③ | 对健康无影响。用于分析水中常见细菌的多样性。饮用水中细菌浓度越低,水处理系统运行的越好 | 异养菌总数包含环境中自然存在的一系列细菌 |
| 4 | 军团菌 | 0 | TT③ | 军团病,肺炎 | 水中自然存在,会在加热系统内增殖 |
| 5 | 总大肠杆菌(包括粪大肠菌及埃氏大肠菌) | 0 | 5.0%④ | 本身对健康没有威胁,用于指示是否有其他有害菌的存在⑤ | 环境中自然存在;同粪便一样,粪大肠菌及埃氏大肠菌只来源于人类和动物的粪便 |
| 6 | 浊度 | 未定 | TT③ | 表征水的浑浊程度,用于指示水质及过滤效果(例如,是否存在致病微生物土壤径流物)。高浊水中常含有大量的病毒、寄生虫、细菌等致病微生物,引起恶心、痉挛、腹泻及伴随的头疼等症状 | 土壤径流 |
| 7 | 病毒(肠内) | 0 | TT③ | 肠胃疾病(如腹泻、呕吐、痉挛等) | 人和动物粪便 |
| | | | 消毒副产物 | | |
| 8 | 溴酸盐 | 0 | 0.010 | 增加癌症风险 | 饮用水消毒副产物 |
| 9 | 亚氯酸盐 | 0.8 | 1.0 | 贫血,对婴幼儿神经系统有影响 | 饮用水消毒副产物 |
| 10 | 卤乙酸(HAAs) | 未定⑥ | 0.060⑦ | 增加癌症风险 | 饮用水消毒副产物 |
| 11 | 总三卤甲烷(TTHMs) | 未定⑥ | 0.080⑦ | 肝、肾、中枢神经系统问题,增加癌症风险 | 饮用水消毒副产物 |

续表

| 序号 | 污染物 | MCLG[①] (mg/L)[②] | MCLorTT[①] (mg/L)[②] | 长期摄入超出 MCL 浓度对健康造成的潜在影响 (除非特殊说明为短期摄入) | 饮用水中污染物的来源 |
|---|---|---|---|---|---|
| | | | | 消毒剂 | |
| 12 | 氯胺 (以 $Cl_2$ 计) | MRDLG =4[①] | MRDL =4.0[①] | 刺激眼、鼻,胃部不适,腹泻 | 用于控制水中微生物的消毒剂 |
| 13 | 氯 (以 $Cl_2$ 计) | MRDLG =4[①] | MRDL =4.0[①] | 刺激眼、鼻,胃部不适,腹泻 | 用于控制水中微生物的消毒剂 |
| 14 | 二氧化氯 (以 $ClO_2$ 计) | MRDLG =0.8[①] | MRDL =0.8[①] | | 用于控制水中微生物的消毒剂 |
| | | | | 无机化合物 | |
| 15 | 锑 | 0.006 | 0.006 | 血胆固醇增加,血糖降低 | 炼油厂、阻燃剂、制陶厂、电子工业、焊料工业的排放 |
| 16 | 砷 | 0[⑦] | 0.010 (2006 年 1 月 23 日) | 伤害皮肤、循环系统问题,增加风险 | 矿藏溶蚀,果园、玻璃和电子工业废物流出 |
| 17 | 石棉(纤维 >10 $\mu$m) | $7\times10^6$ 纤维/L | $7\times10^6$ 纤维/L | 增加良性肠息肉风险 | 输水管道中石棉水泥的毁坏,矿藏溶蚀 |
| 18 | 钡 | 2 | 2 | 血压升高 | 钻井排放、金属冶炼厂排放、矿藏溶蚀 |
| 19 | 铍 | 0.004 | 0.004 | 肠道损伤 | 金属冶炼厂、焦化厂、电子、航空、国防工业的排放 |
| 20 | 镉 | 0.005 | 0.005 | 肾脏损伤 | 镀锌管道腐蚀、矿藏溶蚀、金属冶炼厂排放、废电池和废油漆流出 |
| 21 | 总铬 | 0.1 | 0.1 | 过敏性皮炎 | 炼钢厂和纸浆厂排放、天然矿藏溶蚀 |
| 22 | 铜 | 1.3 | TT[⑦], 干预水平 0.015 | 婴儿和儿童身体或智力发育迟缓;儿童注意力持续时间及学习能力轻微下降;成人肾脏出问题,高血压 | 家庭管道系统腐蚀,矿藏溶蚀 |
| 23 | 氰化物 (以游离氰化物计) | 0.2 | 0.2 | 神经系统损伤,甲状腺问题 | 钢厂或金属加工厂排放,塑料厂及化肥厂排放 |

| 序号 | 污染物 | MCLG[①] (mg/L)[②] | MCLorTT[①] (mg/L)[②] | 长期摄入超出 MCL 浓度对健康造成的潜在影响 (除非特殊说明为短期摄入) | 饮用水中污染物的来源 |
|---|---|---|---|---|---|
| 24 | 氟化物 | 4.0 | 4.0 | 骨骼疾病(疼痛和软化),儿童得齿斑病 | 为使牙齿坚固,会向水中添加氟,矿藏溶蚀,化肥厂及铝厂排放 |
| 25 | 铅 | 0 | TT[⑦], 干预水平 0.015 | 婴儿和儿童身体或智力发育迟缓;儿童注意力持续时间及学习能力轻微下降;成人肾脏出问题,高血压 | 家庭管道系统腐蚀,矿藏溶蚀 |
| 26 | 无机汞 | 0.002 | 0.002 | 肾损伤 | 矿藏溶蚀,冶炼厂和工厂排放,垃圾填埋场和农田流出 |
| 27 | 硝酸盐 (以 N 计) | 10 | 10 | 6 个月以下婴儿饮用含量超过 MCL 的水会导致气促及蓝婴综合征,如不治疗,可致命 | 化肥施用流出,化粪池、污水渗漏,矿藏溶蚀 |
| 28 | 亚硝酸盐 (以 N 计) | 1 | 1 | 6 个月以下婴儿饮用含量超过 MCL 的水会导致气促及蓝婴综合征,如不治疗,可致命 | 化肥施用流出,化粪池、污水渗漏,矿藏溶蚀 |
| 29 | 硒 | 0.05 | 0.05 | 头发或指甲脱落,指甲或脚趾麻木,循环系统问题 | 炼油厂排放,矿藏溶蚀,矿场排放 |
| 30 | 铊 | 0.0005 | 0.0002 | 头发脱落,血液变化,肾脏、肠、肝脏问题 | 选矿厂浸出,电子、玻璃、制药厂排放 |
| 31 | 丙烯酰胺 | 0 | TT[⑧] | 神经系统及血液问题,增加致癌风险 | 在污泥或废水处理过程中加入 |
| 32 | 甲草胺 | 0 | 0.002 | 眼、肝、肾、脾问题,贫血,增加致癌风险 | 庄稼除草剂流出 |
| 33 | 莠去津 | 0.003 | 0.003 | 心血管系统或生殖问题 | 庄稼除草剂流出 |
| 34 | 苯 | 0 | 0.005 | 贫血,血小板减少,增加致癌风险 | 工厂排放,气体储罐及填埋场溶出 |
| 35 | 苯并[a]芘 | 0 | 0.0002 | 生育困难,增加致癌风险 | 水储罐及输送管衬里溶出 |
| 29 | 硒 | 0.05 | 0.05 | 头发或指甲脱落,指甲或脚趾麻木,循环系统问题 | 炼油厂排放,矿藏溶蚀,矿场排放 |

续表

| 序号 | 污染物 | MCLG[①] (mg/L)[②] | MCLorTT[①] (mg/L)[②] | 长期摄入超出 MCL 浓度对健康造成的潜在影响 (除非特殊说明为短期摄入) | 饮用水中污染物的来源 |
|---|---|---|---|---|---|
| 30 | 铊 | 0.0005 | 0.0002 | 头发脱落,血液变化,肾脏、肠、肝脏问题 | 选矿厂浸出,电子、玻璃、制药厂排放 |
| 31 | 丙烯酰胺 | 0 | TT[⑧] | 神经系统及血液问题,增加致癌风险 | 在污泥或废水处理过程中加入 |
| 32 | 甲草胺 | 0 | 0.002 | 眼、肝、肾、脾问题,贫血,增加致癌风险 | 庄稼除草剂流出 |
| 33 | 莠去津 | 0.003 | 0.003 | 心血管系统或生殖问题 | 庄稼除草剂流出 |
| 34 | 苯 | 0 | 0.005 | 贫血,血小板减少,增加致癌风险 | 工厂排放,气体储罐及填埋场溶出 |
| 35 | 苯并[a]芘 | 0 | 0.0002 | 生育困难,增加致癌风险 | 水储罐及输送管衬里溶出 |
| 36 | 呋喃丹 | 0.04 | 0.04 | 血液、神经系统或生殖系统问题 | 大米或苜蓿熏蒸剂的溶出 |
| 37 | 四氯化碳 | 0 | 0.005 | 肝问题,增加致癌风险 | 化工厂和其他工业活动排放 |
| 38 | 氯丹 | 0 | 0.002 | 肝或神经系统问题,增加致癌风险 | 禁用的除白蚁药剂的残留 |
| 39 | 氯苯 | 0.1 | 0.1 | 肝、肾发生问题 | 化工厂及农药厂排放 |
| 40 | 2,4-D | 0.07 | 0.07 | 肾、肝或肾上腺问题 | 庄稼除草剂流出 |
| 41 | 茅草枯 | 0.2 | 0.2 | 轻微肾功能变化 | 公路使用除草剂流出 |
| 42 | 1,2-二溴-3-氯丙烷(DBCP) | 0 | 0.0002 | 生育困难,增加致癌风险 | 大豆、棉花、菠萝及果园熏蒸剂流出或溶出 |
| 43 | 邻二氯苯 | 0.6 | 0.6 | 肝、肾或循环系统问题 | 工业化工厂排放 |
| 44 | 对二氯苯 | 0.075 | 0.075 | 贫血,肝、肾或脾损伤,血液变化 | 工业化工厂排放 |
| 45 | 1,2-二氯乙烷 | 0 | 0.005 | 增加致癌风险 | 工业化工厂排放 |
| 46 | 1,1-二氯乙烯 | 0.007 | 0.007 | 肝脏问题 | 工业化工厂排放 |
| 47 | 顺1,2-二氯乙烯 | 0.07 | 0.07 | 肝脏问题 | 工业化工厂排放 |
| 48 | 反1,2-二氯乙烯 | 0.1 | 0.1 | 肝脏问题 | 工业化工厂排放 |
| 49 | 二氯甲烷 | 0 | 0.005 | 肝脏问题,增加致癌风险 | 工业化工厂排放 |

续表

| 序号 | 污染物 | MCLG[①] (mg/L)[②] | MCLorTT[①] (mg/L)[②] | 长期摄入超出 MCL 浓度对健康造成的潜在影响 (除非特殊说明为短期摄入) | 饮用水中污染物的来源 |
|---|---|---|---|---|---|
| 50 | 1,2-二氯丙烷 | 0 | 0.005 | 增加致癌风险 | 工业化工厂排放 |
| 51 | 己二酸二酯 | 0.4 | 0.4 | 体重减轻,肝脏问题或可能得生育困难 | 化工厂排放 |
| 52 | 邻苯二甲酸二酯 | 0 | 0.006 | 生育困难,肝脏问题,增加致癌风险 | 橡胶厂或化工厂排放 |
| 53 | 地乐酚 | 0.007 | 0.007 | 生育困难 | 大豆和蔬菜除草剂流出 |
| 54 | 二噁英 | 0 | 0.00000003 | 生育困难,增加致癌风险 | 垃圾焚烧或其他物质燃烧时排放,化工厂排放 |
| 55 | 敌草快 | 0.02 | 0.02 | 白内障 | 施用除草剂流出 |
| 56 | 草藻灭 | 0.1 | 0.1 | 胃、肠发生问题 | 施用除草剂流出 |
| 57 | 异狄氏剂 | 0.02 | 0.02 | 肝脏问题 | 已禁用的杀虫剂残留 |
| 58 | 环氧氯丙烷 | 0 | TT[⑧] | 增加致癌风险,长期饮用导致胃问题 | 工业化工厂排放,水处理剂中的杂质 |
| 59 | 乙苯 | 0.7 | 0.7 | 肝脏或肾脏问题 | 炼油厂排放 |
| 60 | 二溴乙烯 | 0 | 0.00005 | 肝、胃、生殖系统或肾问题,增加致癌风险 | 炼油厂排放 |
| 62 | 七氯 | 0 | 0.0004 | 肝损伤,增加致癌风险 | 禁用的除白蚁药剂的残留 |
| 63 | 环氧七氯 | 0 | 0.0002 | 肝损伤,生育困难 | 七氯降解 |
| 64 | 六氯苯 | 0 | 0.001 | 肝或肾问题,生育困难,增加致癌风险 | 冶金厂和农药厂排放 |
| 65 | 六氯环戊二烯 | 0.05 | 0.05 | 肾或胃发生问题 | 化工厂排放 |
| 66 | 林丹 | 0.0002 | 0.0002 | 肝或肾发生问题 | 畜牧、木材、花园使用的杀虫剂流出或溶出 |
| 67 | 甲氧滴滴涕 | 0.04 | 0.04 | 生育困难 | 水果、蔬菜、苜蓿、家畜所用的杀虫剂流出或溶出 |

续表

| 序号 | 污染物 | MCLG① (mg/L)② | MCLorTT① (mg/L)② | 长期摄入超出 MCL 浓度对健康造成的潜在影响（除非特殊说明为短期摄入） | 饮用水中污染物的来源 |
|------|--------|------|------|------|------|
| 68 | 草氨酰 | 0.2 | 0.2 | 对神经系统有轻微影响 | 苹果、土豆、番茄所用的杀虫剂流出或溶出 |
| 69 | 多氯联苯 | 0 | 0.0005 | 皮肤变化，胸腺问题，免疫力降低，生育或神经系统困难，增加致癌风险 | 垃圾填埋场浸出，废弃化学品释放 |
| 70 | 五氯酚 | 0 | 0.001 | 肝或肾问题，增加致癌风险 | 木材防腐工厂流出 |
| 71 | 毒莠定 | 0.5 | 0.5 | 肝脏问题 | 除草剂流出 |
| 72 | 西玛津 | 0.004 | 0.004 | 血液问题 | 除草剂流出 |
| 73 | 苯乙烯 | 0.1 | 0.1 | 肝、肾或循环系统问题 | 橡胶和塑料厂排放，垃圾填埋场浸出 |
| 74 | 四氯乙烯 | 0 | 0.005 | 肝脏问题，增加致癌风险 | 工厂或干洗店排放 |
| 75 | 甲苯 | 1 | 1 | 神经系统、肾或肝问题 | 炼油厂排放 |
| 76 | 毒杀芬 | 0 | 0.003 | 肾、肝或甲状腺问题，增加致癌风险 | 棉花、牲畜杀虫剂的流出或溶出 |
| 77 | 2,3,5-涕丙酸 | 0.05 | 0.05 | 肝脏问题 | 已禁用的除草剂残留 |
| 78 | 1,2,4-三氯苯 | 0.07 | 0.07 | 肾上腺变化 | 纺织厂排放 |
| 79 | 1,1,1-三氯乙烷 | 0.20 | 0.20 | 肝、神经系统或循环系统问题 | 金属脱脂场或其他工厂排放 |
| 80 | 1,1,2-三氯乙烷 | 0.003 | 0.005 | 肝、肾或免疫系统问题 | 工业化工厂排放 |
| 81 | 三氯乙烯 | 0 | 0.005 | 肝脏问题，增加致癌风险 | 金属脱脂场或其他工厂排放 |
| 82 | 氯乙烯 | 0 | 0.002 | 增加致癌风险 | PVC 管道溶出，塑料厂排放 |
| 83 | 二甲苯（总） | 10 | 10 | 神经系统损伤 | 石油厂、化工厂排放 |
| 78 | 1,2,4-三氯苯 | 0.07 | 0.07 | 肾上腺变化 | 纺织厂排放 |
| 79 | 1,1,1-三氯乙烷 | 0.20 | 0.20 | 肝、神经系统或循环系统问题 | 金属脱脂场或其他工厂排放 |

续表

| 序号 | 污染物 | MCLG[①] (mg/L)[②] | MCLorTT[①] (mg/L)[②] | 长期摄入超出 MCL 浓度对健康造成的潜在影响 (除非特殊说明为短期摄入) | 饮用水中污染物的来源 |
|---|---|---|---|---|---|
| 80 | 1,1,2-三氯乙烷 | 0.003 | 0.005 | 肝、肾或免疫系统问题 | 工业化工厂排放 |
| 81 | 三氯乙烯 | 0 | 0.005 | 肝脏问题,增加致癌风险 | 金属脱脂场或其他工厂排放 |
| 82 | 氯乙烯 | 0 | 0.002 | 增加致癌风险 | PVC 管道溶出,塑料厂排放 |
| 83 | 二甲苯（总） | 10 | 10 | 神经系统损伤 | 石油厂、化工厂排放 |
| 放射性核素 | | | | | |
| 84 | α 粒子 | 无[⑦] | 15 微微居里/L | 增加致癌风险 | 特定放射性矿藏溶蚀 |
| 85 | β 粒子和光子 | 无[⑦] | 4 毫雷姆/年 | 增加致癌风险 | 自然及人工放射性物质衰变 |
| 86 | 镭 226 和镭 228(总和) | 无[⑦] | 5 微微居里/L | 增加致癌风险 | 自然矿藏溶蚀 |
| 87 | 铀 | 0 | 30 μg/L (2003 年 12 月 8 日起) | 增加致癌风险,肾中毒 | 自然矿藏溶蚀 |

注:① 定义:最大污染水平目标值(MCLG)——饮用水中污染物的浓度低于此值对健康无已知的或可预料的影响。MCLG 包含安全余量,是非强制性公共健康目标值。

最大污染物水平(MCL)——饮用水中允许的污染物最高浓度。MCL 的确定为综合考虑到当前最好的处理工艺及所用成本下最接近 MCLG 的值,是强制性标准。

最大消毒剂残留水平目标值(MRDLG)——饮用水中消毒剂的浓度低于此值时,对健康无已知的或可预料的影响。MRDLG 并不反映消毒剂对微生物污染物的控制效果。

处理技术(TT)——需要特定的处理技术以降低饮用水中污染物浓度。

最大残留消毒剂水平(MRDL)——饮用水中所允许的最大消毒剂浓度。充分证据表明:必须添加消毒剂以控制水中的微生物污染物。

② 除非特别说明,单位为 mg/L。mg/L 等同于百万分之一。

③ EPA 地表水处理规程要求采用地表水或受地表水直接影响的地下水的水处理系统进行消毒,且进行过滤(或不过滤但符合相关标准),以使下列污染物控制在如下水平:

· 隐孢子虫:无过滤系统需要将隐孢子虫包含在已有的流域控制规定当中。

· 贾第虫:99.9%被去除/灭活。

· 病毒:99.9%被去除/灭活。

· 军团菌:无限制。但 EPA 认为若贾第虫和病毒已被去除/灭活,根据该水厂所用的处理工艺,军团菌也会得到控制。

· 浊度:对于使用传统或直接过滤的水厂,水中浊度不能大于 1 NTU,且每个月 95%的水样浊度均≤0.3 NTU。使用其他过滤工艺的水厂必须符合各州的限值,且浊度不能大于 5 NTU。

- 异养菌总数:每毫升水中不超过 500 个菌落。
- 长期强化地表水处理 1 阶段:地表水或受地表水直接影响的地下水系统所服务的范围少于 1 万人,必须遵守《长期强化地表水处理 1 阶段规定》(如浊度达标、滤池单独监控、隐孢子虫去除要求、对非过滤系统提出的流域控制要求等)。
- 长期强化地表水处理 2 阶段:该规定适用于所有的地表水处理系统或受地表水直接影响的地下水处理系统。该规定对于高风险系统提出了附加的隐孢子虫处理要求,并包括降低无遮盖出厂水蓄水设施污染风险的规定,以保证系统在采取措施降低消毒副产物的同时,保持对微生物的控制能力。
- 滤池反冲洗水循环:《滤池反冲洗水循环规定》要求必须设有循环系统,使特定的循环水贯穿传统/直接过滤系统所有工艺流程中,或依照所在州的要求设定。

④ 每月总大肠杆菌呈阳性的样品不能超过 5%(对于每月例行取样数少于 40 的水厂,每月总大肠杆菌数的阳性样品不能超过 1 个)。每个总大肠杆菌阳性水样均要进行粪大肠杆菌或埃希氏大肠杆菌的检测。若出现两个总大肠杆菌阳性水样,且其中一个为埃希氏或粪大肠杆菌阳性,则该水处理系统存在严重的 MCL 超标问题。

⑤ 粪大肠杆菌及埃希氏大肠杆菌的存在表明水体可能受到人或动物排泄物的污染。排泄物中的致病微生物会引起腹泻、腹痛、恶心、头痛或其他症状。这些致病微生物特别对婴儿、儿童及免疫功能严重降低者有更严重的威胁。

⑥ 尽管对该组污染物指标没有总体的 MCLG,对于其中某些污染物的 MCLG 的值为:

- 三氯甲烷:一溴二氯甲烷(0),三溴甲烷(0),二溴一氯甲烷(0.06 mg/L),三氯甲烷(0.07 mg/L)。
- 氟乙酸:二氯乙酸(0),三氟乙酸(0.02 mg/L),一氟乙酸(0.07 mg/L),一溴乙酸和二溴乙酸包括在此组限值中,但无 MCLG 值。

⑦ 铅和铜的限值由"处理技术(TT)"限定,要求配备水的腐蚀性控制系统。如果超过 10% 的龙头水样超过干预水平,则必须采取行动。铜的干预浓度为 1.3 mg/L,铅的干预浓度为 0.015 mg/L。

⑧ 每个水处理系统必须向所在州书面保证(提交第三方或厂家的证明)应用丙烯酰胺和环氧氯丙烷处理水时,化合物(或产品)的剂量以及单体剂量不得超过如下值:

- 丙烯酰胺=0.05%,剂量为 1 mg/L(或相当量)。
- 环氧氯丙烷=0.01%,剂量为 20 mg/L(或相当量)。

二级饮用水规程(NSDWRs 或二级标准),为非强制性准则,用于控制水中对美容(皮肤,牙齿变色),或对感官(如嗅,味,色度)有影响的污染物浓度。

美国环保局(EPA)为给水系统推荐二级标准但没有规定必须遵守,然而各州可选择性采纳,作为强制性标准。

附录 4.2　国家二级饮用水规程

| 序号 | 污染物 | 二级标准 |
| --- | --- | --- |
| 1 | 铝 | 0.05~0.2 mg/L |
| 2 | 氯化物 | 250 mg/L |
| 3 | 色 | 15(色度单位) |
| 4 | 铜 | 1.0 mg/L |
| 5 | 腐蚀性 | 无腐蚀性 |
| 6 | 氟化物 | 2.0 mg/L |
| 7 | 发泡剂 | 0.5 mg/L |
| 8 | 铁 | 0.3 mg/L |
| 9 | 锰 | 0.05 mg/L |
| 10 | 嗅 | 嗅阈值 3 |

续表

| 序号 | 污染物 | 二级标准 |
|------|--------|----------|
| 11 | 银 | 0.1 mg/L |
| 12 | pH | 6.5～8.5 |
| 13 | 硫酸盐 | 250 mg/L |
| 14 | 总溶固体 | 500 mg/L |
| 15 | 锌 | 5 |

# 附录5　主要工业部门废水中有毒物质的主要发生源

| 部门 | 工业 | 主要污染物 |
|------|------|-----------|
| 冶金工业 | 黑色冶金<br>(选矿、烧结、炼焦、炼钢、轧钢) | 悬浮物、酸度、酚、氟化物、油类、化学需氧物质、生化需氧物质、色度、硫化物、多环芳烃 |
| | 有色冶金<br>(选矿、烧结、冶炼、电解、精炼) | 悬浮物、铜、锌、铅、汞、银、砷、镉、氟化物、化学需氧物质、酸度 |
| 化学工业 | 基础化学工业<br>(酸、碱、无机和有机原料) | 汞、砷、铬、酚、氰化物、硫化物、苯、醛、醇类、油类、悬浮物、氟化物、酸、碱、化学需氧物质 |
| | 废料工业<br>(合成氨、氮肥、磷肥) | 悬浮物、化学需氧物质、砷、酸、碱、氟化物、氨、总磷 |
| | 化学纤维工业 | 化学需氧物质、溶解性固体、总有机碳、生化需氧物质、酸、碱、悬浮物、锌、铜、二硫化碳 |
| | 合成橡胶工业 | 苯胺、烯类、总有机碳、化学需氧物质、生化需氧物质油类、铜、锌、铬、酸、碱、多环芳烃 |
| | 塑料工业 | 化学需氧物质、汞、有机氯、砷、酸、碱、铅、多环芳烃 |
| | 农药、制药、油漆工业 | 有机氯、有机磷、氯苯、氯醛、次氯酸钠、酸度、化学需氧物质、生化需氧物质、悬浮物、油类、多环芳烃 |
| 轻工业 | 造纸工业 | 悬浮物、碱、生化需氧物质、化学需氧物质、氯、酚、硫化物、汞、木质素 |
| | 纺织印染工业 | 酸、碱、硫化物、悬浮物、化学需氧物质、生化需氧物质、总有机碳 |
| | 食品工业 | 化学需氧物质、生化需氧物质、悬浮物、酸、碱、大肠杆菌、总细菌 |
| | 皮革工业 | 酸、碱、铬、硫化物、生化需氧物质、化学需氧物质、总有机碳、悬浮物、硝酸盐 |
| 机械工业 | 电子工业 | 酸、铬、镉、锌、铜、汞、悬浮物 |
| | 农机、通用机械、机械加工 | 酸、碱、氰化物、铬、镉、铜、锌、镍、油类、悬浮物 |

| 部门 | 工业 | 主要污染物 |
|------|------|-----------|
| 石油工业 | 炼油、蒸馏、裂解 | 生化需氧物质、化学需氧物质、油类、酚、氰化物、苯、多环芳烃、醛、醇、悬浮物 |
| 建材工业 | 水泥、石棉、玻璃工业 | 悬浮物、酸、碱、酚、氰 |
| 采矿工业 | 采煤、有色金属矿和黑色金属矿开采 | 酸、碱、悬浮物、重金属、放射性物质 |

# 附录 6　污水综合排放标准 GB 8978—1996

### 附录 6.1　第一类污染物最高允许排放浓度　　　　　单位:mg/L

| 序号 | 污染物 | 最高允许排放浓度 |
|------|--------|-----------------|
| 1 | 总汞 | 0.05 |
| 2 | 烷基汞 | 不得检出 |
| 3 | 总镉 | 0.1 |
| 4 | 总铬 | 1.5 |
| 5 | 六价铬 | 0.5 |
| 6 | 总砷 | 0.5 |
| 7 | 总铅 | 1.0 |
| 8 | 总镍 | 1.0 |
| 9 | 苯并(a)芘 | 0.00003 |
| 10 | 总铍 | 0.005 |
| 11 | 总银 | 0.5 |
| 12 | 总 $\alpha$ 放射性 | 1 Bq/L |
| 13 | 总 $\beta$ 放射性 | 10 Bq/L |

### 附录 6.2　第二类污染物最高允许排放浓度
（1997 年 12 月 31 日之前建设的单位）　　　　　单位:mg/L

| 序号 | 污染物 | 适用范围 | 一级标准 | 二级标准 | 三级标准 |
|------|--------|----------|----------|----------|----------|
| 1 | pH | 一切排污单位 | 6～9 | 6～9 | 6～9 |
| 2 | 色度(稀释倍数) | 染料工业 | 50 | 180 | — |
|   |  | 其他排污单位 | 50 | 80 | — |

续表

| 序号 | 污染物 | 适用范围 | 一级标准 | 二级标准 | 三级标准 |
|---|---|---|---|---|---|
| 3 | 悬浮物(SS) | 采矿、选矿、选煤工业 | 100 | 300 | — |
| | | 脉金选矿 | 100 | 500 | — |
| | | 边远地区砂金选矿 | 100 | 800 | — |
| | | 城镇二级污水处理厂 | 20 | 30 | — |
| | | 其他排污单位 | 70 | 200 | 400 |
| 4 | 石油类 | 一切排污单位 | 10 | 10 | 30 |
| 5 | 五日生化需氧量(BOD$_5$) | 甘蔗制糖、苎麻脱胶、湿法纤维板工业 | 30 | 100 | 600 |
| | | 甜菜制糖、酒精、味精、皮革、化纤浆粕工业 | 30 | 150 | 600 |
| | | 城镇二级污水处理厂 | 20 | 30 | — |
| | | 其他排污单位 | 30 | 60 | 300 |
| 6 | 化学需氧量(COD) | 甜菜制糖、焦化、合成脂肪酸、湿法纤维板、染料、洗毛、有机磷农药工业 | 100 | 200 | 1000 |
| | | 味精、酒精、医药原料药、生物制药、苎麻脱胶、皮革、化纤浆粕工业 | 100 | 300 | 1000 |
| | | 石油化工工业(包括石油炼制) | 100 | 150 | 500 |
| | | 城镇二级污水处理厂 | 60 | 120 | — |
| | | 其他排污单位 | 100 | 150 | 500 |
| 7 | 动植物油 | 一切排污单位 | 20 | 20 | 100 |
| 8 | 挥发酚 | 一切排污单位 | 0.5 | 0.5 | 2.0 |
| 9 | 总氰化合物 | 电影洗片(铁氰化合物) | 0.5 | 5.0 | 5.0 |
| | | 其他排污单位 | 0.5 | 0.5 | 1.0 |
| 10 | 硫化物 | 一切排污单位 | 1.0 | 1.0 | 2.0 |
| 11 | 氨氮 | 医药原料药、染料、石油化工工业 | 15 | 50 | — |
| | | 其他排污单位 | 15 | 25 | — |
| 12 | 氟化物 | 黄磷工业 | 10 | 20 | 20 |
| | | 低氟地区(水体含氟量<0.5 mg/L) | 10 | 20 | 30 |
| | | 其他排污单位 | 10 | 10 | 20 |
| 13 | 磷酸盐(以 P 计) | 一切排污单位 | 0.5 | 1.0 | — |
| 14 | 甲醛 | 一切排污单位 | 1.0 | 2.0 | 5.0 |
| 15 | 苯胺类 | 一切排污单位 | 1.0 | 2.0 | 5.0 |
| 16 | 硝基苯类 | 一切排污单位 | 2.0 | 3.0 | 5.0 |
| 17 | 总铜 | 一切排污单位 | 0.5 | 1.0 | 2.0 |

| 序号 | 污染物 | 适用范围 | 一级标准 | 二级标准 | 三级标准 |
|---|---|---|---|---|---|
| 18 | 阴离子表面活性剂（LAS） | 合成洗涤剂工业 | 5.0 | 15 | 20 |
| | | 其他排污单位 | 5.0 | 10 | 20 |
| 19 | 总锰 | 合成脂肪酸工业 | 2.0 | 5.0 | 5.0 |
| | | 其他排污单位 | 2.0 | 2.0 | 5.0 |
| 20 | 总锌 | 一切排污单位 | 2.0 | 5.0 | 5.0 |
| 21 | 彩色显影剂 | 电影洗片 | 2.0 | 3.0 | 5.0 |
| 22 | 显影剂及氧化物总量 | 电影洗片 | 3.0 | 6.0 | 6.0 |
| 23 | 元素磷 | 一切排污单位 | 0.1 | 0.3 | 0.3 |
| 24 | 有机磷农药（以 P 计） | 一切排污单位 | 不得检出 | 0.5 | 0.5 |
| 25 | 粪大肠菌群数 | 医院①、兽医院及医疗机构含病原体污水 | 500 个/L | 1000 个/L | 5000 个/L |
| | | 传染病、结核病医院污水 | 100 个/L | 500 个/L | 1000 个/L |
| 26 | 总余氯（采用氯化消毒的医院污水） | 医院①、兽医院及医疗机构含病原体污水 | <0.5② | >3（接触时间≥1 h） | >2（接触时间≥1 h） |
| | | 其他排污单位 | <0.5② | >6.5（接触时间≥1 h） | >5（接触时间≥1 h） |

注：① 指 50 个床位以上的医院。

　② 加氯消毒后须进行脱氯处理，达到本标准。

**附录 6.3　部分行业最高允许排水量(1997 年 12 月 31 日之前建设的单位)**

| 序号 | 行业类别 | | | 最高允许排水量或最低允许水重复利用率 |
|---|---|---|---|---|
| 1 | 矿山工业 | | 有色金属系统选矿 | 水重复利用率 75% |
| | | | 其他矿山工业采矿、选矿、选煤等 | 水重复利用率 90%(选煤) |
| | | 脉金选矿 | 重选 | 16.0 m³/t(矿石) |
| | | | 浮选 | 9.0 m³/t(矿石) |
| | | | 氰化 | 8.0 m³/t(矿石) |
| | | | 碳浆 | 8.0 m³/t(矿石) |
| 2 | 焦化企业(煤气厂) | | | 1.2 m³/t(焦炭) |
| 3 | 合成洗涤剂工业 | | 氯化法生产烷基苯 | 200.0 m³/t(烷基苯) |
| | | | 裂解法生产烷基苯 | 70.0 m³/t(烷基苯) |
| | | | 烷基苯生产合成洗涤剂 | 10.0 m³/t(产品) |

续表

| 序号 | 行业类别 | | 最高允许排水量或<br>最低允许水重复利用率 |
|---|---|---|---|
| 4 | 皮革工业 | 猪盐湿皮 | 60.0 m³/t(原皮) |
| | | 牛干皮 | 100.0 m³/t(原皮) |
| | | 羊干皮 | 150.0 m³/t(原皮) |
| 5 | 有色金属冶炼及金属加工 | | 水重复利用率80% |
| | 石油炼制工业(不包括直排水炼油厂)<br>加工深度分类:<br>A.燃料型炼油厂<br>B.燃料+润滑油型炼油厂<br>C.燃料+润滑油型+炼油化工型炼油厂<br>(包括加工高含硫原油页岩油和石油添加剂生产基地的炼油厂) | | A>500万t,1.0 m³/t(原油)<br>250~500万t,1.2 m³/t(原油)<br><250万t,1.5 m³/t(原油) |
| | | | B>500万t,1.5 m³/t(原油)<br>250~500万t,2.0 m³/t(原油)<br><250万t,2.0 m³/t(原油) |
| | | | C>500万t,2.0 m³/t(原油)<br>250~500万t,2.5 m³/t(原油)<br><250万t,2.5 m³/t(原油) |
| 6 | 合成脂肪酸工业 | | 200.0 m³/t(产品) |
| 7 | 湿法生产纤维板工业 | | 30.0 m³/t(板) |
| 8 | 制糖工业 | 甘蔗制糖 | 10.0 m³/t(甘蔗) |
| | | 甜菜制糖 | 4.0 m³/t(甜菜) |
| 9 | 发酵酿造工业 | 酒精工业 以玉米为原料 | 100.0 m³/t(酒精) |
| | | 酒精工业 以薯类为原料 | 90.0 m³/t(酒精) |
| | | 酒精工业 以糖蜜为原料 | 70.0 m³/t(酒) |
| | | 味精工业 | 600.0 m³/t(味精) |
| | | 啤酒工业(排水量不包括麦芽水部分) | 16.0 m³/t(啤酒) |
| 10 | 铬盐工业 | | 5.0 m³/t(产品) |
| 11 | 硫酸工业(水洗法) | | 15.0 m³/t(硫酸) |
| 12 | 苎麻脱胶工业 | | 500.0 m³/t(原麻)或<br>750.0 m³/t(精干麻) |
| 13 | 化纤浆粕 | | 本色:150.0 m³/t(浆)<br>漂白:240.0 m³/t(浆) |
| 14 | 粘胶纤维工业<br>(单纯纤维) | 短纤维(棉型中长纤维、毛型中长纤维) | 300.0 m³/t(纤维) |
| | | 长纤维 | 800.0 m³/t(纤维) |
| 15 | 铁路货车洗刷 | | 5.0 m³/辆 |
| 16 | 电影洗片 | | 5.0 m³/1000 m(35 mm的胶片) |
| 17 | 石油沥青工业 | | 冷却池的水循环利用率95% |

### 附录 6.4 第二类污染物最高允许排放浓度

(1998 年 1 月 1 日后建设的单位)  单位:mg/L

| 序号 | 污染物 | 适用范围 | 一级标准 | 二级标准 | 三级标准 |
|---|---|---|---|---|---|
| 1 | pH | 一切排污单位 | 6～9 | 6～9 | 6～9 |
| 2 | 色度(稀释倍数) | 染料工业 | 50 | 80 | — |
| | | 其他排污单位 | 50 | 80 | — |
| 3 | 悬浮物(SS) | 采矿、选矿、选煤工业 | 70 | 300 | — |
| | | 脉金选矿 | 70 | 400 | — |
| | | 边远地区砂金选矿 | 70 | 800 | — |
| | | 城镇二级污水处理厂 | 20 | 30 | — |
| | | 其他排污单位 | 70 | 150 | 400 |
| 4 | 石油类 | 一切排污单位 | 5 | 10 | 20 |
| 5 | 五日生化需氧量 (BOD₅) | 甘蔗制糖、苎麻脱胶、湿法纤维板、染料、洗毛工业 | 20 | 60 | 600 |
| | | 甜菜制糖、酒精、味精、皮革、化纤浆粕工业 | 20 | 100 | 600 |
| | | 城镇二级污水处理厂 | 20 | 30 | — |
| | | 其他排污单位 | 20 | 30 | 300 |
| 6 | 动植物油 | 一切排污单位 | 10 | 15 | 100 |
| 7 | 挥发酚 | 一切排污单位 | 0.5 | 0.5 | 2.0 |
| 8 | 总氰化合物 | 一切排污单位 | 0.5 | 0.5 | 1.0 |
| 9 | 化学需氧量(COD) | 甜菜制糖、合成脂肪酸、湿法纤维板、染料、洗毛、有机磷农药工业 | 100 | 200 | 1000 |
| | | 味精、酒精、医药原料药、生物制药、苎麻脱胶、皮革、化纤浆粕工业 | 100 | 300 | 1000 |
| | | 石油化工工业(包括石油炼制) | 60 | 120 | 500 |
| | | 城镇二级污水处理厂 | 60 | 120 | — |
| | | 其他排污单位 | 100 | 150 | 500 |
| 10 | 硫化物 | 一切排污单位 | 1.0 | 1.0 | 1.0 |
| 11 | 磷酸盐(以 P 计) | 一切排污单位 | 0.5 | 1.0 | — |
| 12 | 甲醛 | 一切排污单位 | 1.0 | 2.0 | 5.0 |
| 13 | 苯胺类 | 一切排污单位 | 1.0 | 2.0 | 5.0 |
| 14 | 氨氮 | 医药原料药、染料、石油化工工业 | 15 | 50 | — |
| | | 其他排污单位 | 15 | 25 | — |

续表

| 序号 | 污染物 | 适用范围 | 一级标准 | 二级标准 | 三级标准 |
|---|---|---|---|---|---|
| 15 | 氟化物 | 黄磷工业 | 10 | 15 | 20 |
| | | 低氟地区(水体含氟量<0.5 mg/L) | 10 | 20 | 30 |
| | | 其他排污单位 | 10 | 10 | 20 |
| 16 | 硝基苯类 | 一切排污单位 | 2.0 | 3.0 | 5.0 |
| 17 | 总铜 | 一切排污单位 | 0.5 | 1.0 | 2.0 |
| 18 | 阴离子表面活性剂（LAS） | 一切排污单位 | 5.0 | 10 | 20 |
| 19 | 总锌 | 一切排污单位 | 2.0 | 5.0 | 5.0 |
| 20 | 总锰 | 合成脂肪酸工业 | 2.0 | 5.0 | 5.0 |
| | | 其他排污单位 | 2.0 | 2.0 | 5.0 |
| 21 | 彩色显影剂 | 电影洗片 | 1.0 | 2.0 | 3.0 |
| 22 | 显影剂及氧化物总量 | 电影洗片 | 3.0 | 3.0 | 6.0 |
| 23 | 元素磷 | 一切排污单位 | 0.1 | 0.1 | 0.3 |
| 24 | 有机磷农药(以 P 计) | 一切排污单位 | 不得检出 | 0.5 | 0.5 |
| 25 | 乐果 | 一切排污单位 | 不得检出 | 1.0 | 2.0 |
| 26 | 对硫磷 | 一切排污单位 | 不得检出 | 1.0 | 2.0 |
| 27 | 甲基对硫磷 | 一切排污单位 | 不得检出 | 1.0 | 2.0 |
| 28 | 马拉硫磷 | 一切排污单位 | 不得检出 | 5.0 | 10 |
| 29 | 五氯酚及五氯酚钠（以五氯酚计） | 一切排污单位 | 5.0 | 8.0 | 10 |
| 30 | 可吸附有机卤化物（AOX）(以 Cl 计) | 一切排污单位 | 1.0 | 5.0 | 8.0 |
| 31 | 三氯甲烷 | 一切排污单位 | 0.3 | 0.6 | 1.0 |
| 32 | 四氯化碳 | 一切排污单位 | 0.03 | 0.06 | 0.5 |
| 33 | 三氯乙烯 | 一切排污单位 | 0.3 | 0.6 | 1.0 |
| 34 | 四氯乙烯 | 一切排污单位 | 0.1 | 0.2 | 0.5 |
| 35 | 苯 | 一切排污单位 | 0.1 | 0.2 | 0.5 |
| 36 | 甲苯 | 一切排污单位 | 0.1 | 0.2 | 0.5 |
| 37 | 乙苯 | 一切排污单位 | 0.4 | 0.6 | 1.0 |
| 38 | 邻-二甲苯 | 一切排污单位 | 0.4 | 0.6 | 1.0 |
| 39 | 对-二甲苯 | 一切排污单位 | 0.4 | 0.6 | 1.0 |
| 40 | 间-二甲苯 | 一切排污单位 | 0.4 | 0.6 | 1.0 |
| 41 | 氯苯 | 一切排污单位 | 0.2 | 0.4 | 1.0 |
| 42 | 邻-二氯苯 | 一切排污单位 | 0.4 | 0.6 | 1.0 |

| 序号 | 污染物 | 适用范围 | 一级标准 | 二级标准 | 三级标准 |
|---|---|---|---|---|---|
| 43 | 对-二氯苯 | 一切排污单位 | 0.4 | 0.6 | 1.0 |
| 44 | 对-硝基氯苯 | 一切排污单位 | 0.5 | 1.0 | 5.0 |
| 45 | 2,4-二硝基氯苯 | 一切排污单位 | 0.5 | 1.0 | 5.0 |
| 46 | 苯酚 | 一切排污单位 | 0.3 | 0.4 | 1.0 |
| 47 | 间-甲酚 | 一切排污单位 | 0.1 | 0.2 | 0.5 |
| 48 | 2,4-二氯酚 | 一切排污单位 | 0.6 | 0.8 | 1.0 |
| 49 | 2,4,6-三氯酚 | 一切排污单位 | 0.6 | 0.8 | 1.0 |
| 50 | 邻苯二甲酸二丁酯 | 一切排污单位 | 0.2 | 0.4 | 2.0 |
| 51 | 邻苯二甲酸二辛酯 | 一切排污单位 | 0.3 | 0.6 | 2.0 |
| 52 | 丙烯腈 | 一切排污单位 | 2.0 | 5.0 | 5.0 |
| 53 | 总硒 | 一切排污单位 | 0.1 | 0.2 | 0.5 |
| 54 | 粪大肠菌群数 | 医院[①]、兽医院及医疗机构含病原体污水 | 500 个/L | 1000 个/L | 5000 个/L |
| | | 传染病、结核病医院污水 | 100 个/L | 500 个/L | 1000 个/L |
| 55 | 总余氯（采用氯化消毒的医院污水） | 医院[①]、兽医院及医疗机构含病原体污水 | <0.5[②] | >3（接触时间≥1 h） | >2（接触时间≥1 h） |
| | | 传染病、结核病医院污水 | <0.5[②] | >6.5（接触时间≥1.5 h） | >5（接触时间≥1.5 h） |
| 56 | 总有机碳(TOC) | 合成脂肪酸工业 | 20 | 40 | — |
| | | 苎麻脱胶工业 | 20 | 60 | — |
| | | 其他排污单位 | 20 | 30 | — |

注：①和②同附录6.2。

# 附录7 地表水环境质量标准 GB 3838—2002

附录7.1 地表水环境质量标准基本项目标准限值　　　　　　　　单位:mg/L

| 序号 | 指标 | Ⅰ类 | Ⅱ类 | Ⅲ类 | Ⅳ类 | Ⅴ类 |
|---|---|---|---|---|---|---|
| 1 | 水温(℃) | 人为造成的环境水温变化应限制在：周平均最大温升<1;周平均最大温降<2 | | | | |
| 2 | pH(无量纲) | 6～9 | | | | |
| 3 | 溶解氧≥ | 饱和率90%（或7.5） | 6 | 5 | 3 | 2 |

续表

| 序号 | 指标 | I 类 | II 类 | III 类 | IV 类 | V 类 |
|---|---|---|---|---|---|---|
| 4 | 高锰酸盐指数≤ | 2 | 4 | 6 | 10 | 15 |
| 5 | 化学需氧量(COD)≤ | 15 | 15 | 20 | 30 | 40 |
| 6 | 五日生化需氧量(BOD$_5$)≤ | 3 | 3 | 4 | 6 | 10 |
| 7 | 氨氮(NH$_3$-N)≤ | 0.15 | 0.5 | 1.0 | 1.5 | 2.0 |
| 8 | 总磷(以 P 计)≤ | 0.02 (湖、库 0.01) | 0.1 (湖、库 0.025) | 0.2 (湖、库 0.05) | 0.3 (湖、库 0.1) | 0.4 (湖、库 0.2) |
| 9 | 总氮(湖、库,以 N 计)≤ | 0.2 | 0.5 | 1.0 | 1.5 | 2.0 |
| 10 | 铜≤ | 0.01 | 1.0 | 1.0 | 1.0 | 1.0 |
| 11 | 锌≤ | 0.05 | 1.0 | 1.0 | 2.0 | 2.0 |
| 12 | 氟化物(以 F$^-$计)≤ | 1.0 | 1.0 | 1.0 | 1.5 | 1.5 |
| 13 | 硒≤ | 0.01 | 0.01 | 0.01 | 0.02 | 0.02 |
| 14 | 砷≤ | 0.05 | 0.05 | 0.05 | 0.1 | 0.1 |
| 15 | 汞≤ | 0.00005 | 0.00005 | 0.0001 | 0.001 | 0.001 |
| 16 | 镉≤ | 0.001 | 0.005 | 0.005 | 0.005 | 0.01 |
| 17 | 铬(六价)≤ | 0.01 | 0.05 | 0.05 | 0.05 | 0.1 |
| 18 | 铅≤ | 0.01 | 0.01 | 0.05 | 0.05 | 0.1 |
| 19 | 氰化物≤ | 0.005 | 0.05 | 0.2 | 0.2 | 0.2 |
| 20 | 挥发酚≤ | 0.002 | 0.002 | 0.005 | 0.01 | 0.1 |
| 21 | 石油类≤ | 0.05 | 0.05 | 0.05 | 0.5 | 1.0 |
| 22 | 阴离子表面活性剂≤ | 0.2 | 0.2 | 0.2 | 0.3 | 0.3 |
| 23 | 硫化物≤ | 0.05 | 0.1 | 0.2 | 0.5 | 1.0 |
| 24 | 粪大肠菌群(个/L)≤ | 200 | 2000 | 10000 | 20000 | 40000 |

## 附录7.2  集中式生活饮用水地表水源地特定项目标准限值

单位:mg/L

| 序号 | 项目 | 标准值 | 序号 | 项目 | 标准值 |
|---|---|---|---|---|---|
| 1 | 三氯甲烷 | 0.06 | 10 | 三氯乙烯 | 0.07 |
| 2 | 四氯化碳 | 0.002 | 11 | 四氯乙烯 | 0.04 |
| 3 | 三溴甲烷 | 0.1 | 12 | 氯丁二烯 | 0.002 |
| 4 | 二氯甲烷 | 0.02 | 13 | 六氯丁二烯 | 0.0006 |
| 5 | 1,2-二氯乙烷 | 0.03 | 14 | 苯乙烯 | 0.02 |
| 6 | 环氧氯丙烷 | 0.02 | 15 | 甲醛 | 0.9 |
| 7 | 氯乙烯 | 0.005 | 16 | 二硝基苯[①] | 0.5 |
| 8 | 1,1-二氯乙烯 | 0.03 | 17 | 2,4-二硝基甲苯 | 0.0003 |
| 9 | 1,2-二氯乙烯 | 0.05 | 18 | 2,4,6-三硝基甲苯 | 0.5 |

| 序号 | 项目 | 标准值 | 序号 | 项目 | 标准值 |
|---|---|---|---|---|---|
| 19 | 硝基氯苯② | 0.05 | 50 | 百菌清 | 0.01 |
| 20 | 2,4-二硝基氯苯 | 0.5 | 51 | 甲萘威 | 0.05 |
| 21 | 2,4-二氯苯酚 | 0.093 | 52 | 溴氰菊酯 | 0.02 |
| 22 | 2,4,6-三氯苯酚 | 0.2 | 53 | 阿特拉津 | 0.003 |
| 23 | 五氯酚 | 0.009 | 54 | 苯并(a)芘 | $2.8 \times 10^{-6}$ |
| 24 | 苯胺 | 0.1 | 55 | 甲基汞 | $1.0 \times 10^{-6}$ |
| 25 | 联苯胺 | 0.0002 | 56 | 多氯联苯⑥ | $2.0 \times 10^{-6}$ |
| 26 | 丙烯酰胺 | 0.0005 | 57 | 邻苯二甲酸二(2-乙基已基)酯 | 0.008 |
| 27 | 丙烯腈 | 0.1 | 58 | 水合肼 | 0.01 |
| 28 | 邻苯二甲酸二丁酯 | 0.003 | 59 | 四乙基铅 | 0.0001 |
| 29 | 乙醛 | 0.05 | 60 | 吡啶 | 0.2 |
| 30 | 丙烯醛 | 0.1 | 61 | 松节油 | 0.2 |
| 31 | 三氯乙醛 | 0.01 | 62 | 苦味酸 | 0.5 |
| 32 | 苯 | 0.01 | 63 | 丁基黄原酸 | 0.005 |
| 33 | 甲苯 | 0.7 | 64 | 活性氯 | 0.01 |
| 34 | 乙苯 | 0.3 | 65 | 滴滴涕 | 0.001 |
| 35 | 二甲苯③ | 0.5 | 66 | 林丹 | 0.002 |
| 36 | 异丙苯 | 0.25 | 67 | 环氧七氯 | 0.0002 |
| 37 | 氯苯 | 0.3 | 68 | 对硫磷 | 0.003 |
| 38 | 1,2-二氯苯 | 1.0 | 69 | 微囊藻毒素—LR | 0.001 |
| 39 | 1,4-二氯苯 | 0.3 | 70 | 黄磷 | 0.003 |
| 40 | 三氯苯④ | 0.02 | 71 | 钼 | 0.07 |
| 41 | 四氯苯⑤ | 0.02 | 72 | 钴 | 1.0 |
| 42 | 六氯苯 | 0.05 | 73 | 铍 | 0.002 |
| 43 | 硝基苯 | 0.017 | 74 | 硼 | 0.5 |
| 44 | 甲基对硫磷 | 0.002 | 75 | 锑 | 0.005 |
| 45 | 马拉硫磷 | 0.05 | 76 | 镍 | 0.02 |
| 46 | 乐果 | 0.08 | 77 | 钡 | 0.7 |
| 47 | 敌敌畏 | 0.05 | 78 | 钒 | 0.05 |
| 48 | 敌百虫 | 0.05 | 79 | 钛 | 0.1 |
| 49 | 内吸磷 | 0.03 | 80 | 铊 | 0.0001 |

注:① 二硝基苯:指对-二硝基苯、间-二硝基苯、邻-二硝基苯。

② 硝基氯苯:指对-硝基氯苯、间-硝基氯苯、邻-硝基氯苯。

③ 二甲苯:指对-二甲苯、间-二甲苯、邻-二甲苯。

④ 三氯苯:指1,2,3-三氯苯、1,2,4-三氯苯、1,3,5-三氯苯。

⑤ 四氯苯:指1,2,3,4-四氯苯、1,2,3,5-四氯苯、1,2,4,5-四氯苯。

⑥ 多氯联苯:指 PCB-1016、PCB-1221、PCB-1232、PCB-1242、PCB-1248、PCB-1254、PCB-1260。

# 附录8　地下水质量标准 GB/T 14848—2017

附录8.1　地下水质量常规指标及限值

| 序号 | 指标 | I 类 | II 类 | III 类 | IV 类 | V 类 |
|---|---|---|---|---|---|---|
| 感官性状及一般化学指标(单位:mg/L) | | | | | | |
| 1 | 色(铂钴色度单位) | ≤5 | ≤5 | ≤15 | ≤25 | >25 |
| 2 | 嗅和味 | 无 | 无 | 无 | 无 | 有 |
| 3 | 浑浊度/NTU[a] | ≤3 | ≤3 | ≤3 | ≤10 | >10 |
| 4 | 肉眼可见物 | 无 | 无 | 无 | 无 | 有 |
| 5 | pH | 6.5≤pH≤8.5 | | | 5.5≤pH≤6.5 8.5≤pH≤9.0 | pH<5.5 或 pH>9.0 |
| 6 | 总硬度(以 $CaCO_3$ 计) | ≤150 | ≤300 | ≤450 | ≤650 | >650 |
| 7 | 溶解性总固体 | ≤300 | ≤500 | ≤1000 | ≤2000 | >2000 |
| 8 | 硫酸盐 | ≤50 | ≤150 | ≤250 | ≤350 | >350 |
| 9 | 铁 | ≤0.1 | ≤0.2 | ≤0.3 | ≤2.0 | >2.0 |
| 10 | 锰 | ≤0.05 | ≤0.05 | ≤0.10 | ≤1.50 | >1.50 |
| 11 | 铜 | ≤0.01 | ≤0.05 | ≤1.00 | ≤1.50 | >1.50 |
| 12 | 锌 | ≤0.05 | ≤0.5 | ≤1.00 | ≤5.00 | >5.00 |
| 13 | 铝 | ≤0.01 | ≤0.05 | ≤0.20 | ≤0.50 | >0.50 |
| 14 | 氯化物 | ≤50 | ≤150 | ≤250 | ≤350 | >350 |
| 15 | 挥发性酚类(以苯酚计) | ≤0.001 | ≤0.001 | ≤0.002 | ≤0.01 | >0.01 |
| 16 | 阴离子表面活性剂 | 不得检出 | ≤0.1 | ≤0.3 | ≤0.3 | >0.3 |
| 17 | 耗氧量($COD_{Mn}$法,以 $O_2$ 计) | ≤1.0 | ≤2.0 | ≤3.0 | ≤10.0 | >10.0 |
| 18 | 氨氮(以 N 计) | ≤0.002 | ≤0.10 | ≤0.50 | ≤1.50 | >1.50 |
| 19 | 硫化物 | ≤0.05 | ≤0.01 | ≤0.02 | ≤0.10 | >0.10 |
| 20 | 钠 | ≤100 | ≤150 | ≤200 | ≤400 | >400 |
| 微生物指标($CFU^b$/100 mL) | | | | | | |
| 22 | 总大肠菌群 | ≤3.0 | ≤3.0 | ≤3.0 | ≤100 | >100 |
| 23 | 菌落总数 | ≤100 | ≤100 | ≤100 | ≤1000 | >1000 |
| 毒理学指标(单位:mg/L) | | | | | | |
| 24 | 亚硝酸盐(以 N 计) | ≤0.01 | ≤0.10 | ≤1.00 | ≤4.80 | >4.80 |
| 25 | 氰化物 | ≤0.001 | ≤0.01 | ≤0.05 | ≤0.1 | >0.1 |
| 26 | 氟化物 | ≤1.0 | ≤1.0 | ≤1.0 | ≤2.0 | >2.0 |
| 27 | 碘化物 | ≤0.04 | ≤0.04 | ≤0.08 | ≤0.50 | >0.50 |

| 序号 | 指标 | Ⅰ类 | Ⅱ类 | Ⅲ类 | Ⅳ类 | Ⅴ类 |
|---|---|---|---|---|---|---|
| 28 | 汞 | ≤0.0001 | ≤0.0001 | ≤0.001 | ≤0.002 | >0.002 |
| 29 | 砷 | ≤0.001 | ≤0.001 | ≤0.01 | ≤0.05 | >0.05 |
| 30 | 硒 | ≤0.01 | ≤0.01 | ≤0.01 | ≤0.10 | >0.10 |
| 31 | 镉 | ≤0.0001 | ≤0.001 | ≤0.005 | ≤0.01 | >0.01 |
| 32 | 铬(六价) | ≤0.005 | ≤0.01 | ≤0.05 | ≤0.10 | >0.10 |
| 33 | 铅 | ≤0.005 | ≤0.005 | ≤0.01 | ≤0.10 | >0.10 |
| 34 | 三氯甲烷/(μg/L) | ≤0.5 | ≤6 | ≤60 | ≤300 | >300 |
| 35 | 四氯化碳/(μg/L) | ≤0.5 | ≤0.5 | ≤2.0 | ≤50.0 | >50.0 |
| 36 | 苯/(μg/L) | ≤0.5 | ≤1.0 | ≤10.0 | ≤120 | >120 |
| 37 | 甲苯/(μg/L) | ≤0.5 | ≤140 | ≤700 | ≤1400 | >1400 |
| 放射性指标(Bq/L) | | | | | | |
| 38 | 总α放射性 | ≤0.1 | ≤0.1 | ≤0.5 | >0.5 | >0.5 |
| 39 | 总β放射性 | ≤1.0 | ≤1.0 | ≤1.0 | >1.0 | >1.0 |

注:a NTU为散射浊度单位。

　　b CFU表示菌落形成单位。

　　c 放射性指标超过指导值,应进行核素分析和评价。

### 附录8.2 地下水质量非常规指标及限值

| 序号 | 指标 | Ⅰ类 | Ⅱ类 | Ⅲ类 | Ⅳ类 | Ⅴ类 |
|---|---|---|---|---|---|---|
| 毒理学指标(单位:mg/L) | | | | | | |
| 1 | 铍 | ≤0.0001 | ≤0.0001 | ≤0.002 | ≤0.06 | >0.06 |
| 2 | 硼 | ≤0.02 | ≤0.10 | ≤0.50 | ≤2.00 | >2.00 |
| 3 | 锑 | ≤0.0001 | ≤0.0005 | ≤0.005 | ≤0.01 | >0.01 |
| 4 | 钡 | ≤0.01 | ≤0.10 | ≤0.70 | ≤4.00 | >4.00 |
| 5 | 镍 | ≤0.002 | ≤0.002 | ≤0.02 | ≤0.10 | >0.10 |
| 6 | 钴 | ≤0.005 | ≤0.005 | ≤0.05 | ≤0.10 | >0.10 |
| 7 | 钼 | ≤0.001 | ≤0.01 | ≤0.07 | ≤0.15 | >0.15 |
| 8 | 银 | ≤0.001 | ≤0.01 | ≤0.05 | ≤0.10 | >0.10 |
| 9 | 铊 | ≤0.0001 | ≤0.0001 | ≤0.0001 | ≤0.001 | >0.001 |
| 毒理学指标(单位:μg/L) | | | | | | |
| 10 | 二氯甲烷 | ≤1.0 | ≤2.0 | ≤20.0 | ≤500.0 | >500.0 |
| 11 | 1,2-二氯乙烷 | ≤0.5 | ≤3.0 | ≤30.0 | ≤40.0 | >40.0 |
| 12 | 1,1,1-三氯乙烷 | ≤0.5 | ≤400.0 | ≤2000 | ≤4000 | >4000 |
| 13 | 1,1,2-三氯乙烷 | ≤0.5 | ≤0.5 | ≤5.0 | ≤60.0 | >60.0 |
| 14 | 1,2-二氯丙烷 | ≤0.5 | ≤0.5 | ≤5.0 | ≤60.0 | >60.0 |

| 序号 | 指标 | Ⅰ类 | Ⅱ类 | Ⅲ类 | Ⅳ类 | Ⅴ类 |
|---|---|---|---|---|---|---|
| 15 | 三溴甲烷 | ≤0.5 | ≤10.0 | ≤100.0 | ≤800.0 | >800.0 |
| 16 | 氯乙烯 | ≤0.5 | ≤0.5 | ≤5.0 | ≤90.0 | >90.0 |
| 17 | 1,1-二氯乙烯 | ≤0.5 | ≤3.0 | ≤30.0 | ≤60.0 | >60.0 |
| 18 | 1,2-二氯乙烯 | ≤0.5 | ≤5.0 | ≤50.0 | ≤60.0 | >60.0 |
| 19 | 三氯乙烯 | ≤0.5 | ≤7.0 | ≤70.0 | ≤210.0 | >210.0 |
| 20 | 四氯乙烯 | ≤0.5 | ≤4.0 | ≤40.0 | ≤300.0 | >300.0 |
| 21 | 氯苯 | ≤0.5 | ≤60.0 | ≤300.0 | ≤600.0 | >600.0 |
| 22 | 邻二氯苯 | ≤0.5 | ≤200.0 | ≤1000 | ≤2000 | >2000 |
| 23 | 对二氯苯 | ≤0.5 | ≤30.0 | ≤300.0 | ≤600.0 | >600.0 |
| 24 | 三氯苯(总量)[a] | ≤0.5 | ≤4.0 | ≤20.0 | ≤180.0 | >180.0 |
| 25 | 乙苯 | ≤0.5 | ≤30.0 | ≤300.0 | ≤600.0 | >600.0 |
| 26 | 二甲苯(总量)[b] | ≤0.5 | ≤100.0 | ≤500.0 | ≤1000 | >1000 |
| 27 | 苯乙烯 | ≤0.5 | ≤2.0 | ≤20.0 | ≤40.0 | >40.0 |
| 28 | 2,4-二硝基甲苯 | ≤0.1 | ≤0.5 | ≤5.0 | ≤60.0 | >60.0 |
| 29 | 2,6-二硝基甲苯 | ≤0.1 | ≤0.5 | ≤5.0 | ≤30.0 | >30.0 |
| 30 | 萘 | ≤1.0 | ≤10.0 | ≤100.0 | ≤600.0 | >600.0 |
| 31 | 蒽 | ≤1.0 | ≤360.0 | ≤1800 | ≤3600 | >3600 |
| 32 | 荧蒽 | ≤1.0 | ≤50.0 | ≤240.0 | ≤480.0 | >480.0 |
| 33 | 苯并(b)荧蒽 | ≤0.1 | ≤0.4 | ≤4.0 | ≤8.0 | >8.0 |
| 34 | 苯并(a)芘 | ≤0.002 | ≤0.002 | ≤0.01 | ≤0.50 | >0.50 |
| 35 | 多氯联苯(总量)[c] | ≤0.05 | ≤0.05 | ≤0.50 | ≤10.0 | >10.0 |
| 36 | 邻苯二甲酸二(2-乙基己基)酯 | ≤3.0 | ≤3.0 | ≤8.0 | ≤300.0 | >300.0 |
| 37 | 2,4,6-三氯酚 | ≤0.05 | ≤20.0 | ≤200.0 | ≤300.0 | >300.0 |
| 38 | 五氯酚 | ≤0.05 | ≤0.90 | ≤9.0 | ≤18.0 | >18.0 |
| 39 | 六六六(总量)[d] | ≤0.01 | ≤0.50 | ≤5.0 | ≤300.0 | >300.0 |
| 40 | γ-六六六(林丹) | ≤0.01 | ≤0.20 | ≤2.00 | ≤150.0 | >150.0 |
| 41 | 滴滴涕(总量)[e] | ≤0.01 | ≤0.10 | ≤1.0 | ≤2.0 | >2.0 |
| 42 | 六氯苯 | ≤0.01 | ≤0.10 | ≤1.00 | ≤2.00 | >2.00 |
| 43 | 七氯 | ≤0.01 | ≤0.04 | ≤0.4 | ≤0.8 | >0.8 |
| 44 | 2,4-滴 | ≤0.1 | ≤6.0 | ≤30.0 | ≤150.0 | >150.0 |
| 45 | 克百威 | ≤0.05 | ≤1.40 | ≤7.00 | ≤14.0 | >14.0 |
| 46 | 涕灭威 | ≤0.05 | ≤0.60 | ≤3.0 | ≤30.0 | >30.0 |
| 47 | 敌敌畏 | ≤0.05 | ≤0.10 | ≤1.0 | ≤2.0 | >2.0 |

| 序号 | 指标 | Ⅰ类 | Ⅱ类 | Ⅲ类 | Ⅳ类 | Ⅴ类 |
|------|------|------|------|------|------|------|
| 48 | 甲基对硫磷 | ≤0.05 | ≤4.0 | ≤20.0 | ≤40.0 | >40.0 |
| 49 | 马拉硫磷 | ≤0.05 | ≤25.0 | ≤250.0 | ≤500.0 | >500.0 |
| 50 | 乐果 | ≤0.05 | ≤16.0 | ≤80.0 | ≤160.0 | >160.0 |
| 51 | 毒死蜱 | ≤0.05 | ≤6.0 | ≤30.0 | ≤60.0 | >60.0 |
| 52 | 百菌清 | ≤0.05 | ≤1.0 | ≤10.0 | ≤150.0 | >150.0 |
| 53 | 莠去津 | ≤0.05 | ≤0.40 | ≤2.0 | ≤600.0 | >600.0 |
| 54 | 草甘膦 | ≤0.1 | ≤140.0 | ≤700.0 | ≤1400 | >1400 |

注:a 三氯苯(总量)为1,2,3-三氯苯、1,2,4-三氯苯、1,3,5-三氯苯三种异构体加和。

b 二甲苯(总量)为邻二甲苯、间二甲苯、对二甲苯三种异构体加和。

c 多氯联苯(总量)为PCB28、PCB52、PCB101、PCB118、PCB138、PCB153、PCB180、PCB194、PCB206九种多氯联苯单体加和。

d 六六六(总量)为α-六六六、β-六六六、γ-六六六、δ-六六六四种异构体加和。

e 滴滴涕(总量)为o,p'-滴滴涕、p,p'-滴滴伊、p,p'-滴滴滴、p,p'-滴滴涕四种异构体加和。

# 附录9    海水水质标准 GB 3097—1997

单位:mg/L

| 序号 | 项目 | 第一类 | 第二类 | 第三类 | 第四类 |
|------|------|--------|--------|--------|--------|
| 1 | 漂浮物质 | 海面不得出现油膜、浮沫和其他漂浮物质 | | | 海面无明显油膜、浮沫和其他漂浮物质 |
| 2 | 色、臭、味 | 海水不得有异色、异臭、异味 | | | 海水不得有令人厌恶和感到不快的色、臭、味 |
| 3 | 悬浮物质 | 人为增加的量≤10 | | 人为增加的量≤100 | 人为增加的量≤150 |
| 4 | 大肠菌群(个/L)≤ | 10000<br>供人生食的贝类养殖水质≤700 | | | — |
| 5 | 粪大肠菌群(个/L)≤ | 2000<br>供人生食的贝类养殖水质≤140 | | | — |
| 6 | 病原体 | 供人生食的贝类养殖水质不得含有病原体 | | | |
| 7 | 水温(℃) | 人为造成的海水温升夏季不超过当时当地1℃,其他季节不超过2℃ | | | 人为造成的海水温升不超过当时当地4℃ |
| 8 | pH | 7.8~8.5<br>同时不超过该海域正常变动范围的0.2pH单位 | | | 6.8-8.8<br>同时不超过该海域正常变动范围的0.5pH单位 |

续表

| 序号 | 项目 | 第一类 | 第二类 | 第三类 | 第四类 |
|---|---|---|---|---|---|
| 9 | 溶解氧＞ | 6 | 5 | 4 | 3 |
| 10 | 化学需氧量(COD)≤ | 2 | 3 | 4 | 5 |
| 11 | 生化需氧量($BOD_5$)≤ | 1 | 3 | 4 | 5 |
| 12 | 无机氮(以 N 计)≤ | 0.20 | 0.30 | 0.40 | 0.50 |
| 13 | 非离子氮(以 N 计)≤ | 0.020 | | | |
| 14 | 活性磷酸盐(以 P 计)≤ | 0.015 | 0.030 | | 0.045 |
| 15 | 汞≤ | 0.00005 | 0.0002 | | 0.0005 |
| 16 | 镉≤ | 0.001 | 0.005 | 0.010 | |
| 17 | 铅≤ | 0.001 | 0.005 | 0.010 | 0.050 |
| 18 | 六价铬≤ | 0.005 | 0.010 | 0.020 | 0.050 |
| 19 | 总铬≤ | 0.05 | 0.10 | 0.20 | 0.50 |
| 20 | 砷≤ | 0.020 | 0.030 | 0.050 | |
| 21 | 铜≤ | 0.005 | 0.010 | 0.050 | |
| 22 | 锌≤ | 0.020 | 0.050 | 0.10 | 0.50 |
| 23 | 硒≤ | 0.010 | 0.020 | | 0.050 |
| 24 | 镍≤ | 0.005 | 0.010 | 0.020 | 0.050 |
| 25 | 氰化物≤ | 0.005 | | 0.10 | 0.20 |
| 26 | 硫化物(以 S 计)≤ | 0.02 | 0.05 | 0.10 | 0.25 |
| 27 | 挥发性酚≤ | 0.005 | | 0.010 | 0.050 |
| 28 | 石油类≤ | 0.05 | | 0.30 | 0.50 |
| 29 | 六六六≤ | 0.001 | 0.002 | 0.003 | 0.005 |
| 30 | 滴滴涕≤ | 0.00005 | 0.0001 | | |
| 31 | 马拉硫磷≤ | 0.0005 | 0.001 | | |
| 32 | 甲基对硫磷≤ | 0.0005 | 0.001 | | |
| 33 | 苯并(a)芘(μg/L)≤ | 0.0025 | | | |
| 34 | 阴离子表面活性剂<br>(以 LAS 计) | 0.03 | 0.10 | | |
| 35 | 放射性核素<br>(Bq/L) | $^{60}Co$　0.03 | | | |
| | | $^{90}Sr$　4 | | | |
| | | $^{106}Rn$　0.2 | | | |
| | | $^{134}Cs$　0.6 | | | |
| | | $^{137}Cs$　0.7 | | | |

# 附录 10 城镇污水处理厂污染物排放标准 GB 18918—2002

附录 10.1 基本控制项目最高允许排放浓度（日均值）　　　　　单位:mg/L

| 序号 | 基本控制项目 | | 一级标准 | | 二级标准 | 三级标准 |
|---|---|---|---|---|---|---|
| | | | A 标准 | B 标准 | | |
| 1 | 化学需氧量(COD) | | 50 | 60 | 100 | 120[①] |
| 2 | 生化需氧量(BOD$_5$) | | 10 | 20 | 30 | 60 |
| 3 | 悬浮物(SS) | | 10 | 20 | 30 | 50 |
| 4 | 动植物油 | | 1 | 3 | 5 | 20 |
| 5 | 石油类 | | 1 | 3 | 5 | 15 |
| 6 | 阴离子表面活性剂 | | 0.5 | 1 | 2 | 5 |
| 7 | 总氮(以 N 计) | | 15 | 20 | — | — |
| 8 | 氨氮(以 N 计) | | 5(8)[②] | 8(15)[②] | 25(30)[②] | — |
| 9 | 总磷<br>(以 P 计) | 2005 年 12 月 31 日前建设的 | 1 | 1.5 | 3 | 5 |
| | | 2006 年 1 月 1 日起建设的 | 0.5 | 1 | 3 | 5 |
| 10 | 色度(稀释倍数法) | | 30 | 30 | 40 | 50 |
| 11 | pH | | 6～9 | | | |
| 12 | 粪大肠杆菌数(个/L) | | 10$^3$ | 10$^4$ | 10$^4$ | — |

注:① 下列情况下按去除率指标执行:当进水 COD 大于 350 mg/L 时,去除率应大于 60%;BOD$_5$ 大于 160 mg/L 时,去除率应大于 50%。

② 括号外数值为水温>12 ℃时的控制指标,括号内数值为水温≤12 ℃时的控制指标。

附录 10.2 部分一类污染物最高允许排放浓度（日均值）　　　　　单位:mg/L

| 序号 | 项目 | 标准值 |
|---|---|---|
| 1 | 总汞 | 0.001 |
| 2 | 烷基汞 | 不得检出 |
| 3 | 总镉 | 0.01 |
| 4 | 总铬 | 0.1 |
| 5 | 六价铬 | 0.05 |
| 6 | 总砷 | 0.1 |
| 7 | 总铅 | 0.1 |

**附录10.3 选择控制项目最高允许排放浓度(日均值)** 单位:mg/L

| 序号 | 选择控制项目 | 标准值 | 序号 | 选择控制项目 | 标准值 |
|---|---|---|---|---|---|
| 1 | 总镍 | 0.05 | 23 | 三氯乙烯 | 0.3 |
| 2 | 总铍 | 0.002 | 24 | 四氯乙烯 | 0.1 |
| 3 | 总银 | 0.1 | 25 | 苯 | 0.1 |
| 4 | 总铜 | 0.5 | 26 | 甲苯 | 0.1 |
| 5 | 总锌 | 1.0 | 27 | 间-二甲苯 | 0.4 |
| 6 | 总锰 | 2.0 | 28 | 邻-二甲苯 | 0.4 |
| 7 | 总硒 | 0.1 | 29 | 对-二甲苯 | 0.4 |
| 8 | 苯并(a)芘 | 0.00003 | 30 | 乙苯 | 0.4 |
| 9 | 挥发酚 | 0.5 | 31 | 氯苯 | 0.3 |
| 10 | 总氰化物 | 0.5 | 32 | 1,4-二氯苯 | 0.4 |
| 11 | 硫化物 | 1.0 | 33 | 1,2-二氯苯 | 1.0 |
| 12 | 甲醛 | 1.0 | 34 | 对硝基氯苯 | 0.5 |
| 13 | 苯胺类 | 0.5 | 35 | 2,4-二硝基氯苯 | 0.5 |
| 14 | 总硝基化合物 | 2.0 | 36 | 苯酚 | 0.3 |
| 15 | 有机磷农药(以 P 计) | 0.5 | 37 | 间-甲酚 | 0.1 |
| 16 | 马拉硫磷 | 1.0 | 38 | 2,4-二氯酚 | 0.6 |
| 17 | 乐果 | 0.5 | 39 | 2,4,6-三氯酚 | 0.6 |
| 18 | 对硫磷 | 0.05 | 40 | 邻苯二甲酸二丁酯 | 0.1 |
| 19 | 甲基对硫磷 | 0.2 | 41 | 邻苯二甲酸二辛酯 | 0.1 |
| 20 | 五氯酚 | 0.5 | 42 | 丙烯腈 | 2.0 |
| 21 | 三氯甲烷 | 0.3 | 43 | 可吸附有机卤化物（AOX 以 Cl 计） | 1.0 |
| 22 | 四氯化碳 | 0.03 | | | |

# 附录 11 城市污水再生利用分类 GB/T 18919—2002

| 序号 | 分类 | 范围 | 示例 |
|---|---|---|---|
| 1 | 农、林、牧、渔业用水 | 农田灌溉 | 种籽与育种、粮食与饲料作物、经济作物 |
| | | 造林育苗 | 种籽、苗木、苗圃、观赏植物 |
| | | 畜牧养殖 | 畜牧、家畜、家禽 |
| | | 水产养殖 | 淡水养殖 |

| 序号 | 分类 | 范围 | 示例 |
|---|---|---|---|
| 2 | 城市杂用水 | 城市绿化 | 公共绿地、住宅小区绿化 |
| | | 冲厕 | 厕所便器冲洗 |
| | | 道路清扫 | 城市道路的冲洗及喷洒 |
| | | 车辆冲洗 | 各种车辆冲洗 |
| | | 建筑施工 | 施工场地清扫、浇洒、灰尘抑制、混凝土制备与养护、施工中的混凝土构件和建筑物冲洗 |
| | | 消防 | 消火栓、消防水炮 |
| 3 | 工业用水 | 冷却用水 | 直流式、循环式 |
| | | 洗涤用水 | 冲渣、冲灰、消烟除尘、清洗 |
| | | 锅炉用水 | 中压、低压锅炉 |
| | | 工艺用水 | 溶料、水浴、蒸煮、漂洗、水力开采、水力输送、增湿、稀释、搅拌、选矿、油田回注 |
| | | 产品用水 | 浆料、化工制剂、涂料 |
| 4 | 环境用水 | 娱乐性景观环境用水 | 娱乐性景观河道、景观湖泊及水景 |
| | | 观赏性景观环境用水 | 观赏性景观河道、景观湖泊及水景 |
| | | 湿地环境用水 | 恢复自然湿地、营造人工湿地 |
| 5 | 补充水源水 | 补充地表水 | 河流、湖泊 |
| | | 补充地下水 | 水源补给、防止海水入浸、防止地面沉降 |

# 附录 12　城市污水再生利用城市杂用水水质标准 GB/T 18920—2020

| 序号 | 项目 | 冲厕、车辆清洗 | 城市绿化、道路清扫、消防、建筑施工 |
|---|---|---|---|
| 1 | pH | 6.0~9.0 | 6.0~9.0 |
| 2 | 色度,铂钴色度单位≤ | 15 | 30 |
| 3 | 嗅 | 无不适感 | 无不适感 |
| 4 | 浊度(NTU)≤ | 5 | 10 |
| 5 | 溶解性总固体(mg/L)≤ | 1000(2000[a]) | 1000(2000[a]) |
| 6 | 五日生化需氧量 $BOD_5$(mg/L)≤ | 10 | 10 |
| 7 | 氨氮(mg/L)≤ | 5 | 8 |
| 8 | 阴离子表面活性剂(mg/L)≤ | 0.5 | 0.5 |
| 9 | 铁(mg/L)≤ | 0.3 | —[b] |

| 序号 | 项目 | 冲厕、车辆清洗 | 城市绿化、道路清扫、消防、建筑施工 |
|------|------|------|------|
| 10 | 锰(mg/L)≤ | 0.1 | — |
| 11 | 溶解氧(mg/L)≥ | 2.0 | 2.0 |
| 12 | 总氯(mg/L)≥ | 1.0(出厂)<br>0.2(管网末端) | 1.0(出厂)<br>0.2c(管网末端) |
| 13 | 大肠埃希氏菌<br>(MPN/100 mL 或 CFU/100 mL) | 无d | 无d |

注:a　括号内指标值为沿海及本地水源中溶解性固体含量较高的区域的指标。

　　b　"—"表示对此项无要求。

　　c　用于城市绿化时,不应超过 2.5 mg/L。

　　d　大肠埃希氏菌不应检出。

# 附录 13　国际原子量表(2023)

| 原子序数 | 名称 | 符号 | 原子量 | 原子序数 | 名称 | 符号 | 原子量 | 原子序数 | 名称 | 符号 | 原子量 |
|------|------|------|------|------|------|------|------|------|------|------|------|
| 1 | 氢 | H | 1.0080 | 20 | 钙 | Ca | 40.078 | 39 | 钇 | Y | 88.9058 |
| 2 | 氦 | He | 4.0026 | 21 | 钪 | Sc | 44.9559 | 40 | 锆 | Zr | 91.222 |
| 3 | 锂 | Li | 6.94 | 22 | 钛 | Ti | 47.867 | 41 | 铌 | Nb | 92.9064 |
| 4 | 铍 | Be | 9.0122 | 23 | 钒 | V | 50.9415 | 42 | 钼 | Mo | 95.95 |
| 5 | 硼 | B | 10.81 | 24 | 铬 | Cr | 51.9961 | 43 | 锝 | Tc | [97] |
| 6 | 碳 | C | 12.011 | 25 | 锰 | Mn | 54.9380 | 44 | 钌 | Ru | 101.07 |
| 7 | 氮 | N | 14.007 | 26 | 铁 | Fe | 55.845 | 45 | 铑 | Rh | 102.9055 |
| 8 | 氧 | O | 15.999 | 27 | 钴 | Co | 58.9332 | 46 | 钯 | Pd | 106.42 |
| 9 | 氟 | F | 18.9984 | 28 | 镍 | Ni | 58.6934 | 47 | 银 | Ag | 107.8682 |
| 10 | 氖 | Ne | 20.1797 | 29 | 铜 | Cu | 63.546 | 48 | 镉 | Cd | 112.414 |
| 11 | 钠 | Na | 22.9898 | 30 | 锌 | Zn | 65.38 | 49 | 铟 | In | 114.818 |
| 12 | 镁 | Mg | 24.305 | 31 | 镓 | Ga | 69.723 | 50 | 锡 | Sn | 118.710 |
| 13 | 铝 | Al | 26.9815 | 32 | 锗 | Ge | 72.630 | 51 | 锑 | Sb | 121.760 |
| 14 | 硅 | Si | 28.085 | 33 | 砷 | As | 74.9216 | 52 | 碲 | Te | 127.60 |
| 15 | 磷 | P | 30.9738 | 34 | 硒 | Se | 78.971 | 53 | 碘 | I | 126.9045 |
| 16 | 硫 | S | 32.06 | 35 | 溴 | Br | 79.904 | 54 | 氙 | Xe | 131.293 |
| 17 | 氯 | Cl | 35.45 | 36 | 氪 | Kr | 83.798 | 55 | 铯 | Cs | 132.9055 |
| 18 | 氩 | Ar | 39.95 | 37 | 铷 | Rb | 85.4678 | 56 | 钡 | Ba | 137.327 |
| 19 | 钾 | K | 39.0983 | 38 | 锶 | Sr | 87.62 | 57 | 镧 | La | 138.9055 |

| 原子序数 | 名称 | 符号 | 原子量 | 原子序数 | 名称 | 符号 | 原子量 | 原子序数 | 名称 | 符号 | 原子量 |
|---|---|---|---|---|---|---|---|---|---|---|---|
| 58 | 铈 | Ce | 140.116 | 79 | 金 | Au | 196.9666 | 100 | 镄 | Fm | [257] |
| 59 | 镨 | Pr | 140.9077 | 80 | 汞 | Hg | 200.592 | 101 | 钔 | Md | [258] |
| 60 | 钕 | Nd | 144.242 | 81 | 铊 | Tl | 204.38 | 102 | 锘 | No | [259] |
| 61 | 钷 | Pm | [145] | 82 | 铅 | Pb | 207.2 | 103 | 铹 | Lr | [262] |
| 62 | 钐 | Sm | 150.36 | 83 | 铋 | Bi | 208.9804 | 104 | | Rf | [267] |
| 63 | 铕 | Eu | 151.964 | 84 | 钋 | Po | [209] | 105 | | Db | [270] |
| 64 | 钆 | Gd | 157.249 | 85 | 砹 | At | [210] | 106 | | Sg | [269] |
| 65 | 铽 | Tb | 158.9254 | 86 | 氡 | Rn | [222] | 107 | | Bh | [270] |
| 66 | 镝 | Dy | 162.500 | 87 | 钫 | Fr | [223] | 108 | | Hs | [270] |
| 67 | 钬 | Ho | 164.9303 | 88 | 镭 | Ra | [226] | 109 | | Mt | [278] |
| 68 | 铒 | Er | 167.259 | 89 | 锕 | Ac | [227] | 110 | | Ds | [281] |
| 69 | 铥 | Tm | 168.9342 | 90 | 钍 | Th | 232.0377 | 111 | | Rg | [281] |
| 70 | 镱 | Yb | 173.045 | 91 | 镤 | Pa | 231.0359 | 112 | | Cn | [285] |
| 71 | 镥 | Lu | 174.9667 | 92 | 铀 | U | 238.0289 | 113 | | Nh | [286] |
| 72 | 铪 | Hf | 178.486 | 93 | 镎 | Np | [237] | 114 | | Fl | [289] |
| 73 | 钽 | Ta | 180.9479 | 94 | 钚 | Pu | [244] | 115 | 镆 | Mc | [289] |
| 74 | 钨 | W | 183.84 | 95 | 镅 | Am | [243] | 116 | | Lv | [293] |
| 75 | 铼 | Re | 186.207 | 96 | 锔 | Cm | [247] | 117 | | Ts | [293] |
| 76 | 锇 | Os | 190.23 | 97 | 锫 | Bk | [247] | 118 | | Og | [294] |
| 77 | 铱 | Ir | 192.217 | 98 | 锎 | Cf | [251] | | | | |
| 78 | 铂 | Pt | 195.084 | 99 | 锿 | Es | [252] | | | | |

# 附录 14  化合物的式量表

| 化 合 物 | 式 量 | 化 合 物 | 式 量 |
|---|---|---|---|
| AgBr | 187.78 | $C_6H_5OH$ | 94.11 |
| AgCl | 143.32 | $(C_9H_7N)_3H_3(PO_4 \cdot 12MoO_3)$ (磷钼酸喹啉) | 2212.74 |
| AgCN | 133.84 | | |
| $Ag_2CrO_4$ | 331.73 | $CCl_4$ | 153.81 |
| AgI | 234.77 | $CO_2$ | 44.01 |
| $AgNO_3$ | 169.87 | $Cr_2O_3$ | 151.99 |

| 化 合 物 | 式 量 | 化 合 物 | 式 量 |
|---|---|---|---|
| AgSCN | 165.95 | $Cu(C_2H_3O_2)_2 \cdot 3Cu(AsO_2)_2$ | 1013.80 |
| $Al_2O_3$ | 101.96 | | |
| $Al_2(SO_4)_3$ | 342.15 | CuO | 79.54 |
| $As_2O_3$ | 197.84 | $Cu_2O$ | 143.09 |
| $As_2O_5$ | 229.84 | CuSCN | 121.62 |
| | | $CuSO_4$ | 159.60 |
| | | $CuSO_4 \cdot 5H_2O$ | 249.68 |
| $BaCO_3$ | 197.35 | | |
| $BaC_2O_4$ | 225.36 | | |
| $BaCl_2$ | 208.25 | $FeCl_3$ | 162.21 |
| $BaCl_2 \cdot 2H_2O$ | 244.28 | $FeCl_3 \cdot 6H_2O$ | 270.30 |
| $BaCrO_4$ | 253.33 | FeO | 71.85 |
| BaO | 153.34 | $Fe_2O_3$ | 159.69 |
| $Ba(OH)_2$ | 171.36 | $Fe_3O_4$ | 231.54 |
| $BaSO_4$ | 233.40 | $FeSO_4 \cdot H_2O$ | 169.96 |
| | | $FeSO_4 \cdot 7H_2O$ | 278.01 |
| | | $Fe_2(SO_4)_3$ | 399.87 |
| $CaCO_3$ | 100.09 | $FeSO_4 \cdot (NH_4)_2SO_4 \cdot 6H_2O$ | 392.13 |
| $CaC_2O_4$ | 128.10 | | |
| $CaCl_2$ | 110.99 | | |
| $CaCl_2 \cdot H_2O$ | 129.00 | $H_3BO_3$ | 61.83 |
| $CaF_2$ | 78.08 | HBr | 80.91 |
| $Ca(NO_3)_2$ | 164.09 | $H_2C_4H_4O_6$(酒石酸) | 150.09 |
| CaO | 56.08 | HCN | 27.03 |
| $Ca(OH)_2$ | 74.09 | $H_2CO_3$ | 62.03 |
| $CaSO_4$ | 136.14 | $H_2C_2O_4$ | 90.04 |
| $Ca_3(PO_4)_2$ | 310.18 | $H_2C_2O_4 \cdot 2H_2O$ | 126.07 |
| $Ce(SO_4)_2$ | 332.24 | HCOOH | 46.03 |
| $Ce(SO_4)_2 \cdot 2(NH_4)_2SO_4 \cdot 2H_2O$ | 632.54 | HCl | 36.46 |
| $CH_3COOH$ | 60.05 | $HClO_4$ | 100.46 |
| $CH_3OH$ | 32.04 | HF | 20.01 |
| $CH_3 \cdot CO \cdot CH_3$ | 58.08 | HI | 127.91 |
| $C_6H_5 \cdot COOH$ | 122.12 | $HNO_2$ | 47.01 |
| $C_6H_4 \cdot COOH \cdot COOK$ | 204.23 | $HNO_3$ | 63.01 |

续表

| 化 合 物 | 式 量 | 化 合 物 | 式 量 |
|---|---|---|---|
| $CH_3 \cdot COONa$ | 82.03 | $H_2O$ | 18.02 |
| $H_2O_2$ | 34.02 | $NaBiO_3$ | 279.97 |
| $H_3PO_4$ | 98.00 | $NaBr$ | 102.90 |
| $H_2S$ | 34.08 | $NaCN$ | 49.01 |
| $H_2SO_3$ | 82.08 | $Na_2CO_3$ | 105.99 |
| $H_2SO_4$ | 98.08 | $Na_2C_2O_4$ | 134.00 |
| $HgCl_2$ | 271.50 | $NaCl$ | 58.44 |
| $Hg_2Cl_2$ | 472.09 | $NaHCO_3$ | 84.01 |
| | | $NaH_2PO_4$ | 119.98 |
| $KAl(SO_4)_2 \cdot 12H_2O$ | 474.38 | $Na_2HPO_4$ | 141.96 |
| $KB(C_6H_5)_4$ | 358.33 | $Na_2H_2Y \cdot 2H_2O(EDTA 二钠盐)$ | 372.26 |
| $KBr$ | 119.01 | | |
| $KBrO_3$ | 167.01 | $NaI$ | 149.89 |
| $KCN$ | 65.12 | $NaNO_2$ | 69.00 |
| $K_2CO_3$ | 138.21 | $Na_2O$ | 61.98 |
| $KCl$ | 74.56 | $NaOH$ | 40.01 |
| $KClO_3$ | 122.55 | $Na_3PO_4$ | 163.94 |
| $KClO_4$ | 138.55 | $Na_2S$ | 78.04 |
| $K_2CrO_4$ | 194.20 | $Na_2S \cdot 9H_2O$ | 240.18 |
| $K_2Cr_2O_7$ | 294.19 | $Na_2SO_3$ | 126.04 |
| $KHC_2O_4 \cdot H_2C_2O_4 \cdot 2H_2O$ | 254.19 | $Na_2SO_4$ | 142.04 |
| $KHC_2O_4 \cdot H_2O$ | 146.14 | $Na_2SO_4 \cdot 10H_2O$ | 322.20 |
| $KI$ | 166.01 | $Na_2S_2O_3$ | 158.10 |
| $KIO_3$ | 214.00 | $Na_2S_2O_3 \cdot 5H_2O$ | 248.18 |
| $KIO_3 \cdot HIO_3$ | 389.92 | $Na_2SiF_6$ | 188.06 |
| $KMnO_4$ | 158.04 | $NH_3$ | 17.03 |
| $KNO_2$ | 85.10 | $NH_4Cl$ | 53.49 |
| $K_2O$ | 92.20 | $(NH_4)_2C_2O_4 \cdot H_2O$ | 142.11 |
| $KOH$ | 56.11 | $NH_3 \cdot H_2O$ | 35.05 |
| $KSCN$ | 97.18 | $NH_4Fe(SO_4)_2 \cdot 12H_2O$ | 482.19 |
| $K_2SO_4$ | 174.26 | $(NH_4)_2HPO_4$ | 132.05 |
| | | $(NH_4)_3PO_4 \cdot 12MoO_3$ | 1876.53 |
| $MgCO_3$ | 84.32 | $(NH_4)_2SO_4$ | 132.14 |
| $MgCl_2$ | 95.21 | $NiC_8H_{14}O_4N_4(丁二酮肟镍)$ | 288.93 |

| 化 合 物 | 式 量 | 化 合 物 | 式 量 |
|---|---|---|---|
| $MgNH_4PO_4$ | 137.33 | | |
| $MgO$ | 40.31 | | |
| $Mg_2P_2O_7$ | 222.60 | $P_2O_5$ | 141.95 |
| $MnO$ | 70.94 | $PbCrO_4$ | 323.18 |
| $MnO_2$ | 86.94 | $PbO$ | 223.19 |
| | | $PbO_2$ | 239.19 |
| $Na_2B_4O_7$ | 201.22 | $Pb_3O_4$ | 685.57 |
| $Na_2B_4O_7 \cdot 10H_2O$ | 381.37 | $PbSO_4$ | 303.25 |
| $SO_2$ | 64.06 | $TiO_2$ | 79.90 |
| $SO_3$ | 80.06 | | |
| $Sb_2O_3$ | 291.50 | $WO_3$ | 231.85 |
| $SiF_4$ | 104.08 | | |
| $SiO_2$ | 60.08 | $ZnCl_2$ | 136.29 |
| $SnCO_3$ | 147.63 | $ZnO$ | 81.37 |
| $SnCl_2$ | 189.60 | $Zn_2P_2O_7$ | 304.70 |
| $SnO_2$ | 150.69 | $ZnSO_4$ | 161.43 |

# 附录 15 弱酸、弱碱在水中的离解常数(25 ℃)

## 附录 15.1 弱酸

| 弱 酸 | 分 子 式 | $K_a$ | $pK_a$ |
|---|---|---|---|
| 砷 酸 | $H_3AsO_4$ | $6.3 \times 10^{-3} (K_{a_1})$ | 2.20 |
| | | $1.0 \times 10^{-7} (K_{a_2})$ | 7.00 |
| | | $3.2 \times 10^{-12} (K_{a_3})$ | 11.50 |
| 亚砷酸 | $HAsO_2$ | $6.0 \times 10^{-10}$ | 9.22 |
| 硼 酸 | $H_3BO_3$ | $5.8 \times 10^{-10} (K_{a_1})$ | 9.24 |
| 碳 酸 | $H_2CO_3 (CO_2 + H_2O)^*$ | $4.2 \times 10^{-7} (K_{a_1})$ | 6.38 |
| | | $5.6 \times 10^{-11} (K_{a_2})$ | 10.25 |
| 氢氰酸 | $HCN$ | $6.2 \times 10^{-10}$ | 9.21 |
| 氰 酸 | $HCNO$ | $1.2 \times 10^{-4}$ | 3.92 |
| 铬 酸 | $HCrO_4^-$ | $3.2 \times 10^{-7} (K_{a_2})$ | 6.50 |
| 氢氟酸 | $HF$ | $7.2 \times 10^{-4}$ | 3.14 |

| 弱 酸 | 分 子 式 | $K_a$ | $pK_a$ |
|---|---|---|---|
| 亚硝酸 | $HNO_2$ | $5.1 \times 10^{-4}$ | 3.29 |
| 磷 酸 | $H_3PO_4$ | $7.6 \times 10^{-3}(K_{a_1})$ | 2.12 |
| | | $6.3 \times 10^{-8}(K_{a_2})$ | 7.20 |
| | | $4.4 \times 10^{-13}(K_{a_3})$ | 12.36 |
| 焦磷酸 | $H_4P_2O_7$ | $3.0 \times 10^{-2}(K_{a_1})$ | 1.52 |
| | | $4.4 \times 10^{-3}(K_{a_2})$ | 2.36 |
| | | $2.5 \times 10^{-7}(K_{a_3})$ | 6.60 |
| | | $5.6 \times 10^{-10}(K_{a_4})$ | 9.25 |
| 亚磷酸 | $H_3PO_3$ | $5.0 \times 10^{-2}(K_{a_1})$ | 1.30 |
| | | $2.5 \times 10^{-7}(K_{a_2})$ | 6.60 |
| 氢硫酸 | $H_2S$ | $5.7 \times 10^{-8}(K_{a_1})$ | 7.24 |
| | | $1.2 \times 10^{-15}(K_{a_2})$ | 14.92 |
| 硫 酸 | $HSO_4^-$ | $1.0 \times 10^{-2}(K_{a_2})$ | 1.99 |
| 亚硫酸 | $H_2SO_3(SO_2 + H_2O)$ | $1.3 \times 10^{-2}(K_{a_1})$ | 1.90 |
| | | $6.3 \times 10^{-8}(K_{a_2})$ | 7.20 |
| 硫氰酸 | $HSCN$ | $1.4 \times 10^{-1}$ | 0.85 |
| 偏硅酸 | $H_2SiO_3$ | $1.7 \times 10^{-10}(K_{a_1})$ | 9.77 |
| | | $1.6 \times 10^{-12}(K_{a_2})$ | 11.8 |
| 甲 酸 | $HCOOH$ | $1.8 \times 10^{-4}$ | 3.74 |

注：* 如不计水合 $CO_2$，$H_2CO_3$ 的 $pK_{a_1} = 3.76$。

| 弱 酸 | 分 子 式 | $K_a$ | $pK_a$ |
|---|---|---|---|
| 乙 酸 | $CH_3COOH$ | $1.8 \times 10^{-5}$ | 4.74 |
| 一氯乙酸 | $CH_2ClCOOH$ | $1.4 \times 10^{-3}$ | 2.86 |
| 二氯乙酸 | $CHCl_2COOH$ | $5.0 \times 10^{-2}$ | 1.30 |
| 三氯乙酸 | $CCl_3COOH$ | 0.23 | 0.64 |
| 氨基乙酸盐 | $^+NH_3CH_2COOH$ | $4.5 \times 10^{-3}(K_{a_1})$ | 2.35 |
| | $^+NH_3CH_2COO^-$ | $2.5 \times 10^{-10}(K_{a_2})$ | 9.60 |
| 抗坏血酸 | $O=C-C(OH)=C(OH)-CH-$ | $5.0 \times 10^{-5}(K_{a_1})$ | 4.30 |
| | $-CHOH-CH_2OH$ | $1.5 \times 10^{-10}(K_{a_2})$ | 9.82 |
| 乳 酸 | $CH_3CHOHCOOH$ | $1.4 \times 10^{-4}$ | 3.86 |
| 苯甲酸 | $C_6H_5COOH$ | $6.2 \times 10^{-5}$ | 4.21 |
| 草 酸 | $H_2C_2O_4$ | $5.9 \times 10^{-2}(K_{a_1})$ | 1.22 |

| 弱　酸 | 分　子　式 | $K_a$ | p$K_a$ |
|---|---|---|---|
| | | $6.4 \times 10^{-5}$ $(K_{a_2})$ | 4.19 |
| d-酒石酸 | CH(OH)COOH | $9.1 \times 10^{-4}$ $(K_{a_1})$ | 3.04 |
| | $\quad$ \| $\quad$ CH(OH)COOH | $4.3 \times 10^{-5}$ $(K_{a_2})$ | 4.37 |
| 邻苯二甲酸 | $C_6H_4(COOH)_2$ | $1.1 \times 10^{-3}$ $(K_{a_1})$ | 2.95 |
| | | $3.9 \times 10^{-6}$ $(K_{a_2})$ | 5.41 |
| 柠　檬　酸 | $CH_2COOH$ | $7.4 \times 10^{-4}$ $(K_{a_1})$ | 3.13 |
| | $\quad$ \| $\quad$ C(OH)COOH | $1.7 \times 10^{-5}$ $(K_{a_2})$ | 4.76 |
| | $\quad$ \| $\quad$ $CH_2COOH$ | $4.0 \times 10^{-7}$ $(K_{a_3})$ | 6.40 |
| 苯　　　酚 | $C_6H_5OH$ | $1.1 \times 10^{-10}$ | 9.95 |
| 乙二胺四乙酸 | $H_6-EDTA^{2+}$ | 0.1 $\quad$ $(K_{a_1})$ | 0.9 |
| | $H_5-EDTA^+$ | $3 \times 10^{-2}$ $\quad$ $(K_{a_2})$ | 1.6 |
| | $H_4-EDTA$ | $1 \times 10^{-2}$ $\quad$ $(K_{a_3})$ | 2.0 |
| | $H_3-EDTA^-$ | $2.1 \times 10^{-3}$ $\quad$ $(K_{a_4})$ | 2.67 |
| | $H_2-EDTA^{2-}$ | $6.9 \times 10^{-7}$ $\quad$ $(K_{a_5})$ | 6.16 |
| | $H-EDTA^{3-}$ | $5.5 \times 10^{-11}$ $\quad$ $(K_{a_6})$ | 10.26 |

## 附录 15.2　弱碱

| 弱　碱 | 分　子　式 | $K_b$ | p$K_b$ |
|---|---|---|---|
| 氨　　　水 | $NH_3$ | $1.8 \times 10^{-5}$ | 4.74 |
| 联　　　氨 | $H_2NNH_2$ | $3.0 \times 10^{-6}$ $(K_{b_1})$ | 5.52 |
| | | $7.6 \times 10^{-15}$ $(K_{b_2})$ | 14.12 |
| 羟　　　氨 | $NH_2OH$ | $9.1 \times 10^{-9}$ | 8.04 |
| 甲　　　胺 | $CH_3NH_2$ | $4.2 \times 10^{-4}$ | 3.38 |
| 乙　　　胺 | $C_2H_5NH_2$ | $5.6 \times 10^{-4}$ | 3.25 |
| 二　甲　胺 | $(CH_3)_2NH$ | $1.2 \times 10^{-4}$ | 3.93 |
| 二　乙　胺 | $(C_2H_5)_2NH$ | $1.3 \times 10^{-3}$ | 2.89 |
| 乙　醇　胺 | $HOCH_2CH_2NH_2$ | $3.2 \times 10^{-5}$ | 4.50 |
| 三乙醇胺 | $(HOCH_2CH_2)_3N$ | $5.8 \times 10^{-7}$ | 6.24 |
| 六次甲基四胺 | $(CH_2)_6N_4$ | $1.4 \times 10^{-9}$ | 8.85 |
| 乙　二　胺 | $H_2NCH_2CH_2NH_2$ | $8.5 \times 10^{-5}$ $(K_{b1})$ | 4.07 |
| | | $7.1 \times 10^{-8}$ $(K_{b2})$ | 7.15 |
| 吡　　　啶 | $C_5H_5N$ | $1.7 \times 10^{-9}$ | 8.77 |

# 附录 16 络合物的稳定常数(18～25 ℃)

| 金属离子 | $n$ | $\lg\beta_n$ |
|---|---|---|
| 氨 络 合 物 | | |
| $Ag^+$ | 1,2 | 3.32;7.23 |
| $Cd^{2+}$ | 1,…,6 | 2.65;4.75;6.19;7.12;6.80;5.14 |
| $Co^{2+}$ | 1,…,6 | 2.11;3.74;4.79;5.55;5.73;5.11 |
| $Co^{3+}$ | 1,…,6 | 6.7;14.0;20.1;25.7;30.8;35.2 |
| $Cu^+$ | 1,2 | 5.93;10.86 |
| $Cu^{2+}$ | 1,…,4 | 4.15;7.63;10.53;12.67 |
| $Ni^{2+}$ | 1,…,6 | 2.80;5.04;6.77;7.96;8.71;8.74 |
| $Zn^{2+}$ | 1,…,4 | 2.27;4.61;7.01;9.06 |
| 氯 络 合 物 | | |
| $Hg^{2+}$ | 1,…,4 | 6.74;13.22;14.07;15.07 |
| $Sn^{2+}$ | 1,…,4 | 1.51;2.24;2.03;1.48 |
| $Sb^{3+}$ | 1,…,6 | 2.26;3.49;4.18;4.72;4.72;4.11 |
| $Ag^+$ | 1,…,6 | 3.04;5.04;5.04;5.30 |
| 氰 络 合 物 | | |
| $Ag^+$ | 1,…,4 | —;21.1;21.7;20.6 |
| $Cd^{2+}$ | 1,…,4 | 5.54;10.54;15.26;18.78 |
| $Cu^+$ | 1,…,4 | —;24.0;28.59;30.3 |
| $Fe^{2+}$ | 6 | 35 |
| $Fe^{3+}$ | 6 | 42 |
| $Hg^{2+}$ | 4 | 41.4 |
| $Ni^{2+}$ | 4 | 31.3 |
| $Zn^{2+}$ | 4 | 16.7 |
| 氟 络 合 物 | | |
| $Al^{3+}$ | 1,…,6 | 6.13;11.15;15.00;17.75;19.37;19.84 |
| $Fe^{3+}$ | 1,…,3 | 5.28;9.30;12.06 |
| $Th^{4+}$ | 1,…,3 | 7.65;13.46;17.97 |
| $TiO^{2+}$ | 1,…,4 | 5.4;9.8;13.7;18.0 |
| $ZrO^{2+}$ | 1,…,3 | 8.80;16.12;21.94 |
| 硫氰酸络合物 | | |
| $Ag^+$ | 1,…,4 | —;7.57;9.08;10.08 |

| 金 属 离 子 | $n$ | $\lg\beta_n$ |
|---|---|---|
| $Cu^+$ | $1,\cdots,4$ | $-;11.00;10.90;10.48$ |
| $Au^+$ | $1,\cdots,4$ | $-;23;-;42;$ |
| $Fe^{3+}$ | $1,2$ | $2.95;3.36$ |
| $Hg^{2+}$ | $1,\cdots,4$ | $-;17.47;-;21.23$ |
| 硫代硫酸络合物 | | |
| $Cu^+$ | $1,\cdots,3$ | $10.35;12.27;13.71$ |
| $Hg^{2+}$ | $1,\cdots,4$ | $-;29.86;32.26;33.61$ |
| $Ag^+$ | $1,\cdots,3$ | $8.82;13.46;14.15$ |
| 铬黑 T 络合物 | | |
| $Ca^{2+}$ | $1$ | $5.4$ |
| $Mg^{2+}$ | $1$ | $7.0$ |
| $Zn^{2+}$ | $1,2$ | $13.5;20.6$ |

注:$\beta_n$ 为络合物的累积稳定常数,即 $\beta_n=K_1\times K_2\times K_3\times\cdots\times K_n$,$\lg\beta_n=\lg K_1+\lg K_2+\lg K_3+\cdots+\lg K_n$。

例如,$Ag^+$ 与 $NH_3$ 的络合物 $\lg\beta_1=3.32$,即 $\lg K_1=3.32$; 　$\lg\beta_2=7.23$,即 $\lg K_1=3.32$,$\lg K_2=3.91$。

# 附录 17　氨羧络合剂类络合物的稳定常数(18～25 ℃)

| 金属离子 | $\lg K$ | | | | | |
|---|---|---|---|---|---|---|
| | EDTA | CyDTA | DTPA | EGTA | HEDTA | TTHA |
| $Ag^+$ | 7.32 | | | 6.88 | 6.71 | 8.67 |
| $Al^{3+}$ | 16.3 | 17.63 | 18.6 | 13.9 | 14.3 | 19.7 |
| $Ba^{2+}$ | 7.86 | 8.0 | 8.87 | 8.41 | 6.3 | 8.22 |
| $Be^{2+}$ | 9.3 | 11.51 | | | | |
| $Bi^{3+}$ | 27.94 | 32.3 | 35.6 | | 22.3 | |
| $Ca^{2+}$ | 10.96 | 12.10 | 10.83 | 10.97 | 8.3 | 10.06 |
| $Cd^{2+}$ | 16.46 | 19.23 | 19.2 | 16.7 | 13.3 | 19.8 |
| $Ce^{3+}$ | 15.98 | 16.76 | | | | |
| $Co^{2+}$ | 16.31 | 18.92 | 19.27 | 12.39 | 14.6 | 17.1 |
| $Co^{3+}$ | 36 | | | | 37.4 | |
| $Cr^{3+}$ | 23.4 | | | | | |
| $Cu^{2+}$ | 18.80 | 21.30 | 21.55 | 17.71 | 17.6 | 19.2 |
| $Er^{3+}$ | | | | | | 23.19 |
| $Fe^{2+}$ | 14.32 | 19.0 | 16.5 | 11.87 | 12.3 | |

| 金属离子 | lgK | | | | | |
| --- | --- | --- | --- | --- | --- | --- |
| | EDTA | CyDTA | DTPA | EGTA | HEDTA | TTHA |
| $Fe^{3+}$ | 25.1 | 30.1 | 28.0 | 20.5 | 19.8 | 26.8 |
| $Ga^{3+}$ | 20.3 | 22.91 | 25.54 | | 16.9 | |
| $Hg^{2+}$ | 21.80 | 25.00 | 26.70 | 23.2 | 20.30 | 26.8 |
| $In^{3+}$ | 25.0 | 28.8 | 29.0 | | 20.2 | |
| $La^{3+}$ | | 16.26 | | | | 22.22 |
| $Li^{+}$ | 2.79 | | | | | |
| $Mg^{2+}$ | 8.7 | 11.02 | 9.30 | 5.21 | 7.0 | 8.43 |
| $Mn^{2+}$ | 13.87 | 16.78 | 15.60 | 12.28 | 10.9 | 14.65 |
| $Mo(V)$ | ~28 | | | | | |
| $Na^{+}$ | 1.66 | | | | | |
| $Nd^{3+}$ | 16.61 | 17.68 | | | | 22.82 |
| $Ni^{2+}$ | 18.62 | 20.3 | 20.32 | 13.55 | 17.3 | 18.1 |
| $Pb^{2+}$ | 18.04 | 19.68 | 18.80 | 14.71 | 15.7 | 17.1 |
| $Pd^{2+}$ | 18.5 | | | | | |
| $Pr^{3+}$ | 16.4 | 17.31 | | | | |
| $Sc^{3+}$ | 23.1 | 26.1 | 24.5 | 18.2 | | |
| $Sm^{3+}$ | | | | | | 24.3 |
| $Sn^{2+}$ | 22.11 | | | | | |
| $Sr^{2+}$ | 8.73 | 10.59 | 9.77 | 8.50 | 6.9 | 9.26 |
| $Th^{4+}$ | 23.2 | 25.6 | 28.78 | | | 31.9 |
| $TiO^{2+}$ | 17.3 | | | | | |
| $Tl^{3+}$ | 37.8 | 38.3 | | | | |
| $U^{4+}$ | 25.8 | 27.6 | 7.69 | | | |
| $VO^{2+}$ | 18.8 | 19.40 | | | | |
| $Y^{3+}$ | 18.10 | 19.15 | 22.13 | 17.16 | 14.78 | |
| $Zn^{2+}$ | 16.50 | 18.67 | 18.40 | 12.7 | 14.7 | 16.65 |
| $Zr^{4+}$ | 29.5 | | 35.8 | | | |
| 稀土元素 | 16~20 | 17~22 | 19 | | 13~16 | |

注:EDTA:乙二胺四乙酸

CyDTA:1,2-二胺基环己烷四乙酸(或称 DCTA)

DTPA:二乙基三胺五乙酸

EGTA:乙二醇二乙醚二胺四乙酸

HEDTA:N-β-羟基乙基乙二胺三乙酸

TTHA:三乙基四胺六乙酸

# 附录 18　一些"金属-指示剂"络合物的表观稳定常数(对数值)

| 指 示 剂 | 络 合 物 | lgK | 指 示 剂 | 络 合 物 | lgK |
|---|---|---|---|---|---|
| 钙试剂 | HIn | 13.5 | 二甲酚橙 | HIn | 12.3 |
| (Calcon) | $H_2In$ | 7.0 | (XO) | $H_2In$ | 10.5 |
| 或铬兰黑 R | CaIn | 5.58 | | $H_3In$ | 6.4 |
| | MgIn | 7.64 | | $H_4In$ | 2.6 |
| | CuIn | 5.25 | | BiIn | 5.52 |
| | ZnIn | 12.5 | | $FeIn(Fe^{3+})$ | 5.70 |
| 铬黑 T | HIn | 1.6 | | HfIn | 6.5 |
| (EBT) | $H_2In$ | 6.3 | | TlIn | 4.90 |
| | CaIn | 5.40 | | ZnIn | 6.15 |
| | MnIn | 9.6 | | ZrIn | 7.60 |
| | $Mn(In)_2$ | 17.6 | 双硫腙 | HIn | 4.6 |
| | MgIn | 7.00 | (打萨腙) | AgIn | 17.6 |
| | BaIn | 3.0 | | $Bi(In)_3$ | 36.9 |
| | ZnIn | 12.90(13.50) | | $Co(In)_3$ | 17.3 |
| | $Zn(In)_2$ | 20.0 | | $Ca_2In$ | 26.9 |
| 硫氰酸盐 | FeIn | 2.3 | | $Hg(In)_2$ | 44.2 |
| | $Fe(In)_2$ | 4.2 | | $Ni(In)_2$ | 16.8 |
| | $Fe(In)_3$ | 5.6 | | $Sn(II)(In)_2$ | 15.3 |
| | | | | $Zn(In)_2$ | 10.8 |
| | | | 锌试剂 | HIn | 8.25 |
| | | | (Zincon) | $H_2In$ | 12.75 |
| | | | | ZnOHIn | 8.6 |

# 附录 19　常用的掩蔽剂

| 名　　称 | pH 范围 | 被掩蔽的离子 | 说　　明 |
|---|---|---|---|
| KCN | pH＞8 | $Cu^{2+}$、$Co^{2+}$、$Ni^{2+}$、$Zn^{2+}$ $Hg^{2+}$、$Cd^{2+}$、$Ag^+$、$Ti^{4+}$ 及铂族元素 | |
| | pH＝6 | $Cu^{2+}$、$Co^{2+}$、$Ni^{2+}$ | |

| 名 称 | pH 范围 | 被掩蔽的离子 | 说 明 |
|---|---|---|---|
| $NH_4F$ | pH$=4\sim6$ | $Al^{3+}$、$Ti^{4+}$、$Sn^{4+}$、$Zr^{4+}$ $Nb^{5+}$、$Ta^{5+}$、$W^{6+}$、$Be^{2+}$ 等 | 用 $NH_4F$ 比 $NaF$ 好 |
| 酒石酸 | pH$=5.5$ | $Fe^{3+}$、$Al^{3+}$、$Sn^{4+}$、$Sb^{3+}$、$Ca^{2+}$ | |
| | pH$=5\sim6$ | $UO_2^{2+}$ | |
| | pH$=6\sim7.5$ | $Mg^{2+}$、$Ca^{2+}$、$Fe^{3+}$、$Al^{3+}$、$Mo^{4+}$ $Nb^{5+}$、$Sb^{3+}$、$W^{6+}$、$UO_2^{2+}$ | |
| | pH$=10$ | $Al^{3+}$、$Sn^{4+}$ | |
| 草 酸 | pH$=2$ | $Sn^{4+}$、$Cu^{2+}$ 及稀土元素 | 以邻苯二酚紫为指示剂用 EDTA 滴定 $Bi^{3+}$ |
| | pH$=5.5$ | $Zr^{4+}$、$Th^{4+}$、$Fe^{3+}$ $Fe^{2+}$、$Al^{3+}$ | 以 Cu-PAN 为指示剂用 EDTA 滴定 $Cu^{2+}$、$Zn^{2+}$、$Pb^{2+}$、$Cd^{2+}$、$Mn^{2+}$ |
| 柠檬酸 | pH$=5\sim6$ | $UO_2^{2+}$、$Th^{4+}$、$Sr^{2+}$ | |
| | pH$=7$ | $UO_2^{2+}$、$Th^{4+}$、$Zr^{4+}$、$Sb^{3+}$、$Ti^{4+}$ $Nb^{5+}$、$Ta^{5+}$、$Mo^{4+}$、$W^{6+}$、 $Ba^{2+}$、$Fe^{3+}$ 及 $Cr^{3+}$ | |
| 抗坏血酸 (维生素 C) | pH$=1\sim2$ | $Fe^{3+}$ | |
| | pH$=2.5$ | $Cu^{2+}$、$Hg^{2+}$、$Fe^{3+}$ | |
| | pH$=5\sim6$ | $Cu^{2+}$ 及 $Hg^{2+}$ | 与 KI 或 KCNS 并用 |

# 附录 20  难溶化合物的溶度积常数(18 ℃)

| 难溶化合物 | 化 学 式 | 溶度积 $K_{sp}$ | |
|---|---|---|---|
| 氢氧化铝 | $Al(OH)_3$ | $2\times10^{-32}$ | |
| 溴酸银 | $AgBrO_3$ | $5.77\times10^{-5}$ | 25 ℃ |
| 溴化银 | $AgBr$ | $4.1\times10^{-13}$ | |
| 碳酸银 | $Ag_2CO_3$ | $6.15\times10^{-12}$ | 25 ℃ |
| 氯化银 | $AgCl$ | $1.56\times10^{-10}$ | 25 ℃ |
| 铬酸银 | $Ag_2CrO_4$ | $9\times10^{-12}$ | 25 ℃ |
| 氢氧化银 | $AgOH$ | $1.52\times10^{-8}$ | 20 ℃ |
| 碘化银 | $AgI$ | $1.5\times10^{-16}$ | 25 ℃ |
| 硫化银 | $Ag_2S$ | $1.6\times10^{-49}$ | |
| 硫氰酸银 | $AgSCN$ | $0.49\times10^{-12}$ | |

续表

| 难溶化合物 | 化 学 式 | 溶度积 $K_{sp}$ | |
|---|---|---|---|
| 碳酸钡 | $BaCO_3$ | $8.1 \times 10^{-9}$ | 25 ℃ |
| 铬酸钡 | $BaCrO_4$ | $1.6 \times 10^{-10}$ | |
| 草酸钡 | $BaC_2O_4 \cdot 3\frac{1}{2}H_2O$ | $1.62 \times 10^{-7}$ | |
| 硫酸钡 | $BaSO_4$ | $0.87 \times 10^{-10}$ | |
| 氢氧化铋 | $Bi(OH)_3$ | $4.0 \times 10^{-31}$ | |
| 氢氧化铬 | $Cr(OH)_3$ | $5.4 \times 10^{-31}$ | |
| 硫化镉 | $CdS$ | $3.6 \times 10^{-29}$ | |
| 碳酸钙 | $CaCO_3$ | $0.87 \times 10^{-8}$ | 25 ℃ |
| 氟化钙 | $CaF_2$ | $3.4 \times 10^{-11}$ | |
| 草酸钙 | $CaC_2O_4 \cdot H_2O$ | $1.78 \times 10^{-9}$ | |
| 硫酸钙 | $CaSO_4$ | $2.45 \times 10^{-5}$ | 25 ℃ |
| 硫化钴 | $\alpha\text{-}CoS$ | $4 \times 10^{-21}$ | |
| | $\beta\text{-}CoS$ | $2 \times 10^{-25}$ | |
| 碘酸铜 | $CuIO_3$ | $1.4 \times 10^{-7}$ | 25 ℃ |
| 草酸铜 | $CuC_2O_4$ | $2.87 \times 10^{-8}$ | 25 ℃ |
| 硫化铜 | $CuS$ | $8.5 \times 10^{-45}$ | |
| 溴化亚铜 | $CuBr$ | $4.15 \times 10^{-8}$ | (18～20 ℃) |
| 氯化亚铜 | $CuCl$ | $1.02 \times 10^{-6}$ | (18～20 ℃) |
| 碘化亚铜 | $CuI$ | $1.1 \times 10^{-12}$ | (18～20 ℃) |
| 硫化亚铜 | $Cu_2S$ | $2 \times 10^{-47}$ | (16～18 ℃) |
| 硫氰酸亚铜 | $CuSCN$ | $4.8 \times 10^{-15}$ | |
| 氢氧化铁 | $Fe(OH)_3$ | $3.5 \times 10^{-38}$ | |
| 氢氧化亚铁 | $Fe(OH)_2$ | $1.0 \times 10^{-15}$ | |
| 草酸亚铁 | $FeC_2O_4$ | $2.1 \times 10^{-7}$ | 25 ℃ |
| 硫化亚铁 | $FeS$ | $3.7 \times 10^{-19}$ | |
| 硫化汞 | $HgS$ | $4 \times 10^{-53} \sim 2 \times 10^{-49}$ | |
| 溴化亚汞 | $HgBr$ | $1.3 \times 10^{-21}$ | 25 ℃ |
| 氯化亚汞 | $Hg_2Cl_2$ | $2 \times 10^{-18}$ | 25 ℃ |
| 碘化亚汞 | $Hg_2I_2$ | $1.2 \times 10^{-28}$ | 25 ℃ |
| 磷酸铵镁 | $MgNH_4PO_4$ | $2.5 \times 10^{-13}$ | 25 ℃ |
| 碳酸镁 | $MgCO_3$ | $2.6 \times 10^{-5}$ | 12 ℃ |
| 氟化镁 | $MgF_2$ | $7.1 \times 10^{-9}$ | |
| 氢氧化镁 | $Mg(OH)_2$ | $1.8 \times 10^{-11}$ | |

续表

| 难溶化合物 | 化 学 式 | 溶度积 $K_{sp}$ | |
|---|---|---|---|
| 草酸镁 | $MgC_2O_4$ | $8.57 \times 10^{-5}$ | |
| 氢氧化锰 | $Mn(OH)_2$ | $4.5 \times 10^{-13}$ | |
| 硫化锰 | $MnS$ | $1.4 \times 10^{-15}$ | |
| 氢氧化镍 | $Ni(OH)_2$ | $6.5 \times 10^{-18}$ | |
| 碳酸铅 | $PbCO_3$ | $3.3 \times 10^{-14}$ | |
| 铬酸铅 | $PbCrO_4$ | $1.77 \times 10^{-14}$ | |
| 氟化铅 | $PbF_2$ | $3.2 \times 10^{-8}$ | |
| 草酸铅 | $PbC_2O_4$ | $2.74 \times 10^{-11}$ | |
| 氢氧化铅 | $Pb(OH)_2$ | $1.2 \times 10^{-15}$ | |
| 硫酸铅 | $PbSO_4$ | $1.06 \times 10^{-8}$ | |
| 硫化铅 | $PbS$ | $3.4 \times 10^{-28}$ | |
| 碳酸锶 | $SrCO_3$ | $1.6 \times 10^{-9}$ | 25 ℃ |
| 氟化锶 | $SrF_2$ | $2.8 \times 10^{-9}$ | |
| 草酸锶 | $SrC_2O_4$ | $5.61 \times 10^{-8}$ | |
| 硫酸锶 | $SrSO_4$ | $3.81 \times 10^{-7}$ | 17.4 ℃ |
| 氢氧化锡 | $Sn(OH)_4$ | $1 \times 10^{-57}$ | |
| 氢氧化亚锡 | $Sn(OH)_2$ | $3 \times 10^{-27}$ | |
| 氢氧化钛 | $TiO(OH)_2$ | $1 \times 10^{-29}$ | |
| 氢氧化锌 | $Zn(OH)_2$ | $1.2 \times 10^{-17}$ | 18～20 ℃ |
| 草酸锌 | $ZnC_2O_4$ | $1.35 \times 10^{-9}$ | |
| 硫化锌 | $ZnS$ | $1.2 \times 10^{-23}$ | |

# 附录 21　标准电极电位表(18～25 ℃)

| 半 反 应 | 电极电位/V |
|---|---|
| $Li^+ + e \Longrightarrow Li$ | $-3.045$ |
| $K^+ + e \Longrightarrow K$ | $-2.924$ |
| $Ba^{2+} + 2e \Longrightarrow Ba$ | $-2.90$ |
| $Sr^{2+} + 2e \Longrightarrow Sr$ | $-2.89$ |
| $Ca^{2+} + 2e \Longrightarrow Ca$ | $-2.76$ |
| $Na^+ + e \Longrightarrow Na$ | $-2.7109$ |
| $Mg^{2+} + 2e \Longrightarrow Mg$ | $-2.375$ |

| 半 反 应 | 电极电位/V |
|---|---|
| $Al^{3+} + 3e \Longrightarrow Al$ | $-1.706$ |
| $ZnO_2^{2-} + 2H_2O + 2e \Longrightarrow Zn + 4OH^-$ | $-1.216$ |
| $Mn^{2+} + 2e \Longrightarrow Mn$ | $-1.18$ |
| $Sn(OH)_6^{2-} + 2e \Longrightarrow HSnO_2^- + 3OH^- + H_2O$ | $-0.96$ |
| $SO_4^{2-} + H_2O + 2e \Longrightarrow SO_3^{2-} + 2OH^-$ | $-0.92$ |
| $TiO_2 + 4H^+ + 4e \Longrightarrow Ti + 2H_2O$ | $-0.89$ |
| $2H_2O + 2e \Longrightarrow H_2 + 2OH^-$ | $-0.828$ |
| $HSnO_2^- + H_2O + 2e \Longrightarrow Sn + 3OH^-$ | $-0.79$ |
| $Zn^{2+} + 2e \Longrightarrow Zn$ | $-0.7628$ |
| $Cr^{3+} + 3e \Longrightarrow Cr$ | $-0.74$ |
| $AsO_4^{3-} + 2H_2O + 2e \Longrightarrow AsO_2^- + 4OH^-$ | $-0.71$ |
| $S + 2e \Longrightarrow S^{2-}$ | $-0.508$ |
| $2CO_2 + 2H^+ + 2e \Longrightarrow H_2C_2O_4$ | $-0.49$ |
| $Cr^{3+} + e \Longrightarrow Cr^{2+}$ | $-0.41$ |
| $Fe^{2+} + 2e \Longrightarrow Fe$ | $-0.409$ |
| $Cd^{2+} + 2e \Longrightarrow Cd$ | $-0.4026$ |
| $Cu_2O + H_2O + 2e \Longrightarrow 2Cu + 2OH^-$ | $-0.361$ |
| $Co^{2+} + 2e \Longrightarrow Co$ | $-0.28$ |
| $Ni^{2+} + 2e \Longrightarrow Ni$ | $-0.246$ |
| $AgI + e \Longrightarrow Ag + I^-$ | $-0.15$ |
| $Sn^{2+} + 2e \Longrightarrow Sn$ | $-0.1364$ |
| $Pb^{2+} + 2e \Longrightarrow Pb$ | $-0.1263$ |
| $CrO_4^{2-} + 4H_2O + 3e \Longrightarrow Cr(OH)_3 + 5OH^-$ | $-0.12$ |
| $Ag_2S + 2H^+ + 2e \Longrightarrow 2Ag + H_2S$ | $-0.0366$ |
| $Fe^{3+} + 3e \Longrightarrow Fe$ | $-0.036$ |
| $2H^+ + 2e \Longrightarrow H_2$ | $0.0000$ |
| $NO_3^- + H_2O + 2e \Longrightarrow NO_2^- + 2OH^-$ | $0.01$ |
| $TiO^{2+} + 2H^+ + e \Longrightarrow Ti^{3+} + H_2O$ | $0.10$ |
| $S_4O_6^{2-} + 2e \Longrightarrow 2S_2O_3^{2-}$ | $0.09$ |
| $AgBr + e \Longrightarrow Ag + Br^-$ | $0.10$ |
| $S + 2H^+ + 2e \Longrightarrow H_2S(水溶液)$ | $0.141$ |
| $Sn^{4+} + 2e \Longrightarrow Sn^{2+}$ | $0.15$ |
| $Cu^{2+} + e \Longrightarrow Cu^+$ | $0.158$ |
| $BiOCl + 2H^+ + 3e \Longrightarrow Bi + Cl^- + H_2O$ | $0.1583$ |

| 半 反 应 | 电极电位/V |
| --- | --- |
| $SO_4^{2-} + 4H^+ + 2e \Longrightarrow H_2SO_3 + H_2O$ | 0.20 |
| $AgCl + e \Longrightarrow Ag + Cl^-$ | 0.22 |
| $IO_3^- + 3H_2O + 6e \Longrightarrow I^- + 6OH^-$ | 0.26 |
| $Hg_2Cl_2 + 2e \Longrightarrow 2Hg + 2Cl^-$ (0.1 mol/L NaOH) | 0.2682 |
| $Cu^{2+} + 2e \Longrightarrow Cu$ | 0.3402 |
| $VO^{2+} + 2H^+ + e \Longrightarrow V^{3+} + H_2O$ | 0.36 |
| $Fe(CN)_6^{3-} + e \Longrightarrow Fe(CN)_6^{4-}$ | 0.36 |
| $2H_2SO_3 + 2H^+ + 4e \Longrightarrow S_2O_3^{2-} + 3H_2O$ | 0.40 |
| $Cu^+ + e \Longrightarrow Cu$ | 0.522 |
| $I_3^- + 2e \Longrightarrow 3I^-$ | 0.5338 |
| $I_2 + 2e \Longrightarrow 2I^-$ | 0.535 |
| $IO_3^- + 2H_2O + 4e \Longrightarrow IO^- + 4OH^-$ | 0.56 |
| $MnO_4^- + e \Longrightarrow MnO_4^{2-}$ | 0.56 |
| $H_3AsO_4 + 2H^+ + 2e \Longrightarrow HAsO_2 + 2H_2O$ | 0.56 |
| $MnO_4^- + 2H_2O + 3e \Longrightarrow MnO_2 + 4OH^-$ | 0.58 |
| $O_2 + 2H^+ + 2e \Longrightarrow H_2O_2$ | 0.682 |
| $Fe^{3+} + e \Longrightarrow Fe^{2+}$ | 0.77 |
| $Hg_2^{2+} + 2e \Longrightarrow 2Hg$ | 0.7961 |
| $Ag^+ + e \Longrightarrow Ag$ | 0.7994 |
| $Hg^{2+} + 2e \Longrightarrow Hg$ | 0.851 |
| $2Hg^{2+} + 2e \Longrightarrow Hg_2^{2+}$ | 0.907 |
| $NO_3^- + 3H^+ + 2e \Longrightarrow HNO_2 + H_2O$ | 0.94 |
| $NO_3^- + 4H^+ + 3e \Longrightarrow NO + 2H_2O$ | 0.96 |
| $HNO_2 + H^+ + e \Longrightarrow NO + H_2O$ | 0.99 |
| $VO_2^+ + 2H^+ + e \Longrightarrow VO^{2+} + H_2O$ | 1.00 |
| $N_2O_4 + 4H^+ + 4e \Longrightarrow 2NO + 2H_2O$ | 1.03 |
| $Br_2 + 2e \Longrightarrow 2Br^-$ | 1.08 |
| $IO_3^- + 6H^+ + 6e \Longrightarrow I^- + 3H_2O$ | 1.085 |
| $IO_3^- + 6H^+ + 5e \Longrightarrow \frac{1}{2}I_2 + 3H_2O$ | 1.195 |
| $MnO_2 + 4H^+ + 2e \Longrightarrow Mn^{2+} + 2H_2O$ | 1.23 |
| $O_2 + 4H^+ + 4e \Longrightarrow 2H_2O$ | 1.23 |
| $Au^{3+} + 2e \Longrightarrow Au^+$ | 1.29 |
| $Cr_2O_7^{2-} + 14H^+ + 6e \Longrightarrow 2Cr^{3+} + 7H_2O$ | 1.33 |

| 半 反 应 | 电极电位/V |
|---|---|
| $Cl_2 + 2e \Longrightarrow 2Cl^-$ | 1.3583 |
| $BrO_3^- + 6H^+ + 6e \Longrightarrow Br^- + 3H_2O$ | 1.44 |
| $Ce^{4+} + e \Longrightarrow Ce^{3+}$ | 1.443 |
| $ClO_3^- + 6H^+ + 6e \Longrightarrow Cl^- + 3H_2O$ | 1.45 |
| $PbO_2 + 4H^+ + 2e \Longrightarrow Pb^{2+} + 2H_2O$ | 1.46 |
| $MnO_4^- + 8H^+ + 5e \Longrightarrow Mn^{2+} + 4H_2O$ | 1.491 |
| $Mn^{3+} + e \Longrightarrow Mn^{2+}$ | 1.51 |
| $BrO_3^- + 6H^+ + 5e \Longrightarrow \frac{1}{2}Br_2 + 3H_2O$ | 1.52 |
| $HClO + H^+ + e \Longrightarrow \frac{1}{2}Cl_2 + H_2O$ | 1.63 |
| $MnO_4^- + 4H^+ + 3e \Longrightarrow MnO_2 + 2H_2O$ | 1.679 |
| $H_2O_2 + 2H^+ + 2e \Longrightarrow 2H_2O$ | 1.776 |
| $Co^{3+} + e \Longrightarrow Co^{2+}$ | 1.842 |
| $S_2O_8^{2-} + 2e \Longrightarrow 2SO_4^{2-}$ | 2.00 |
| $O_3 + 2H^+ + 2e \Longrightarrow O_2 + H_2O$ | 2.07 |
| $F_2 + 2e \Longrightarrow 2F^-$ | 2.87 |

# 附录 22  某些氧化还原电对的条件电位

| 半 反 应 | 克式量电位 | 介 质 |
|---|---|---|
| $Ag(Ⅱ) + e \Longrightarrow Ag^+$ | 1.927 | 4 mol/L $HNO_3$ |
| $Ce(Ⅳ) + e \Longrightarrow Ce(Ⅲ)$ | 1.74 | 1 mol/L $HClO_4$ |
|  | 1.44 | 0.5 mol/L $H_2SO_4$ |
|  | 1.28 | 1 mol/L HCl |
| $Co^{3+} + e \Longrightarrow Co^{2+}$ | 1.84 | 3 mol/L $HNO_3$ |
| $Co(乙二胺)_3^{3+} + e \Longrightarrow Co(乙二胺)_3^{2+}$ | −0.2 | 0.1 mol/L $KNO_3$ + 0.1 mol/L 乙二胺 |
| $Cr(Ⅲ) + e \Longrightarrow Cr(Ⅱ)$ | −0.40 | 5 mol/L HCl |
| $Cr_2O_7^{2-} + 14H^+ + 6e \Longrightarrow 2Cr^{3+} + 7H_2O$ | 1.08 | 3 mol/L HCl |
|  | 1.15 | 4 mol/L $H_2SO_4$ |
|  | 1.025 | 1 mol/L $HClO_4$ |
| $CrO_4^{2-} + 2H_2O + 3e \Longrightarrow CrO_2^- + 4OH^-$ | −0.12 | 1 mol/L NaOH |

| 半 反 应 | 克式量电位 | 介 质 |
|---|---|---|
| $Fe(III)+e \Longrightarrow Fe^{2+}$ | 0.767 | 1 mol/L $HClO_4$ |
| | 0.71 | 0.5 mol/L HCl |
| | 0.68 | 1 mol/L $H_2SO_4$ |
| | 0.68 | 1 mol/L HCl |
| | 0.46 | 2 mol/L $H_3PO_4$ |
| | 0.51 | 1 mol/L HCl-0.25 mol/L $H_3PO_4$ |
| $Fe(EDTA)^- +e \Longrightarrow Fe(EDTA)^{2-}$ | 0.12 | 0.1 mol/L EDTA,pH$=4\sim6$ |
| $Fe(CN)_6^{3-}+e \Longrightarrow Fe(CN)_6^{4-}$ | 0.56 | 0.1 mol/L HCl |
| $FeO_4^{2-}+2H_2O+3e \Longrightarrow FeO_2^-+4OH^-$ | 0.55 | 10 mol/L NaOH |
| $I_3^-+2e \Longrightarrow 3I^-$ | 0.5446 | 0.5 mol/L $H_2SO_4$ |
| $I_2(水)+2e \Longrightarrow 2I^-$ | 0.6276 | 0.5 mol/L $H_2SO_4$ |
| $MnO_4^-+8H^++5e \Longrightarrow Mn^{2+}+4H_2O$ | 1.45 | 1 mol/L $HClO_4$ |
| $SnCl_6^{2-}+2e \Longrightarrow SnCl_4^{2-}+2Cl^-$ | 0.14 | 1 mol/L HCl |
| $Sb(V)+2e \Longrightarrow Sb(III)$ | 0.75 | 3.5 mol/L HCl |
| $Sb(OH)_6^- +2e \Longrightarrow SbO_2^- +2OH^- +2H_2O$ | $-0.428$ | 3 mol/L NaOH |
| $SbO_2^-+2H_2O+3e \Longrightarrow Sb+4OH^-$ | $-0.675$ | 10 mol/L KOH |
| $Ti(IV)+e \Longrightarrow Ti(III)$ | $-0.01$ | 0.2 mol/L $H_2SO_4$ |
| | 0.12 | 2 mol/L $H_2SO_4$ |
| | $-0.04$ | 1 mol/L HCl |
| | $-0.05$ | 1 mol/L $H_3PO_4$ |
| $Pb(II)+2e \Longrightarrow Pb$ | $-0.32$ | 1 mol/L NaAc |

# 参考文献

[1]  武汉大学.分析化学[M].6 版.北京:高等教育出版社,2016.

[2]  国家环境保护总局《水和废水监测分析方法》编委会.水和废水监测分析方法[M].4 版.北京:中国环境科学出版社,2002.

[3]  戴琳,吴刘仓.概率与数理统计[M].2 版.北京:高等教育出版社,2017.

[4]  奚旦立,孙裕生.环境监测[M].4 版.北京:高等教育出版社,2010.

[5]  李培元.火力发电厂水处理及水质控制[M].2 版.北京:中国电力出版社,2008.

[6]  彭崇慧,冯建章,张锡瑜.定量化学分析简明教程[M].3 版.北京:北京大学出版社,2009.

[7]  华中师范大学,东北师范大学,陕西师范大学等.分析化学实验[M].4 版.北京:高等教育出版社,2015.

[8]  宋清.定量分析中的误差和数据评价[M].北京:人民教育出版社,1983.

[9]  黄君礼,吴明松.水分析化学[M].4 版.北京:中国建筑工业出版社,2013.

[10]  胡育筑.分析化学习题集[M].3 版.北京:科学出版社,2014.